TRAINING

Realschule

Mathematik 8. Klasse

Wahlpflichtfächergruppe II/III

Alexander Köppl

STARK

Autoren:
Alexander Köppl, Wolfgang Becke (Kongruenzsätze) und Redaktion Stark Verlag

Bildnachweis:
Umschlagbild: © Robybret/Dreamstime.com
S. 1: © Focus/Fotolia.com
S. 13: © Cloki/Dreamstime.com
S. 22: © thanses/Fotolia.com
S. 27: © Les Palenik/Dreamstime.com (Claim), © fotogestoeber/Fotolia.com (Zwergkaninchen)
S. 29: © ktsdesign/Fotolia.com
S. 39: © Gustavo Fadel/Dreamstime.com
S. 40: © Marcin Kanonik/www.sxc.hu (Huhn), © Eric Isselée/Dreamstime.com (Schwein)
S. 41: © Manfred Steinbach/Fotolia.com
S. 42: © Yap Hong Chan/Dreamstime.com (Fahrrad), © Pixstore/Fotolia.com (Weihnachtsmarkt)
S. 43: © aidasonne/Fotolia.com
S. 56: © Helmut Niklas/Fotolia.com
S. 58: © Robert Kneschke/Fotolia.com
S. 59: © 2011 Google-Grafiken © 2011 TerraMetrics, Kartendaten © 2011 Tele Atlas
S. 61: © Foto: Adrian Michael, http://de.wikipedia.org/w/index.php?title=Datei:Oberalp_Zahnrad.jpg &filetimestamp=20060811084606, lizenziert gem. CC BY-SA 3.0
S. 68: © bettina sampl/Fotolia.com
S. 70: © christian-colista/Fotolia.com
S. 81: © Jacek Chabraszewski/Fotolia.com
S. 82: © Thaut Images/Fotolia.com
S. 83: © Ferenc Szelepcsenyi/Fotolia.com
S. 84: © Andreykuzmin/Dreamstime.com
S. 90: © Redaktion
S. 105: © Lucky Dragon/Fotolia.com
S. 109: © Foto: Robert Breuer, http://de.wikipedia.org/w/index.php?title=Datei:20061006-03-022-Altar-01.JPG&filetimestamp=20080215161851, lizenziert gem. CC BY-SA 3.0
© Baloncici/Dreamstime.com (Raumteiler)
S. 119: © Foto: Lars H. Rohwedder, http://de.wikipedia.org/w/index.php?title=Datei:Sternhalma.svg &filetimestamp=20100403022931, lizenziert gem. CC BY 3.0
S. 123: © Stefan Balk/Fotolia.com
S. 124: © Redaktion
S. 129: © CountAllPixel/Fotolia.com
S. 130: © Robert Kneschke/Fotolia.com (Frau), © Claus Mikosch/Dreamstime.com (Backgammon)
S. 131: © Eyewave/Dreamstime.com (Sparschwein)
S. 312: © Redaktion

1. Auflage 2011

Inhalt

Autoren:
Alexander Köppl, Wolfgang Becke (Kongruenzsätze) und Redaktion Stark Verlag

Vorwort

Liebe Schülerin, lieber Schüler,

mit diesem Trainingsbuch für die Realschule kannst du den **gesamten Unterrichtsstoff der 8. Klasse Wahlpflichtgruppe II/III** trainieren, wiederholen und Lücken selbstständig schließen. Auch bei der Vorbereitung auf Stegreif- und Schulaufgaben kann dir dieses Buch behilflich sein. In den folgenden Schuljahren dient es dir zur Wiederholung.

Das Buch ist folgendermaßen aufgebaut:

- **Kurze Einführungen** schaffen motivierende Einstiege in die Themengebiete.
- In **Merkkästen** sind die wichtigsten Inhalte einprägsam zusammengefasst.
- Zahlreiche **Beispiele mit kleinschrittigen Lösungen und Hinweisen** veranschaulichen das zuvor Gelernte und beleuchten gegebenenfalls Sonderfälle.
- Über 240 abwechslungsreiche **Übungsaufgaben** dienen zur Festigung und Vertiefung des Wissens. Darunter befindet sich eine Vielzahl von vermischten Aufgaben, die das Trainieren von **themenübergreifenden Problemstellungen** ermöglichen.
- Mithilfe der **ausführlichen Lösungen** am Ende des Buches kannst du dich selbst kontrollieren. Die Hinweise und Tipps geben eine zusätzliche Hilfestellung und weisen ggf. auf Fehlerquellen hin.

Folgende Vorgehensweise hilft dir dabei nachhaltig zu lernen:

- Lies dir die Merkkästen und Beispiele eines Kapitels aufmerksam durch. Am besten rechnest du die Beispiele selbst nach.
- Löse dann selbstständig die Übungsaufgaben. Schaue bei Schwierigkeiten nicht in der Lösung nach, sondern gehe noch einmal die entsprechenden Merkkästen und Beispiele durch und versuche es erneut.
- Solltest du trotzdem nicht weiterkommen, schaue in der Lösung nach und merke dir, woran du gescheitert bist. Fehlerhaft gelöste Aufgaben, solltest du nach einigen Tagen nochmals rechnen.

Bei der Arbeit mit dem Buch wünsche ich dir viel Freude und anhaltenden Erfolg in der Schule.

Alexander Köppl

Terme

1 Äquivalenz von Termen

Terme sind Zahlen, Variablen und sinnvolle Verknüpfungen von Zahlen und Variablen durch Rechenzeichen. Richtig interessant werden Terme durch die Variablen, die als Platzhalter für Zahlen dienen. Der **Termwert** kann dann erst durch die Belegung der Variablen mit einer Zahl bestimmt werden.

Um den Termwert von komplizierten Termen zu bestimmen, ist es sinnvoll, zuvor den Term zu vereinfachen. Die dabei hilfreichen Regeln kennst du bereits:

Für die **Addition** und die **Multiplikation** gelten folgende Rechengesetze:

- **Assoziativgesetz:**
  In einer Summe bzw. einem Produkt dürfen die Klammern vertauscht oder auch weggelassen werden. Für a, b, c ∈ ℚ gilt:
  $\mathbf{(a+b)+c=a+(b+c)=a+b+c}$ und $\mathbf{(a \cdot b) \cdot c=a \cdot (b \cdot c)=a \cdot b \cdot c}$
- **Kommutativgesetz:**
  In einer Summe bzw. einem Produkt dürfen die Summanden bzw. die Faktoren vertauscht werden. Für a, b ∈ ℚ gilt:
  $\mathbf{a+b=b+a}$ und $\mathbf{a \cdot b=b \cdot a}$
- **Distributivgesetz:**
  Eine Summe (bzw. Differenz) wird mit einem Faktor multipliziert, indem jeder Summand mit dem Faktor multipliziert und die Produktwerte addiert (bzw. subtrahiert) werden. Für a, b, c ∈ ℚ gilt:
  $\mathbf{a \cdot (b+c)=a \cdot b+a \cdot c}$ und $\mathbf{(a+b) \cdot c=a \cdot c+b \cdot c}$
  $\mathbf{a \cdot (b-c)=a \cdot b-a \cdot c}$ und $\mathbf{(a-b) \cdot c=a \cdot c-b \cdot c}$

Für die **Subtraktion** und die **Division** gibt es **kein Assoziativgesetz** und **kein Kommutativgesetz**.

Beispiel

$$\begin{aligned} 3x \cdot (7+4y)+(57 \cdot 8) \cdot 0,25x &= 3x \cdot 7+3x \cdot 4y+57 \cdot (8 \cdot 0,25x) && \text{Distributivgesetz} \\ &= 21x+12xy+57 \cdot 2x && \text{Assoziativgesetz} \\ &= 21x+12xy+114x && \text{Kommutativgesetz} \\ &= 21x+114x+12xy \\ &= 135x+12xy \end{aligned}$$

Terme dienen oft dazu, Realsituationen zu beschreiben (Umfang, Flächeninhalt, Volumen von Objekten etc.). Dabei kann es vorkommen, dass sich die gleiche Situation durch verschiedene Terme beschreiben lässt. Solche Terme lassen sich dann aber ineinander umformen, sodass sie für alle Belegungen der Variablen dieselben Werte annehmen. Man nennt sie daher **äquivalent** oder gleichwertig.

Terme sind **äquivalent** bezüglich $\mathbb{Q}$ (oder $\mathbb{N}$ oder $\mathbb{Z}$), wenn sie sich mithilfe der Rechengesetze (Assoziativ-, Kommutativ- und Distributivgesetz) so umformen lassen, dass sie übereinstimmen.
Setzt man in **äquivalente Terme** dasselbe Element der Grundmenge ein, liefern sie **denselben Termwert**.

Beispiel

Von einem Quadrat mit der Seitenlänge 3 LE wird ein rechtwinkliges Dreieck mit den Seitenlängen 3x LE, 4x LE und 5x LE ($0 \leqq x \leqq 0{,}75$) abgeschnitten. Der Umfang des entstehenden Fünfecks lässt sich dann auf 2 Arten berechnen:

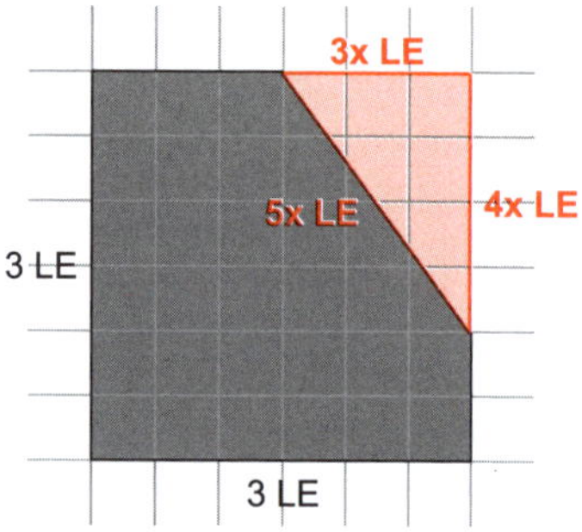

$u_1(x) = (4 \cdot 3 - 3x - 4x + 5x)$ LE

$u_2(x) = (3 + 3 - 4x + 5x + 3 - 3x + 3)$ LE

Stichprobenbelegung mit $x = 0{,}5$:

$u_1(\mathbf{0{,}5}) = (4 \cdot 3 - 3 \cdot \mathbf{0{,}5} - 4 \cdot \mathbf{0{,}5} + 5 \cdot \mathbf{0{,}5})$ LE

$u_1(0{,}5) = (12 - 1{,}5 - 2 + 2{,}5)$ LE

$u_1(0{,}5) = 11$ LE

$u_2(\mathbf{0{,}5}) = (3 + 3 - 4 \cdot \mathbf{0{,}5} + 5 \cdot \mathbf{0{,}5} + 3 - 3 \cdot \mathbf{0{,}5} + 3)$ LE

$u_2(0{,}5) = (6 - 2 + 2{,}5 + 3 - 1{,}5 + 3)$ LE

$u_2(0{,}5) = 11$ LE

Die entsprechenden Terme T_1 und T_2 liefern sogar für alle zulässigen Belegungen dieselben Werte, denn sie sind äquivalent:

$T_1(x) = 4 \cdot 3 - 3x - 4x + 5x$

$T_1(x) = 12 - 2x$

$T_2(x) = 3 + 3 \mathbf{- 4x + 5x} + 3 \mathbf{- 3x} + 3$

$T_2(x) = 3 + 3 + 3 + 3 \mathbf{- 4x + 5x - 3x}$

$T_2(x) = 12 - 2x$

Stelle so um, dass die gleichartigen Terme nebeneinander stehen (Kommutativgesetz), und fasse die gleichartigen Terme zusammen (Assoziativgesetz).

Also gilt: $T_1(x) = T_2(x)$

1 Gib zu folgenden Termen einfachere äquivalente Terme an.

a) $4x^3 - 0{,}1y + 2 \cdot x \cdot 3 \cdot x \cdot x + 2\frac{1}{10}y$ b) $2ac^2 + (16ac) \cdot c - 4a \cdot (7c)^2$

c) $1x + 2y - (7x - x + 15x) - 16 \cdot 0{,}125y$ d) $10 \cdot (2{,}2x - 1{,}95) + \frac{1}{4} + \frac{2}{8}$

e) $(-4{,}25h) - (-0{,}5g)^2 + 2 \cdot (g^2 + 6^2h)$ f) $\left(\frac{1}{80} : \frac{5}{44t} + s\right) \cdot 4 + \left(0{,}22t - 6\frac{s^2}{s}\right) \cdot 3$

2 Sind diese Terme äquivalent?

a) $T_1(x) = -(ab^2)^3$ und $T_2(x) = -a^2 \cdot a \cdot (b^3 \cdot b^2)$

b) $T_1(x) = -x^2 + 2(-2x + 2) + 4$ und $T_2(x) = 4x(-x - 1) + 3(x^2 + 1) + 5$

3 Fülle die Lücken so, dass äquivalente Terme entstehen.

a) $5x + 4y + 7x - \square\, y - y = \square\, x$ b) $9x + 15y = \square \cdot (3x + \square\, y)$

c) $\frac{12}{6} + \square \cdot \frac{1}{2}x = 2 \cdot (\square + 3x)$ d) $\square \cdot \frac{1}{5}x + \frac{81}{27} = \frac{1}{3} \cdot (\square - 3x)$

4 Liegt ein Würfel auf einem Tisch, dann sind nur 5 seiner 6 Seiten sichtbar, da die Seite, mit der der Würfel aufliegt, verdeckt ist.

a) Legt man Würfel aufeinander, so bilden sie einen Turm.
Stelle eine Tabelle auf, aus der man die Anzahl der sichtbaren Würfelseiten eines Turms mit x Würfeln ($x \in \{1; 2; 3; 4; 5\}$) ablesen kann.

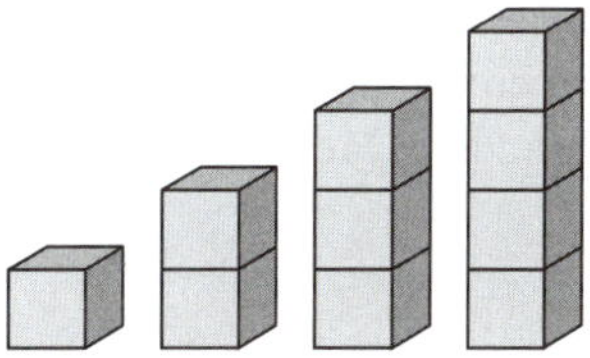

b) Stelle einen Term T(x) für die Anzahl der sichtbaren Würfelseiten eines Turms mit x Würfeln ($x \in \mathbb{N}$) auf. Welche Gesetzmäßigkeit steckt dahinter?

c) Wie viele sichtbare Würfelseiten hat ein Turm, der aus 111 Würfeln besteht?

d) Fabienne erhält für die Anzahl der sichtbaren Seiten eines Würfelturms aus x Würfeln den Term $T_F(x) = (6x - 2x) + 1$. Wie ist sie auf diesen Term gekommen bzw. welche Gesetzmäßigkeit steckt dahinter? Zeige, dass $T_F(x)$ zu T(x) aus Teilaufgabe b äquivalent ist.

e) Paul baut auf dem Tisch eine Straße aus Würfeln so, dass sich nebeneinanderliegende Würfel nur an einer Seite berühren. Stelle einen Term für die sichtbaren Würfelseiten einer Straße aus x Würfeln auf und zeige dessen Äquivalenz zu Pauls kompliziertem Term $T_P(x) = 2(x - 1) + 1 + 2(x + 1) + 1 - x$.

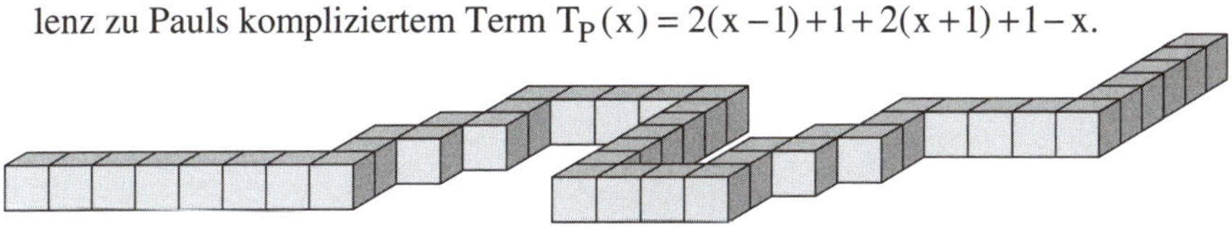

2 Addition und Subtraktion von Summentermen

Beim Vereinfachen längerer Summenterme wendet man das **Kommutativgesetz** an, wobei die Rechenzeichen plus und minus als Vorzeichen der nachfolgenden Zahlen bzw. Variablen aufgefasst werden.

Unter **Summentermen** versteht man Terme, die nur aus Summen bestehen.
Auch **Differenzen** können als Summenterme betrachtet werden:
Für a, b ∈ ℚ gilt: $\mathbf{a - b = a + (-b)}$

Lange Summenterme kann man folgendermaßen vereinfachen:

- Die einzelnen Summanden eines Summenterms dürfen unter **Mitnahme des Vorzeichens** untereinander beliebig umgestellt werden.
- Die **gleichartigen** Summanden eines Summenterms dürfen zusammengefasst werden.

Der Wert des Terms bleibt dabei **unverändert**.

Beispiel

$3x + 4y - 5x + 12y + 3x - 3x^2$ Suche gleichartige Terme und fasse sie zusammen.

$= 3x - 5x + 3x + 4y + 12y - 3x^2$ $1x = x$

$= 1x + 16y - 3x^2$

$= -3x^2 + x + 16y$ Sortiere die Variablen mit der größten Potenz nach vorne. Bei gleicher Potenz sortiere nach dem Alphabet.

Achte darauf, beim Vereinfachen nur gleichartige Terme zusammenzufassen. x^2 ist eine andere Variable als x! Auch 1 m und 1 m^2 kann man nicht zusammenfassen, denn Meter ist eine Längeneinheit und Quadratmeter eine Flächeneinheit.

Für die Addition und Subtraktion von Summentermen benötigt man die **Klammerregeln** zum Auflösen der Klammern:

- Steht ein „+“ vor der Klammer, kann man die Klammer weglassen.
  Für a, b, c ∈ ℚ gilt:
  $\mathbf{a + (b + c) = a + b + c}$ $\mathbf{a + (b - c) = a + b - c}$
- Steht ein „–“ vor der Klammer, kann man es weglassen, wenn man die Vorzeichen aller Summanden in der Klammer ändert. Für a, b, c ∈ ℚ gilt:
  $\mathbf{a - (b + c) = a - b - c}$ $\mathbf{a - (b - c) = a - b + c}$

Steht ein Faktor vor der Klammer, wird jeder Summand mit diesem Faktor multipliziert und anschließend addiert. Für a, b, c, d ∈ ℚ gilt:

$\mathbf{a + d \cdot (b + c) = a + d \cdot b + d \cdot c}$ $\mathbf{a + d \cdot (b - c) = a + d \cdot b - d \cdot c}$

$\mathbf{a - d \cdot (b + c) = a - d \cdot b - d \cdot c}$ $\mathbf{a - d \cdot (b - c) = a - d \cdot b + d \cdot c}$

eispiele

1. $(167x^2-67x^3)+(253x+47x^2)$
$=-67x^3+\mathbf{167x^2}+\mathbf{47x^2}+253x$
$=-67x^3+\mathbf{214x^2}+253x$

Auch wenn es so aussieht, als könne man innerhalb der Klammern vorteilhaft rechnen, dürfen nur gleichartige Terme zusammengefasst werden.

2. $-17(x+3)-x(x+2)+15+x^2$
$=-17x-51-x^2-2x+15+x^2$
$=-\mathbf{17x}-51-\mathbf{x^2}-\mathbf{2x}+15+\mathbf{x^2}$
$=-\mathbf{x^2}+\mathbf{x^2}-\mathbf{17x}-\mathbf{2x}-51+15$
$=-\mathbf{19x}-36$

Löse zuerst die Klammern auf. Beachte dabei die Minuszeichen vor den Klammern.

Wende das Kommutativgesetz an und stelle die gleichartigen Terme wie die Waggons eines Zuges um.

Fasse gleichartige Terme zusammen.

3. Sind die beiden folgenden Terme äquivalent?
$T_1(x)=2x^3+4x^2+10x+11x^2+2x-x^3$
$T_2(x)=22x-(-6x^3-2x^2)-(4x^2+3x-5x^3)-(7x-17x^2)+x^2$

Lösung:
Prüfe, ob $T_1(x)=T_2(x)$ gilt. Dazu werden die beiden Terme vereinfacht und anschließend verglichen:

$T_1(x)=\mathbf{2x^3}+\mathbf{4x^2}+10x+\mathbf{11x^2}+2x-\mathbf{x^3}$ Wenn du die gleichartigen Terme im Kopf zusammenfasst …

$T_1(x)=\mathbf{2x^3}-\mathbf{x^3}+\mathbf{4x^2}+\mathbf{11x^2}+10x+2x$ Kopfrechnen!

$T_1(x)=\mathbf{x^3}+\mathbf{15x^2}+12x$ … sparst du dir Schreibarbeit.

$T_2(x)=22x-(-6x^3-2x^2)-(4x^2+3x-5x^3)-(7x-17x^2)+x^2$
$T_2(x)=22x+\mathbf{6x^3}+\mathbf{2x^2}-\mathbf{4x^2}-3x+\mathbf{5x^3}-7x+\mathbf{17x^2}+\mathbf{x^2}$
$T_2(x)=22x+\mathbf{6x^3}-\mathbf{2x^2}-3x+\mathbf{5x^3}-7x+\mathbf{18x^2}$
$T_2(x)=\mathbf{11x^3}+\mathbf{16x^2}+12x$

Wegen $T_2(x)=T_1(x)+10x^3+x^2$ ist $T_1(x)\neq T_2(x)$. Die beiden Terme sind also nicht äquivalent.

5 Löse die Klammern auf und fasse zusammen.

a) $x+(5y-3x)$
b) $-(9x+3y)+7x$
c) $-3x^2+(4x-2y+3x^2)$
d) $8x^2+2x-(y+2x-8x^2)$
e) $+(2x+4x^2+y)-(3x-2y^2+3y)$
f) $2(3x+5y)+3(3x+5y)+6(3x+5y)$
g) $3x(3x+4y)-11xy+3x-x(x+y)$
h) $-[-(-3x+4y-z)+(-3x+4y-z)]-4y-4y^2$
i) $-5x(3x+6y+2)-10x+5y(y+2x)-20xy$
j) $-\frac{3}{4}\left(\frac{1}{3}x+\frac{2}{3}y\right)\cdot 2x+5\cdot\left(\frac{1}{10}x^2+\frac{2}{5}x^2-4xy\right)$

6 Vereinfache so weit wie möglich.

a) $0{,}8x(1{,}2y+0{,}5x)-0{,}8x^2-0{,}04xy$ b) $3(x-3y)-2(-3x+y)$

c) $-(3x+5y)\cdot 4-4(x-2y)$ d) $2xy\cdot(3-4y+x)-2x\cdot(3y+5xy)$

7 Ergänze die Lücken, sodass auf beiden Seiten äquivalente Terme stehen.

a) $(4x+3y)+(7x+y)=\square\, x+\square$

b) $-(4x+8)+(5x-30)=\square\, x-\square+2x+10$

c) $5-3x=10-8x-(\square+\square\, x)$

d) $2(x+3)+3(y-1)=4x-\square\, x+\square+\square\, y$

e) $(12a-3b)-(\square)=15a+6b$

f) $2(3a-4b)-3(\square)=-9a-2b$

g) $-(3x+8+4y)+(14y+\square^3+3x)=\square\, x+\square-16-11y$

8 Hier wurden Terme umgeformt. Ergänze die Lücken so, dass alles korrekt ist.

a) $-5(x+7y)+\square\cdot(0{,}5x+1{,}5y)=-5x+\square+9x+\square=\square-\square$

b) $(2x-\square)-(\square-5y)=2x-\square-8x+5y=-6x+2y=2(\square+\square)$

c) $3a^2(a+\square)-\square\cdot(-a^2-2b)=\square-3a^2b^2+\square+6b^3=3(\square+2b^3)$

9 Tim und Tom sind Zwillinge und wollen zum gleichen Zeitpunkt mit ihrem Studium fertig sein.
Tim sagt: „Mein Alter bei Beendigung des Studiums erhält man, wenn man zu meinem Alter von vor sieben Jahren mein Alter in 3 Jahren addiert.
Tom sagt: „Ich werde dann doppelt so alt sein wie vor 2 Jahren.
Können beide recht haben? Zeige rechnerisch.

10 Kreuze alle Terme an, die zu $-(x+y)\cdot(-y)-(2x-y)$ äquivalent sind.

- ☐ $-xy+y^2-2x+y$
- ☐ $xy+y^2-2x+y$
- ☐ $x\cdot(y-2)+y\cdot(y+1)$
- ☐ $y\cdot(x-2)+y\cdot(y+1)$
- ☐ $y\cdot(y+x+1)-2x$
- ☐ $2x-y\cdot(y+x+1)$
- ☐ $y-2x+y\cdot(y+x)$
- ☐ $y^2-(2x-xy)+y$

3 Multiplikation von Summentermen

Bei der Multiplikation von Summentermen werden die Summanden paarweise multipliziert. Dabei ist vor allem auf die Vorzeichen zu achten.

Beim **Multiplizieren von Summentermen** wird jeder Summand der 1. Summe mit jedem Summanden der 2. Summe multipliziert und die so entstandenen Produkte werden addiert. Für a, b, c, d ∈ ℚ gilt:

$\mathbf{(a+b)\cdot(c+d)=ac+ad+bc+bd}$

$\mathbf{(a-b)\cdot(c-d)=ac-ad-bc+bd}$

$\mathbf{(a+b)\cdot(c-d)=ac-ad+bc-bd}$

$\mathbf{(a-b)\cdot(c+d)=ac+ad-bc-bd}$

Das „·" zwischen den Klammern kann auch wegfallen:
$(a+b)\cdot(c+d)=(a+b)(c+d)$

Hat die 1. Summe n und die 2. Summe m Summanden, so erhält man nach dem Ausmultiplizieren $n\cdot m$ Summanden.

Beispiele

1. $(2a+5)\cdot(4b+3)$

Jeder Summand der 1. Klammer wird mit jedem Summanden der 2. Klammer multipliziert.

$=2a\cdot4b+2a\cdot3+5\cdot4b+5\cdot3$

Die Ergebnisse werden addiert.

$=8ab+6a+20b+15$

2. $(2a-5)\cdot(3b+4)$

$=[2a+(-5)]\cdot(3b+4)$

$=2a\cdot3b+2a\cdot4+(-5)\cdot3b+(-5)\cdot4$

$=6ab+8a-15b-20$

Die Differenz 2a – 5 kann auch als Summe 2a + (–5) geschrieben werden.
Wendet man die obige Regel aus dem Merkkasten an, gelangt man sofort zur Darstellung in der letzten Zeile.

3. $(3x-7)\cdot(2x+5+y)$

$=6x^2+15x+3xy-14x-35-7y$

$=6x^2+3xy+x-7y-35$

Auch für mehrgliedrige Summen gilt: Jeder Summand der 1. Klammer wird mit jedem Summanden der 2. Klammer multipliziert.
Man erhält $2\cdot3=6$ Summanden.

11 Vereinfache.

a) $(a-b)(b-a)$

b) $(8x+2{,}5y)\cdot(8x+2{,}5y)$

c) $(3x^2+y)(x-4y)$

d) $(-m-3n)(-n^2-3m)$

e) $\left(\frac{3}{5}x^2-y+\frac{5}{2}xy\right)(20y^2-xy)$

f) $\left(\frac{1}{6}k+t-3\frac{1}{2}kt\right)\left(-15kt-k^2+\frac{2}{7}\right)$

Bei der Addition/Subtraktion und der Multiplikation von Summentermen geht man folgendermaßen vor:

- Vereinfache – falls möglich – innerhalb der Klammern.
- Löse die Klammern mithilfe der Klammerregeln und der Multiplikationsregel auf.
- Vereinfache den entstandenen Summenterm so weit wie möglich.

Beispiel

$(2ab+1)(2ab-1)(1+b)-(b-2)(b-1)$

Berechne mehrgliedrige Produkte schrittweise.

$=(4a^2b^2-2ab+2ab-1)(1+b)-(b^2-b-2b+2)$

Vereinfache auch innerhalb der Klammern.

$=(4a^2b^2-1)(1+b)-b^2+3b-2$

$=4a^2b^2+4a^2b^3-1-b-b^2+3b-2$

$=4a^2b^3+4a^2b^2-b^2+2b-3$

12 Beachte die Punkt-vor-Strich-Regel und vereinfache.

a) $2x(x+3)-(x-4)$

b) $\frac{1}{2}x\left(3-\frac{1}{2}x\right)-5(4x+8)$

c) $-(x+2)\cdot(x+3)\cdot(x-3)$

d) $-2(x-7)(x+1)(x+2)$

e) $-(x+1)(x+1)(-2+x)+x(x+4)(x-4)$

f) $(3x+2)(x-2)+2(x-3)(x+3)$

g) $(2x-3y)(2x+3y)(x+2)-(4x^3+9y^2x)$

13 Ergänze die Lücken, sodass auf beiden Seiten äquivalente Terme stehen.

a) $(4x+3y)(7x+y)=\square\,x^2+\square\,xy+\square\,y^2$

b) $-(4x+8)(5x-30)=-20\square+\square\,x+\square$

c) $5-4x=(10-8x)(\square+\square\,x)$

d) $2(x+3)\cdot 3(y-1)=6(\square\,x+\square\,xy+\square\,y-\square)$

e) $(12a-3b)(3b-12a)(12a+3b)=(3b-12a)(3b+12a)(\square\;\square\;\square)$

14 Wenn man das Produkt aus dem um 6 vermehrten Vierfachen einer Zahl und dem um 4 verminderten Doppelten der Zahl bildet, so erhält man eine durch 2 teilbare Zahl. Stelle den Term auf, prüfe die Behauptung und gib einen weiteren Teiler der gefundenen Zahl an.

15 Hier wurden Terme umgeformt. Ergänze die Lücken so, dass alles korrekt ist.

a) $(x+7y)\cdot(\square+1{,}5y)=1{,}5x\cdot(2x+y)+\square\,y\cdot(2x+y)$

b) $(2x-\square)\cdot(\square-5y)=2x-\square-1+5y=2x(\square+\square)-1+5y$

c) $3a^2(a+\square)\cdot\left(\frac{1}{a^2}-2b\right)=(\square+3a^2b)\cdot\left(\frac{1}{a^2}-2b\right)$

$\quad=3a(\square-\square)+3b(\square-\square)$

16 Kreuze alle Terme an, die zu $-(x+y)(2x-y)$ äquivalent sind.

☐ $-2x^2-xy-2xy-y^2$	☐ $-2x^2+xy-2xy+y^2$
☐ $(y-2x)(x+y)$	☐ $(x-y)(2x-y)$
☐ $-2x^2-xy-y^2$	☐ $-(2x^2-xy+y^2)$
☐ $-2x(x+y)+y^2$	☐ $-2x^2-(x+y)y$

17 Ein Quadrat ABCD hat die Seitenlänge x cm mit $x\geq 3$. Die Seite [AB] wird um 2 cm und die Seite [AD] um 3 cm verkürzt, sodass ein Rechteck entsteht.

a) Bestimme jeweils den Umfang von Quadrat und Rechteck in Abhängigkeit von x.

b) Bestimme jeweils den Flächeninhalt von Quadrat und Rechteck in Abhängigkeit von x.

18 Mehmet stellt zur Berechnung der grauen Fläche folgenden Term auf:
$A_M=(a-d)(b-f)+(a-e-d)f+d(b-c)$

Sina kommt auf diesen Term:
$A_S=(a-d)c+a(b-c-f)+(a-e)f$

Zeige, dass beide recht haben, indem du zunächst die Äquivalenz der Terme nachweist. Zeichne dann die Aufteilung der grauen Fläche in entsprechende Teilflächen, die Mehmet und Sina jeweils vorgenommen haben, um auf ihre Formeln zu kommen.

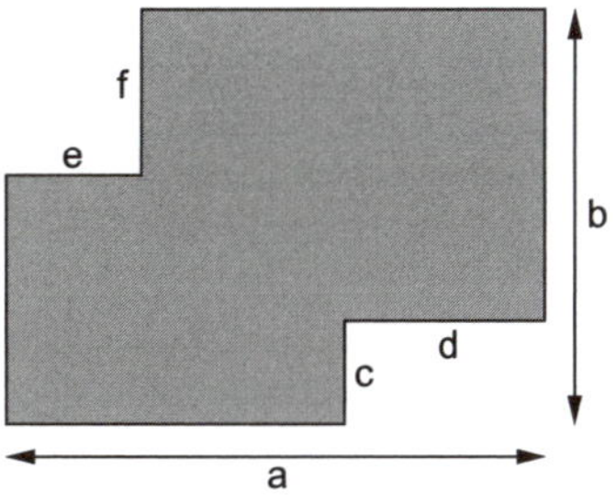

19 Welcher Term passt zu welcher Fläche?

	A_1	A_2	A_3
$A = ab + (a - c)(d - b)$	☐	☐	☐
$A = ad - cb$	☐	☐	☐
$A = (a - c)d + c(d - b)$	☐	☐	☐
$A = ad - c(d - b)$	☐	☐	☐
$A = (a - c)(d - b) + (a - c)b + cb$	☐	☐	☐
$A = (a - b)(d + c) - ac + bd$	☐	☐	☐

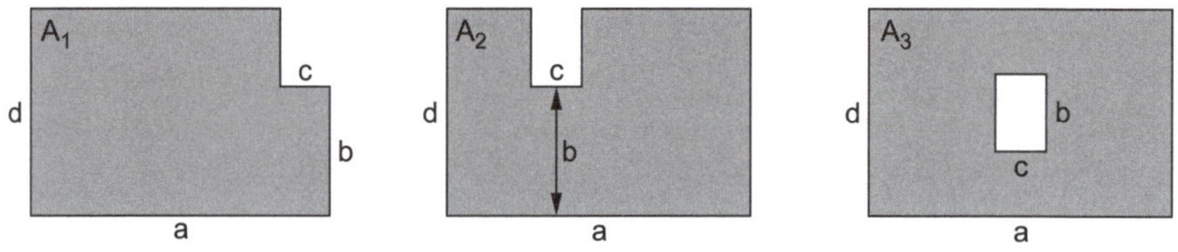

4 Faktorisieren

Beim **Faktorisieren** sucht man nach **gleichen Termen bzw. Faktoren**, um sie mithilfe des Distributivgesetzes $a \cdot b + a \cdot c = a \cdot (b + c)$ auszuklammern und den Term so zu vereinfachen.

Enthalten die Summanden eines Summenterms alle den gleichen Faktor, so kann der Summenterm durch **Ausklammern** dieses Faktors in einen Produktterm umgewandelt (faktorisiert) werden. Diesen Vorgang nennt man **Faktorisieren**. Umgekehrt kann ein Produktterm durch Ausmultiplizieren in einen Summenterm umgewandelt werden.

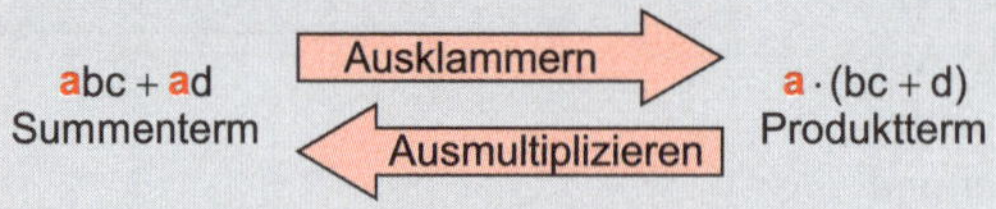

Beachte, dass die zu faktorisierende Zahl/Variable bei **allen** Termen vorkommen muss, bei denen du sie ausklammern willst.

Beispiel

$16x^2 + 24x + 120xy$
$= 4 \cdot 4x^2 + 4 \cdot 6x + 20 \cdot 6xy$
$= \mathbf{4} \cdot 4x^2 + \mathbf{4} \cdot 6x + \mathbf{4} \cdot 5 \cdot 6xy$
$= \mathbf{4} \cdot (4x^2 + 6x + 6 \cdot 5xy)$
$= 4 \cdot (2 \cdot \mathbf{2} \cdot \mathbf{x} \cdot x + \mathbf{2} \cdot 3 \cdot \mathbf{x} + \mathbf{2} \cdot 3 \cdot 5 \cdot \mathbf{x} \cdot y)$
$= 4 \cdot \mathbf{2x} \cdot (2 \cdot x + 3 + 3 \cdot 5 \cdot y)$
$= 8x(2x + 3 + 15y)$

Findest du auf Anhieb keine gemeinsamen Zahlen, zerlege die Zahlen in Faktoren.

Die 4 kommt als Faktor in allen Summanden vor und kann ausgeklammert werden.

Die Zahlen in der Klammer werden weiter in Primfaktoren zerlegt, um auch die restlichen gemeinsamen Faktoren zu finden.

Ist es nicht möglich, in allen Summanden eines Terms gleiche Zahlen/Variablen zu finden, so kannst du versuchen, kleinere Teile des Terms zu faktorisieren.

Beispiel

$15ab + 6a + 20b + 8$
$= 3a\mathbf{(5b + 2)} + 4\mathbf{(5b + 2)}$
$= (3a + 4)\mathbf{(5b + 2)}$

Die ersten beiden Summanden haben den Faktor 3a gemeinsam, die letzten beiden die Zahl 4.
Jetzt sieht man, dass in beiden Summanden der Term (5b + 2) vorkommt, der nun ausgeklammert werden kann.

20 Klammere bei den folgenden Termen den angegebenen Faktor aus.

a) $3z^2 + 6z;\quad 3$
b) $8u^2 - 2u;\quad 2u$
c) $4u^2 - 6t;\quad 4$
d) $\frac{1}{3}x^2 + 2;\quad \frac{1}{3}$
e) $3v^2 + 4v;\quad \frac{1}{3}v$
f) $4a + 6b;\quad -\frac{1}{2}$

21 Faktorisiere und verwandle so die Summenterme in Produktterme.

a) $50a^2 + 12{,}5a + 4ab + b$
b) $6x^2 + 6x + 2y + 2xy$
c) $24b + 18ab + 32 + 24a$
d) $17x^2 + 28xy + 4x + \left(\frac{1}{4}\right)^{-2} x$
e) $3x^2y - 6 - 9xy + 2x$
f) $\frac{2}{3}mn^2 + 2m^2n - 4mn - 12m^2$

Wenn du bei einem Term der Form $T(x) = x^2 + bx + c$ nicht sofort siehst, was du ausklammern kannst, um den Term zu faktorisieren, gibt es noch eine weitere Möglichkeit, um Linearfaktoren zu finden. Allerdings sollte dafür vor der quadratischen Variable stets eine 1 stehen (also x^2). Die folgende Methode wird vor allem bei ganzzahligen Faktoren b und c angewandt.

Faktorisieren von Termen der Form $T(x) = x^2 + bx + c$

- Faktorisiere c
- Suche die Zerlegung $c = c_1 \cdot c_2$ von c, sodass $b = c_1 + c_2$ gilt
- Faktorisiere T folgendermaßen: $T(x) = (x + c_1)(x + c_2)$

Beispiele

1. $T(x) = x^2 + 4x + 3$

- Faktorisiere die Zahl ohne Variable, hier $c = 3$:

$3 = c_1 \cdot c_2 = \mathbf{1 \cdot 3}$
$3 = c_1 \cdot c_2 = (-1) \cdot (-3)$
$3 = c_1 \cdot c_2 = 1{,}5 \cdot 2$
$3 = c_1 \cdot c_2 = (-1{,}5) \cdot (-2)$
⋮

Es gibt verschiedene Möglichkeiten, die Zahl 3 zu faktorisieren.

- $T(x) = (x + c_1)(x + c_2) = (x + 1)(x + 3)$

Probe:
$(x + 1)(x + 3) = x^2 + 3x + 1x + 3$
$= x^2 + 4x + 3$

Suche aus den Gleichungen diejenige heraus, bei der die beiden Faktoren c_1 und c_2 zusammengezählt $b = 4$ ergeben. Das ist hier bei der ersten Gleichung der Fall.

2. $T(x) = x^2 - x - 6$

- Faktorisiere $c = -6$:

$-6 = c_1 \cdot c_2 = (-2) \cdot (+3)$
$-6 = c_1 \cdot c_2 = \mathbf{(-3) \cdot (+2)}$
$-6 = c_1 \cdot c_2 = (-1) \cdot (+6)$
⋮

- $T(x) = x^2 - x - 6 = (x - 3) \cdot (x + 2)$

Suche die beiden Faktoren c_1 und c_2, die zusammengezählt $b = -1$ ergeben ($-x = -1x$).

22 Faktorisiere.

a) $x^2 + 5x + 6$
b) $x^2 + x - 6$
c) $x^2 - 6x + 9$
d) $b^2 + 3b - 4$
e) $y^2 + y - 12$
f) $x^2 - 17x + 30$
g) $x^2 - 4$
h) $x^2 - 121$

23 Faktorisiere in ein Produkt aus 3 Faktoren.

a) $3x^2 - 12x + 12$
b) $5a^2 - 25a + 30$
c) $270b^2 - 1\,080b - 1\,350$
d) $-208 - 36c + 4c^2$

5 Nullstellen

Ein Produkt wird null, wenn mindestens einer seiner Faktoren den Wert null annimmt. Dieser einfache Zusammenhang wird nun ausgenutzt, um eine andere Methode zur Faktorisierung eines Terms anzugeben und Aussagen über Terme zu treffen. Dazu werden zunächst die **Nullstellen** von Termen betrachtet.

Eine Belegung x, für die ein Term T den Wert $T(x) = 0$ annimmt, heißt **Nullstelle** von T.
- Ein linearer Term hat 1 oder 0 Nullstellen.
- Ein quadratischer Term hat 2, 1 oder 0 Nullstellen.

Beispiele

1. $T(x) = x - 4$ hat die Nullstelle 4, denn $T(4) = 4 - 4 = 0$.

2. $T(x) = x^2 - 4$ hat die Nullstellen –2 und 2, denn $T(-2) = (-2)^2 - 4 = 0$ und $T(2) = 2^2 - 4 = 0$.

3. $T(x) = x^2 + 4$ hat keine Nullstellen, denn $x^2 + 4 \geqq 4$ für alle $x \in \mathbb{Q}$.

Mitunter ist die Nullstellenbestimmung eines Terms aber nicht so einfach wie in den obigen Beispielen. Man geht dann wie folgt vor.

Nullstellenbestimmung eines Termes
- Faktorisiere den Term so weit wie möglich.
- Untersuche, wann die einzelnen Faktoren null ergeben.
- Die Nullstellen der Faktoren sind die gesuchten Nullstellen des Terms.

Beispiel

$T(x) = 3x^2 - 3x - 60$ — Klammere 3 aus.

$T(x) = 3(x^2 - x - 20)$ — Faktorisiere –20: $-20 = (-5)(+4) \rightarrow -5 + 4 = -1$

$T(x) = 3(x - 5) \cdot (x + 4)$

Bestimmung der Nullstellen:

$T(x) = 0 \quad \Leftrightarrow \quad (x - 5) = 0 \quad \vee \quad (x + 4) = 0$

$\Leftrightarrow \quad x = 5 \quad \vee \quad x = -4$

Ein Produkt wird genau dann null, wenn einer seiner Faktoren null wird.

24 Bestimme die Nullstelle(n) von folgenden Termen.

a) $T(a) = 3\left(a + \frac{1}{3}\right)$

b) $T(b) = b \cdot (b+1)^2$

c) $T(c) = 9c^2 - 1$

d) $T(d) = d^2 + 7d$

e) $T(e) = e^2 + 7e + 12$

f) $T(f) = 4f^2 - 4f - 48$

g) $T(g) = g^2 - 4$

h) $T(h) = h^2 - 5h + 6{,}25$

Wenn du bei einem Term der Form $T(x) = x^2 + bx + c$ nicht siehst, wie du c in Faktoren c_1 und c_2 zerlegen musst, um $b = c_1 + c_2$ zu erhalten und so den Term zu faktorisieren, gibt es noch eine weitere Möglichkeit, um Linearfaktoren zu finden:

Faktorisieren von Termen der Form $T(x) = x^2 + bx + c$ mithilfe der Nullstellen

- Bestimme die Nullstellen x_1 und x_2 von T mithilfe einer Wertetabelle (oder durch Raten).
- Faktorisiere T folgendermaßen: $T(x) = (x - x_1)(x - x_2)$

Beispiel

x	–3	**–2**	–1	0	**1**	2	3	4
$T(x) = x^2 + x - 2$	4	**0**	–2	–2	**0**	4	10	18

Nullstellen von T: $x_1 = -2$ und $x_2 = 1$ $\Rightarrow$ $T(x) = x^2 + x - 2 = (x+2)(x-1)$

25 Bestimme die Produktform der folgenden Terme, deren Nullstellen alle im ganzzahligen Intervall [–10; 10] liegen.

a) $x^2 - 100$

b) $x^2 - 3x + 2$

c) $x^2 + 5x - 50$

d) $x^2 + x - 20$

e) $x^2 - 11x + 18$

f) $7x^2 + 21x + 14$

6 Binomische Formeln

In der Mathematik werden zweigliedrige Summen wie $(a+b)$ oder $(a-b)$ als **Binome** bezeichnet. Oft tritt beim Rechnen der Fall auf, dass man zwei Binome multipliziert, die identisch sind oder die sich nur in einem Rechenzeichen unterscheiden:

$$(a+b)\cdot(a+b)=a^2+ab+ab+b^2=a^2+2ab+b^2$$

$$(a-b)\cdot(a-b)=a^2-ab-ab+b^2=a^2-2ab+b^2$$

$$(a+b)\cdot(a-b)=a^2-ab+ab-b^2=a^2-b^2$$

Um dir selbst das Rechnen zu erleichtern, solltest du dir diese **binomischen Formeln** gut einprägen. Dabei kürzt man $(a+b)(a+b)$ mit $(a+b)^2$ und $(a-b)(a-b)$ mit $(a-b)^2$ ab.

Binomische Formeln

1. binomische Formel (+ Formel)
   $(a+b)^2=a^2+2ab+b^2$
2. binomische Formel (– Formel)
   $(a-b)^2=a^2-2ab+b^2$
3. binomische Formel (+– Formel)
   $(a+b)\cdot(a-b)=a^2-b^2$

Die 1. und die 2. binomische Formel unterscheiden sich auf der rechten Seite nur im Vorzeichen des mittleren Terms.

Beispiele

1. $\left(\frac{x}{2}+3\right)^2=\left(\frac{x}{2}\right)^2+2\cdot\frac{x}{2}\cdot3+3^2$ — 1. binomische Formel

$\quad a \quad b \qquad a^2+2\cdot a\cdot b+b^2$

$=\frac{x^2}{4}+3x+9$ — Ein Bruch wird quadriert, indem man Zähler und Nenner quadriert.

2. $\left(\frac{1}{4}x-8\right)^2=\left(\frac{1}{4}x\right)^2-2\cdot\left(\frac{1}{4}x\right)\cdot8+8^2$ — 2. binomische Formel

$=\frac{1}{16}x^2-4x+64$

3. $(-3x+4)(3x+4) = (4-3x)(4+3x)$
$= 16-9x^2$

3. binomische Formel
Wenn du noch unsicher bist, ordne die Zahlen / Variablen wie in den binomischen Formeln.

4. $(-4x-3y)^2 = (-4x)^2 - 2\cdot(-4x)\cdot 3y + (3y)^2$
$= 16x^2 + 24xy + 9y^2$

Alternativ:

$(-4x-3y)^2 = [(-1)(4x-3y)]^2$
$= (-1)^2(4x+3y)^2$
$= (4x+3y)^2$
$= 16x^2 + 24xy + 9y^2$

Multipliziert man zwei Minuszeichen miteinander, ergibt sich ein Pluszeichen. Also vereinfacht man $(-a-b)^2 = (-1)^2 \cdot (a+b)^2 = (a+b)^2$ wie in der 1. binomischen Formel.

26 Wende die binomischen Formeln an.

a) $(6+z)^2$
b) $(b-1)^2$
c) $(3x-4z)^2$
d) $(4x+3)^2$
e) $\left(y+\frac{3}{4}\right)^2$
f) $\left(z-3\frac{1}{2}\right)^2$
g) $(2a-4b)(2a+4b)$
h) $(1,5x-5y)(5y+1,5x)$

27 Fülle die Leerstellen so aus, dass eine binomische Formel entsteht.

a) $x^2 - \square + 81y^2 = (x - \square)^2$
b) $a^2 + \square + 4b^2 = \square$
c) $x^2 + 6x + \square = \square$
d) $y^4 + \square + \frac{1}{25y^2} = \square$
e) $a^2 - \square + \frac{9}{4} = \square$
f) $(x - \square)(x + \square) = x^2 \square 4a^4y^2$
g) $(c + \square)(2b - \square) = \square$
h) $z^2 + yz + \square = \square$

28 Prüfe durch Umformung, ob T_1 und T_2 äquivalent sind.

a) $T_1 = (10x-5y)^2$ und $T_2 = 100x^2 + 100xy + 25y^2$
b) $T_1 = (1\,000x + 0,5)^2$ und $T_2 = 1\,000\,000x^2 + 0,25y^2 + 1\,000xy$
c) $T_1 = (25a-49b)(25a+49b)$ und $T_2 = 5a^2 - 7b^2$
d) $T_1 = (2x-y)^2$ und $T_2 = (y-2x)^2$
e) $T_1 = (3y-2z)^2$ und $T_2 = (-2z-3y)^2$
f) $T_1 = \left(\frac{8c}{12} - \frac{6d^4}{3}\right)\left(\frac{8c}{12} + \frac{6d^4}{3}\right)$ und $T_2 = 4\cdot\left(\frac{c^2}{9} - d^8\right)$

29 Schreibe ohne Klammern.

a) $4\cdot\left(\frac{1}{2}x-\frac{4}{3}y\right)^2$

b) $\frac{30}{25}\cdot\left(\frac{3}{5}x+\frac{5}{6}y\right)^2$

c) $(-x+4)(-x-4)$

d) $[5\cdot(1{,}5x-1{,}4y)]^2$

e) $((1+x^2)^2)^2$

f) $(3z-8)\,(3z+8)\,(9z^2+64)$

30 Vereinfache mithilfe der binomischen Formeln.

a) $2(a-b)^2+5b^2-2a^2$

b) $(4+11y)^2-(11y-4)^2+(y+4)(y-4)$

c) $(1{,}2x^2+3)\,(1{,}2x^2-3)-(1{,}2x^2+3)^2$

d) $\left(\frac{1}{2}x-3\right)^2-\left(\frac{3}{2}x+2\right)^2+2x^2$

31 Löse die Klammern auf und fasse zusammen.

a) $(3x+y)^2-(3x-y)^2$

b) $(5x+3)(5x-3)-(5-3x)^2$

c) $(3y+4x)^2-(4x-2y)\cdot(4x+2y)$

d) $(x-2y)^2+(x+2y)^2-4y^2-2x^2$

e) $-3\left(\frac{y}{2}+\frac{3}{4}z\right)^2+2y\left(\frac{3y}{8}+\frac{yz}{4}\right)+\frac{11}{16}z^2$

f) $(1{,}4a^2+b)(1{,}4a^2-b)+0{,}04a^4+b^2$

g) $\left(\frac{1}{4}+x\right)^2+x^2(x^{-1}-2)-\left(\frac{1}{2}x+1\right)\left(\frac{1}{2}x-1\right)$

32 Gegeben sind die Terme $T_1(x)=-(x-2)^2+5$ und $T_2(x)=(x-5)^2-4$.

a) Mache eine Stichprobenbelegung mit 2 und 5 für T_1 und T_2.

b) Begründe, ohne die Terme umzuformen, dass T_1 und T_2 nicht äquivalent sind.

c) Bestimme Terme $T_a(x)$ und $T_b(x)$ so, dass $-(x-5)^2+T_a(x)$ zu $T_1(x)$ äquivalent ist und $(x-2)^2+T_b(x)$ zu $T_2(x)$.

33 a) Aus einem Quadrat mit Seitenlänge x LE wird ein Quadrat mit Seitenlänge a LE, $0 < a < x$, ausgeschnitten. Gib Länge und Breite eines Rechtecks an, das den gleichen Flächeninhalt hat wie die entstandene Figur.

b) Ein Quadrat mit Seitenlänge y LE wird an zwei Seiten um b LE verlängert und an den anderen beiden Seiten um b LE verkürzt. Kann man $b \in]0; y[$ so wählen, dass das entstehende Rechteck den gleichen Flächeninhalt wie das ursprüngliche Quadrat hat?

34 Stelle den Flächeninhalt der grauen Fläche in Abhängigkeit von $x \in \mathbb{Q}$ dar. Vereinfache den gefundenen Term so weit wie möglich.

a)
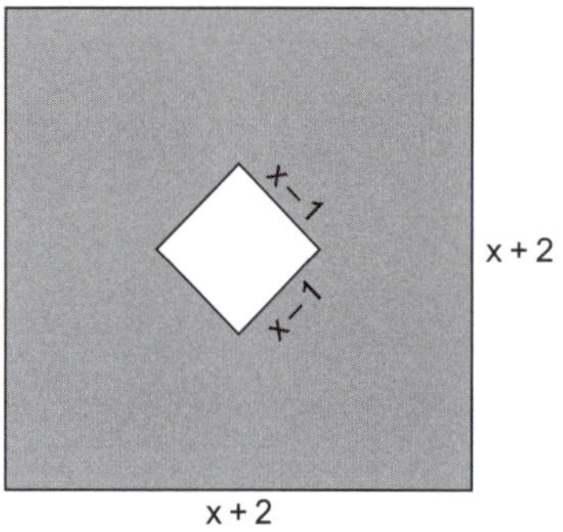

b)
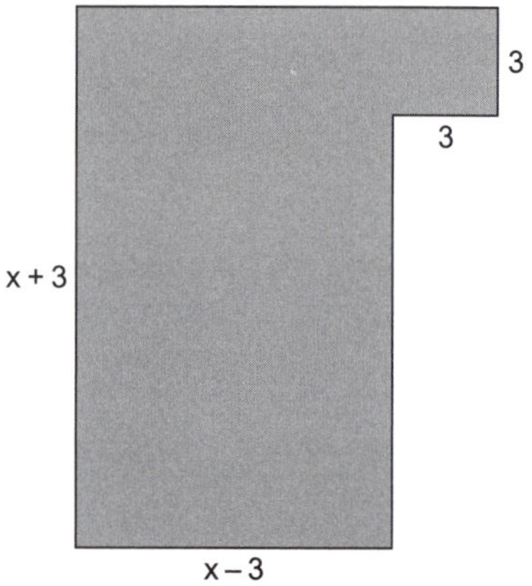

c)
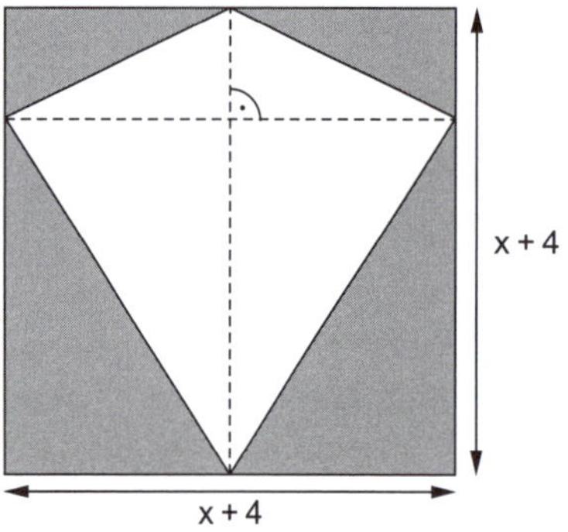

d)
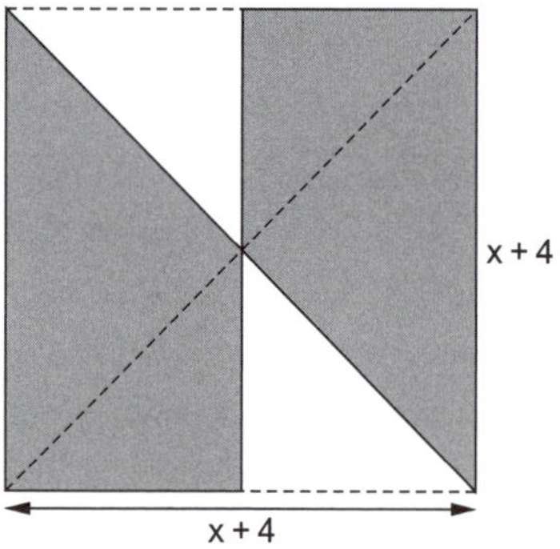

Faktorisieren mithilfe binomischer Formeln

Liest man die binomischen Formeln in umgekehrter Richtung, so erhält man eine Anleitung zum Faktorisieren.

1. binomische Formel (umgekehrt)
$a^2 + 2ab + b^2 = (a+b)^2$

2. binomische Formel (umgekehrt)
$a^2 - 2ab + b^2 = (a-b)^2$

3. binomische Formel (umgekehrt)
$a^2 - b^2 = (a+b)\cdot(a-b)$

Die 1. und die 2. umgekehrte binomische Formel unterscheiden sich auf der linken Seite nur im Vorzeichen des mittleren Terms.

Beispiele

1. $4 + 18x + 9x^2 = (2+3x)^2$

$\downarrow \quad \downarrow \quad \downarrow \quad \uparrow \quad \uparrow$

$a^2 + 2ab + b^2 = (a+b)^2$

1. binomische Formel mit
$a^2 = 4 \rightarrow a = 2$
$b^2 = 9x^2 \rightarrow b = 3x$

2. $25x^2 - 4 = (5x+2)(5x-2)$

$\downarrow \quad \downarrow \quad \uparrow \quad \uparrow \quad \uparrow \quad \uparrow$

$a^2 - b^2 = (a+b)\ (a-b)$

3. binomische Formel
$a^2 = 25x^2 \rightarrow a = 5x$
$b^2 = 4 \rightarrow b = 2$

35 Schreibe folgende Terme als Produkt.

a) $a^2 + 4ab + 4b^2$

b) $4z^2 - 12z + 9$

c) $b^2 - \frac{1}{2}b + \frac{1}{16}$

d) $b^8 - 25b^4$

e) $4c^2 - 8cd + 4d^2$

f) $-b^2 + 2ba - a^2$

g) $4 - x^2$

h) $\frac{1}{9}z^2 - \frac{1}{4}w^2$

36 Faktorisiere so weit wie möglich. Klammere dazu gegebenenfalls erst aus.

a) $3a^2 - 3a + \frac{3}{4}$

b) $-2x^2 - 10x - 12{,}5$

c) $3y^3 - 6y^2 + 3y$

d) $\frac{a}{2}x^2 + \frac{a^2}{2}x + \frac{a^3}{8}$

e) $9a^2 + 24ab + 16b^2$

f) $5b^5 - 4b^4$

g) $27b^5 - 3b^3$

h) $\frac{5}{4}x^2 - 2x + \frac{4}{5}$

Die binomischen Formeln erweisen sich auch bei der **Berechnung von Quadraten und zweigliedrigen Produkten** als hilfreich.

- Quadrate a^2 können mithilfe der 1. und 2. binomischen Formel leicht berechnet werden, indem man a als Differenz/Summe mit dem nächstgelegenen/einem günstigen Vielfachen von 10 schreibt und quadriert:
  $12^2 = (10+2)^2 = 100 + 40 + 4 = 144$
  $18^2 = (20-2)^2 = 400 - 80 + 4 = 324$
- Produkte $a \cdot b$, deren Faktoren eine gerade Differenz $a - b = 2d$ aufweisen, können mithilfe der 3. binomischen Formel leicht berechnet werden:
  – Bestimme d mit $a - b = 2d$
  – Berechne $[(a-d)+d)] \cdot [(a-d)-d] = (a-d)^2 - d^2$
  Es gilt: $(a-d)^2 - d^2 = [(a-d)+d)] \cdot [(a-d)-d] = a \cdot (a-2d) = a \cdot b$

Beispiele

1. $91^2 = (90+1)^2 = 90^2 + 2 \cdot 90 \cdot 1 + 1^2 = 8\,100 + 180 + 1 = 8\,281$

91 liegt nahe bei 90 und kann als Summe mit 90 geschrieben werden: $91 = 90 + 1$
Das Quadrat dieser Summe kann mit der 1. binomischen Formel leicht berechnet werden.

2. $119^2 = (120-1)^2 = 120^2 - 2 \cdot 120 \cdot 1 + 1^2 = 14\,400 - 240 + 1 = 14\,161$

119 liegt nahe bei 120 und kann als Differenz mit 120 geschrieben werden: $119 = 120 - 1$
Das Quadrat dieser Differenz kann mit der 2. binomischen Formel leicht berechnet werden.

3. $23 \cdot 17 = (20+3) \cdot (20-3) = 20^2 - 3^2 = 400 - 9 = 391$

Die Differenz $23 - 17 = 6 = 2 \cdot \mathbf{3} = 2 \cdot \mathbf{d}$ ist gerade. Es gilt:
$23 = (23 - \mathbf{3}) + \mathbf{3} = 20 + \mathbf{3}$ und
$17 = (23 - \mathbf{3}) - \mathbf{3} = 20 - \mathbf{3}$

4. $124 \cdot 156 = (140-16) \cdot (140+16) = 140^2 - 16^2 = 19\,600 - 256 = 19\,344$

Die Differenz $156 - 124 = 32 = 2 \cdot \mathbf{16} = 2 \cdot \mathbf{d}$ ist gerade. Es gilt:
$124 = (156 - \mathbf{16}) - \mathbf{16} = 140 - \mathbf{16}$ und
$156 = (156 - \mathbf{16}) + \mathbf{16} = 140 + \mathbf{16}$

37 Berechne die Quadrate mithilfe der 1. und 2. binomischen Formel.

a) 22^2
b) 98^2
c) 43^2
d) 49^2
e) 103^2
f) 225^2
g) 113^2
h) $10\,012^2$

38 Berechne den Wert des Produkts mithilfe der 3. binomischen Formel.

a) $4 \cdot 28$

b) $11 \cdot 27$

c) $18 \cdot 22$

d) $17 \cdot 23$

e) $108 \cdot 132$

f) $225 \cdot 275$

39 Mithilfe der 1. binomischen Formel lassen sich die Quadrate von natürlichen Zahlen der Form $x \cdot 10 + 5$ mit Einerstelle 5 besonders leicht berechnen, denn es gilt:

$$\begin{aligned}(x \cdot 10+5)^2 &= (x \cdot 10)^2 + 2 \cdot x \cdot 10 \cdot 5 + 5^2 \\ &= x^2 \cdot 100 + x \cdot 100 + 25 \\ &= (x^2 + x) \cdot 100 + 25\end{aligned}$$

Beispiel: $15^2 = (\mathbf{1} \cdot 10 + 5)^2$

$\ldots$

$= (\mathbf{1}^2 + \mathbf{1}) \cdot 100 + 25 = 225$

Berechne nun die folgenden Quadrate im Kopf.

a) 25^2

b) 35^2

c) 55^2

d) 75^2

e) 105^2

f) 125^2

40 Berechne vorteilhaft (ohne Taschenrechner).

a) $(525 - 21^2)(15^2 - 13^2)$

b) $\frac{1}{226^2}(125^2 - 101^2)^2$

c) $(106^2 - 27^2) \cdot \frac{81 \cdot 133}{(106+27)^2}$

d) $\frac{\left(\frac{2}{10} - \frac{4}{25}\right)^2}{\frac{1}{4} - \frac{2}{5} + \frac{4}{25}}$

7 Extremwertaufgaben

Kennzeichnend für einen Berg bzw. ein Tal sind u. a. deren Höhe bzw. Tiefe. Nicht anders ist es in der Mathematik bei **Extremwertaufgaben**, in denen Terme $T(x) = ax^2 + bx + c$ mit $a, b, c \in \mathbb{Q}$ untersucht werden, deren Verlauf ein Tal oder einen Berg aufweist, und in denen nach der Lage des tiefsten bzw. höchsten Punktes gefragt wird.

Falls es eine Belegung x in der Grundmenge $\mathbb{G}$ eines Terms T gibt, sodass alle anderen Termwerte **größer** bzw. **kleiner** als T(x) sind, so hat T bei x ein **Minimum** bzw. **Maximum**. T(x) heißt dann auch **Minimalwert T_{min}** bzw. **Maximalwert T_{max}** von T. Minimum und Maximum bezeichnet man auch als **Extremwerte** des Terms.

Beispiel

Wo hat der Term $T(x) = x^2 + 2$ ($\mathbb{G} = \mathbb{Q}$) sein Minimum?

Lösung:

Für alle $x \in \mathbb{Q}$ gilt: $x^2 \geqq 0 \quad |+2$

$\Leftrightarrow \quad x^2 + 2 \geqq 2$

Somit ist $T(x) = x^2 + 2$ für alle x aus $\mathbb{Q}$ größergleich 2.

Da $T(0) = 2$ gilt, ist $x = 0$ die Belegung, für die T(x) den kleinstmöglichen Termwert $T_{min} = 2$ annimmt, und damit hat T bei $x = 0$ ein Minimum.

7.1 Extremwertbestimmung mithilfe von Wertetabellen

Mithilfe von numerischen und grafischen Wertetabellen kannst du dir einen Überblick über die Verteilung der Termwerte auf einem ganzzahligen Intervall verschaffen. Sie bieten dir also eine anschauliche Möglichkeit, Extremwerte von Termen zu bestimmen.

Beispiel

Gegeben ist der Term $T(x) = 0{,}5x^2 + x - 1$.

a) Erstelle eine numerische Wertetabelle für $x \in [-5; 3]$ und $\Delta x = 1$ und kennzeichne den Extremwert in der Wertetabelle. Handelt es sich um ein Maximum oder um ein Minimum?

b) Erstelle eine grafische Wertetabelle für $x \in [-5; 3]$ und $\Delta x = 1$ und kennzeichne den Extremwert.

Lösung:

a) Zu erstellen ist eine Wertetabelle für die Werte von x = –5 bis x = 3. Dabei soll der Abstand zwischen den x-Werten 1 betragen ($\Delta x = 1$).

x	–5	–4	–3	–2	–1	0	1	2	3
T(x)	6,5	3	0,5	–1	**–1,5**	–1	0,5	3	6,5

Der Extremwert in der Wertetabelle ist T(–1) = –1,5. Es handelt sich um das **Minimum**. T(–5) = 6,5 und T(3) = 6,5 sind keine Extremwerte, da sie gleich groß sind und damit keiner von beiden Werten größer als alle anderen Werte im Intervall ist.

b) Grafische Wertetabelle:

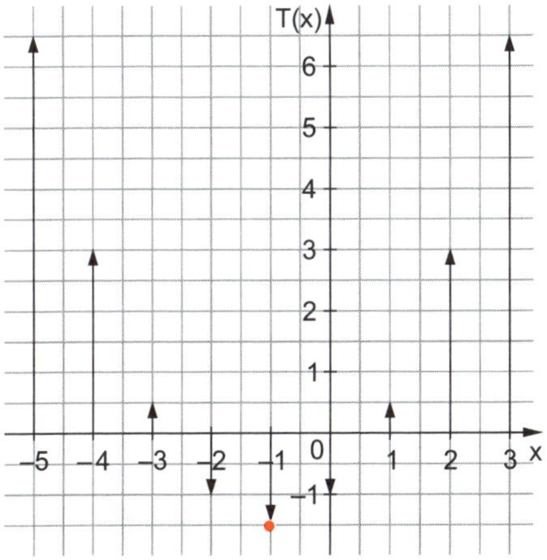

41 Erstelle für den Term $T(x) = x^2 - 4$ eine numerische und eine grafische Wertetabelle mit $x \in [-3; 3]$ und $\Delta x = 1$. Ermittle Art und Lage des Extremwertes in den Wertetabellen und markiere ihn jeweils farbig.

7.2 Extremwertbestimmung mit quadratischer Ergänzung

Da Wertetabellen aus diskreten Werten bestehen, funktioniert die Extremwertbestimmung mithilfe von numerischen und grafischen Wertetabellen nur auf ganzzahligen Intervallen. Es ist damit nicht möglich, die Extremwerte von Termen über unendlichen Grundmengen wie den ganzen Zahlen oder den rationalen Zahlen zu bestimmen. Deshalb lernst du in diesem Kapitel die Methode der quadratischen Ergänzung kennen, für die zunächst die Graphen von quadratischen Termen betrachtet werden.

Der Graph eines quadratischen Terms $T(x) = ax^2 + bx + c$ mit $a, b, c \in \mathbb{Q}$ ist eine **Parabel**, die entweder nach **oben** oder nach **unten** geöffnet ist und einen **tiefsten** oder **höchsten** Punkt, den sog. **Scheitel**, besitzt. Damit hat jeder quadratische Term einen Extremwert, d. h. ein **Minimum** oder ein **Maximum**.

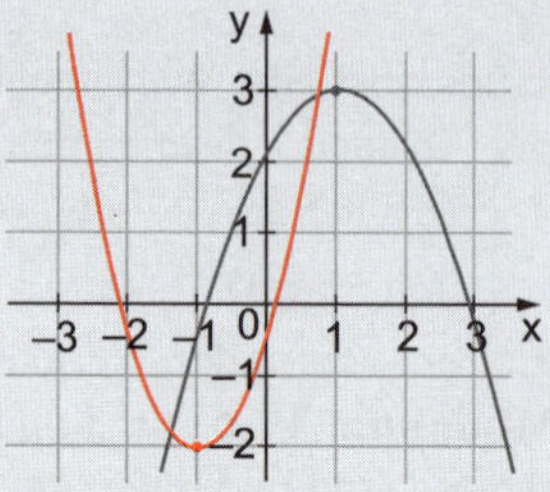

In Extremwertaufgaben mit einem quadratischen Term $T(x) = ax^2 + bx + c$ ist der Extremwert von T zu bestimmen. Dieser stimmt mit dem Scheitelpunkt S der zugehörigen Parabel überein und ist daher am schnellsten mithilfe der **Scheitelpunktform** $T(x) = a(x - x_S)^2 + y_S$ zu bestimmen. Hier können der Scheitelpunkt $S(x_S \mid y_S)$ sowie die Art des Extremwertes direkt abgelesen werden.

Ob der Extremwert eines quadratischen Terms $T(x) = ax^2 + bx + c$ ein Minimum oder Maximum ist, hängt vom Vorzeichen von a ab.

- **a negativ** $\Rightarrow$ Parabel nach unten geöffnet $\Rightarrow$ **Maximum**
- **a positiv** $\Rightarrow$ Parabel nach oben geöffnet $\Rightarrow$ **Minimum**

In der Scheitelpunktform $T(x) = a(x - x_S)^2 + y_S$ kann der Scheitelpunkt $S(x_S \mid y_S)$ und damit auch das Minimum bzw. Maximum y_S sowie die Belegung x_S von x, für die der Extremwert angenommen wird, direkt abgelesen werden.

- **a negativ** $\Rightarrow$ $\mathbf{T_{max} = y_S}$ **für** $\mathbf{x = x_S}$
- **a positiv** $\Rightarrow$ $\mathbf{T_{min} = y_S}$ **für** $\mathbf{x = x_S}$

Beispiel

Bestimme den Extremwert des Terms sowie die zugehörige x-Belegung über $\mathbb{G} = \mathbb{Q}$ und gib an, ob es sich um ein Maximum oder ein Minimum handelt.

a) $T(x) = -(x-4)^2$

b) $T(x) = \frac{3}{5}(x+17)^2 - 23$

Lösung:

a) Da der Term in der Scheitelpunktform $T(x) = -(x-4)^2$ gegeben ist, kann man den Scheitelpunkt direkt ablesen: $S(4 \mid 0)$
Der Extremwert ist also 0 und wird bei $x = 4$ angenommen. Da der Faktor vor der binomischen Formel $a = -1$ negativ ist, handelt es sich bei dem Extremwert um ein Maximum: $\mathbf{T_{max} = 0}$ **für** $\mathbf{x = 4}$

b) Der Scheitelpunkt kann wieder direkt abgelesen werden: $S(-17\,|\,-23)$
Der Extremwert ist also -23 und wird bei $x=-17$ angenommen. Da der Faktor vor der binomischen Formel $a=\frac{3}{5}$ positiv ist, handelt es sich bei dem Extremwert um ein Minimum: **$T_{min}=-23$ für $x=-17$**

Jeder quadratische Term kann durch die sogenannte **quadratische Ergänzung** in die Scheitelpunktform gebracht werden.

> Jeder Term $T(x)=ax^2+bx+c$ kann durch **quadratische Ergänzung** in die **Scheitelpunktform** $T(x)=a(x-x_S)^2+y_S$ gebracht werden:
> - Klammere den Faktor a aus.
> - Spalte den gemischten Term auf in $2\cdot x\cdot$ **Rest**.
> - Ergänze quadratisch, indem du den Rest quadrierst und ihn **gleichzeitig dazuzählst und abziehst**.
> - Fasse die Terme, die ein Binom ergeben, zusammen, indem du die 1. oder 2. binomische Formel anwendest.
> - Fasse die restlichen Terme zusammen und multipliziere anschließend die äußere Klammer mit dem Faktor a aus.

spiele

1. Bestimme mithilfe der quadratischen Ergänzung Art und Größe des Extremwertes von $T(x)=\frac{1}{2}x^2+2x+4$ und gib die zugehörige Belegung von x über $\mathbb{G}=\mathbb{Q}$ an.

Lösung:

$$T(x)=\frac{1}{2}x^2+2x+4$$

Klammere den Faktor $\frac{1}{2}$ vor x^2 aus.

$$T(x)=\frac{1}{2}\cdot(x^2+4x+8)$$

Spalte den gemischten Term 4x auf in $2\cdot x\cdot$ **Rest**.

$$T(x)=\frac{1}{2}\cdot(x^2+2\cdot x\cdot \mathbf{2}+8)$$

Ergänze quadratisch, indem du das Quadrat des Rests gleichzeitig **dazuzählst** und **abziehst**.

$$T(x)=\frac{1}{2}\cdot(\underbrace{x^2+2\cdot x\cdot 2+2^2}_{(x+2)^2}-2^2+8)$$

Fasse die Terme, die ein Binom bilden, zusammen und bilde die 1. binomische Formel.

$$T(x)=\frac{1}{2}\cdot((x+2)^2-2^2+8)$$

$$T(x)=\frac{1}{2}\cdot((x+2)^2+4)$$

Multipliziere die Klammer aus.

$$T(x)=\frac{1}{2}\cdot(x+2)^2+2$$

Aus der Scheitelpunktform kannst du den Scheitelpunkt direkt ablesen: $S(-2\,|\,2)$
Der Extremwert ist 2 und wird bei $x=-2$ angenommen. Da der Faktor $a=\frac{1}{2}$ positiv ist, handelt es sich um ein Minimum.

$T_{min}=2$ für $x=-2$

2. Bestimme Art und Größe des Extremwertes von $T(x)=3x^2+9x+18$ über $\mathbb{G}=\mathbb{Q}$ und gib die zugehörige Belegung von x an.

Lösung:

$T(x)=3x^2+9x+18$ — Klammere 3 aus.

$T(x)=3\cdot(x^2+3x+6)$ — Spalte den gemischten Term 3x auf in $2\cdot x\cdot$ **Rest** und ergänze quadratisch.

$T(x)=3\cdot(x^2+2\cdot x\cdot \mathbf{1{,}5+1{,}5^2-1{,}5^2}+6)$

$T(x)=3\cdot((x+1{,}5)^2-1{,}5^2+6)$ — Multipliziere die Klammer aus.

$T(x)=3\cdot((x+1{,}5)^2+3{,}75)$

$T(x)=3\cdot(x+1{,}5)^2+11{,}25$ — Aus der Scheitelpunktform kannst du Art, Lage und Größe des Extremwertes ablesen.

$\mathbf{T_{min}=11{,}25}$ **für** $\mathbf{x=-1{,}5}$

3. Bestimme Art und Größe des Extremwertes von $T(x)=-3x^2+18x-27$ über $\mathbb{G}=\mathbb{Q}$ und gib die zugehörige Belegung von x an.

Lösung:

$T(x)=-3x^2+18x-27$ — Klammere –3 aus.

$T(x)=-3\cdot(x^2-6x+9)$ — Wenn du nicht gleich erkennst, dass es sich hier um eine binomische Formel handelt, führst du eine quadratische Ergänzung durch.

$T(x)=-3\cdot(x^2-2\cdot x\cdot \mathbf{3+3^2-3^2}+9)$

$T(x)=-3\cdot((x-3)^2+0)$

$T(x)=-3\cdot(x-3)^2$ — Aus der Scheitelpunktform kannst du Art, Lage und Größe des Extremwertes ablesen.

$\mathbf{T_{max}=0}$ **für** $\mathbf{x=3}$

42 Bestimme den Scheitelpunkt der zugehörigen Parabel sowie den Extremwert des Terms und die zugehörige Belegung von x über $\mathbb{G}=\mathbb{Q}$ und gib an, ob es sich um ein Maximum oder um ein Minimum handelt.

a) $T(x)=(x+2)^2$

b) $T(x)=-3(x+2)^2$

c) $T(x)=-\frac{1}{2}(2x+2)^2+4$

d) $T(x)=-5+2(3x+4)^2$

e) $T(x)=4\cdot[-(x+5)^2+2]$

f) $T(x)=-3-2\left(\frac{1}{2}x-2\right)^2-3$

43 Suche einen quadratischen Term, der folgende Bedingungen erfüllt.

a) $T_{min}=3$ für $x=-2$

b) $T_{min}=-4$ für $x=-4$

c) $T_{max}=2$ für $x=1$

d) $T_{min}=\frac{1}{4}$ für $x=\frac{1}{2}$

e) $T_{max}=0$ für $x=0$

f) $T_{max}=0$ für $x=-\frac{1}{2}$

44 Bestimme jeweils über $\mathbb{G} = \mathbb{Q}$ den Extremwert und gib die zugehörige Belegung von x an.

a) $3x^2 + 6x + 9$

b) $-3x^2 + 6x - 9$

c) $-\frac{1}{3}x^2 + 2x - 3$

d) $4x^2 + 2x - 5$

e) $10x^2 - 12x + 10$

f) $-5x^2 - 14x + 3$

45 Bestimme 2 rationale Zahlen so, dass ihr Produktwert extremal wird, wenn gilt:

a) Die Summe der rationalen Zahlen ist 10.

b) Die Differenz der rationalen Zahlen ist 5.

46 Ein Goldgräber will mit einem 50 m langen Seil einen rechteckigen Claim abstecken. Wie lang müssen die Seiten des Claims sein, damit die abgesteckte Fläche maximal wird?

47 Ein Rechteck ABCD hat die Seitenlängen $\overline{AB} = 7$ cm und $\overline{AD} = 3$ cm. Wenn man die 7 cm lange Seite von A aus um x cm $(0 < x < 7)$ verkürzt und gleichzeitig die 3 cm lange Seite von A aus um x cm verlängert, so entstehen neue Rechtecke $AB_nC_nD_n$.
Für welchen Wert von x wird der Flächeninhalt der so entstandenen Rechtecke $AB_nC_nD_n$ maximal? Was fällt dir an dem neuen Rechteck $AB_1C_1D_1$ auf?

48 Sophie errichtet für ihre Kaninchen mit einem 8 m langen Zaun im Garten einen rechteckigen Bereich der Breite x m, der direkt an die Hauswand anschließt. Welche maximale Fläche steht den Kaninchen als Auslauf zur Verfügung?

49 Ein rechtwinkliges Dreieck ABC hat die Kathetenlängen $\overline{AB} = 8$ cm und $\overline{AC} = 4$ cm. Wenn man die 8 cm lange Seite von A aus um x cm $(0 < x < 8)$ verkürzt und gleichzeitig die 4 cm lange Seite von A aus um x cm verlängert, so entstehen neue rechtwinklige Dreiecke AB_nC_n.
Für welchen Wert von x wird der Flächeninhalt der Dreiecke AB_nC_n maximal?

50 Ein Quader hat 15 cm und 5 cm lange Grundkanten und eine 8 cm lange Höhe. Wenn man die längere Grundkante um x cm ($0 < x < 15$) verkürzt und gleichzeitig die Höhe um 2x cm verlängert, so entstehen neue Quader.

a) Berechne das Volumen V des ursprünglichen Quaders.

b) Stelle einen Term V(x) für das Volumen der neuen Quader auf.

c) Bestimme die Belegung von x, für die das Quadervolumen maximal wird.

d) Um wie viel Prozent ist das größtmögliche Quadervolumen V_{max} größer als das bei a berechnete Volumen V?

Lineare Gleichungen und Ungleichungen

1 Lösen von linearen Gleichungen

Eine Balkenwaage bleibt im Gleichgewicht, wenn du auf beiden Seiten das gleiche Gewicht hinzufügst oder wegnimmst. Genauso ist es bei einer Gleichung. An der Gleichheit von linker und rechter Seite ändert sich nichts, wenn du auf beiden Seiten dieselbe **Äquivalenzumformung** durchführst. Die so entstandene Gleichung ist **äquivalent** zur ursprünglichen Gleichung, die Lösungsmenge ändert sich somit nicht.

Damit sich die Lösungsmenge einer Gleichung nicht ändert, darfst du zum Lösen der Gleichung nur folgende **Äquivalenzumformungen** durchführen, die gleichzeitig auf beiden Seiten der Gleichung vorzunehmen sind:

- Addition mit den gleichen Termen
- Subtraktion der gleichen Terme
- Multiplikation mit den gleichen, von 0 verschiedenen Termen
- Division durch die gleichen, von 0 verschiedenen Terme

ispiele

1.
$$x + 2 = 8 \quad | -2$$
$$\Leftrightarrow \quad x + 2 - 2 = 8 - 2$$
$$\Leftrightarrow \quad x = 6$$

Subtrahiere auf beiden Seiten der Gleichung 2.

2.
$$8y = 48 \quad | :8$$
$$\Leftrightarrow \quad 8y : 8 = 48 : 8$$
$$\Leftrightarrow \quad y = 6$$

Dividiere beide Seiten der Gleichung durch 8.

3.
$$3x + 7 = -5 \quad | -7$$
$$\Leftrightarrow \quad 3x + 7 - 7 = -5 - 7$$

Subtrahiere auf beiden Seiten der Gleichung 7.

$$\Leftrightarrow \quad 3x = -12 \quad | :3$$
$$\Leftrightarrow \quad 3x : 3 = -12 : 3$$
$$\Leftrightarrow \quad x = -4$$

Dividiere beide Seiten der Gleichung durch 3.

51 Löse nach x auf. Gib die dabei benötigten Äquivalenzumformungen an.

a) $3x + 1 = 4$

b) $-3x - 12 = 15$

c) $x + 4 = 5x$

d) $6x + 8 = 4x + 12$

52 Gib jeweils an, welche Äquivalenzumformungen durchgeführt wurden.

a)
$$\begin{aligned} -3x - 21 &= 15 \\ -3x &= 36 \\ x &= -12 \end{aligned}$$

b)
$$\begin{aligned} 2x + 5 &= -13 \\ 2x &= -18 \\ x &= -9 \end{aligned}$$

c)
$$\begin{aligned} 5x + 8 &= 4x + 4 \\ 5x + 8 - 4x &= 4 \\ 5x - 4x &= 4 - 8 \\ x &= -4 \end{aligned}$$

d)
$$\begin{aligned} 10x + 4 &= 8x - 12 \\ 10x - 8x &= -12 - 4 \\ 2x &= -16 \\ x &= -8 \end{aligned}$$

53 Markiere die Fehler und verbessere sie.

a)
$$\begin{aligned} & 8z + 4 = 0 && \mid -4 \\ \Leftrightarrow\ & 8z = -4 && \mid -8 \\ \Leftrightarrow\ & z = -12 \end{aligned}$$

b)
$$\begin{aligned} & 2y + 4 = -6 && \mid -4 \\ \Leftrightarrow\ & 2y = -2 && \mid :2 \\ \Leftrightarrow\ & y = -1 \end{aligned}$$

c)
$$\begin{aligned} & -3x + 4 = -6 && \mid :(-3) \\ \Leftrightarrow\ & x + 4 = 2 && \mid -4 \\ \Leftrightarrow\ & x = -2 \end{aligned}$$

d)
$$\begin{aligned} & -6w + 3 = -9 && \mid -3 \\ \Leftrightarrow\ & -6w = -6 && \mid :(-6) \\ \Leftrightarrow\ & w = 1 \end{aligned}$$

Lösen von linearen Gleichungen

- Vereinfache beide Seiten der Gleichung, indem du Klammern auflöst und gleichartige Terme zusammenfasst.
- Bringe mithilfe von Äquivalenzumformungen die Terme mit und ohne Variable auf verschiedene Seiten der Gleichung und fasse diese so weit wie möglich zusammen.
- Isoliere die gesuchte Variable, indem du beide Seiten der Gleichung durch den Vorfaktor der Variablen dividierst.
- Führe gegebenenfalls eine Probe durch, indem du deine Lösung in die Gleichung einsetzt.
- Bestimme die Lösungsmenge $\mathbb{L}$ unter Beachtung der Grundmenge $\mathbb{G}$.

ispiele

1. Bestimme die Lösungsmenge von $4x+20=-3x-15+7$ über $\mathbb{G}=\mathbb{Z}$.

Lösung:

$4x+20=-3x-15+7$		Fasse gleichartige Terme zusammen.
$\Leftrightarrow 4x+20=-3x-8$	$\mid +3x$	Bringe alle Terme mit und ohne x auf verschiedene Seiten, indem du zunächst 3x addierst und dann 20 subtrahierst.
$\Leftrightarrow 7x+20=-8$	$\mid -20$	
$\Leftrightarrow 7x=-28$	$\mid :7$	Dividiere durch den Vorfaktor 7.
$\Leftrightarrow x=-4$		$-4 \in \mathbb{G}=\mathbb{Z}$

Probe:

$$4\cdot(-4)+20\overset{?}{=}-3\cdot(-4)-15+7$$

$$4=4 \qquad \text{(w)}$$

$\mathbb{L}=\{-4\}$

2. Löse die Gleichung $-4(x-13-4x)=8(x-5)$ über $\mathbb{G}=\mathbb{Q}^+$.

Lösung:

$-4(x-13-4x)=8(x-5)$		Löse die Klammern auf und fasse alle gleichartigen Terme zusammen.
$\Leftrightarrow -4x+52+16x=8x-40$		
$\Leftrightarrow 12x+52=8x-40$	$\mid -8x$	Bringe alle Terme mit und ohne x auf verschiedene Seiten, indem du zunächst 8x und dann 52 subtrahierst.
$\Leftrightarrow 4x+52=-40$	$\mid -52$	
$\Leftrightarrow 4x=-92$	$\mid :4$	Dividiere anschließend durch den Vorfaktor 4.
$\Leftrightarrow x=-23$		

Probe:

$$-4\cdot(-23-13-4\cdot(-23))\overset{?}{=}8(-23-5)$$

$$-224=-224 \qquad \text{(w)}$$

$\mathbb{L}=\varnothing$, da $-23 \notin \mathbb{Q}^+=\mathbb{G}$

54 Löse die linearen Gleichungen über der Grundmenge $\mathbb{G}=\mathbb{Q}$ und mache die Probe.

a) $7x+6=-3x-4$

b) $13+8x-4x=-2x+25$

c) $x+(x+6)=5x$

d) $3\cdot(x+4)=2\cdot(x+4)+8$

55 Bestimme jeweils die Lösungsmenge über der gegebenen Grundmenge.

a) $-3x-4\cdot(x-8)=5x-2\cdot(5+x);\quad \mathbb{G}=\mathbb{N}$

b) $-4x-2\left(-x+\frac{1}{2}\right)=-\frac{1}{2}(2x+8);\quad \mathbb{G}=\mathbb{Z}$

c) $-\frac{1}{4}(2-x)-\frac{1}{2}\left(-\frac{1}{2}x+4\right)=\frac{1}{3}(-6-3x)\cdot 3;\quad \mathbb{G}=\mathbb{N}$

d) $2(x-3)-2^{-2}(-x+4)\cdot 2=2\cdot(x+1)-1(x+1);\quad \mathbb{G}=\mathbb{Z}$

56 In folgender Hausaufgabe wurde in jeder Zeile etwas falsch gemacht. Notiere zu jeder Zeile die Fehler (ohne Folgefehler) und löse richtig.

$\mathbb{G} = \mathbb{Z}$

$$-(2x-4)^2 = -4(x+1)(x-1)$$

(1) $\Leftrightarrow \quad -4x^2 - 8x + 16 = -4(x+1)(x-1)$

(2) $\Leftrightarrow \quad -4x^2 - 8x + 16 = -4x^2 - 4 \qquad | +4x^2 - 16$

(3) $\Leftrightarrow \quad -8x = 20 \qquad | : (-8)$

(4) $\Leftrightarrow \quad x = 2{,}5$

57 Löse die folgenden Gleichungen über $\mathbb{G}_1 = \mathbb{Z}$, $\mathbb{G}_2 = \mathbb{Q}^+$ und $\mathbb{G}_3 = \mathbb{Q}$.

a) $-(x+3) - 2(x+4) = -(x+2)^2 + x^2$

b) $x(x-1) - 3x = (x-1)(x+1) + \frac{1}{2}(x-4)$

c) $16 \cdot \left(\frac{1}{4}x - \frac{3}{4}\right)\left(\frac{1}{4}x + \frac{3}{4}\right) = (x+2)^2 - \frac{1}{3}(6x+9)$

d) $(0{,}5x+1)^2 + (1{,}5x-2)^2 = (3x-2)^2 - 2x(3{,}25x-4)$

58 Stelle zu folgenden Rechengeschichten jeweils eine Gleichung auf und löse sie.

a) Das Fünffache einer Zahl ergibt die Differenz aus 18 und 13.

b) Das Doppelte der um 1 vermehrten Zahl ergibt 8.

c) Ziehst du vom Dreifachen einer Zahl 2 ab, so erhältst du dasselbe, wie wenn du von der Zahl 12 abziehst.

2 Lösen von linearen Ungleichungen

Genau wie Gleichungen werden Ungleichungen mithilfe von Äquivalenzumformungen gelöst. Die dabei entstehenden Ungleichungen sind wieder **äquivalent** zur ursprünglichen Ungleichung, die Lösungsmenge ändert sich also nicht. Im Unterschied zum Lösen von Gleichungen ist dabei zu beachten, dass sich bei der Multiplikation mit einer negativen Zahl und bei der Division durch eine negative Zahl das Ungleichheitszeichen ändert.

Damit sich die Lösungsmenge einer Ungleichung nicht ändert, darfst du zum Lösen der Ungleichung nur folgende **Äquivalenzumformungen** durchführen, die gleichzeitig auf beiden Seiten der Ungleichung vorzunehmen sind:

- Addition oder Subtraktion mit den gleichen Termen
- Multiplikation oder Division mit den gleichen positiven Termen
- Multiplikation oder Division mit den gleichen negativen Termen unter Beachtung des Inversionsgesetzes

Inversionsgesetz:
Multiplizierst bzw. dividierst du eine Ungleichung mit einem **negativen Term**, so wird das **Ungleichheitszeichen umgedreht**, $<$ wird zu $>$ und $\leqq$ wird zu $\geqq$.

Beispiele

1. $\frac{y}{6} < 2 \quad | \cdot 6$

$\Leftrightarrow \frac{y}{6} \cdot 6 < 2 \cdot 6$

$\Leftrightarrow y < 12$

Multipliziere beide Seiten der Ungleichung mit 6.

2. $-5x \leqq 15 \quad | : (-5)$

$\Leftrightarrow (-5x) : (-5) \geqq 15 : (-5)$

$\Leftrightarrow x \geqq -3$

Dividiere beide Seiten der Ungleichung durch –5. Beachte das Inversionsgesetz.

3. $-3x + 9 \geqq 3 \quad | -9$

$\Leftrightarrow -3x + 9 - 9 \geqq 3 - 9$

Subtrahiere auf beiden Seiten der Ungleichung 9.

$\Leftrightarrow -3x \geqq -6 \quad | : (-3)$

$\Leftrightarrow (-3x) : (-3) \leqq (-6) : (-3)$

$\Leftrightarrow x \leqq 2$

Dividiere beide Seiten der Ungleichung durch –3. Beachte das Inversionsgesetz.

59 Führe die angegebene Äquivalenzumformung durch und löse dann nach x auf.

a) $-x + 3 > -7 \quad | -3$

b) $4x + 8 \leqq 16 \quad | -8$

c) $-(x + 3) \geqq -5 \quad | \cdot (-1)$

d) $25 - 5x < 50 \quad | -25$

60 Markiere die Fehler und verbessere sie.

a)
$$\begin{aligned} & -6x+3<18x && \mid :(-6) \\ \Leftrightarrow\quad & x+3 \geqq -3x && \mid -x \\ \Leftrightarrow\quad & 3 \leqq -4x && \mid :(-4) \\ \Leftrightarrow\quad & \frac{3}{4} \geqq x && \end{aligned}$$

b)
$$\begin{aligned} & -8x+4(3x+1)<12x+4 && \mid :4 \\ \Leftrightarrow\quad & -2x+3x+1<3x+1 && \mid -(3x+1) \\ \Leftrightarrow\quad & -2x<0 && \mid :2 \\ \Leftrightarrow\quad & x>0 && \end{aligned}$$

61 Zeige durch Umformen, dass folgende Ungleichungen äquivalent sind.

a) $5(x+1)-x \leqq 3x+6$ und $x \leqq 1$

b) $1-7x > -(x-12)-4x$ und $1-2x>12$

c) $4+2(-3x-5)<2x$ und $6+6x>-2x$

d) $-3(x-8+2x)-3 \geqq 15(x-1)$ und $24x \leqq 36$

62 Löse nach x auf. Gib die dabei benötigten Äquivalenzumformungen an.

a) $-3x \leqq 18$

b) $3x+8>-4$

c) $x+8 \geqq 2x+2$

d) $-2(-3x+4)>-5(-3x-4)+17$

Lösen von linearen Ungleichungen

- Vereinfache beide Seiten der Ungleichung, indem du Klammern auflöst und gleichartige Terme zusammenfasst.
- Bringe mithilfe von Äquivalenzumformungen die Terme mit und ohne Variable auf verschiedene Seiten der Ungleichung und fasse diese so weit wie möglich zusammen. Beachte dabei das **Inversionsgesetz**.
- Isoliere die gesuchte Variable, indem du beide Seiten der Ungleichung durch den Vorfaktor der Variablen dividierst.
- Führe gegebenenfalls eine Probe durch, indem du prüfst, ob die linke und die rechte Seite der Ungleichung für den Grenzwert der Lösungsmenge gleich sind.
- Bestimme die Lösungsmenge $\mathbb{L}$ unter Beachtung der Grundmenge $\mathbb{G}$ ($\mathbb{L}$ muss eine Teilmenge von $\mathbb{G}$ sein).

ispiele

1. Bestimme die Lösungsmenge von $-2(x+3) < 12+6x$ über $\mathbb{G} = \mathbb{N}$.

Lösung:

$-2(x+3) < 12+6x$ — Löse die Klammer auf.

$\Leftrightarrow \quad -2x-6 < 12+6x \quad |+6$

$\Leftrightarrow \quad -2x < 18+6x \quad |-6x$

Bringe alle Terme mit und ohne x auf verschiedene Seiten, indem du zunächst 6 addierst und dann 6x subtrahierst.

$\Leftrightarrow \quad -8x < 18 \quad |:(-8)$

$\Leftrightarrow \quad x > -2{,}25$

Dividiere anschließend durch den Vorfaktor −8. Beachte das **Inversionsgesetz**.

Probe:

$-2\cdot(-2{,}25+3) \overset{?}{=} 12+6\cdot(-2{,}25)$

$-1{,}5 = -1{,}5 \qquad \text{(w)}$

Prüfe, ob für $x = -2{,}25$ die linke und die rechte Seite der Ungleichung gleich sind.

$\mathbb{L} = \{x \in \mathbb{N} \mid x > -2{,}25\} = \mathbb{N}$

L muss immer eine Teilmenge von $\mathbb{G}$ sein.

2. Löse die Gleichung $-(-x-2)^2+3(x+4) \geqq -(x+3)(x-3)$ über $\mathbb{G} = \mathbb{Q}^+$.

Lösung:

$-(-x-2)^2+3(x+4) \geqq -(x+3)(x-3)$

$\Leftrightarrow \quad -(x^2+4x+4)+3x+12 \geqq -(x^2-9)$

$\Leftrightarrow \quad -x^2-4x-4+3x+12 \geqq -x^2+9$

Löse die Klammern auf. Benutze die binomischen Formeln und beachte die Vorzeichen.

$\Leftrightarrow \quad -x^2-x+8 \geqq -x^2+9 \quad |+x^2$

$\Leftrightarrow \quad -x+8 \geqq 9 \quad |-8$

Sortiere die Terme mit und ohne x, indem du x^2 addierst und 8 subtrahierst.

$\Leftrightarrow \quad -x \geqq 1 \quad |:(-1)$

$\Leftrightarrow \quad x \leqq -1$

Dividiere durch −1. Beachte das **Inversionsgesetz**.

Probe:

$-(-(-1)-2)^2+3(-1+4) \overset{?}{=} -(-1+3)(-1-3)$

$8 = 8 \qquad \text{(w)}$

$\mathbb{L} = \varnothing$

63 Löse die linearen Ungleichungen über der Grundmenge $\mathbb{Q}$ und mache die Probe.

a) $3x+8 \geqq 2x+3-1$

b) $x+4\cdot 2^{-1} < 3x+18-4x$

c) $-\frac{1}{2}(x+1)-\frac{1}{2}x > x+4$

d) $1{,}5x-(7x-8) \geqq -7(x+1)$

64 Markiere die Fehler und verbessere sie.

a) $\mathbb{G} = \mathbb{N}$

$$-\frac{1}{9}x + 2 > -4 + 2x \quad |\cdot 9$$
$$\Leftrightarrow \quad -x + 18 > -36 + 18x \quad |-18x$$
$$\Leftrightarrow \quad -19x + 18 < -36 \quad |-18$$
$$\Leftrightarrow \quad -19x < 54 \quad |:(-19)$$
$$\Leftrightarrow \quad x < \frac{54}{19}$$
$$\mathbb{L} = \varnothing$$

b) $\mathbb{G} = \mathbb{Q}^-$

$$-0{,}5 \geqq (x-3)^2 - (x-2)(x+2)$$
$$\Leftrightarrow \quad -0{,}5 \geqq x^2 - 6x + 9 - x^2 - 4$$
$$\Leftrightarrow \quad -0{,}5 \geqq -6x + 5 \quad |-5$$
$$\Leftrightarrow \quad -5{,}5 < -6x \quad |:(-6)$$
$$\Leftrightarrow \quad \frac{23}{2} > x$$
$$\mathbb{L} = \varnothing$$

65 Bestimme die Lösungsmengen der folgenden Ungleichungen über der jeweiligen Grundmenge.

a) $-6x + 2(-x-4) \geqq -(x+2) + 2x;\quad \mathbb{G} = \mathbb{Z}$

b) $-2(-x-3) + 3(-x-3) \leqq 8 \cdot \left(\frac{1}{4}x + \frac{1}{2}\right);\quad \mathbb{G} = \mathbb{N}$

c) $-\frac{1}{4}(x+9) + \frac{1}{5}(x-7) < \frac{1}{5}(6x-17);\quad \mathbb{G} = \mathbb{Q}$

d) $-[x + 1 - (x + 6x) + 3(-5 + x)] > (-x-1)(-5);\quad \mathbb{G} = \mathbb{Q}^-$

66 Erstelle zu folgenden Rechengeschichten jeweils eine Ungleichung und löse sie.

a) Das Achtfache der Zahl ist größer als das Dreifache der Zahl vermehrt um 25.

b) Das Doppelte der um 5 vermehrten Zahl ist mindestens so groß wie –12.

c) Die Zahl vermindert um das Sechsfache von –1,5 ist kleiner als 0.

67 Löse die folgenden Ungleichungen über $\mathbb{G}_1 = \mathbb{N}$, $\mathbb{G}_2 = \mathbb{Q}^+$ und $\mathbb{G}_3 = \mathbb{Q}$.

a) $-8x^2 + 2 \cdot 4x + 4x + 4x \leqq 2^{-2} + \frac{1}{2}\left(x - \frac{1}{2} - 16x^2\right)$

b) $-3\left(\frac{1}{3}x + 2\right) + 2(x-3) < -\frac{1}{3}(-6 + 9x) - 4(x-1)$

c) $(3x+2)^2 - \left(x + \frac{1}{2}\right)\left(x - \frac{1}{2}\right) > 2^3 x^2 + 1{,}85$

d) $(x+2)^2 - 4\left(\frac{1}{2}x - 3\right)\left(\frac{1}{2}x + 3\right) \geqq 2(x+3)^2 - 2x^2$

Vermischte Aufgaben

68 Löse die linearen Gleichungen und Ungleichungen über $\mathbb{G} = \mathbb{Q}$.

a) $-3^2 + 4(3+2x) + 2x \leqq 9\left[4x + 5 - \frac{2}{3}\left(x - \frac{1}{3}\right)\right]$

b) $3 - [3x - (10+14x)\cdot(-2)] < -3x + \frac{1}{2}(2+16x)$

c) $-3(x-2)^2 + 2(x-4)^2 + \left(\frac{1}{x}\right)^{-2} \geqq -\frac{1}{2}(6x-16)\cdot 2$

d) $26x(x-1) - (4-5x)^2 = (4x+1)^2 + (x-2)^2 - (4x-2)(4x+2)$

69 Gib jeweils 2 Gleichungen bzw. Ungleichungen an, die die angegebene Lösung haben.

a) $x = 2$

b) $x < 6$

c) $x > -2{,}5$

d) $x \geqq -3{,}6$

70 Überprüfe durch Umformen, ob die folgenden Gleichungen bzw. Ungleichungen äquivalent sind.

a) $8x - 4 = 3x + 6(x-2) + 3x$ und $x = 2$

b) $2\left(x + \frac{1}{2}\right) - \frac{1}{3}(3x-9) > 8(0{,}25x - 0{,}75)$ und $x + 10 > 2x$

c) $2x + 9(x-1) + 3 = 4[x + 2(x-1{,}5)(-1)]$ und $11x = -6 - 4x + 24$

d) $(-3)[x + 3x - 5(-2-x)(-0{,}2)] \leqq -7x + 1$ und $x \leqq 2{,}5$

71 Betrachte das nebenstehende Rechteck.

a) Bestimme $x \in \mathbb{Q}^+$, sodass das Rechteck einen Umfang von 24 cm hat.

b) Bestimme $x \in \mathbb{Q}^+$, sodass der Flächeninhalt des Rechtecks $(40 + 3x^2)$ cm^2 beträgt.

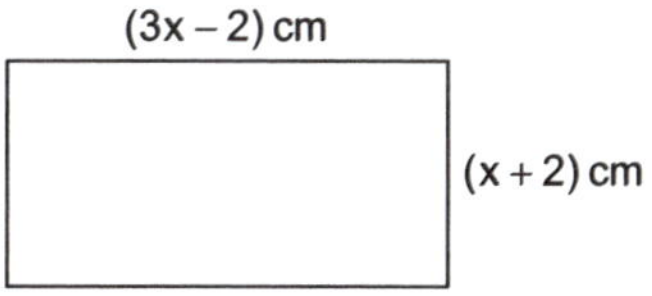

72 Gib zu den folgenden Gleichungen und Ungleichungen jeweils ein Zahlenrätsel an.

a) $x + 16 = 32 - 11$

b) $7x < 2x + 6$

c) $2\cdot(1{,}5x - 3) \leqq 8$

d) $x + 5\cdot(9 - 6{,}5) \geqq 2^2 - 1$

73 Ermittle die Lösungsmengen folgender Gleichungen und Ungleichungen über der jeweiligen Grundmenge.

a) $7x + 9 \cdot (x+1) = 3x + 4;\quad \mathbb{G} = \mathbb{Q}$

b) $-\frac{3}{4}x + \frac{1}{4}(x+2) = -\frac{1}{4}(-x-2) + \frac{1}{2}x;\quad \mathbb{G} = \mathbb{N}$

c) $(1{,}7x - 1{,}3)^2 = (1{,}7x - 1{,}3)(1{,}7x + 1{,}3) + 25{,}48;\quad \mathbb{G} = \mathbb{Q}$

d) $(10x-1)^2 - (8x+1)^2 > 9 \cdot (2x-1)(2x+1);\quad \mathbb{G} = \mathbb{Z}$

74 Ordne den Lösungsmengen die richtigen Gleichungen zu. Trage jeweils den Buchstaben der zugehörigen Gleichung in das Kästchen neben den Lösungsmengen ein. Die Grundmenge ist dabei $\mathbb{G} = \mathbb{Q}^+$.

☐ $\mathbb{L} = \varnothing$ ☐ $\mathbb{L} = \{2\}$ ☐ $\mathbb{L} = \{1\}$ ☐ $\mathbb{L} = \left\{\frac{3}{8}\right\}$

A: $-7 + (5-x)(-3) + x[3 - 2(5+1)] = -28$

B: $-2[(x+8) \cdot 0{,}5 - 0{,}2(x+5)(-3)] = 8x - 6{,}4$

C: $x - 7[x + 0{,}25(x-3)] = (-5)(x-1) \cdot 0{,}75$

D: $(x+2)^2 - \frac{1}{2}(x+2)(x-2) = 14 + \frac{1}{2}x^2$

75 Bestimme $x \in \mathbb{Q}^+$ so, dass das Dreieck und das Rechteck denselben Umfang haben.

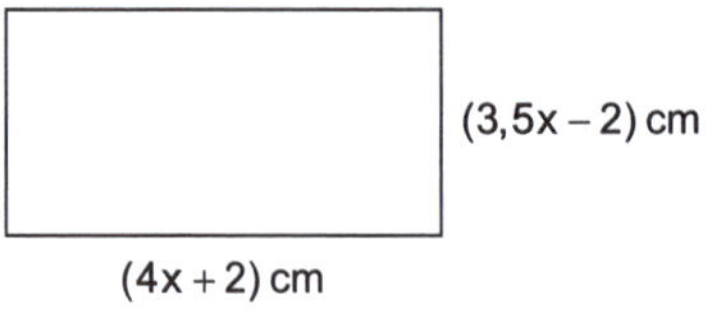

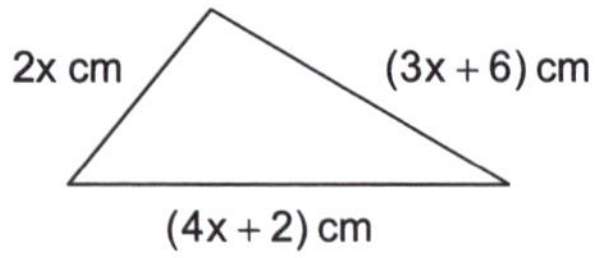

76 Bestimme jeweils die Lösungsmengen der folgenden Gleichungen und Ungleichungen über $\mathbb{G}_1 = \mathbb{N}$, $\mathbb{G}_2 = \mathbb{Q}^-$ und $\mathbb{G}_3 = \mathbb{Q}$.

a) $2^{-3} \cdot (16x + 8) - 2\left(\frac{1}{2}x + 6\right) = -4(3x+7) \cdot (-2) - \frac{15}{4}$

b) $(4x-1)^2 - (5x-2)(5x+2) = 2 - (3x+2)^2$

c) $\left(-\frac{1}{2}x - 2\right)^2 - \frac{1}{2}(2x + x^2 - 12) < -\left(\frac{1}{2}x + 1\right)\left(\frac{1}{2}x - 1\right) + \frac{3}{4}(8 - 4x)$

d) $-\frac{1}{2}\left(\frac{1}{3}x - \frac{1}{4}\right)^2 = \left(\frac{1}{3}x + \frac{1}{4}\right)^2 - \frac{1}{4}\left(\frac{2}{3}x^2 - \frac{8}{3}x + 3\right)$

3 Textaufgaben

Im Alltag begegnen dir häufig Situationen, in denen du Sachverhalte in mathematische Gleichungen oder Ungleichungen bringen und diese nach einem bestimmten Wert auflösen musst, beispielsweise wenn du Handytarife von verschiedenen Anbietern vergleichen willst. Beim Lösen von solchen sogenannten Textaufgaben geht man folgendermaßen vor.

Lösen von Textaufgaben

- **Lege** für die gesuchte Größe eine **Variable fest**.
- **Übersetze** zunächst die einzelnen Textbestandteile **in mathematische Terme**. Dabei ist es hilfreich, wenn du dir eine Text-Term-Tabelle anlegst, in der du die gegebenen und gesuchten Größen und Variablen festhältst.
- **Stelle** eine **Gleichung oder Ungleichung auf**, indem du die aufgestellten Terme zusammenfügst. Achte dabei auf Schlüsselwörter, die auf das Gleichheitszeichen („genauso viel wie", „erhält man", „ergibt") oder Ungleichheitszeichen („größer", „kleiner", „höchstens", „mindestens") hinweisen.
- Löse die Gleichung oder Ungleichung mithilfe von **Äquivalenzumformungen** und ermittle die **Lösungsmenge**.
- Führe eine **Probe** durch.
- Formuliere einen **Antwortsatz**.

Beispiel

Klaus und seine Mutter sind zusammen 60 Jahre alt. Dabei ist die Mutter viermal so alt wie Klaus. Wie alt sind Klaus und seine Mutter?

Lösung:

- Alter von Klaus: x
- Alter der Mutter: $4 \cdot x$
- Alter zusammen: 60
- Gleichung: $x + 4 \cdot x = 60$
- Lösen der Gleichung:

$$\begin{aligned} x + 4 \cdot x &= 60 \\ 5x &= 60 \quad \vert :5 \\ x &= \mathbf{12} \end{aligned}$$

$\mathbb{L} = \{12\}$

- Probe:
  Alter von Klaus: 12
  Alter der Mutter: $4 \cdot 12 = 48$
  Alter zusammen: $12 + 48 = 60$
- Antwort: Klaus ist 12 Jahre alt und seine Mutter ist 48 Jahre alt.

In diesem Beispiel kommt man gut ohne eine Text-Term-Tabelle aus. Es gibt aber auch längere oder kompliziertere Textaufgaben, bei denen man ohne eine Text-Term-Tabelle schnell den Überblick verliert.

Beispiel

Ein Bauer hat Hühner und Schweine, die zusammen 48 Köpfe und 120 Beine haben. Wie viele Hühner und Schweine hat er?

Lösung:
Halte die Informationen im Text in einer Text-Term-Tabelle fest:

Text-Term-Tabelle:

Text	Term
Anzahl der Hühner	x
Anzahl der Schweine	$48-x$
Anzahl der Beine der Hühner	$2\cdot x$
Anzahl der Beine der Schweine	$4\cdot(48-x)$
Gesamtanzahl der Beine	$2\cdot x+4\cdot(48-x)$
Gesamtanzahl der Beine laut Text	120

Von den 48 Köpfen sind x Köpfe von Hühnern.

Jedes Huhn hat **2 Beine**.

Jedes Schwein hat **4 Beine**.

Gleichung: $2\cdot x+4\cdot(48-x)=120$

Lösen der Gleichung:

$$
\begin{aligned}
& 2\cdot x+4\cdot(48-x)=120 \\
\Leftrightarrow\quad & 2x+192-4x=120 \\
\Leftrightarrow\quad & -2x+192=120 \quad |-192 \\
\Leftrightarrow\quad & -2x=-72 \quad |:(-2) \\
\Leftrightarrow\quad & x=36
\end{aligned}
$$

x steht für die Anzahl der Hühner

$\mathbb{L}=\{36\}$

Probe:
Anzahl der Hühner: 36
Anzahl der Schweine: $48-36=12$
Gesamtanzahl der Beine: $2\cdot 36+4\cdot 12=120$

Antwort: Der Bauer hat 36 Hühner und 12 Schweine.

77 Anna ist neunmal so alt wie Leon. In 6 Jahren wird sie dreimal so alt sein wie er. Wie alt sind Anna und Leon?

78 Erstelle zu folgender Rechengeschichte eine Gleichung und berechne die Lösung.

a) Multipliziert man eine Zahl mit der um 2 vermehrten Zahl, so ist das Ergebnis genauso groß, wie wenn man zur Zahl 3 addiert und diese Summe quadriert.

b) Welches ist die kleinste natürliche Zahl, für die gilt: Multipliziert man die Differenz aus der Zahl und 1 mit der Summe der Zahl und 1, so ist das Ergebnis größer als das Quadrat aus der Differenz der Zahl und 3.

79 Ein Stau auf der A96 hat eine Länge von 18 km. An dem Stau sind 3-mal mehr Pkws als Lkws beteiligt. Ein Pkw ist durchschnittlich etwa 5 m lang und bei einem Lkw kann man von einer durchschnittlichen Länge von 20 m ausgehen. Wie viele Pkws und wie viele Lkws stehen im Stau, wenn der Abstand zwischen den Fahrzeugen dem 2,5-Fachen der Anzahl der beteiligten Fahrzeuge entspricht?

80 Der Umfang eines Parallelogramms beträgt 70 cm. Verkürzt man die längere Seite um 3 cm und verdoppelt gleichzeitig die kürzere Seite, so beträgt der Umfang des neu entstandenen Parallelogramms 104 cm.
Wie lang sind die Seiten des ursprünglichen Parallelogramms?

81 Bei einem Dreieck ist die Grundseite sechsmal so lang wie die Höhe. Verlängert man die Grundseite und die Höhe um jeweils 2 cm, so ist der Flächeninhalt um 23 cm^2 größer als beim ursprünglichen Dreieck.
Gib die Gleichung an. Wie lang sind die Grundseite und die Höhe des ursprünglichen Dreiecks?

82 Tamara will ihren Handytarif wechseln. Bei ihrem alten Anbieter AveryBest zahlt sie eine monatliche Grundgebühr von 9 €. Der Minutenpreis sowie das Versenden einer SMS in jedes Netz betragen jeweils 0,09 €. Beim neuen Anbieter BeHereAndCall zahlt sie eine monatliche Grundgebühr von 5 €. Der Minutenpreis sowie das Versenden einer SMS in jedes Netz betragen jeweils 0,12 €. Lohnt sich der Wechsel für Tamara, wenn sie im Monat 25 € für ihr Handy ausgeben möchte?

83 Das zulässige Transportgewicht eines Personenaufzugs beträgt 630 kg. Wie viele Personen können höchstens in dem Aufzug mitfahren, wenn jede Person im Schnitt 75 kg wiegt und man davon ausgehen kann, dass die Hälfte der Personen Gepäck von je 8 kg und ein Viertel der Personen Gepäck von je 4 kg dabei haben?

84 Lukas fährt mit seinem Rad von der Schule zum 18 km entfernten Fußballplatz. Gleichzeitig fährt Lisa vom Fußballplatz zur Schule. Beide nehmen denselben Weg. Lukas fährt mit einer durchschnittlichen Geschwindigkeit von $30\,\frac{\text{km}}{\text{h}}$, Lisa mit $24\,\frac{\text{km}}{\text{h}}$.

a) Wie lange dauert es, bis sich die beiden treffen?

b) Wie weit ist der Treffpunkt vom Fußballplatz weg?

85 Stefan fährt gerne äußerst spritsparend. Auf der Autobahn von Feucht nach Ergolding fährt er mit einer durchschnittlichen Geschwindigkeit von $80\,\frac{\text{km}}{\text{h}}$. Seine Schwester Kathrin startet 40 Minuten nach ihm und fährt im Durchschnitt $40\,\frac{\text{km}}{\text{h}}$ schneller als er. Beide kommen gleichzeitig in Ergolding an.

a) Wie lange ist Stefan unterwegs?

b) Wie viele Kilometer ist Feucht von Ergolding entfernt?

86 In der 8. Jahrgangsstufe sind 55 % der Schüler Mädchen. Insgesamt sind es 12 Mädchen mehr als Jungen.
Wie viele Mädchen und wie viele Jungen besuchen die 8. Jahrgangsstufe?

87 An einem Weihnachtsstand kosten 100 g gebrannte Mandeln 3 € und 100 g gebrannte Macadamianüsse 4,50 €. Der Besitzer möchte in sein Sortiment eine Nussmischung aus gebrannten Mandeln und gebrannten Macadamianüssen aufnehmen.

a) Wie viel kosten 100 g der Nussmischung, wenn sie zu 60 % aus Mandeln und zu 40 % aus Macadamianüssen besteht und der Besitzer damit genauso viel verdienen möchte, wie wenn er die Nusssorten getrennt verkaufen würde?

b) Ein Kunde möchte eine extra Nussmischung, die aus 250 g bestehen und 9 € kosten darf. Wie viel ist von den beiden Nusssorten jeweils in der Mischung, damit sich der gewünschte Preis ergibt?

Bruchterme und Bruchgleichungen

$$\frac{6x-2\cdot 4}{6x-12}=\frac{2x+5x}{2x-22}$$

Die nebenstehende Gleichung sieht auf den ersten Blick sehr kompliziert aus. Dabei besteht sie nur aus Brüchen, die neben den Zahlen auch Variable in Zähler und Nenner enthalten. Um mit solchen Ausdrücken rechnen zu können, musst du die Rechenregeln für Brüche auf das Rechnen mit Bruchtermen und Bruchgleichungen übertragen. Einen ähnlichen Schritt hast du bereits vom Rechnen mit Zahlen zum Rechnen mit Termen und linearen Gleichungen durchgeführt.

Terme, die im Nenner mindestens eine Variable haben, heißen **Bruchterme**.

eispiele

$$\frac{1}{x};\quad \frac{3x}{8x^2+1};\quad \frac{1}{3}+\frac{1}{4x}+\frac{1}{5x^2};\quad \frac{x+1}{x^2-1};\quad \frac{1}{x}\cdot\frac{1}{x}+1$$

sind alles Beispiele für Bruchterme.

1 Bestimmen der Definitionsmenge

Beim „Mensch ärgere dich nicht“ darf man seinen Spielstein nur dann einsetzen, wenn man zuvor eine 6 gewürfelt hat. Auch für die Variable eines Bruchterms gibt es eine Regel für das Einsetzen der Zahlen aus der Grundmenge: Es dürfen nur die Zahlen eingesetzt werden, für die kein Nennerterm gleich null wird. Die Menge dieser Zahlen ist die **Definitionsmenge** des Bruchterms.

Alle Zahlen der Grundmenge $\mathbb{G}$, bei denen **kein Nennerterm null** wird, bilden die **Definitionsmenge $\mathbb{D}$** eines Bruchterms.

Bekanntlich darf man nicht durch null teilen. Der Bruchstrich bei einem Bruch steht für das **:** (Geteiltzeichen). Zur Bestimmung der Definitionsmenge eines Bruchterms musst du dich also zunächst auf die Suche nach den Zahlen machen, bei denen der Nenner eines Bruchs null wird.

Beispiel

Bestimme die Definitionsmenge des Bruchterms $\frac{x}{x+1}$ mit $\mathbb{G} = \mathbb{Q}$.

Lösung:

$x+1=0 \quad |-1$

$\Leftrightarrow \quad x=-1$

Für $\mathbb{G} = \mathbb{Q}$ ist $\mathbb{D} = \mathbb{Q} \setminus \{-1\}$.

Betrachte den Nennerterm und setze ihn gleich null.

Schließt man die −1 aus der Grundmenge $\mathbb{Q}$ aus, ist der Bruchterm für jede Belegung aus dieser Menge definiert.

Die Definitionsmenge eines Bruchterms lässt sich **direkt ablesen**, wenn der **Nennerterm ein Produkt** ist. Dazu muss gegebenenfalls faktorisiert werden.

Beispiele

1. Bestimme die Definitionsmenge des Bruchterms $\frac{3x}{x(x+4)}$ mit $\mathbb{G} = \mathbb{Z}$.

Lösung:

$x(x+4)=0$

Betrachte den Nennerterm und setze ihn gleich null. Dieses Produkt ist null, wenn der 1. Faktor $x=0$ oder der 2. Faktor $x+4=0$ ist. Also kannst du jetzt $\mathbb{D}$ ablesen.

$\mathbb{D} = \mathbb{Z} \setminus \{-4; 0\}$

Die kleinste Zahl kommt immer zuerst.

2. Bestimme die Definitionsmenge des Bruchterms $\frac{5x+7}{x(x+2)^2}$ mit $\mathbb{G} = \mathbb{Q}$.

Lösung:

$x(x+2)^2=0$

Dieses Produkt ist null, wenn der 1. Faktor $x=0$ oder der 2. Faktor $(x+2)^2=0$ ist. Obwohl der 2. Faktor eigentlich wieder aus zwei Faktoren besteht, $(x+2)^2=(x+2)(x+2)$, kannst du auch hier die Lösung ablesen.

$\mathbb{D} = \mathbb{Q} \setminus \{-2; 0\}$

3. Bestimme die Definitionsmenge des Bruchterms $\frac{x+1}{x^2-1} + \frac{3x}{x^2+6x+9}$ mit $\mathbb{G} = \mathbb{N}$.

Lösung:

$$\frac{x+1}{x^2-1} + \frac{3x}{x^2+6x+9} = \frac{x+1}{(x+1)(x-1)} + \frac{3x}{(x+3)^2}$$

Mithilfe der binomischen Formeln lassen sich die Nennerterme faktorisieren.

Bestimmung der Definitionsmenge:

$(x+1)\cdot(x-1)=0 \quad \vee \quad (x+3)^2=0$

$\Leftrightarrow \quad x=-1 \quad \vee \quad x=1 \quad \vee \quad x=-3$

Suche die Nullstellen beider Nennerterme.

$\mathbb{D} = \mathbb{N} \setminus \{-3; -1; 1\} = \mathbb{N} \setminus \{1\}$

Von den Nullstellen gehört nur die 1 zur Grundmenge. Die beiden anderen Nullstellen können daher vernachlässigt werden.

88 Gib jeweils die Definitionsmenge $\mathbb{D}$ zur Grundmenge $\mathbb{G} = \mathbb{Q}$ an.

a) $\frac{3}{x+1,5}$ b) $\frac{8}{2(x+4)}$

c) $\frac{3x+2}{3x-2} + \frac{3x-2}{3x+2}$ d) $\frac{54x^3+98x}{-7x-31,5} + \frac{1}{x+x}$

e) $\frac{5x^4}{(x-10)\cdot 2(x-10)} + \frac{2,5x^2}{(x-59)^{34}}$ f) $\frac{1}{\frac{1}{(x-2)}\cdot(x+2)^2} + \frac{2}{100x^2-1}$

89 Gib die Definitionsmenge $\mathbb{D}$ über der Grundmenge $\mathbb{Q}$ an. Forme dazu den Nennerterm in ein Produkt um.

a) $\frac{2(x+3)}{x^2-9}$ b) $\frac{x-2}{9x^2-4}$

c) $\frac{3x+3}{3x^2-3}$ d) $\frac{x+1}{x^2+4x+4}$

e) $\frac{4}{2x^2-4x+2}$ f) $\frac{3x+0,5}{0,25x^2-1}$

g) $\frac{1}{(2x^2-4x)(2x+1)}$ h) $\frac{x-12}{16x^2-25+\frac{1}{4}x^2+\frac{5}{16}x}$

Lassen sich die Nennerterme eines Bruchterms nicht faktorisieren, kann man mithilfe der quadratischen Ergänzung feststellen, ob der Nennerterm Nullstellen hat.

Beispiel

Bestimme die Definitionsmenge des Bruchterms $\frac{4}{x^2-2x+2}$ mit $\mathbb{G} = \mathbb{Q}$.

Lösung:

$\frac{4}{x^2-2x+2}$ — Der Nenner dieses Bruchterms kann nicht faktorisiert werden.

$= \frac{4}{x^2-2\cdot 1\cdot x+1^2-1^2+2}$ — Durch die quadratische Ergänzung erhält man

$= \frac{4}{(x-1)^2+1}$ — einen Nennerterm, dessen Minimum bei 1 liegt und der demnach keine Nullstellen hat.

$\mathbb{D} = \mathbb{Q}$ — Die Definitionsmenge ist also gleich der Grundmenge.

90 Nur 2 Nennerterme der folgenden Bruchterme lassen sich faktorisieren. Gib jeweils die Definitionsmenge $\mathbb{D}$ zur Grundmenge $\mathbb{G} = \mathbb{Q}$ an.

a) $\dfrac{1}{x^2+x-6}$

b) $\dfrac{3x}{-4x^2+4x-24}$

c) $\dfrac{x}{x^2+19x+150}$

d) $\dfrac{2}{5x^2-50x+105}$

2 Rechnen mit Bruchtermen

Beim „Mensch ärgere dich nicht" gelten die Spielregeln unabhängig davon, welche Personen konkret am Spiel teilnehmen. Die Variable x in einem Bruchterm T(x) steht für beliebige Zahlen aus dem Definitionsbereich. Unabhängig davon, welche konkrete Belegung man für x einsetzt, erhält man immer einen Term mit rationalen Zahlen aus $\mathbb{Q}$. Darum gelten beim Rechnen mit Bruchtermen dieselben Regeln, die du beim Rechnen mit Bruchzahlen/rationalen Zahlen aus $\mathbb{Q}$ gelernt hast.

2.1 Kürzen und Erweitern

Wie Brüche kann man auch Bruchterme **kürzen** und **erweitern**.

- Ein Bruchterm wird **erweitert**, indem Zähler und Nenner mit dem gleichen Term ungleich null **multipliziert** werden. $\dfrac{Z}{N} = \dfrac{Z \cdot T}{N \cdot T}$
- Ein Bruchterm wird **gekürzt**, indem Zähler und Nenner durch den gleichen Term ungleich null **dividiert** werden. $\dfrac{Z \cdot T : T}{N \cdot T : T} = \dfrac{Z}{N}$ bzw. $\dfrac{Z \cdot \cancel{T}}{N \cdot \cancel{T}} = \dfrac{Z}{N}$

Beachte dabei, dass der ursprüngliche Bruchterm und der erweiterte/gekürzte Bruchterm die gleiche gemeinsame Definitionsmenge haben.

Da die Operationen „Erweitern" und „Kürzen" nur dann zu einer äquivalenten Umformung eines Bruchterms führen, wenn der Term, mit dem erweitert/gekürzt wird, ungleich null ist, ist immer der Bruchterm **nach dem Erweitern/vor dem Kürzen** ausschlaggebend für das Aufstellen der gemeinsamen Definitionsmenge.

Beispiele

1. $\frac{3}{7}=\frac{3\cdot 5}{7\cdot 5}=\frac{15}{35}$ — **Erweitern** des Bruchs mit 5

2. $\frac{(3x+1)}{(1-x)}$ $\mathbb{G}=\mathbb{Z}$

$=\frac{(3x+1)\cdot(1+x)}{(1-x)\cdot(1+x)}$ — **Erweitern** des Bruchterms mit $1+x\neq 0$

$=\frac{3x+3x^2+1+x}{1-x^2}$

$=\frac{3x^2+4x+1}{1-x^2}$

$\mathbb{D}=\mathbb{Z}\setminus\{-1;1\}$ — Der erweiterte Bruch enthält mehr Faktoren im Nennerterm und ist daher ausschlaggebend für die gemeinsame Definitionsmenge.

3. $\frac{4}{8}=\frac{1\cdot \cancel{4}}{2\cdot \cancel{4}}=\frac{1}{2}$ — **Kürzen** des Bruchs mit 4

4. $\frac{24x^2+16x+12x+8}{24x+12}$; $\mathbb{G}=\mathbb{Q}$ — Faktorisiere Zähler und Nenner.

$=\frac{8x(3x+2)+4(3x+2)}{3(8x+4)}$ — Klammere $(3x+2)$ aus.

$=\frac{\cancel{(8x+4)}\cdot(3x+2)}{3\cdot\cancel{(8x+4)}}$ — **Kürzen** des Bruchterms mit $8x+4\neq 0$

$=\frac{3x+2}{3}$

$\mathbb{D}=\mathbb{Q}\setminus\{-0{,}5\}$ — Der noch nicht gekürzte Bruch enthält mehr Faktoren im Nennerterm und ist daher ausschlaggebend für die gemeinsame Definitionsmenge.

91 Erweitere die Bruchterme mit den angegebenen Termen und multipliziere aus. Bestimme nach dem Erweitern die Definitionsmenge.

a) $\frac{x+2}{x-2}$; $\mathbb{G}=\mathbb{Q}$ — Erweitere mit $(x+2)$.

b) $\frac{2x+5}{3x+7}$; $\mathbb{G}=\mathbb{Q}$ — Erweitere mit $(3x-7)$.

c) $\frac{4x^2-9}{2x+3}$; $\mathbb{G}=\mathbb{Q}^-$ Erweitere mit $(2x-3)$.

d) $\frac{4x+30}{6x^2-216}$; $\mathbb{G}=\mathbb{N}$ Erweitere mit $\frac{1}{2x}$.

92 Fülle die Lücken so, dass äquivalente Terme entstehen.

a) $\frac{5x}{13y}=\frac{\square}{65xy}$

b) $\frac{3x+3}{4x}=\frac{6x^2+6x}{\square}$

c) $\frac{9-x}{9}=\frac{81-x^2}{\square}$

d) $\frac{2}{3x+5x^2}=\frac{\square}{81x^2+225x^4}$

e) $\frac{42x}{24y^2}=\frac{7x^2y}{\square}$

f) $\frac{2a+3}{4a^2+12a+9}=\frac{\square}{(4a^2-9)(2a+3)}$

93 Bestimme die Definitionsmenge und kürze so weit wie möglich.

a) $\frac{3x^2}{x}$; $\mathbb{G}=\mathbb{N}$

b) $\frac{3(x+1)}{4(x+1)}$; $\mathbb{G}=\mathbb{Q}^+$

c) $\frac{(1+x)\cdot 4}{(1+x)^2}$; $\mathbb{G}=\mathbb{Z}$

d) $\frac{x+3}{x^2-9}$; $\mathbb{G}=\mathbb{Q}$

e) $\frac{x^2-4}{(x+2)^2}$; $\mathbb{G}=\mathbb{Q}$

f) $\frac{(2x-1)^2}{(2x+1)^2}$; $\mathbb{G}=\mathbb{Q}^-$

g) $\frac{2x+6}{2x+4}$; $\mathbb{G}=\mathbb{N}_0$

h) $\frac{(x+2)^2-4x}{(x-2)^2+4x}$; $\mathbb{G}=\mathbb{Q}$

94 Fülle die Lücken so, dass äquivalente Terme entstehen.

a) $\frac{125xy^2}{25x^2}=\frac{\square}{2x}$

b) $\frac{6x^2+6x}{x+1}=\frac{6x}{\square}$

c) $\frac{4(9-x)(9+x)}{(81-x^2)(36+4x)}=\frac{1}{\square}$

d) $\frac{64x^2-16x^4}{32(2x-x^2)}=\frac{\square}{4}$

e) $\frac{42x(y+y^2)}{63y^2}=\frac{\square}{3y}$

f) $\frac{(0,25x^2-4y^2)^2}{x^4-32x^2y^2+256y^4}=\frac{\square}{16}$

95 Forme die folgenden Bruchterme durch Kürzen bzw. Erweitern ineinander um. Gib jeweils die gemeinsame Definitionsmenge für $\mathbb{G} = \mathbb{Q}$ an.

a) $T_1(x) = \frac{2x+1}{3x-6}$; $T_2(x) = \frac{4x+2}{6x-12}$

b) $T_1(x) = \frac{x+2}{x+3}$; $T_2(x) = \frac{(x-3)(2x+4)}{2(x^2-9)}$

c) $T_1(x) = \frac{4x+8}{x^2+4x+4}$; $T_2(x) = \frac{4}{x+2}$

d) $T_1(x) = \frac{3x+9}{9(3x-9)}$; $T_2(x) = \frac{x^2-9}{(3x-9)^2}$

e) $T_1(x) = \frac{4-9x^2}{8x+50+12x^2+75x}$; $T_2(x) = \frac{2-3x}{4x+25}$

2.2 Gleichnamigmachen

Besitzen Bruchterme den gleichen Nenner, so nennt man sie **gleichnamig**.
Beim **Gleichnamigmachen von Bruchtermen** gehst du wie beim Gleichnamigmachen von Bruchzahlen vor:

- Faktorisiere die Nennerterme so weit wie möglich.
- Bestimme den Hauptnenner (kgV aller vorkommenden Nennerterme).
- Erweitere die Bruchterme auf den **Hauptnenner**.

ispiele

1. Mache die Terme $T_1(x) = \frac{3x}{2x^2+8x+8}$ und $T_2(x) = \frac{2}{3x+6}$ gleichnamig.

Lösung:

- Faktorisieren der Nennerterme:

N_1: $2x^2+8x+8 = 2(x^2+4x+4) = 2 \cdot \quad (x+2)^2$

N_2: $3x+6 \qquad = \quad 3 \cdot (x+2)$

- Bestimmung des Hauptnenners:

HN: $2 \cdot 3 \cdot (x+2)^2$

Der Hauptnenner ist das Produkt aus allen Faktoren, die nur in einem der Nenner vorkommen, und aus der höchsten vorkommenden Potenz der Faktoren, die in beiden Nennern vorkommen.

- Erweiterung auf den Hauptnenner:

$$T_1(x) = \frac{3x \cdot 3}{[2(x+2)^2] \cdot 3} = \frac{9x}{6(x+2)^2}$$

$$T_2(x) = \frac{2 \cdot 2(x+2)}{[3(x+2)] \cdot 2(x+2)} = \frac{4(x+2)}{6(x+2)^2}$$

Vergleiche die Nenner jedes Bruchs mit dem Hauptnenner und erweitere um die fehlenden Faktoren. Das Setzen von Klammern hilft dabei, Rechenfehler zu vermeiden.

2. Mache die Terme $\frac{1}{3a^2+6ab}$, $\frac{3a}{12(a^2+4ab+4b^2)}$ und $\frac{2}{16ab+32b^2}$ gleichnamig.

Lösung:

Faktorisieren und Bestimmen des Hauptnenners:

$$
\begin{array}{lllll}
N_1: & 3a^2+6ab & = 3^1 \cdot & a\cdot & (a+2b) \\
N_2: & 12(a^2+4ab+4b^2) & = 3^1\cdot 4 \cdot & & (a+2b)^2 \\
N_3: & 16ab+32b^2 & = 4^2\cdot & b\cdot & (a+2b) \\
\hline
HN: & & 3^1\cdot 4^2\cdot & a\cdot b\cdot & (a+2b)^2
\end{array}
$$

Die Faktoren a und b kommen jeweils nur in einem Nenner vor.

Die höchste vorkommende Potenz
des Faktors 3 ist 1,
des Faktors 4 ist 2,
des Faktors (a + 2b) ist 2.

Erweitern auf den Hauptnenner:

$$\frac{1\cdot 16b(a+2b)}{[3a^2+6ab]\cdot 16b(a+2b)} = \frac{16b(a+2b)}{48ab(a+2b)^2}$$

$3a^2+6ab = 3a(a+2b)$
$3\cdot 4^2\cdot a\cdot b\cdot(a+2b)\cdot(a+2b)$

$$\frac{3a\cdot 4ab}{[12(a^2+4ab+4b^2)]\cdot 4ab} = \frac{12a^2b}{48ab(a+2b)^2}$$

$12(a^2+4ab+4b^2) = 12(a+2b)^2$
$3\cdot 4\cdot 4\cdot a\cdot b\cdot(a+2b)^2$

$$\frac{2\cdot 3a(a+2b)}{[16ab+32b^2]\cdot 3a(a+2b)} = \frac{6a(a+2b)}{48ab(a+2b)^2}$$

$16ab+32b^2 = 16b(a+2b)$
$3\cdot 16\cdot a\cdot b\cdot(a+2b)\cdot(a+2b)$

96 Mache gleichnamig und bestimme jeweils die gemeinsame Definitionsmenge über der Grundmenge $\mathbb{Q}$.

a) $\frac{x}{x+1}$; $\frac{1}{3x-6}$

b) $\frac{x^2}{x^3}$; $\frac{2}{5x}$

c) $\frac{3x+1}{2x+4}$; $\frac{0{,}5x+3}{3x+6}$

d) $\frac{3x+1}{x^2-121}$; $\frac{3x-33}{x+11}$

e) $\frac{2x+4}{6x+8}$; $\frac{3x^2}{(3x+4)^2}$

f) $\frac{4}{0{,}5x+1}$; $\frac{2x+16}{(x+2)^2}$

g) $\frac{x+3}{x^2-9}$; $\frac{2x}{4(x-3)^2}$

h) $\frac{2}{z^2+4z+4}$; $\frac{6z-9}{5z^2-20}$

i) $\frac{x+1}{x-1}$; $\frac{x+1}{(x+1)^2}$; $\frac{2x}{x^2-1}$

j) $\frac{a}{-9a^2+18a-9}$; $\frac{b}{12a-12}$; $\frac{ab}{3a^2+3a-6}$

2.3 Addition und Subtraktion von Bruchtermen

Wie Brüche kann man auch Bruchterme **addieren** und **subtrahieren**.

- Bruchterme werden **addiert**, indem alle Nennerterme auf den **gleichen Hauptnenner** gebracht und anschließend **beide Zähler addiert** werden.

$$\frac{Z_1}{HN}+\frac{Z_2}{HN}=\frac{Z_1+Z_2}{HN}$$

- Bruchterme werden **subtrahiert**, indem alle Nennerterme auf den **gleichen Hauptnenner** gebracht und anschließend **beide Zähler subtrahiert** werden.

$$\frac{Z_1}{HN}-\frac{Z_2}{HN}=\frac{Z_1-Z_2}{HN}$$

spiele

1. $\frac{3x+7}{2x+4}+\frac{x-8}{3x+6};\quad \mathbb{G}=\mathbb{Q}$

$N_1\colon\ 2x+4=2\cdot(x+2)$
$N_2\colon\ 3x+6=3\cdot(x+2)$
HN: $2\cdot 3\cdot(x+2)$

Bestimme den Hauptnenner.

$\mathbb{D}=\mathbb{Q}\setminus\{-2\}$

Gib anhand des faktorisierten Hauptnenners die Definitionsmenge an.

$$\frac{(3x+7)\cdot 3}{2(x+2)\cdot 3}+\frac{(x-8)\cdot 2}{3(x+2)\cdot 2}$$

Erweitere jeden Bruch auf den Hauptnenner. Setze gegebenenfalls **Klammern**.

$$=\frac{9x+21}{6(x+2)}+\frac{2x-16}{6(x+2)}$$

$$=\frac{9x+21+2x-16}{6(x+2)}$$

$$=\frac{11x+5}{6(x+2)}$$

2. $\frac{2}{x+1}-\frac{8}{2x}-\frac{2}{x^2-1};\quad \mathbb{G}=\mathbb{Z}$

Bestimme den Hauptnenner.

$N_1\colon\ x+1=(x+1)$
$N_2\colon\ 2x=2\cdot x$
$N_3\colon\ x^2-1=(x+1)\cdot(x-1)$
HN: $(x+1)\cdot 2x\cdot(x-1)$

$\mathbb{D}=\mathbb{Z}\setminus\{-1;0;1\}$

Gib anhand des faktorisierten Hauptnenners die Definitionsmenge an.

$$\frac{2\cdot 2x(x-1)}{(x+1)\cdot 2x(x-1)}-\frac{8\cdot(x+1)(x-1)}{2x\cdot(x+1)(x-1)}-\frac{2\cdot 2x}{(x^2-1)\cdot 2x}$$

Erweitere jeden Bruch auf den Hauptnenner.

$$=\frac{4x(x-1)}{2x(x^2-1)}-\frac{8(x^2-1)}{2x(x^2-1)}-\frac{4x}{2x(x^2-1)}$$

$$=\frac{4x^2-4x-(8x^2-8)-4x}{2x(x^2-1)}$$

Wenn du die Zähler auf einen Bruchstrich schreibst, setze gegebenenfalls **Klammern**.

$$=\frac{4x^2-4x-8x^2+8-4x}{2x^3-2x}$$

$$=\frac{-4x^2-8x+8}{2x^3-2x}$$

Dieser Bruch kann noch vereinfacht werden.

$$=\frac{\not{2}(-2x^2-4x+4)}{\not{2}(x^3-x)}$$

$$=\frac{-2x^2-4x+4}{x^3-x}$$

Das Ergebnis sollte immer vollständig gekürzt angegeben werden.

97 Vereinfache so weit wie möglich. (Kürze!)

a) $\frac{4x}{6x}+\frac{2x}{6x}+\frac{20x}{6x}$

b) $\frac{4x}{8xy}-\frac{8x^2y^2}{8xy}-\frac{-20x}{8xy}$

c) $\frac{13c-4}{4c-2}+\frac{5(c-1)}{4c-2}$

d) $\frac{-6a-4}{a^2-25}+\frac{-24+11a}{a^2-25}-\frac{-a+2}{a^2-25}$

98 Gib die Definitionsmenge der Bruchterme über der Grundmenge $\mathbb{Q}$ an und fasse so weit wie möglich zusammen.

a) $\frac{x+1}{2x+4}+\frac{1-x}{5x+10}$

b) $\frac{8b}{b^2-9}+\frac{5}{2b-6}$

c) $1+\frac{2}{3x-3}-\frac{x^2}{x^2-1}$

d) $\frac{21}{7x+3}-\frac{1}{x}+\frac{9}{7x^2+3x}$

e) $\frac{x-1}{x+1}+\frac{x+1}{x-1}-\frac{(x+1)^2}{x^2-1}$

f) $\frac{x^2}{x^2-1}-\frac{3x}{3x+3}-\frac{1}{2x-2}$

g) $\frac{3x}{3x+9}-\frac{-\frac{1}{3}x^2}{(x+3)^2}+\frac{1}{x+3}$

h) $\frac{1}{x^2-2x+1}+\frac{1}{x^2+2x+1}-\frac{2}{x^2-1}$

i) $\frac{x-2}{x^2-4x+4}+\frac{x+2}{x^2+4x+4}-\frac{3x}{x^2-4}$

j) $\frac{x}{x^2+3}-\frac{x}{x^2+3x}+\frac{12x}{x^2(x^2+3)+3x(x^2+3)}$

99 Mia behauptet: „Die folgenden vier Terme haben für die Belegung $x = 0$ alle denselben Wert -4. Die vier Terme lassen sich sogar so in 2 Paare aufteilen, dass die Paare für alle Belegungen von $x \in \mathbb{Q} \setminus \{-3; 3\}$ denselben Wert haben."

$$T_1(x) = \frac{4x^2 + 5x - 51}{x^2 - 9} - \frac{116}{4x + 12} \qquad T_2(x) = \frac{8}{x - 3} + \frac{12x - 36}{x(x^2 - 9) - 3(x^2 - 9)}$$

$$T_3(x) = \frac{4x - 12}{x + 3} \qquad T_4(x) = \frac{8x + 36}{(x + 3)(x - 3)}$$

Zeige, dass Mia recht hat. Überlege, wie du ihre zweite Behauptung beweisen kannst, ohne die Termwerte für alle Belegungen von $x \in \mathbb{Q} \setminus \{-3; 3\}$ zu berechnen.

2.4 Multiplikation und Division von Bruchtermen

Wie Brüche kann man auch Bruchterme **multiplizieren** und **dividieren**.

- Bruchterme werden **multipliziert**, indem jeweils alle Zählerterme und alle Nennerterme miteinander multipliziert werden. $\frac{Z_1}{N_1} \cdot \frac{Z_2}{N_2} = \frac{Z_1 \cdot Z_2}{N_1 \cdot N_2}$
- Bruchterme werden **dividiert**, indem mit dem Kehrbruch des zweiten Bruchs multipliziert wird. $\frac{Z_1}{N_1} : \frac{Z_2}{N_2} = \frac{Z_1}{N_1} \cdot \frac{N_2}{Z_2} = \frac{Z_1 \cdot N_2}{N_1 \cdot Z_2}$
- Ausschlaggebend für die **Definitionsmenge** bei der **Multiplikation** sind die **Nenner N_1 und N_2**.
  Ausschlaggebend für die **Definitionsmenge** bei der **Division** sind neben den **Nennern N_1 und N_2** auch der **Nenner Z_2 des Kehrbruchs**.

spiele

1. $\frac{x + 2}{x - 2} \cdot \frac{x^2 - 4}{x + 2}$; $\mathbb{G} = \mathbb{Q}$ — Bestimme die Definitionsmenge.

$\mathbb{D} = \mathbb{Q} \setminus \{-2; 2\}$

$\frac{(x + 2) \cdot (x^2 - 4)}{(x - 2) \cdot (x + 2)}$ — Zähler mal Zähler und Nenner mal Nenner. Setze Klammern und kürze, falls möglich.

$= \frac{x^2 - 4}{x - 2}$ — Faktorisiere den Zähler.

$= \frac{(x + 2) \cdot (x - 2)}{x - 2}$

$= x + 2$

2. $\frac{x+3}{(x+3)^2} : \frac{4x-1}{x+3}$; $\mathbb{G} = \mathbb{Z}$

Bestimme die Definitionsmenge hinterher.

$= \frac{x+3}{(x+3)^2} \cdot \frac{x+3}{4x-1} \quad (4x-1 \neq 0)$

Auch der Nenner des Kehrbruchs darf nicht null sein. Wegen $4x-1=0 \Leftrightarrow x=\frac{1}{4}$ muss daher $\frac{1}{4}$ aus der Definitionsmenge ausgeschlossen werden.

$= \frac{\cancel{(x+3)} \cdot \cancel{(x+3)}}{\cancel{(x+3)^2} \cdot (4x-1)}$

Kürze.

$= \frac{1}{4x-1}$

$\mathbb{D} = \mathbb{Z} \setminus \left\{-3; \frac{1}{4}\right\} = \mathbb{Z} \setminus \{-3\}$

Hier tritt der Sonderfall ein, dass $\frac{1}{4}$ ohnehin nicht in der Grundmenge $\mathbb{Z}$ enthalten ist.

100 Gib für die folgenden Bruchterme die Definitionsmenge über der Grundmenge $\mathbb{Q}$ an und vereinfache so weit wie möglich. (Kürze!)

a) $\frac{1}{x} \cdot \frac{x+1}{2x-3}$

b) $6x \cdot \frac{1}{3} \cdot \frac{x-1}{2x}$

c) $\frac{4}{y} \cdot \frac{4y-3}{2y+10}$

d) $\frac{4}{y^2-9} \cdot \frac{y^2-9}{2y+6}$

e) $\frac{25x+5}{125-5x^2} \cdot \frac{5+x}{5x+1}$

f) $\frac{x+7}{x^2-49} \cdot \frac{7-x}{-7-x}$

g) $(30x-7,5x^3) \cdot \frac{4+x}{4-x^2}$

h) $\frac{169-x^2}{13+x} \cdot \frac{13+x}{26-13x}$

i) $\frac{4x^4+24x^2+36}{x-3} \cdot \frac{x^2-9}{4x^4-36x^2}$

j) $\left(\frac{3x^2}{-4}\right)^3 \cdot \frac{16}{x^2-2x} \cdot \frac{7x-14}{x}$

101 Vereinfache und gib die Definitionsmenge über der Grundmenge $\mathbb{Q}$ an.

a) $\frac{288}{12x} : \frac{24x}{2}$

b) $\frac{25x^3}{125x^2} : 5x^2$

c) $\frac{3x-5}{4(x-8)} : \frac{4x}{16x-128}$

d) $\frac{4}{x-4} : \frac{24}{x^2-8x+16}$

e) $\frac{4x-28}{7+x} : \frac{2x-14}{x^2-49}$

f) $\frac{y^2-4}{y+2} : \frac{y+2}{y-2}$

g) $\frac{(2x-6)\cdot(2x+6)}{x+3} : (x-3)$

h) $\frac{2\cdot(4x-28)}{3x} : \frac{6x-42}{21x^2\cdot(x+2)}$

i) $\frac{(x-5)^2}{-x^2+10x-25} : \frac{x^2+10x+25}{(x-5)^2}$

j) $\frac{x(x-3)}{-1} : \left(\frac{-x^3}{x^2-6x+9}\right)^{-1}$

Vermischte Aufgaben

102 Vereinfache folgende Bruchterme so weit wie möglich und gib stets die Definitionsmenge mit an.

a) $\frac{2x^2+x}{x-1} : \frac{x}{x^2-1} \cdot \frac{1}{4x+2}$; $\mathbb{G} = \mathbb{N}_0$

b) $\frac{64-y^2}{(8-y)^2} : \frac{(8+y)^2}{8-y} \cdot \frac{8+y}{8}$; $\mathbb{G} = \mathbb{Z}$

c) $\left(\frac{3}{2x} \cdot \frac{4x^2}{9} : \frac{2x}{3(x+3)}\right) : \frac{9+27x}{3x}$; $\mathbb{G} = \mathbb{Q}$

d) $\frac{3x+1}{2x-4} \cdot \frac{3}{2x+4} : \frac{x}{4x^2-16}$; $\mathbb{G} = \mathbb{N}_0$

e) $\frac{1}{x+3} : (x^2-9) \cdot \frac{3x-9}{4}$; $\mathbb{G} = \mathbb{N}$

f) $\frac{6x+3}{x+2} \cdot \frac{2x-4}{4x+2} : \frac{3(x+2)^2}{x^2-4}$; $\mathbb{G} = \mathbb{Q}$

103 Vereinfache folgende Bruchterme so weit wie möglich und gib stets die Definitionsmenge über der Grundmenge $\mathbb{Q}$ mit an.

a) $\frac{2+x}{x} + \frac{2+x}{x} \cdot \frac{x-1}{4x-3}$

b) $\frac{3x+4}{x} : \frac{x}{2x-3} + \frac{4x+5}{x^3-x^2} \cdot \frac{x}{2}$

c) $\frac{8}{x+5} : \frac{56}{x^2-25} - \frac{6}{x-4} : \frac{42}{x^2-16} + \left(\frac{2x+1}{7}\right)^2$

d) $\frac{(x+4)^2}{3x-6} \cdot \frac{4x-8}{x+4} - \frac{x}{(x-4)^2} : \frac{1}{x^2-16}$

e) $(3x-5)^{-2} : (2x-3)^{-1}$

f) $(x^2+x-2)^{-1} : (4x+8)^{-1} + \frac{5}{x-1}$

3 Lösen von Bruchgleichungen

Bruchgleichungen sind Gleichungen mit Bruchtermen. Man löst sie, indem man sie auf lineare Gleichungen zurückführt. Dies wird durch **Über-Kreuz-Multiplikation** beider Seiten erreicht. Allerdings ist diese Umformung nur zulässig, wenn dabei die Definitionsmenge berücksichtigt wird.

Die „Über-Kreuz-Multiplikation" fasst in einem Schritt zwei Schritte zusammen, nämlich die Multiplikation der Gleichung mit N_1 und anschließend mit N_2:

$$\frac{Z_1}{N_1} = \frac{Z_2}{N_2} \qquad |\cdot N_1$$

$$\Leftrightarrow \quad Z_1 = \frac{Z_2}{N_2} \cdot N_1 \qquad |\cdot N_2$$

$$\Leftrightarrow \quad Z_1 \cdot N_2 = Z_2 \cdot N_1$$

$$\frac{Z_1}{N_1} \times \frac{Z_2}{N_2}$$

Über-Kreuz-Multiplikation

$$\Leftrightarrow \quad Z_1 \cdot N_2 = Z_2 \cdot N_1$$

Lösen von Bruchgleichungen

- Bestimme zuerst die Definitionsmenge unter Beachtung der Grundmenge.
- Stehen auf den Seiten der Gleichung mehrere Brüche, versuche diese auf einen gemeinsamen Hauptnenner zu bringen und zusammenzufassen.
- Multipliziere über Kreuz.

  $\frac{Z_1}{N_1} \times \frac{Z_2}{N_2} \Leftrightarrow Z_1 \cdot N_2 = Z_2 \cdot N_1$

- Löse wie bei den linearen Gleichungen auf.
- Bestimme die Lösungsmenge unter Beachtung der Definitionsmenge.

Beispiele

1. $\frac{3}{x} = \frac{4}{5} \qquad \mathbb{G} = \mathbb{Q}$

Bestimme stets zuerst die Definitionsmenge.

$\mathbb{D} = \mathbb{Q} \setminus \{0\}$

$\frac{3}{x} \times \frac{4}{5}$

Auf beiden Seiten steht nur ein einzelner Bruch
→ **Über-Kreuz-Multiplikation**

$\Leftrightarrow \quad 3 \cdot 5 = 4 \cdot x$

Es ergibt sich eine lineare Gleichung.

$\Leftrightarrow \quad 15 = 4x \qquad |:4$

$\Leftrightarrow \quad x = \frac{15}{4} = 3\frac{3}{4}$

$\mathbb{L} = \left\{3\frac{3}{4}\right\}$

2. $\frac{3x}{4x+8}+\frac{8x+2}{2x+4}=\frac{19(x-2)}{4x}$

N_1: $4(x+2)=2\cdot 2\cdot(x+2)$
N_2: $2(x+2)$
N_3: $4\cdot x$

Zur Bestimmung der Definitionsmenge werden zunächst alle Nenner faktorisiert.

N_1 und N_2 werden null für $x=-2$ und N_3 wird null für $x=0$. Diese Zahlen müssen aus der Definitionsmenge ausgeschlossen werden.

- $\mathbb{D}=\mathbb{Q}\setminus\{-2;0\}$
- Auf der linken Seite stehen zwei Brüche, die du zusammenfassen musst.

N_1: $\boxed{2\cdot 2}\cdot(x+2)$
N_2: $2\cdot\boxed{(x+2)}$
HN: $2\cdot 2\cdot(x+2)$

Die Zerlegung in die Faktoren zeigt, dass der erste Bruch gar nicht erweitert werden muss. Der zweite Bruch muss mit 2 erweitert werden.

$$\frac{3x}{4x+8}+\frac{(8x+2)\cdot 2}{[2(x+2)]\cdot 2}=\frac{19(x-2)}{4x}$$

$$\Leftrightarrow \quad \frac{3x+16x+4}{4x+8}=\frac{19(x-2)}{4x}$$

Fasse beide Brüche zusammen.

- Multipliziere über Kreuz, sobald auf beiden Seiten der Gleichung jeweils nur ein einziger Bruch vorkommt.

$$\Leftrightarrow \quad \frac{19x+4}{4x+8}=\frac{19(x-2)}{4x}$$

$$\Leftrightarrow \quad (19x+4)\cdot 4x=[19(x-2)]\cdot(4x+8)$$
$$76x^2+16x=76(x-2)(x+2)$$
$$76x^2+16x=76(x^2-4)$$
$$76x^2+16x=76x^2-304 \quad |-76x^2$$
$$16x=-304 \quad |:16$$
$$x=-19$$

Vergiss beim Über-Kreuz-Multiplizieren nicht, ggf. Klammern um die Zähler und Nenner zu machen.

$\mathbb{L}=\{-19\}$

104 Gib zuerst die Definitionsmenge über der Grundmenge $\mathbb{Q}$ an und löse dann die Bruchgleichungen.

a) $\frac{3}{2x}=\frac{15}{18}$

b) $\frac{5}{2x-6}=30$

c) $\frac{3}{2x-3}-8=0$

d) $\frac{4x+8}{3x+6}=8$

e) $\frac{3+2x}{x-1}=\frac{4x-2}{2x-2}$ f) $\frac{8}{x+3}=\frac{6}{x+2{,}5}$

g) $\frac{4x+16}{3x+6}=\frac{3}{2}$ h) $\frac{x-8}{x+4}=\frac{x+4}{x+8}$

105 Löse die folgenden Bruchgleichungen. Gib jeweils die Definitionsmenge über der gegebenen Grundmenge an.

a) $\frac{3x+2}{x}+\frac{3}{5}=\frac{10{,}8x+2}{3x-1}$; $\mathbb{G}=\mathbb{Z}$ b) $\frac{3}{2}+\frac{4}{x}=\frac{7}{x+1}+\frac{4{,}5x}{3x+3}$; $\mathbb{G}=\mathbb{Q}^+$

c) $\frac{3x-4}{5x+2}-\frac{4x+1}{15x+6}=\frac{2}{4}-\frac{7}{12}$; $\mathbb{G}=\mathbb{Z}$ d) $\frac{3x+15}{6x+3}+\frac{1}{2}=\frac{1{,}5x-2}{x+1}-\frac{2}{4}$; $\mathbb{G}=\mathbb{Q}^+$

106 Der Nenner eines Bruchs ist um 4 kleiner als der Zähler. Vergrößert man den Zähler um 4 und den Nenner um 2, so bleiben die Brüche gleich.
Wie lautet der ursprüngliche Bruch?

107 Subtrahiert man von einem Bruch, dessen Nenner um 2 kleiner ist als der Zähler, seinen Kehrbruch, so erhält man dasselbe, wie wenn man das um 4 verminderte 4-Fache des Zählers durch das um 10 verminderte Quadrat des Zählers teilt.
Wie lautet der ursprüngliche Bruch?

108 Die eine Seite von Rechteck A ist um 4 Einheiten länger als die andere. Verdoppelt bzw. verdreifacht man die kürzere Seite von Rechteck A und verlängert sie um weitere 4 Einheiten, erhält man die Seitenlängen von Rechteck B. Welche Seitenlängen haben die Rechtecke, wenn ihre Flächeninhalte im Verhältnis 1 : 6 stehen?

109 Bei einem Tanzkurs liegt das Verhältnis von Männern zu Frauen in der ersten Stunde bei dem ungünstigen Wert 2 : 3. Die Tanzlehrerin bittet die Teilnehmer, für die nächste Stunde noch mehr Männer zu organisieren. Obwohl tatsächlich 2 weitere Männer erscheinen und sich eine Frau abgemeldet hat, beträgt das Verhältnis von Männern zu Frauen 6 : 7.
Wie viele Männer und Frauen erschienen zur ersten Stunde?
Wie viele Männer fehlen in der zweiten Stunde, um das Verhältnis auszugleichen?

Geometrische Ortslinien und Ortsbereiche

Eine Menge von Punkten, die eine bestimmte geometrische Eigenschaft besitzen, heißt **geometrischer Ort**. Ist die Punktmenge eine **Linie**, so spricht man von einer **geometrischen Ortslinie**, ist sie eine **Fläche**, so spricht man von einem **geometrischen Ortsbereich**.

1 Kreislinie und Kreisbereiche

In der Stadt Nürnberg leben etwa 500 000 Menschen. Innerhalb eines Umkreises von 50 km um den gedachten Mittelpunkt der Stadt sind es bereits deutlich mehr, etwa 2,1 Millionen. Dazu zählen auch die Einwohner von Orten, die genau 50 km Luftlinie von Nürnberg entfernt wohnen, also genau auf der Kreislinie. Alle Menschen, die in Orten außerhalb der Kreislinie wohnen, leben mehr als 50 km von Nürnberg entfernt und werden deshalb nicht mitgezählt.

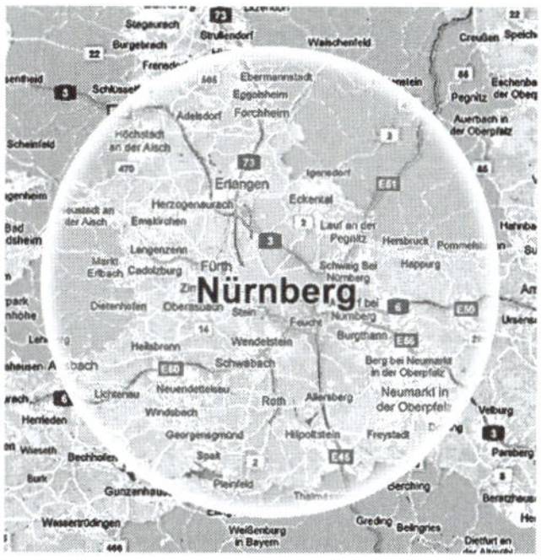

- Alle Punkte L, die von einem Punkt M den gleichen Abstand r besitzen, liegen auf der **Kreislinie k** um den Mittelpunkt M mit dem Radius r: $\mathbf{k(M; r) = \{L \mid \overline{LM} = r\}}$

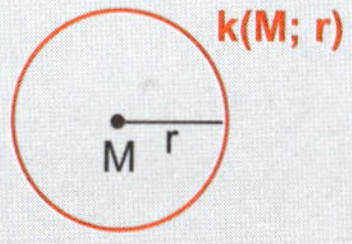

- Alle Punkte I, die von einem Punkt M einen kleineren Abstand als r besitzen, bilden das **Kreisinnere k_i** und liegen innerhalb der Kreislinie k(M; r): $\mathbf{k_i(M; r) = \{I \mid \overline{IM} < r\}}$

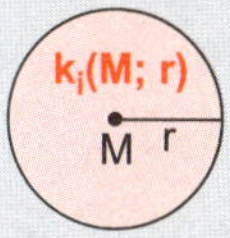

- Alle Punkte A, die von einem Punkt M einen größeren Abstand als r besitzen, bilden das **Kreisäußere k_a** und liegen außerhalb der Kreislinie k(M; r): $\mathbf{k_a(M; r) = \{A \mid \overline{AM} > r\}}$

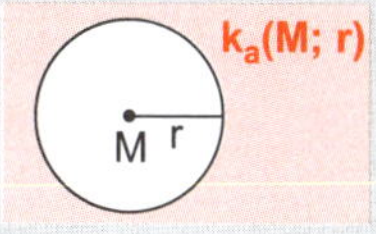

eispiel

Gegeben sind die Punkte $A(1 \mid 1)$ und $B(0 \mid -0{,}5)$.

a) Kennzeichne die Menge $\{P \mid \overline{PA} < 1\text{ cm}\}$ farbig.

b) Kennzeichne alle Punkte P, die von B höchstens 1,5 cm entfernt sind, farbig und gib die Mengenschreibweise dieses Ortsbereichs an.

Lösung:

a) 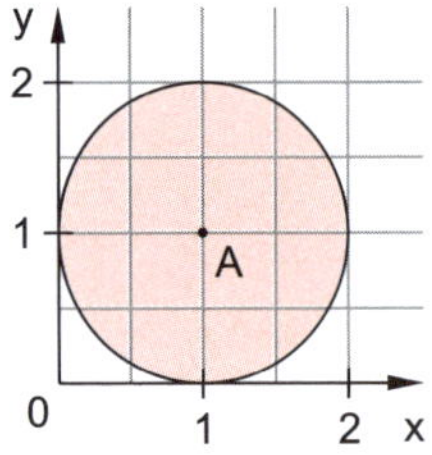

Gesucht ist die Menge aller Punkte P, die weniger als 1 cm vom Punkt A entfernt sind. Zeichne dazu einen Kreis um A mit Radius 1 cm und schraffiere das Kreisinnere. Die Kreislinie gehört nicht zur Lösung.

b) 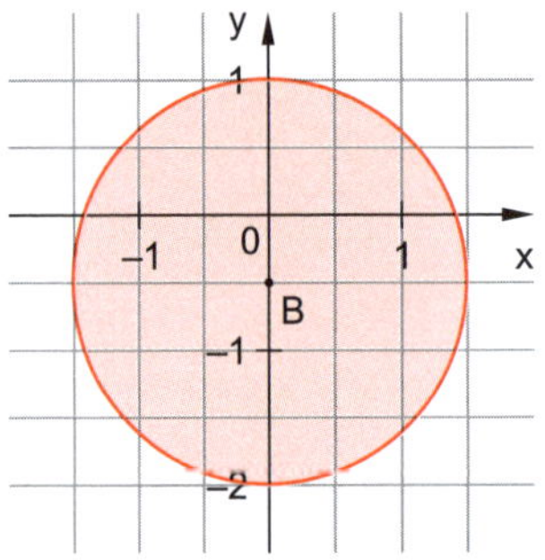

Gesucht ist die Menge aller Punkte P, die höchstens 1,5 cm vom Punkt B entfernt sind. Zeichne dazu einen Kreis um B mit Radius 1,5 cm. Hier sind das Kreisinnere und die Kreislinie farbig zu markieren.

Mengenschreibweise: $\{P \mid \overline{PB} \leqq 1{,}5 \text{ cm}\}$

110 Gegeben sind die folgenden Abbildungen. Gib jeweils die Mengenschreibweise der farbig markierten Ortsbereiche an.

a) 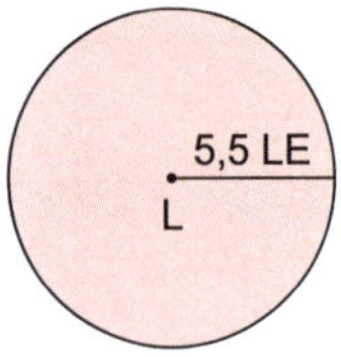

b) 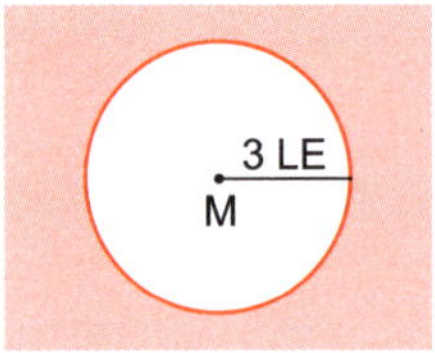

111 Kennzeichne die Menge aller Punkte farbig, die von einem Punkt P

a) genau 2 cm entfernt sind.
b) höchstens 1,5 cm entfernt sind.
c) mindestens 0,5 cm entfernt sind.
d) mehr als 1 cm entfernt sind.

112 Gegeben sind die Punkte A(2 | –1), B(2 | 2), C(–1 | 2) und D(1,5 | 2,5). Kennzeichne jeweils in einem geeigneten Koordinatensystem die folgenden Punktmengen farbig.

a) $\{P \mid \overline{PA} > 0{,}75 \text{ cm}\}$
b) $\{Q \mid \overline{QB} \leqq 2 \text{ cm}\}$
c) $\{R \mid \overline{RC} \geqq 1{,}2 \text{ cm}\}$
d) $\{S \mid \overline{SD} = 3{,}5 \text{ cm}\}$

113 Gegeben sind die Punkte A(2|2), B(0|1) und C(2|0). Stelle die Punktmengen jeweils in Koordinatensystemen grafisch dar und gib die Mengenschreibweise an.

a) Menge der Punkte E, die von A genau 1,25 cm entfernt sind.

b) Geometrischer Ort der Punkte F, die von B weniger als 2,1 cm entfernt sind.

c) Menge der Punkte G, die von C mehr als 2,35 cm entfernt sind.

d) Alle Punkte H, die von B höchstens so weit entfernt sind wie es A von C ist.

2 Parallelenpaar und Mittelparallele

In der Schweiz und überall dort, wo auf dem Schienenweg besonders steile Anstiege überwunden werden sollen, findet man meistens Zahnradbahnen vor. Mittig zwischen den Schienen einer Zahnradbahn befindet sich die Zahnstange. Auf gerader Strecke verlaufen das Schienenpaar und die Zahnstange also parallel zueinander und die Zahnstange hat von beiden Schienen den gleichen Abstand.

- Das **Parallelenpaar (g | h)** einer Geraden m ist der geometrische Ort aller Punkte P, die **von der Geraden den gleichen Abstand** a besitzen:
  (g | h) = {P | d(P; m) = a}
- Die **Mittelparallele m** zweier paralleler Geraden g und h ist der geometrische Ort aller Punkte M, die **von beiden Geraden den gleichen Abstand** besitzen:
  m = {M | d(M; g) = d(M; h)}

Beispiel

Gegeben sind die Punkte A(0,5 | 1,5), B(2 | 1), C(–1 | 0) und D(2 | –1).

a) Kennzeichne alle Punkte farbig, die von der Geraden AB den Abstand 0,5 cm haben, und gib die Mengenschreibweise dieses Ortsbereichs an.

b) Kennzeichne die Menge { M | d(M; AB) = d(M; CD) } farbig.

Lösung:

a)

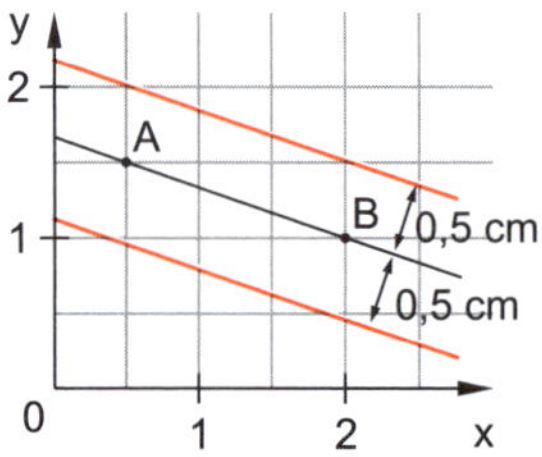

Gesucht ist die Menge aller Punkte, die von der Geraden AB den Abstand 0,5 cm haben. Zeichne dazu das Parallelenpaar im Abstand von 0,5 cm von AB.

Mengenschreibweise: { P | d(P; AB) = 0,5 cm }

b)

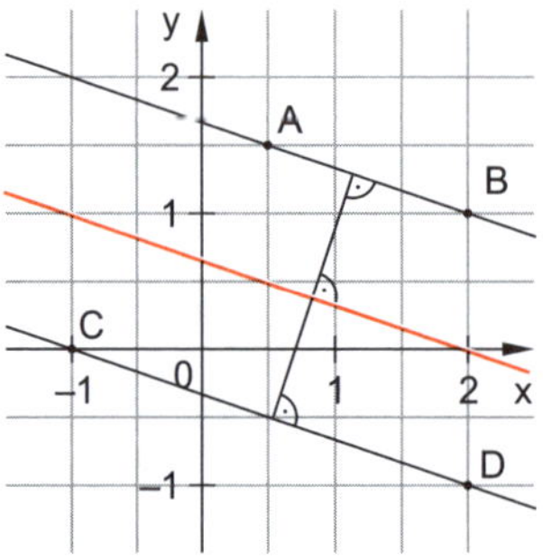

Gesucht ist die Menge aller Punkte, die von den Geraden AB und CD gleich weit entfernt sind. Zeichne dazu die Mittelparallele von AB und CD.

114 Zeichne die Punkte A(2 | 1), B(8 | 3), C(4 | 5) und D(6 | –1) in ein Koordinatensystem ($0 \leqq x \leqq 8$; $-1 \leqq y \leqq 5$).

a) Markiere alle Punkte P farbig, die von den Geraden AD und BC den gleichen Abstand haben. Gib die Mengenschreibweise dieser Punktmenge an.

b) Kennzeichne alle Punkte Q farbig, die von AB genau 1,5 cm entfernt sind. Gib die Mengenschreibweise dieses geometrischen Orts an.

115 Gib die Mengenschreibweise der geometrischen Ortslinien an, die in den folgenden Bildern farbig dargestellt sind.

a)

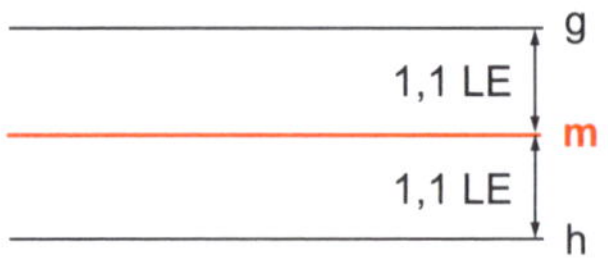

b) 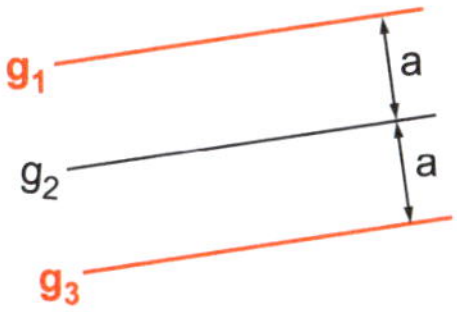

c) 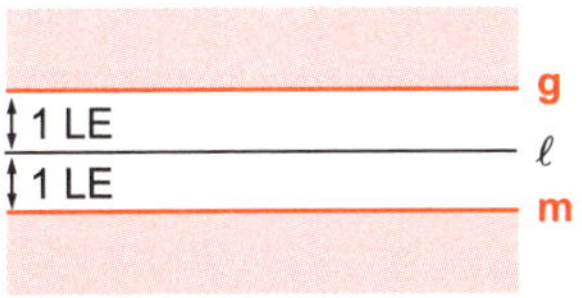

d) 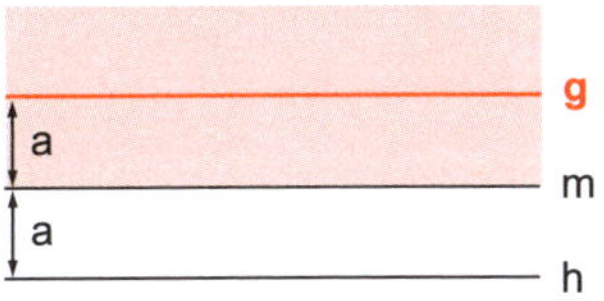

116 Stelle die folgenden Punktmengen für A(–1 | 0,5) und B(2 | 2) jeweils in Koordinatensystemen grafisch dar und gib die Mengenschreibweise an.

a) Menge aller Punkte E, die von AB genau den Abstand 1 cm haben.

b) Menge aller Punkte F, deren Abstand von AB kleiner als 2,5 cm ist.

c) Menge aller Punkte G, die mindestens 1,2 cm von AB entfernt sind.

d) Menge der Punkte H, die höchstens einen Abstand von 1,3 cm von AB haben.

117 Gegeben sind die Punkte A(–1,5 | 1), B(2 | –1), C(–1,5 | 3) und D(2 | 1).
Kennzeichne alle Punkte farbig,

a) die näher bei AB liegen als bei CD.

b) die von AB mindestens so weit entfernt sind wie von CD.

118 Markiere die Punktmengen farbig, wenn A(–2 | 0,5), B(1 | 0,5), C(1 | 2), D(–2 | 2).

a) $\{P \mid d(P; CD) = 0{,}4\text{ cm}\}$

b) $\{P \mid d(P; AB) \geqq 1{,}1\text{ cm}\}$

c) $\{P \mid d(P; AB) < d(P; CD)\}$

d) $\{P \mid d(P; AD) \leqq d(P; BC)\}$

119 Zeichne das Rechteck A(–1 | 0), B(1 | 0), C(1 | 3), D(–1 | 3).
Markiere alle Punkte farbig, die im Rechteck liegen und von der Seite [AB] den Abstand 2,25 cm haben.

3 Mittelsenkrechte und Winkelhalbierende

3.1 Die Mittelsenkrechte

Wie der Name schon andeutet, ist die **Mittelsenkrechte** einer Strecke die Gerade, die **senkrecht** auf der Strecke steht und durch deren **Mittelpunkt** verläuft.

Die **Mittelsenkrechte $m_{[AB]}$** ist der geometrische Ort aller Punkte M, die von den beiden Punkten A und B **gleich weit entfernt** sind:
$m_{[AB]} = \{M \mid \overline{MA} = \overline{MB}\}$

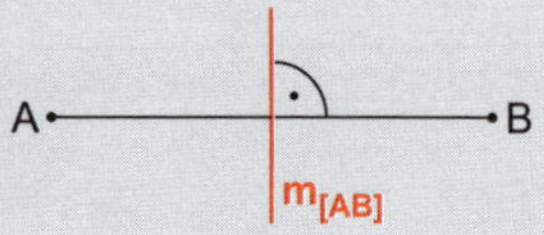

Beispiel

Gegeben sind die Punkte A(1 | 2) und B(4 | 5).
Konstruiere die Mittelsenkrechte der Strecke [AB] und gib eine Konstruktionsbeschreibung an.

Lösung:

Konstruktionszeichnung:

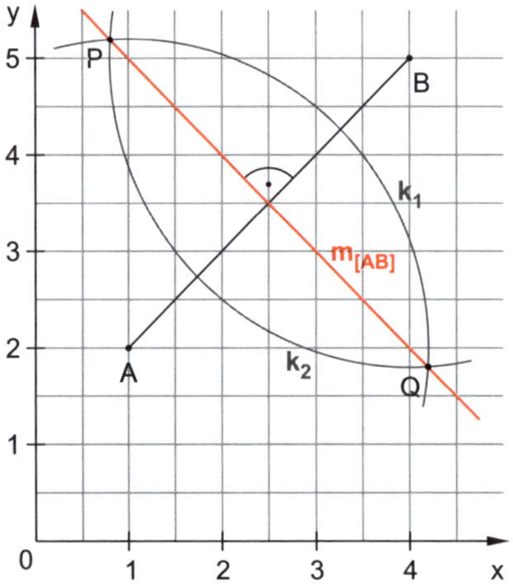

Konstruktionsbeschreibung:

1. Strecke [AB] zeichnen
2. Kreis $k_1(A; r > \frac{\overline{AB}}{2})$ zeichnen
3. Kreis $k_2(B; r)$ zeichnen
4. $k_1 \cap k_2 = \{P; Q\}$
5. $PQ = m_{[AB]}$
   Die Gerade PQ ist die Mittelsenkrechte $m_{[AB]}$ zur Strecke [AB].

Hinweis: Der Schnittpunkt von PQ und [AB] ist der Mittelpunkt $M_{[AB]}$ der Strecke [AB].

120 Konstruiere die Menge aller Punkte, die von A und B gleich weit entfernt sind, und gib eine Konstruktionsbeschreibung an.

a) A(1 | 1) und B(4 | 1)   b) A(1 | 0) und B(3 | 4)

121 Es seien A(2 | 1) und B(4 | 4) gegeben.
Kennzeichne jeweils in einer eigenen Zeichnung die Menge aller Punkte,

a) die von A und B gleich weit entfernt sind.

b) die von A weiter als von B entfernt sind.

c) die von B mindestens so weit wie von A entfernt sind.

122 Gegeben sind die Punkte A(1 | 0), B(0 | 1), C(2 | 3) und D(4 | 1).
Kennzeichne jeweils in einem geeigneten Koordinatensystem die folgenden Punktmengen farbig.

a) $\{M \mid \overline{MA} = \overline{MB}\}$ b) $\{N \mid \overline{NC} \leqq \overline{ND}\}$

c) $\{O \mid \overline{OA} < \overline{OC}\}$ d) $\{P \mid \overline{PB} \geqq \overline{PD}\}$

123 Gib die Mengenschreibweise der geometrischen Ortslinien an, die in den folgenden Bildern farbig dargestellt sind.

a)
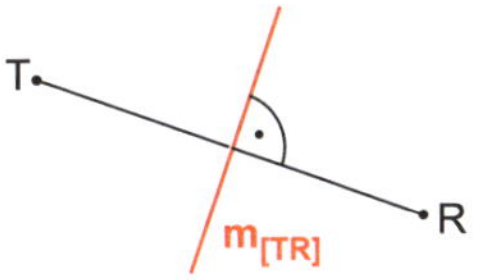

b)
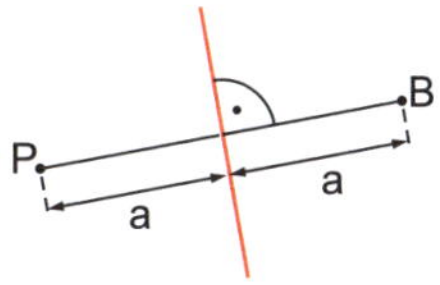

c)
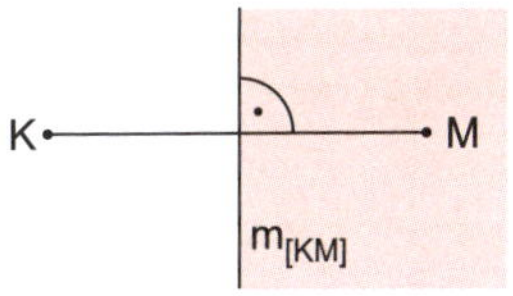

d)
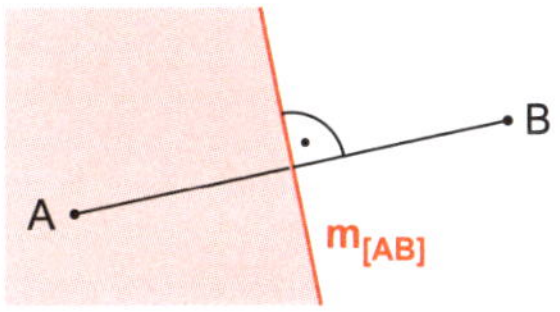

124 Gegeben ist die Strecke [AB] der Länge $\overline{AB} = 5$ cm. Teile die Strecke [AB] nur mithilfe von Zirkel und Lineal in vier gleich große Teile.

3.2 Die Winkelhalbierende

Die Mittelsenkrechte ist der geometrische Ort aller Punkte, die von 2 vorgegebenen Punkten gleich weit entfernt sind. Bei der **Winkelhalbierenden** handelt es sich um den geometrischen Ort aller Punkte, die **von 2** sich schneidenden **Geraden gleich weit entfernt** sind.

Die **Winkelhalbierende w_α von α** ist die **Halbgerade**, die durch den **Scheitel** von α verläuft und den Winkel α in **zwei gleich große Teile** teilt.

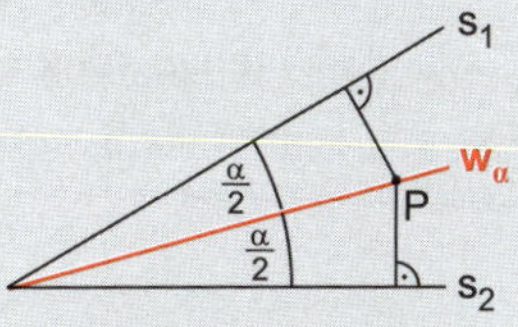

Eigenschaften der Winkelhalbierenden w_α:

- Für **$0° < \alpha < 180°$** gilt:
  w_α ist der geometrische Ort aller Punkte, die von den beiden Schenkeln s_1 und s_2 des Winkels α **gleich weit entfernt** sind: $\mathbf{w_\alpha = \{P \mid d(P; s_1) = d(P; s_2)\}}$
- w_α ist die **Spiegelachse der beiden Schenkel** von α.

Beispiel

Gegeben sind die Punkte A(2 | 0,5), B(1,5 | 2,5) und S(0,5 | 0,5).
Konstruiere die Winkelhalbierende des Winkels ASB und gib eine Konstruktionsbeschreibung an.

Lösung:

Konstruktionszeichnung:

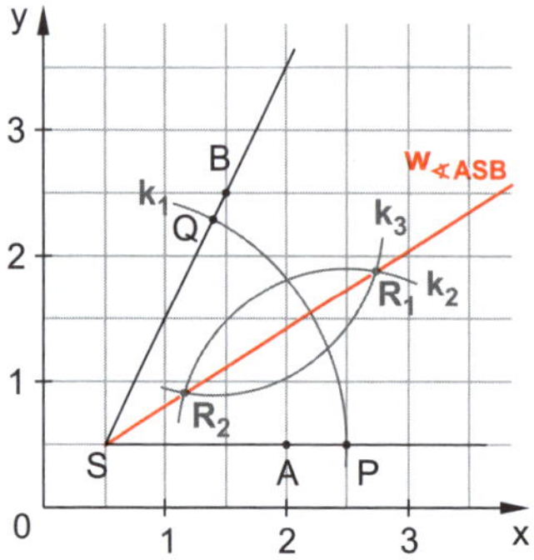

Konstruktionsbeschreibung:

1. Halbgeraden [SA und [SB zeichnen
2. Kreis $k_1(S; r_1 = \text{beliebig})$ zeichnen
3. $k_1 \cap [SA = \{P\}$; $k_1 \cap [SB = \{Q\}$
4. Kreise $k_2(P; r_2 > \frac{\overline{PQ}}{2})$ und $k_3(P; r_2)$ zeichnen
5. $k_2 \cap k_3 = \{R_1; R_2\}$
6. $[SR_1 = [SR_2 = w_{\sphericalangle ASB}$
   Die Halbgerade $[SR_1$ ist die Winkelhalbierende $w_{\sphericalangle ASB}$ des Winkels ASB.

Hinweise:
- Die Konstruktionsschritte 4., 5. und 6. entsprechen der Konstruktion der Mittelsenkrechten der Strecke [PQ].
- Gilt $r_2 > r_1$, liegt einer der Schnittpunkte R_1, R_2 von k_2 und k_3 außerhalb des Winkelfeldes von Winkel PSQ und $[SR_1 \neq [SR_2$. Die Winkelhalbierende ist dann diejenige Halbgerade, die durch den Schnittpunkt im Winkelfeld von Winkel PSQ geht.

Bei zwei sich schneidenden Geraden gibt es vier Winkel und dementsprechend vier Winkelhalbierende, die zu zwei Geraden zusammengefasst werden.

Eigenschaften der Winkelhalbierenden w_I und w_{II} von zwei sich schneidenden Geraden g und h

- w_I und w_{II} bilden zusammen den geometrischen Ort aller Punkte W, die von den beiden Geraden g_1 und g_2 den gleichen Abstand haben:
  $\mathbf{w_I \cup w_{II} = \{P \mid d(P; g) = d(P; h)\}}$
- w_I und w_{II} **stehen senkrecht** aufeinander.
- w_I und w_{II} sind die **Symmetrieachsen** der beiden Geraden.

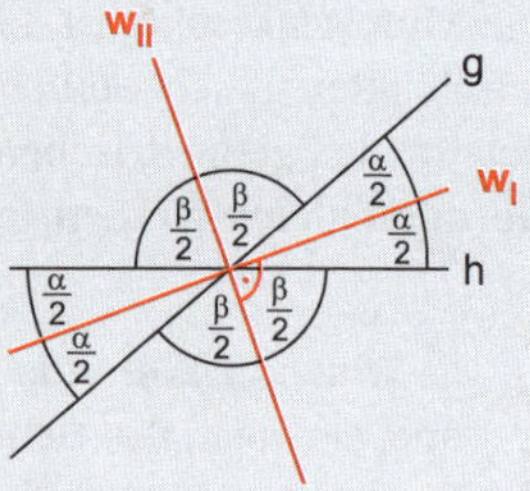

Beispiel

Gegeben sind die Punkte A(0 | 0), B(3 | –1), C(2 | 1) und D(3 | 4).
Kennzeichne alle Punkte, die von den Geraden AB und CD gleich weit entfernt sind und gib die Mengenschreibweise dieses Ortsbereichs an.

Lösung:

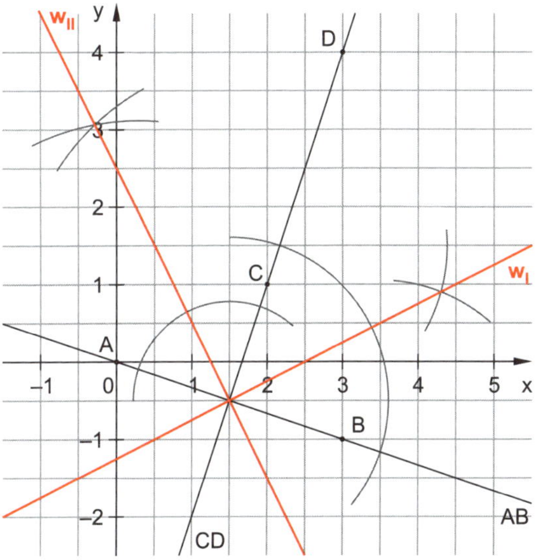

Da die Geraden AB und CD zwei gleiche Winkelpaare (Scheitelwinkel) einschließen, ergänzen sich die Winkelhalbierenden der Scheitelwinkel zu 2 Geraden, nämlich zu den Winkelhalbierenden der Geraden AB und CD. Der geometrische Ort der Punkte, die von zwei sich schneidenden Geraden gleich weit entfernt sind, ist die Vereinigung der Winkelhalbierenden der beiden Geraden.

Mengenschreibweise: $\{ P \mid d(P; AB) = d(P; CD) \}$

125 Zeichne jeweils den vorgegebenen Winkel und halbiere ihn durch Konstruktion.

a) 60°-Winkel b) 140°-Winkel

126 Es seien A(3 | 0,5), B(0 | 3), C(2 | 3,5) und D(–1 | 0). Konstruiere die Winkelhalbierende der folgenden Winkel und gib eine Konstruktionsbeschreibung an.

a) ∢ABC b) ∢CAD

127 Gegeben sind die Punkte C(1 | 2), D(3 | 2) und E(0 | 5).
Markiere alle Punkte farbig, die von [CD und [CE gleich weit entfernt sind, und gib eine Konstruktionsbeschreibung sowie die Mengenschreibweise dieser Punktmenge an.

128 Kennzeichne die Menge aller Punkte, die von den Geraden CD und CE den gleichen Abstand haben, wenn C(2 | 3), D(3 | 1,5) und E(4 | 2,5) gilt. Gib die Mengenschreibweise dieser Punktmenge an.

129 Gegeben sind die Punkte $A(1\,|\,1)$, $B(4\,|\,2)$, $C(0\,|\,4)$ und $D(4\,|\,0)$.
Kennzeichne die folgenden Mengen.

a) $\{P \mid d(P; AB) = d(P; CD)\}$

b) $\{P \mid d(P; AB) < d(P; CD)\}$

c) $\{P \mid d(P; AB) \leqq d(P; CD)\}$

d) $\{P \mid d(P; AB) > d(P; CD)\}$

130 Gib die Mengenschreibweise der geometrischen Ortslinien an, die in den folgenden Bildern farbig dargestellt sind.

a)

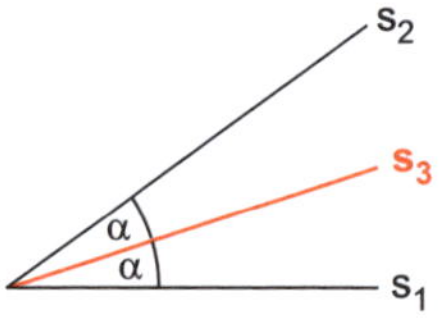

b)

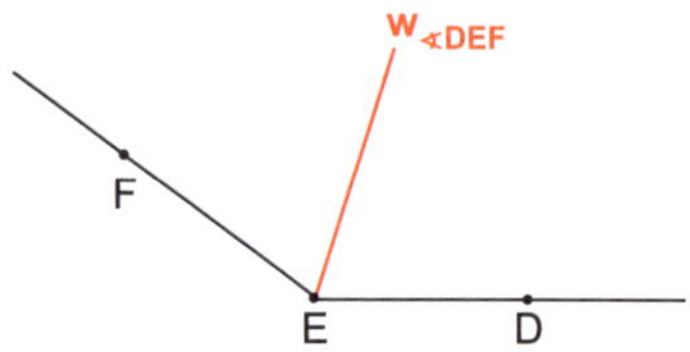

c)

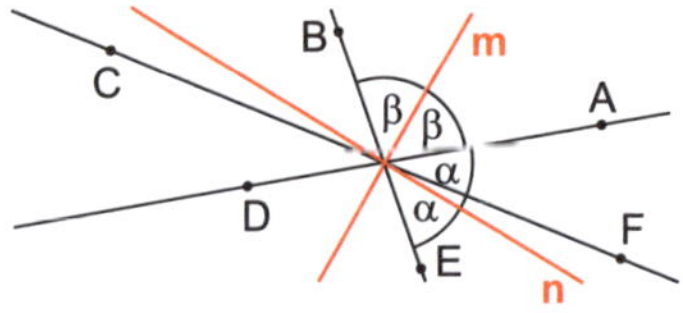

d)

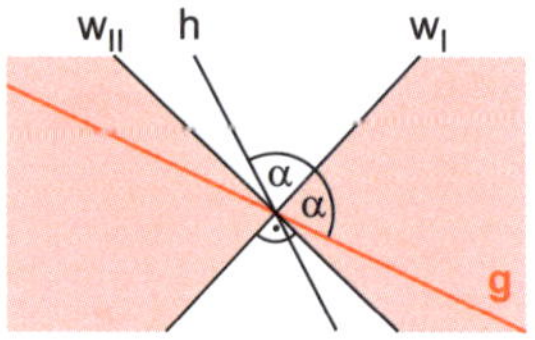

131 Gegeben sind die Punkte $A(4\,|\,3)$, $B(3\,|\,0)$, $C(1{,}5\,|\,4{,}5)$ und $D(0\,|\,2{,}5)$.
Zeichne die Punkte in ein Koordinatensystem und kennzeichne jeweils die Punkte P farbig, für die gilt:

a) $d(P; [AB) = d(P; [AD)$

b) $d(P; [CB) = d(P; [CD)$

c) $d(P; AD) \geqq d(P; BC)$

d) $d(P; AD) < d(P; BC)$

132 Ein Sportverein will auf einer Wiese an einer Flussgabelung die Meisterschaft groß feiern. Es soll dort sogar ein kleines Riesenrad aufgebaut werden. Als idealer Standort für das Riesenrad wird der Punkt ausersehen, der von der Spitze der Flussgabelung ca. 300 m entfernt ist und von beiden Flussarmen den gleichen Abstand hat. Der Winkel, den beide Flussarme einschließen, beträgt 110°.

a) Ermittle den Punkt, an dem das Riesenrad aufgestellt werden soll.
Erstelle dazu eine maßstäbliche Konstruktion und gib den Maßstab an.

b) Entnimm deiner Zeichnung den Abstand vom Riesenrad zu den Flussarmen.

4 Umkreis und Inkreis eines Dreiecks

4.1 Umkreis eines Dreiecks

Der geometrische Ort aller Punkte, die von 2 gegebenen Punkten gleich weit entfernt sind, ist die Mittelsenkrechte. Sucht man den **geometrischen Ort aller Punkte**, die **von 3 gegebenen Punkten** A, B und C **gleich weit entfernt** sind, stellt man fest, dass es nur noch einen Punkt gibt, der das erfüllt, nämlich den **Umkreismittelpunkt** des Dreiecks ABC.

- Der **Umkreis** eines Dreiecks ABC ist der Kreis, auf dem alle Eckpunkte des Dreiecks liegen.
- Der **Umkreismittelpunkt M_u** hat von allen Eckpunkten des Dreiecks den gleichen Abstand und ist deshalb der **Schnittpunkt der 3 Mittelsenkrechten** der Dreiecksseiten.

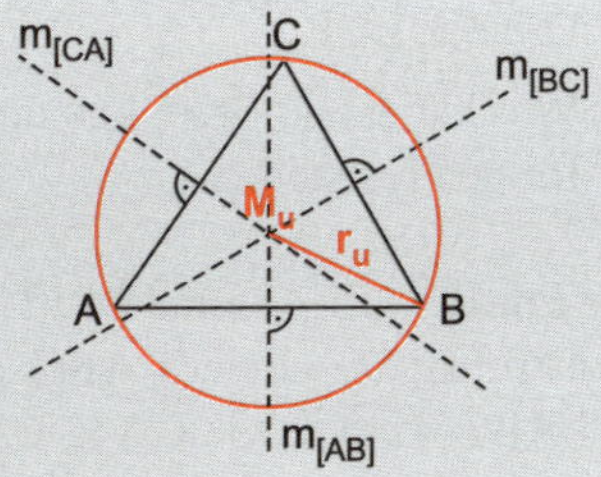

Beispiel

Gegeben sind die Punkte A(0,5 | 1), B(4,5 | 2) und C(2 | 4).
Konstruiere den Umkreis des Dreiecks ABC und gib eine Konstruktionsbeschreibung an.

Lösung:

Konstruktionszeichnung:

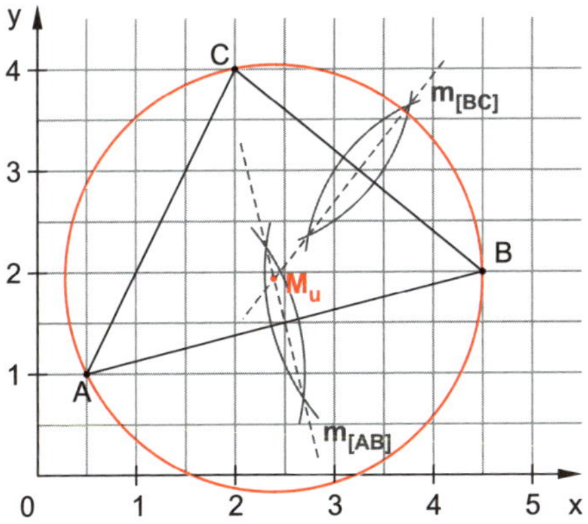

Konstruktionsbeschreibung:

1. Dreieck ABC zeichnen
2. Mittelsenkrechten $m_{[AB]}$ und $m_{[BC]}$ konstruieren
3. $m_{[AB]} \cap m_{[BC]} = M_u$
   M_u ist der Mittelpunkt des Umkreises
4. Kreis $k(M_u; r = \overline{AM_u})$ zeichnen
   Der Kreis k ist der Umkreis des Dreiecks ABC.

Hinweis: Zur Bestimmung von M_u genügt die Konstruktion von 2 Mittelsenkrechten.

133 Konstruiere den Umkreismittelpunkt des Dreiecks ABC mit A(1 | 2,5), B(1 | –0,5) und C(4 | 0,5) und gib eine Konstruktionsbeschreibung an. Zeichne den Umkreis.

134 Bestimme durch Konstruktion den Punkt M, der von A(–1 | 1), B(3 | 4) und C(0 | 6) gleich weit entfernt ist.

135 Gegeben sind die Punkte A(1 | 2), B(1 | –2), C(4 | –2), D(3 | 2) und E(–0,5 | 2). Konstruiere für die folgenden Dreiecke jeweils den Umkreis.

a) Dreieck ABC

b) Dreieck BCD

c) Dreieck BCE

d) Was kannst du bezüglich der Lage der Umkreismittelpunkte und der Dreiecksformen feststellen?

136 Die Punkte A(2 | –2) und M_u(2 | 0) sind gegeben.
Konstruiere das Dreieck ABC, wenn M_u der Umkreismittelpunkt des Dreiecks ist und $\overline{AB} = 4$ cm sowie $\overline{CA} = 3$ cm gilt.

137 Vom Dreieck ABC sind $\sphericalangle BAC = 95°$ sowie $\overline{AB} = 5$ cm bekannt.
Zeichne das Dreieck ABC, wenn der Radius des Umkreises $r_u = 3$ cm beträgt.

138 Gegeben sind die Punkte A(–1 | 0,5), C(1 | 2,5) und der Umkreismittelpunkt M_u(1,5 | 0).
Konstruiere das Dreieck ABC, wenn die Höhe h_b auf die Seite b 3,5 cm beträgt.

139 In Bayern soll ein neuer Freizeitpark gebaut werden. Um möglichst gute Umsätze zu erzielen, soll der Freizeitpark von den Städten München M(5 | 1), Nürnberg N(4 | 6) und Stuttgart S(1 | 3) gleich weit entfernt sein.
Konstruiere den Standort F für den Freizeitpark.

4.2 Inkreis eines Dreiecks

Der Umkreis eines Dreiecks verläuft durch alle 3 Punkte des Dreiecks. Man sagt dazu auch, dass das Dreieck dem Umkreis einbeschrieben wird. Umgekehrt kann man einem Dreieck auch einen Kreis einbeschreiben, sodass er **alle 3 Seiten des Dreiecks berührt**. Dabei handelt es sich um den **Inkreis** des Dreiecks.

- Der **Inkreis** eines Dreiecks ABC ist der Kreis, der alle 3 Seiten des Dreiecks berührt.
- Der **Inkreismittelpunkt M_i** hat zu allen Seiten des Dreiecks den gleichen Abstand und ist deshalb der **Schnittpunkt der 3 Winkelhalbierenden** der Innenwinkel des Dreiecks.

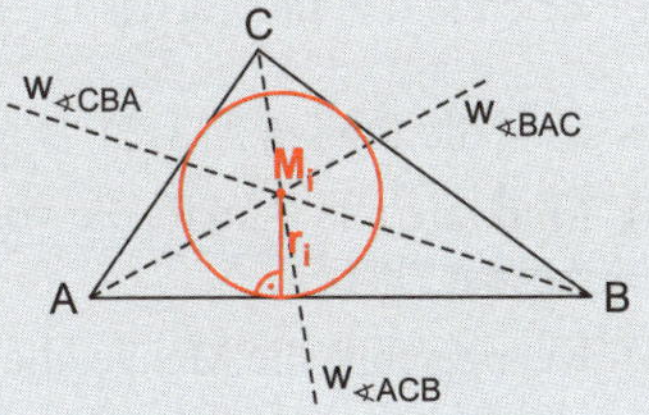

Beispiel

Gegeben sind die Punkte A(0,5 | 1), B(5 | 1) und C(2 | 4).
Konstruiere den Inkreis des Dreiecks ABC und gib eine Konstruktionsbeschreibung an.

Lösung:

Konstruktionszeichnung:

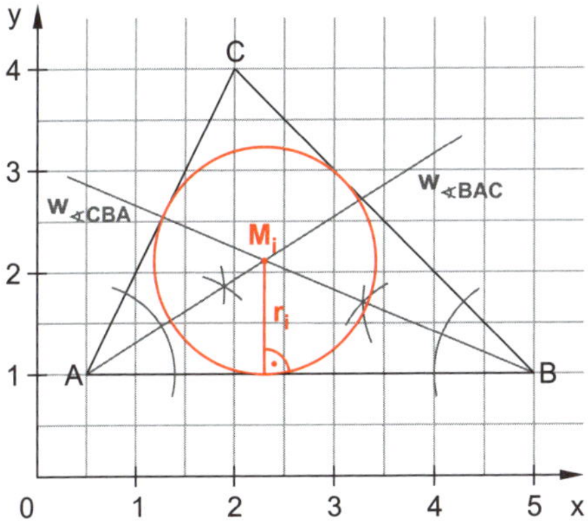

Konstruktionsbeschreibung:

1. Dreieck ABC zeichnen
2. Winkelhalbierenden $w_{\sphericalangle BAC}$ und $w_{\sphericalangle CBA}$ konstruieren
3. $w_{\sphericalangle BAC} \cap w_{\sphericalangle CBA} = \{M_i\}$
   M_i ist der Mittelpunkt des Inkreises
4. Lot von M_i auf [AB] fällen
   Der Abstand von M_i zu [AB] ist der Inkreisradius r_i.
5. Kreis $k(M_i; r_i)$ zeichnen
   Der Kreis k ist der Inkreis des Dreiecks ABC.

Hinweis: Zur Bestimmung von M_i genügt die Konstruktion von 2 Winkelhalbierenden.

140 Konstruiere den Inkreis des Dreiecks ABC mit A(0 | 0), B(7 | 1) und C(4 | 5). Gib eine Konstruktionsbeschreibung an.

141 Vom Dreieck ABC sind die Punkte A(2 | 1) und B(7 | 2) sowie der Inkreismittelpunkt M_i(3 | 2) bekannt. Konstruiere das Dreieck.

142 Gegeben sind die Punkte B(5 | 1,5), C(6 | 6) und der Inkreismittelpunkt $M_i(4|4)$ des Dreiecks ABC.
Konstruiere den Inkreis und entnimm deiner Zeichnung den Radius des Inkreises.

143 Betrachte das Dreieck ABC mit A(1 | 2), B(5 | 1) und C(3 | 4).

a) Zeichne den Umkreis des Dreiecks.

b) Zeichne den Inkreis des Dreiecks.

144 Es seien die Punkte A(2 | 2), B(5 | 3) und C(2 | 6) gegeben.

a) Markiere alle Punkte, die von den Geraden AB, BC und CA den gleichen Abstand haben.

b) Kennzeichne die Menge aller Punkte farbig, die von den Punkten A, B und C gleich weit entfernt sind.

145 Gegeben sind die Punkte A(1 | 2) und C(4 | 2).
Zeichne jeweils das Dreieck und konstruiere den Umkreis und den Inkreis. Für welches der Dreiecke stimmen Umkreis- und Inkreismittelpunkt überein?

a) rechtwinkliges Dreieck ABC mit rechtem Winkel bei A und $\overline{AB} = 4$ cm

b) gleichschenkliges Dreieck ADC mit Basis [CA] und Höhe $h_{[CA]} = 4$ cm

c) gleichseitiges Dreieck AEC

5 Thaleskreis

Thales von Milet war ein bedeutender griechischer Mathematiker. Er lebte um 600 vor Christus in Milet, einem Ort an der Westküste Kleinasiens, und zählt zu den „Sieben Weisen" des antiken Griechenland. Thales hat einen wichtigen mathematischen Satz entdeckt, der einen Zusammenhang zwischen dem Umkreis eines Dreiecks und seiner Rechtwinkligkeit herstellt – den Satz des Thales.

Satz des Thales
Ein Dreieck ABC hat genau dann einen rechten Winkel bei C, wenn C auf dem Halbkreis über [AB] liegt.

Der Kreis mit dem Durchmesser [AB] heißt **Thaleskreis** über [AB].

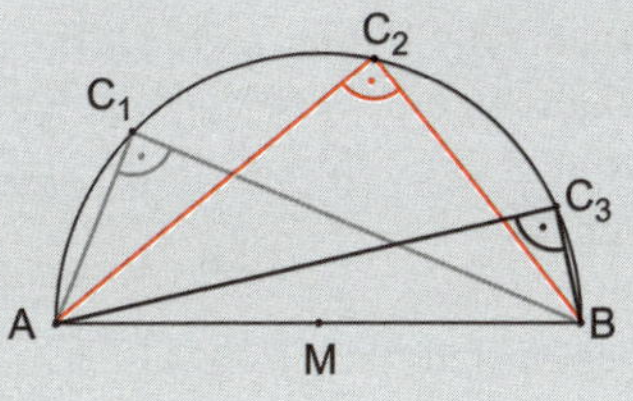

Beispiel

Gegeben sind die Punkte E(1 | 1) und F(3 | 4).
Konstruiere den Thaleskreis über der Strecke [EF] und gib die Konstruktionsbeschreibung an.

Lösung:

Konstruktionszeichnung:

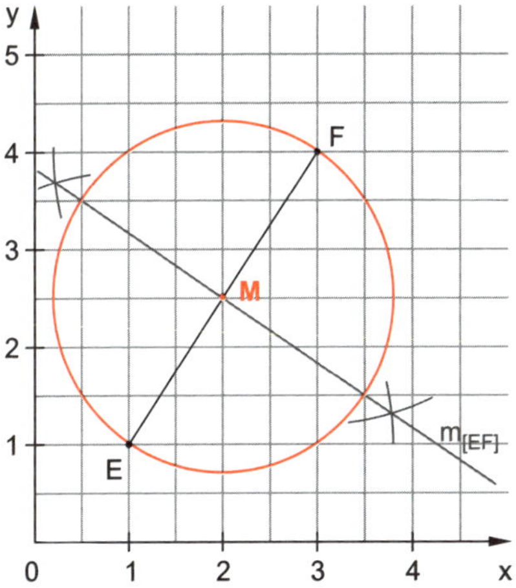

Konstruktionsbeschreibung:

1. Strecke [EF] zeichnen
2. Mittelsenkrechte $m_{[EF]}$ der Strecke [EF] konstruieren
3. Mittelpunkt M der Strecke [EF] einzeichnen
4. Kreis $k(M; r = \frac{\overline{EF}}{2})$ zeichnen

   Der Kreis k ist der Thaleskreis über der Strecke [EF].

Das Dreieck ABC hat bei C

- einen **spitzen Winkel**, wenn C **außerhalb** des Thaleskreises über [AB] liegt,
- einen **rechten Winkel**, wenn C **auf** dem Thaleskreis über [AB] liegt,
- einen **stumpfen Winkel**, wenn C **innerhalb** des Thaleskreises über [AB] liegt.

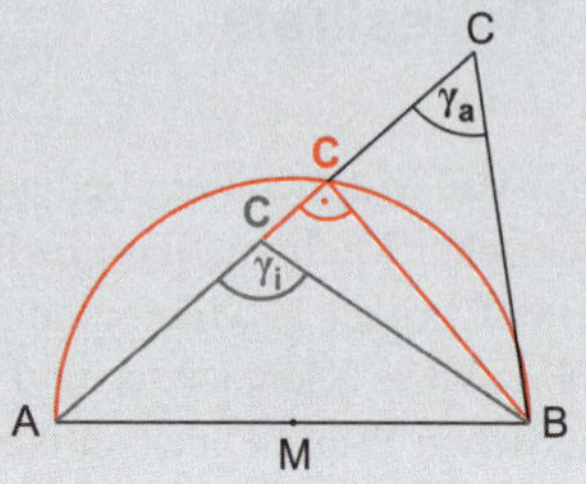

146 Es seien A(1 | 2) und B(3 | 1) gegeben.
Konstruiere den Thaleskreis über der Strecke [AB] und gib die Konstruktionsbeschreibung an.

147 Betrachte die Punkte E(1 | 1), F(4 | 3) und H(2 | 5).
Markiere in einem geeigneten Koordinatensystem die Menge aller Punkte, die sowohl über der Strecke [EF] als auch über der Strecke [EH] einen 90°-Winkel bilden.

148 Gegeben sind die Punkte G(–1,5 | –1) und H(2 | 3).
Kennzeichne alle Punkte P, sodass

a) die Strecke [GH] von P aus unter einem rechten Winkel erscheint und P auf der y-Achse liegt.

b) die Strecke [GH] von P aus unter einem spitzen Winkel erscheint und P auf der x-Achse liegt.

149 Die Diagonalen des Quadrats ABCD sind 5 cm lang. Konstruiere das Quadrat.

150 Konstruiere das rechtwinklige Dreieck ABC, wenn gilt:

a) $a = 3{,}2$ cm, $\alpha = 90°$ und $\gamma = 35°$

b) Hypotenuse $\overline{AB} = 4$ cm und Höhe $h_{[AB]} = 1{,}5$ cm

c) Dreieck ABC ist gleichschenklig mit Basis $\overline{AB} = 3{,}7$ cm

6 Kreis und Gerade

Wie du bereits in den letzten Schuljahren gelernt hast, können Kreise und Geraden in Beziehung zueinander stehen. Eine Gerade kann einen vorgegebenen Kreis entweder
in keinem Punkt berühren **(Passante)**,
in 1 Punkt berühren **(Tangente)** oder
in 2 Punkten schneiden **(Sekante)**.

Im Folgenden werden Tangenten genauer betrachtet.

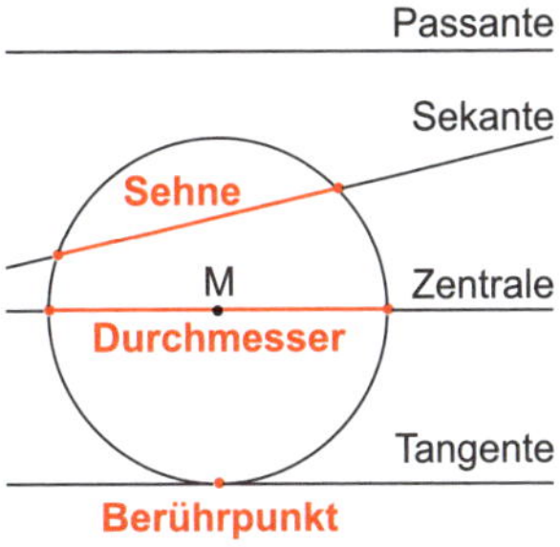

- Eine **Tangente** ist eine Gerade, die einen vorgegebenen Kreis in **genau einem Punkt berührt**.
- Der Schnittpunkt von Tangente und Kreis heißt **Berührpunkt**. Die Strecke, die Berührpunkt und Kreismittelpunkt verbindet, heißt **Berührradius**.
- Jede Tangente steht im Berührpunkt **senkrecht auf dem Berührradius** des Kreises. Die Zentrale durch den Berührpunkt und die Tangente sind also zueinander **orthogonal**.

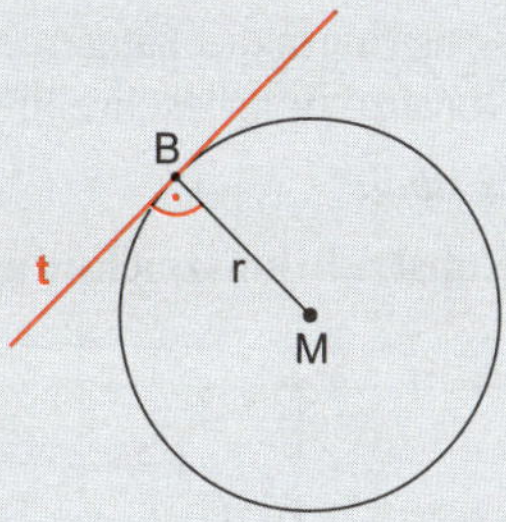

Beispiel

Gegeben sind die Punkte M(1 | 0) und B(1 | 1,5).
Konstruiere die Tangente an den Kreis k(M; 1,5 cm) im Punkt B und gib die Konstruktionsbeschreibung an.

Lösung:

Konstruktionszeichnung:

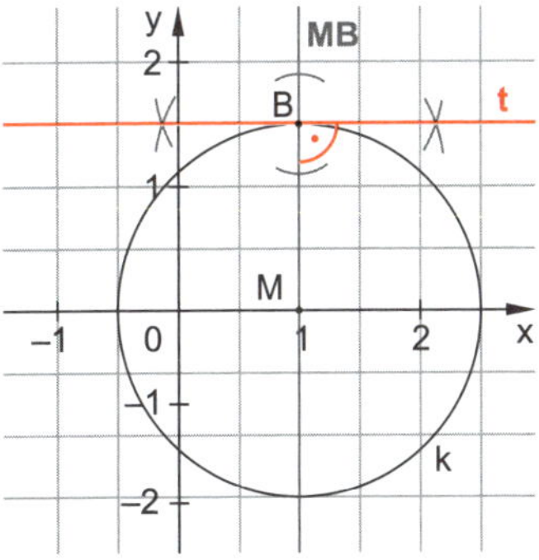

Konstruktionsbeschreibung:

1. Gerade MB zeichnen
2. Lot in B auf MB errichten
   Die Lotgerade t ist die gesuchte Tangente an den Kreis k mit Berührpunkt B.

Tangentenkonstruktion
Bei der Konstruktion von Tangenten an einen Kreis durch einen gegebenen Punkt müssen zwei Fälle unterschieden werden:

- Durch jeden **Punkt der Kreislinie** verläuft **genau eine Tangente** an den Kreis. Der Punkt ist der Berührpunkt.
- Durch jeden **Punkt außerhalb des Kreises** verlaufen **zwei Tangenten** an den Kreis. Die beiden **Tangentenabschnitte** $[PT_1]$ **und** $[PT_2]$ **sind gleich lang** und die Figur ist achsensymmetrisch mit der **Symmetrieachse PM**.

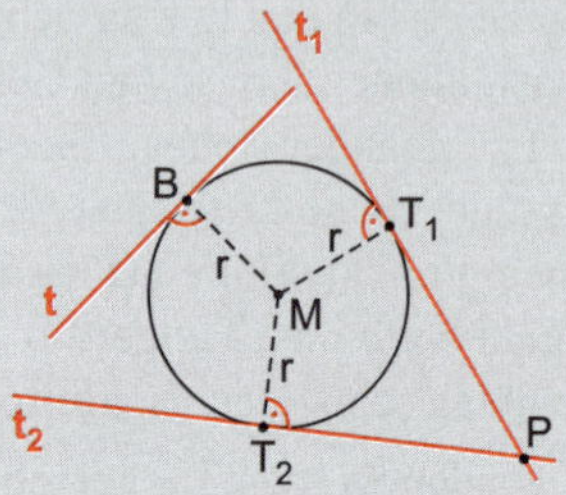

Beispiel

Gegeben sind die Punkte M(1 | 0) und S(5 | 0).
Konstruiere die Tangenten durch S an den Kreis k(M; 1,5 cm) und gib die Konstruktionsbeschreibung an.

Lösung:

Konstruktionszeichnung:

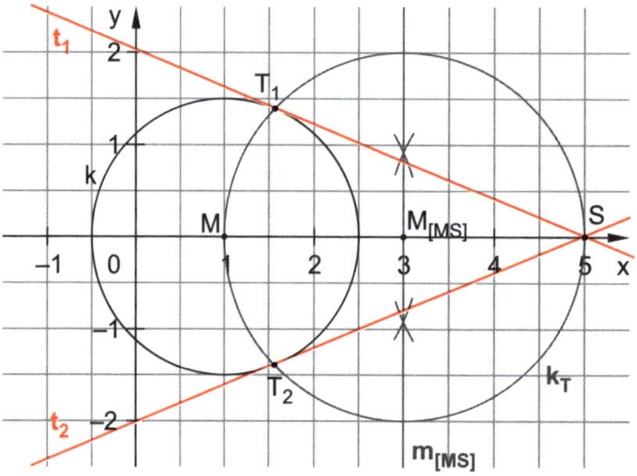

Konstruktionsbeschreibung:

1. Strecke [MS] zeichnen
2. Mittelpunkt $M_{[MS]}$ der Strecke [MS] konstruieren
3. Thaleskreis $k_T(M_{[MS]}; r = \frac{\overline{MS}}{2})$ zeichnen
4. $k \cap k_T = \{T_1; T_2\}$
   Die Schnittpunkte T_1 und T_2 der beiden Kreise sind die Berührpunkte der Tangenten.
5. Tangenten $t_1 = T_1S$ und $t_2 = T_2S$ zeichnen

151 Konstruiere alle Tangenten durch den Punkt P an den Kreis k(M(0,5 | 2); r = 1 cm) und gib die Konstruktionsbeschreibung an.

a) P(0,5 | 1)

b) P(4 | –2,5)

c) P(1 | 2)

152 Gib jeweils die Koordinaten der Berührpunkte der Tangenten durch den Punkt P an den Kreis k(M; r) an.

a) P(1,5 | 2,5); M(0 | –1); r = 2,5 cm

b) P(1 | –2); M(–1 | 0); r = 2 cm

153 Gegeben ist die Gerade AB durch A(0,5 | 2,5) und B(2 | 1).
Konstruiere die Kreise k_1 und k_2 mit Radius 1,5 cm, die die Gerade im Punkt A berühren.

154 Die Tangenten an den Kreis k(M; r) durch den Punkt P berühren den Kreis in den Punkten B_1 und B_2. Zeichne den Kreis und gib den Radius an, wenn gilt:

a) $\overline{PB_1} = 4$ cm; $\overline{MP} = 5$ cm

b) $\overline{MP} = 3{,}5$ cm; $\overline{PB_2} = 2$ cm

c) $\overline{PB_2} = 4{,}25$ cm; $\overline{MP} = 4{,}5$ cm

d) $\overline{PM} = 3$ cm; $\overline{PB_1} = 0{,}5$ cm

155 Der Kreis k(M; r) wird von den Tangenten durch den Punkt P in den Punkten B_1 und B_2 berührt.
Zeichne den Kreis k(M; r) und gib seinen Radius an, wenn der Winkel zwischen den Tangentenabschnitten [PB_1] und [PB_2] im Punkt P 60° beträgt und der Abstand $\overline{MP} = 4$ cm ist.

156 a) Die Kreise $k_1(M_1; r_1)$ und k_2 haben die gemeinsame Tangente t mit ein und demselben Berührpunkt P.
Gib den geometrischen Ortsbereich an, auf dem der Mittelpunkt M_2 von k_2 liegt, wenn die beiden Kreise nicht identisch sind.

b) Die Kreise $k_1(M_1; r_1)$ und $k_2(M_2; r_2)$ schneiden sich nur im Punkt P.
Zeige, dass es nur eine Gerade t durch P gibt, die zugleich Tangente an beide Kreise ist.

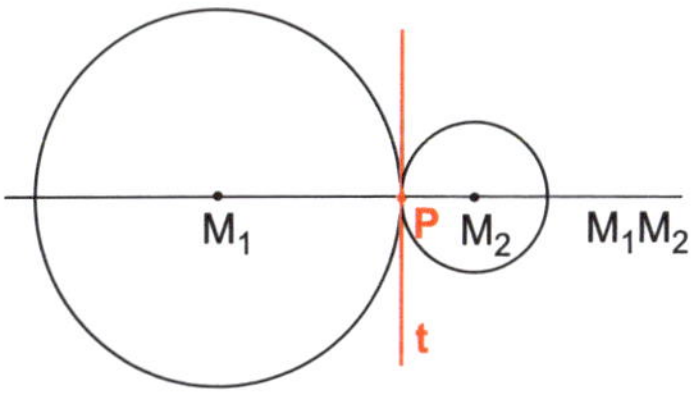

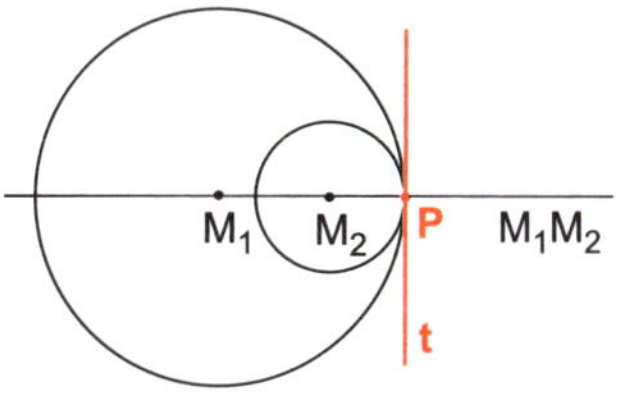

7 Schnitt- und Vereinigungsmengen von geometrischen Ortslinien und Ortsbereichen

In den vorherigen Kapiteln wurden die unterschiedlichen geometrischen Ortslinien und Ortsbereiche vorgestellt und näher betrachtet. In der Praxis werden jedoch meistens Punktmengen untersucht, die mehrere verschiedene Bedingungen erfüllen müssen. Es geht hierbei um Verknüpfungen von geometrischen Orten.

Verknüpfungen von geometrischen Ortslinien und Ortsbereichen

- Die **Schnittmenge** von mehreren geometrischen Ortslinien bzw. Ortsbereichen ist die Menge aller Punkte, die **Elemente aller** dieser **Ortslinien bzw. Ortsbereiche** sind.
  Die **Schnittmenge** wird in der Mengenschreibweise durch das Zeichen „$\cap$" (bei Mengen) bzw. „$\wedge$" (bei Eigenschaften) dargestellt:
  $O_1 \cap O_2 = \{P \mid P \in O_1 \wedge P \in O_2\}$
- Die **Vereinigungsmenge** von mehreren geometrischen Ortslinien bzw. Ortsbereichen ist die Menge aller Punkte, die **Elemente von mindestens einer/m** dieser **Ortslinien bzw. Ortsbereiche** sind.
  Die **Vereinigungsmenge** wird in der Mengenschreibweise durch das Zeichen „$\cup$" (bei Mengen) bzw. „$\vee$" (bei Eigenschaften) dargestellt:
  $O_1 \cup O_2 = \{P \mid P \in O_1 \vee P \in O_2\}$

Beispiel

Gegeben sind die Punkte $A(0\mid 0)$ und $B(1\mid -1)$.

a) Kennzeichne die Menge $\{P \mid \overline{PA} < 1\text{ cm} \vee \overline{PB} \leqq 1{,}25\text{ cm}\}$ farbig.

b) Kennzeichne alle Punkte, die von A genau 2 cm oder auch von B mehr als 3 cm entfernt sind. Gib die Mengenschreibweise dieses Ortsbereichs an.

c) Kennzeichne die Menge $\{P \mid \overline{PA} = 1{,}75\text{ cm} \wedge \overline{PB} \geqq 1{,}5\text{ cm}\}$ farbig.

d) Kennzeichne alle Punkte, die von A höchstens 2 cm und von B höchstens 2 cm entfernt sind. Gib die Mengenschreibweise dieses Ortsbereichs an.

Lösung:

a)

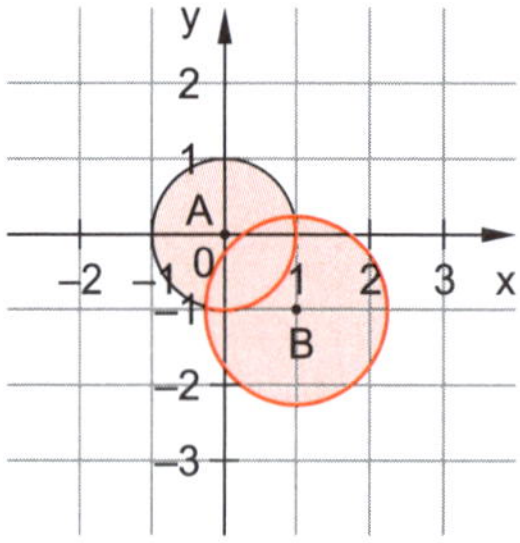

Gesucht ist die Menge aller Punkte P, die weniger als 1 cm vom Punkt A oder auch höchstens 1,25 cm vom Punkt B entfernt sind. Zeichne dazu einen Kreis um A mit Radius 1 cm und schraffiere das Kreisinnere. Zeichne außerdem einen Kreis um B mit Radius 1,25 cm und schraffiere das Kreisinnere sowie die Kreislinie.
Die gesuchte Punktmenge ist die Vereinigung der beiden gefärbten Bereiche.

b)

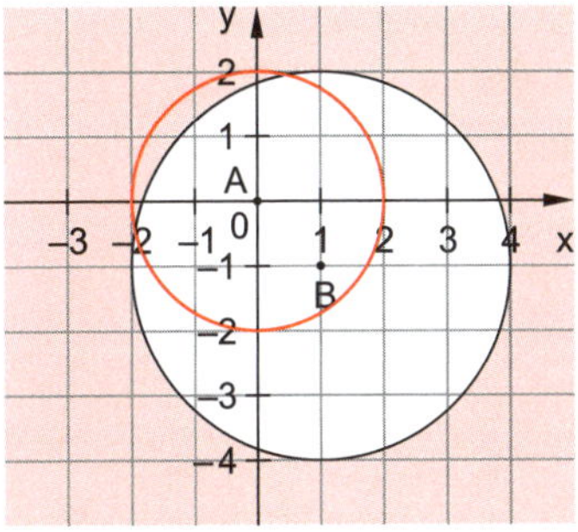

Zeichne einen Kreis um A mit Radius 2 cm und färbe die Kreislinie. Zeichne außerdem einen Kreis um B mit Radius 3 cm und färbe das Kreisäußere.
Die gesuchte Punktmenge ist die Vereinigung der beiden gefärbten Bereiche.

Mengenschreibweise: $\{P \mid \overline{PA} = 2\text{ cm} \vee \overline{PB} > 3\text{ cm}\}$

c)

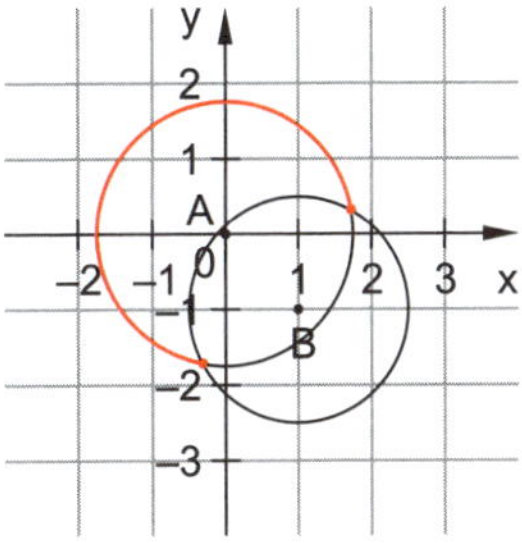

Gesucht ist die Menge aller Punkte P, die von A genau 1,75 cm und von B mindestens 1,5 cm entfernt sind. Zeichne dazu einen Kreis um A mit Radius 1,75 cm und einen Kreis um B mit Radius 1,5 cm.
Die gesuchte Punktmenge ist der Schnitt der Kreislinie um A mit der Kreislinie des Kreises um B sowie mit dessen Kreisäußerem.

d)

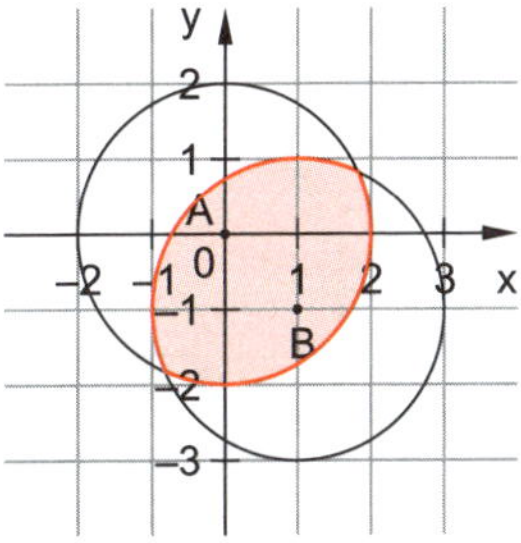

Zeichne einen Kreis um A mit Radius 2 cm und einen Kreis um B mit Radius 2 cm.
Die gesuchte Punktmenge ist der Schnitt der Kreislinie und des Kreisinneren des Kreises um A mit der Kreislinie und dem Kreisinneren des Kreises um B.

Mengenschreibweise: $\{P \mid \overline{PA} \leqq 2\text{ cm} \wedge \overline{PB} \leqq 2\text{ cm}\}$

157 Zeichne die Punkte A(2 | 1) und B(0 | 0) in ein Koordinatensystem und kennzeichne die Menge aller Punkte P, für die gilt:

a) P ist genau 2 cm von A oder auch genau 1 cm von B entfernt.

b) P ist genau 2 cm von A und höchstens 1 cm von B entfernt.

c) P ist weniger als 1,5 cm und mindestens 0,5 cm vom Punkt A entfernt.

d) P ist höchstens 3 cm von A und mindestens 2 cm von B entfernt.

158 Die Punkte A(1 | –1), B(3 | 2), C(2 | 1) und D(0 | 0) sind gegeben.
Zeichne den geometrischen Ort aller Punkte, die

a) von AB höchstens den Abstand 0,5 cm und von CD mindestens den Abstand 0,75 cm haben.

b) von A und B gleich weit entfernt sind und von C einen Abstand von 0,9 cm haben.

c) von AD einen größeren Abstand als 2 cm und von C höchstens den Abstand 3 cm haben.

d) von A weiter entfernt sind als von C und von BD mindestens den Abstand 1,5 cm haben.

159 Gegeben sind die folgenden Abbildungen. Gib jeweils die Mengenschreibweise der farbig markierten Ortsbereiche an.

a) 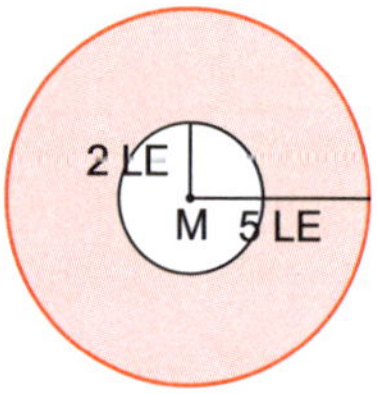

b) 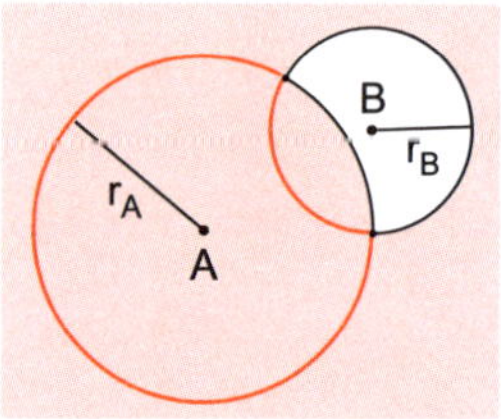

c) 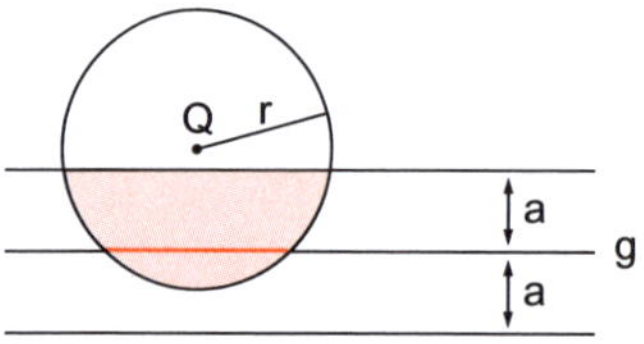

d) 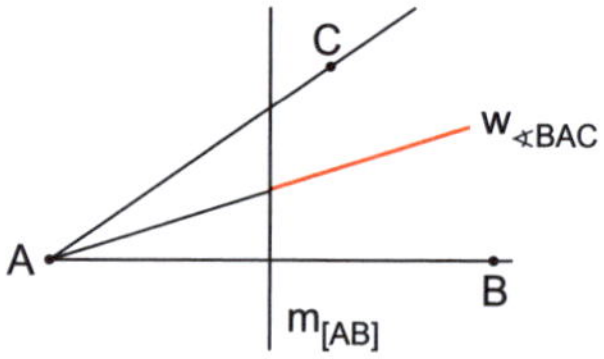

160 Gegeben sind die Punkte A(1 | 2), B(3 | 1), C(2 | 0) und D(2 | 3).
Markiere jeweils in einem geeigneten Koordinatensystem die folgenden Punktmengen farbig.

a) $\{P \mid \overline{PA} = \overline{PC} \wedge \overline{PB} = 1{,}5\text{ cm}\}$

b) $\{P \mid \overline{PB} \leqq 3\text{ cm}) \wedge \overline{PC} \leqq 2\text{ cm}\}$

c) $\{P \mid d(P; AC) < 1{,}25\text{ cm}) \vee \overline{PB} \leqq 2\text{ cm}\}$

d) $\{P \mid d(P; AC) = d(P; BD) \wedge \overline{PB} \geqq \overline{PD}\}$

e) $\{P \mid d(P; AB) < 2\text{ cm} \wedge \overline{PA} = \overline{PB}\}$

f) $\{P \mid d(P; AC) \geqq 0{,}75\text{ cm} \wedge \sphericalangle APC < 90°\}$

161 Was gilt jeweils für die rot gefärbte Punktmenge? Beschreibe die Eigenschaften in eigenen Worten und gib die Mengenschreibweise an.
Entnimm dazu die Kreisradien der Zeichnung.

a) 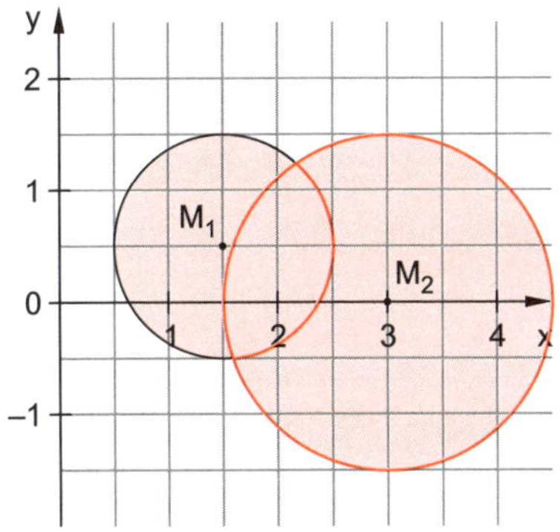

b) 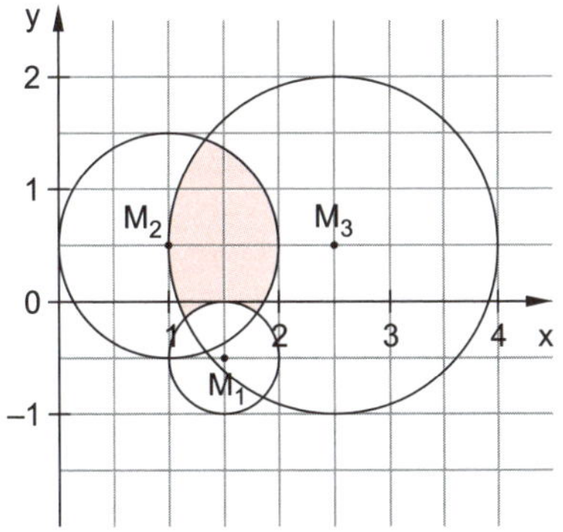

162 Die Punkte A, B und D bilden zusammen den Winkel $\sphericalangle BAD = 70°$ und haben die Abstände $\overline{AB} = 5$ cm und $\overline{AD} = 4$ cm.
Zeichne das rechtwinklige Dreieck ABC mit $\sphericalangle ACB = 90°$, wenn der Punkt C von den beiden Halbgeraden [AB und [AD den gleichen Abstand hat.

163 Durch Moosbach M(0,5 | 2) fließt ein Fluss, der so begradigt werden soll, dass er von den beiden geradlinig verlaufenden Straßen von Moosbach nach Berghausen B(4,5 | 0,5) und von Moosbach nach Haimdorf H(1 | 4) gleich weit entfernt ist.

a) Kennzeichne den Verlauf des begradigten Flusses durch eine gestrichelte Linie.

b) Moosbach und Berghausen beschließen, eine Brücke über den Fluss zu bauen, die von beiden Ortschaften gleich weit entfernt ist. Wo liegt ihr Standort T?

c) Ein Boot treibt auf dem Fluss von Moosbach Richtung Brücke. Kennzeichne den Flussabschnitt, auf dem das Boot von Moosbach weiter entfernt ist als Haimdorf und sich näher an Berghausen befindet als Moosbach.

d) Ist das Boot beim Abtreiben zu irgendeinem Zeitpunkt von allen drei Orten gleich weit entfernt?

164 Mario möchte eine Pizzeria eröffnen. Um möglichst viel Laufkundschaft abzubekommen, soll der Standort der Pizzeria nicht weiter als 500 m vom Kino K(2,5 | 4,5) sowie höchstens 100 m von der Hauptstraße ST mit S(5,5 | 3) und T(2,5 | 3) entfernt sein. Die nächste Pizzeria P(6 | 4,5) soll nicht näher als 1 km entfernt sein. Kennzeichne in einer Zeichnung mit dem Maßstab 1 : 20 000 alle möglichen Standorte der neuen Pizzeria.

165 An den Orten Althausen A(2 | 1,5) und Kirchberg K(5,5 | 2) führt die Donau geradlinig vorbei. Direkt an der Donau befinden sich die beiden Spaßbäder Happy Day H(1 | 3) und Fun Park F(5,5 | 4,5). In der Zeichnung sollte 1 cm ≙ 1 km gelten.

a) Althausen möchte einen Busshuttle einrichten, der zwischen der Ortschaft und den beiden Spaßbädern pendelt. Die Entfernung vom Sitz des Busunternehmens zu den Spaßbädern und nach Althausen soll gleich sein. Konstruiere den Sitz des Busunternehmens.

b) Die Gemeinde Kirchberg möchte ebenfalls einen Busshuttle einrichten und dafür dasselbe Busunternehmen buchen. Das Unternehmen müsste für diesen neuen Auftrag seinen Sitz jedoch in die Ortschaft Burgheim B verlegen, die von den drei direkten Verbindungsstraßen zwischen Althausen und Kirchberg, zwischen Kirchberg und dem Fun Park sowie zwischen Althausen und dem Fun Park gleich weit entfernt ist. Allerdings lohnt sich der Auftrag nur, wenn der neue Standort weniger als 3,5 km vom Spaßbad Happy Day entfernt und die Umzugsstrecke kürzer als 1,75 km ist.
Sollte das Busunternehmen den Auftrag von Kirchberg annehmen?

166 Johannes möchte in seinem Garten eine Bank aufstellen. Der rechteckige Garten ist komplett umzäunt und wird durch die Koordinatenachsen sowie den Punkt Z(9 | 6) begrenzt. Zur Mittagszeit werfen die Bäume B_1(7,5 | 4) und B_2(5 | 5) einen kreisförmigen Schatten mit Radius 2 m (B_1) bzw. Radius 1,5 m (B_2).
Fertige im Folgenden jeweils eine Zeichnung im Maßstab 1 : 100 an.

a) In welchem Bereich muss Johannes seine Bank aufstellen, damit er mittags in der Sonne sitzen und dabei mindestens 2 m vom Zaun bzw. von den Hausmauern entfernt sein kann?

b) Johannes legt in seinem Garten einen kreisförmigen Teich mit einem Durchmesser von 4 m und dem Mittelpunkt in T(2,5 | 2,5) an.
In welchem Bereich muss er nun seine Bank aufstellen, wenn er zusätzlich auch noch höchstens 1,5 m von seinem Teich entfernt sitzen möchte?

c) Als es ihm zu heiß wird, spannt Johannes eine Hängematte zwischen den Bäumen und legt sich hinein. Sein Freund Volker kommt um Punkt 12 Uhr zu Besuch und möchte seinen Liegestuhl im Garten so aufstellen, dass er Sonne abbekommt und auf den Teich schauen kann. Außerdem will er die ganze Hängematte mit Johannes darin unter einem Blickwinkel von 90° sehen.
Findet Volker einen Platz, der allen seinen Wünschen genügt?

Dreiecke

1 Eigenschaften von Dreiecken

Im Kino erblickt man die Leinwand in ihrer Gesamtheit von den hinteren Reihen unter einem anderen Winkel als in den vorderen Reihen. Der Winkel wird größer, je näher man an der Leinwand sitzt. Dass der Winkel aber immer kleiner als 180° bleibt und nicht beliebig groß werden kann, liegt an der Innenwinkelsumme im Dreieck. Aus ihr folgt sofort der Außenwinkelsatz.

- **Innenwinkelsatz:**
  In jedem Dreieck beträgt die **Summe aller Innenwinkel 180°**.
  $\alpha + \beta + \gamma = 180°$

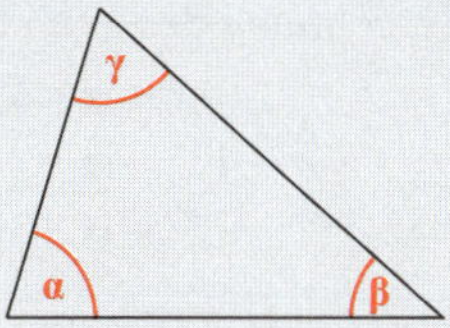

- **Außenwinkelsatz:**
  In jedem Dreieck ist das Maß eines **Außenwinkels** so groß wie die **Summe** der beiden **nicht anliegenden Innenwinkel**.
  $\alpha' = \beta + \gamma$
  $\beta' = \alpha + \gamma$
  $\gamma' = \alpha + \beta$

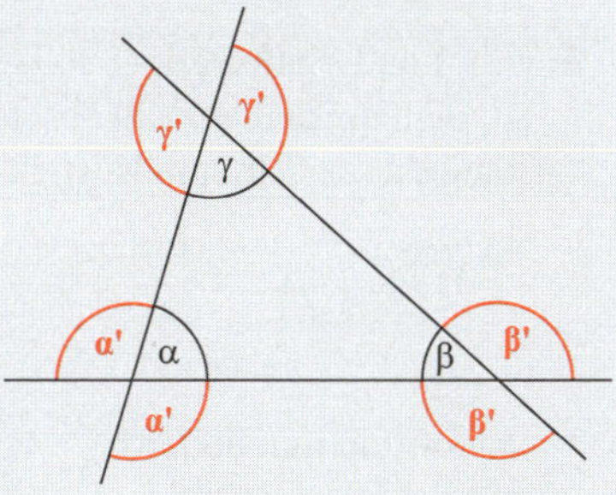

Zimmerleute nutzen beim Hausbau zur Überprüfung der Dachschräge einen Winkelmesser. Denkt man sich eine Verbindung zwischen den Schenkeln eines Winkelmessers, so entsteht ein Dreieck. Je größer der Winkel zwischen den beiden Schenkeln eingestellt ist, desto größer wird die gedachte Strecke. Stellt man umgekehrt zuerst die Schenkel des Winkelmessers auf eine gedachte Strecke ein, so ist der abgelesene Winkel umso größer, je größer die gedachte Strecke war.

Seiten-Winkel-Beziehung

- In jedem Dreieck liegt dem **größeren Winkel die größere Seite gegenüber**.
- Umgekehrt gilt:
  In jedem Dreieck liegt der **größeren Seite der größere Winkel gegenüber**.

Beispiele

1. Sortiere die Winkel und Seiten des Dreiecks ABC, ohne zu messen, aufsteigend nach ihrer Größe.

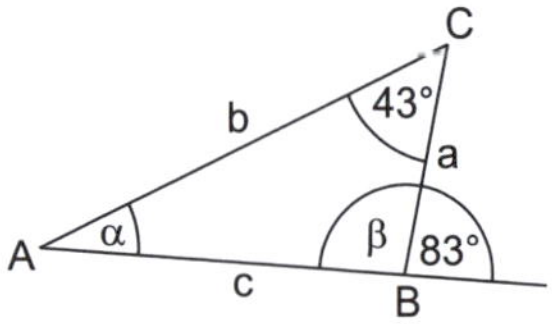

Lösung:
β ist Nebenwinkel von 83°, somit gilt:
$\beta = 180° - 83° = 97°$

Berechnung des Winkels α mithilfe des Innenwinkelsatzes:

$$\alpha + 97° + 43° = 180° \quad |-140°$$
$$\Leftrightarrow \quad \alpha = 180° - 140°$$
$$\Leftrightarrow \quad \alpha = 40°$$

alternativ:

Berechnung des Winkels α mithilfe des Außenwinkelsatzes:

$$83° = \alpha + 43° \quad |-43°$$
$$\Leftrightarrow \quad 83° - 43° = \alpha$$
$$\Leftrightarrow \quad 40° = \alpha$$

Also gilt $\alpha < \gamma < \beta$ und somit $a < c < b$.

2. Ein Landschaftsgärtner soll einen dreieckigen Teil eines Gartens mit Ziersteinen umzäunen. Um abschätzen zu können, wie groß in etwa der Umfang dieses Gartenteils ist, hat er sich zunächst eine Skizze angefertigt.

Skizze:

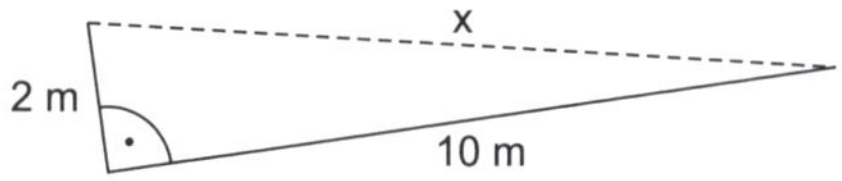

Kannst du ihm helfen?

Lösung:
Der 90°-Winkel ist der größte im Dreieck, da aus dem Innenwinkelsatz folgt, dass die anderen Winkel **zusammen** nur $180° - 90° = 90°$ groß sind. Entsprechend ist damit die Seite x die größte im Dreieck, da sie dem 90°-Winkel gegenüberliegt. x muss also länger als 10 m sein. Der Umfang des Dreiecks beträgt somit mehr als $2\text{ m} + 10\text{ m} + 10\text{ m} = 22\text{ m}$.

167 Sortiere die Seitenlängen des Dreiecks ABC der Größe nach, wenn $\alpha = 50°$, $\beta = 50°$ und $\gamma = 80°$ ist.

168 Gibt es ein Dreieck ABC mit $a = 5$ cm, $b = 6$ cm und $c = 7$ cm und den Winkelmaßen

a) $\alpha = 44°$ und $\beta = 40°$?

b) $\gamma = 40°$ und $\beta = 44°$?

c) $\alpha = 42°$ und $\gamma' = 138°$?

d) $\gamma' = 120°$?

169 Wie groß muss in einem Dreieck mit den Maßen $a = 7$ cm, $b = 10$ cm, $c = 12$ cm und $\alpha = 40°$ der Winkel β mindestens sein? Wie groß darf β höchstens sein?

170 Das Dreieck ABC ist gleichseitig. Welche Maße haben die Winkel α, β, γ?

171 Zeichne ein bei A rechtwinkliges Dreieck ABC und beschrifte es vollständig. Welche Seite ist im Dreieck ABC und auch in jedem anderen rechtwinkligen Dreieck die längste?

172 Einem Quadrat ABCD mit $\overline{AB} = a$ cm werden Dreiecke EFG so einbeschrieben, dass E der Mittelpunkt von [CD] ist und $F \in [DA]$ und $G \in [BC]$ liegen. Dabei sind F und G jeweils n cm von [CD] entfernt, mit $n \in]0; a]$.

a) Zeichne das Quadrat ABCD für $a = 4$ und die Dreiecke EF_1G_1 und EF_2G_2 für $n_1 = 1$ und $n_2 = 3$.

b) Zeige, dass $\overline{F_nE} > \frac{a}{2}$ cm und $\overline{AE} > a$ cm gilt. Begründe sodann, dass es ein $n^* \in]0; a]$ geben muss, sodass $EF_{n^*}G_{n^*}$ ein gleichseitiges Dreieck ist.

Sind a und b zwei Seiten eines Dreiecks, so zeigt das Einzeichnen eines Kreises k(C; b), dass die dritte Seite c des Dreiecks länger als $a-b$ und kürzer als $a+b$ sein muss, damit ein Dreieck entsteht. Diese Beziehungen der Seiten untereinander gelten in allen Dreiecken und sind als **Dreiecksungleichung** bekannt:

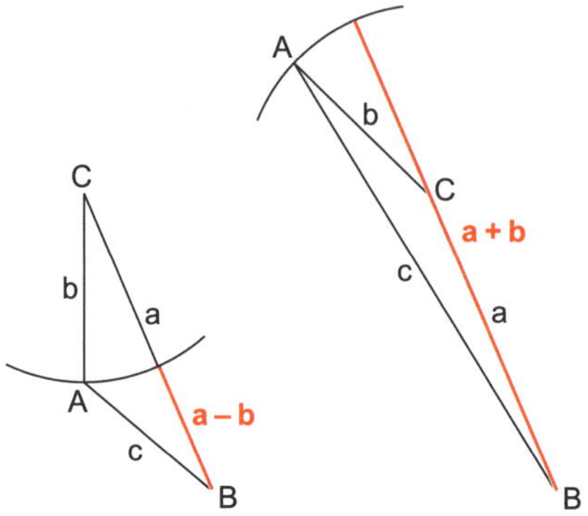

Dreiecksungleichung
In jedem Dreieck ist die Länge einer Seite **größer als die Differenz** der Längen der beiden anderen Seiten.

Äquivalente Formulierung
In jedem Dreieck ist die Länge einer Seite **kleiner als die Summe** der Längen der beiden anderen Seiten.

In jedem Dreieck ABC mit $a \geqq b \geqq c$ gilt damit:

$\mathbf{a-b<c<a+b}$

$\mathbf{a-c<b<a+c}$

$\mathbf{b-c<a<b+c}$

Beispiel

Zwischen welchen Längen darf die Seitenlänge $\overline{BC}$ eines Dreiecks ABC liegen, wenn $\overline{AB} = 8$ cm und $\overline{CA} = 6$ cm ist?

Lösung:

Nach der Dreiecksungleichung ist $\overline{BC}$ größer als die Differenz und kleiner als die Summe von $\overline{AB}$ und $\overline{CA}$:

$$\overline{AB} - \overline{CA} < \overline{BC} < \overline{AB} + \overline{CA}$$

$$\Leftrightarrow \quad 8\text{ cm} - 6\text{ cm} < \overline{BC} < 8\text{ cm} + 6\text{ cm}$$

$$\Leftrightarrow \quad 2\text{ cm} < \overline{BC} < 14\text{ cm}$$

$$\Leftrightarrow \quad \overline{BC} \in \,]2\text{ cm}; 14\text{ cm}[$$

173 Sina möchte ein Dreieck ABC mit $a = 6{,}5$ cm und $c = 7$ cm zeichnen. Paul überlegt kurz und sagt ihr, in welchem Bereich die dritte Seitenlänge liegen muss. Welches Intervall konnte Paul Sina für b nennen?

174 In welchem Bereich darf die Seite [AC] eines Dreiecks ABC liegen, wenn $\overline{AB} = 7$ cm, $\overline{BC} = 5$ cm und $\gamma = 90°$ bekannt ist?

175 Was kannst du über die Seitenlänge $\overline{AB}$ eines Dreiecks ABC sagen, wenn $\gamma = 100°$ und $\overline{BC} = 6$ cm ist?

Die Dreiecksungleichung besagt, dass die Seiten eines Dreiecks die Dreiecksungleichung erfüllen. Es gilt auch die Umkehrung:

Umkehrung der Dreiecksungleichung
Erfüllen die Längen dreier Strecken die Dreiecksungleichung, so lässt sich ein Dreieck mit entsprechenden Seitenlängen konstruieren.

Beispiel

Zeige: Wenn für drei Streckenlängen $a \geqq b \geqq c$ die Ungleichung $a < b + c$ gilt, dann lässt sich ein Dreieck mit entsprechenden Seitenlängen konstruieren.

Lösung:
Es genügt zu zeigen, dass die Streckenlängen die Dreiecksungleichung erfüllen, also eine Streckenlänge stets kleiner als die Summe der beiden anderen Streckenlängen ist. Da bereits $a < b + c$ gilt, bleibt noch zu zeigen, dass auch $b < a + c$ und $c < a + b$ gilt. Wegen $a \geqq b \geqq c$ und $a < b + c$ gilt:
$b \leqq a < a + c$ und $c \leqq b < a + b$

alternativ:
Es genügt ebenfalls zu zeigen, dass eine Streckenlänge stets größer als die Differenz der beiden anderen Streckenlängen ist, also hier $a - b < c$, $a - c < b$ und $b - c < a$ gilt. Da bereits $a < b + c$ gilt, folgt:
$\underbrace{a}_{<b+c} - b < b + c - b = c$ und $\underbrace{a}_{<b+c} - c < b + c - c = b$ sowie $\underbrace{b}_{\leqq a} - c \leqq a - c < a$.

176 a) Zeige: Wenn für drei Streckenlängen $a \geqq b \geqq c$ eine der Ungleichungen $a - b < c$ oder $a - c < b$ gilt, dann lässt sich ein Dreieck mit entsprechenden Seitenlängen konstruieren. *Tipp:* Obiges Beispiel

b) Wie viele Ungleichungen musst du mindestens prüfen, um zu zeigen, dass ein Dreieck mit drei vorgegebenen Seitenlängen konstruierbar ist?

c) Kreuze an, was zutrifft.

- ☐ Ist von drei Streckenlängen die größte Streckenlänge kleiner als die Summe der beiden anderen Streckenlängen, dann lässt sich ein Dreieck mit entsprechenden Seitenlängen konstruieren.
- ☐ Ist von drei Streckenlängen die kleinste Streckenlänge größer als die Differenz der beiden anderen Streckenlängen, dann lässt sich ein Dreieck mit entsprechenden Seitenlängen konstruieren.
- ☐ Ist von drei Streckenlängen die mittlere Streckenlänge größer als die Differenz der beiden anderen Streckenlängen, dann lässt sich ein Dreieck mit entsprechenden Seitenlängen konstruieren.

177 a) Anna fragt sich, ob ein Dreieck ABC mit $a = 5$ cm, $b = 7$ cm und $c = 12{,}7$ cm konstruierbar ist. Was meinst du?

b) Bea fragt sich, ob ein Dreieck ABC mit $a = 2$ cm, $b = 2$ cm und $c = 3$ cm konstruierbar ist. Was meinst du?

c) Conny fragt sich, ob ein Dreieck ABC mit $a = 7{,}34$ cm, $b = 15{,}65$ cm und $c = 8{,}30$ cm konstruierbar ist. Was meinst du?

d) Diana fragt sich, ob ein Dreieck ABC mit $a = 10$ km, $b = 320$ m und $c = 96\,800$ cm konstruierbar ist. Was meinst du?

e) Eva fragt sich, ob ein Dreieck ABC mit $a = 4{,}41$ cm, $b = 0{,}442$ dm und $c = 44{,}05$ mm konstruierbar ist. Was meinst du?

2 Konstruktion von Dreiecken

Du hast bereits erfahren, welche Beziehungen zwischen den Seitenlängen bzw. zwischen den Seitenlängen und Winkelmaßen gelten müssen, damit ein Dreieck mit bestimmten Seitenlängen und Winkelmaßen konstruierbar ist.
Besonders interessant sind solche Seitenlängen und Winkelmaße, die das Dreieck **eindeutig** konstruierbar machen. Eindeutig bedeutet hier, dass alle Dreiecke mit diesen bestimmten Seitenlängen und Winkelmaßen **kongruent**, d. h. deckungsgleich sind.

- Zwei Dreiecke ABC und A'B'C' heißen zueinander **kongruent**, wenn sie durch eine Kongruenzabbildung aufeinander abgebildet werden können.
  In Zeichen: **Δ ABC ≅ Δ A'B'C'**
- **Kongruenzabbildungen** sind
  - **Spiegelung**,
  - **Parallelverschiebung (Doppelachsenspiegelung)**,
  - **Drehung**,
  - und **Verknüpfungen dieser Abbildungen**.
- Kongruente Dreiecke stimmen in allen **Winkelmaßen** und **Seitenlängen** überein und haben den gleichen **Flächeninhalt** und **Umfang**.

Beispiel

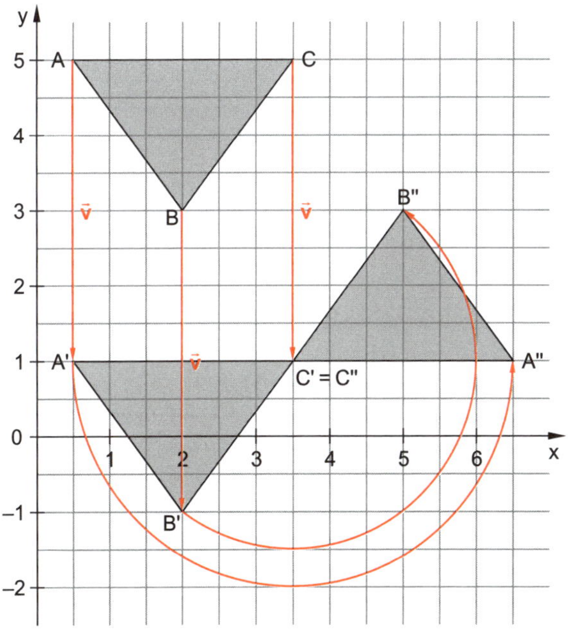

Das Dreieck ABC wird durch eine Parallelverschiebung mit dem Vektor $\vec{v}$ auf das Dreieck A'B'C' abgebildet.
Das Dreieck A'B'C' wird dann wiederum durch eine Drehung um den Punkt C' auf das Dreieck A"B"C" abgebildet.
Da alle Dreiecke durch Kongruenzabbildungen aufeinander abgebildet werden können, gilt:
Δ ABC ≅ Δ A'B'C' ≅ Δ A"B"C"

2.1 Kongruenzsätze

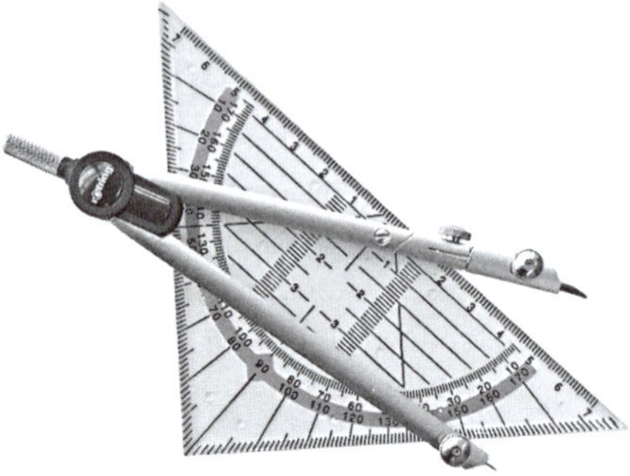

Um ein Dreieck mit Zirkel und Geodreieck tatsächlich zu konstruieren, müssen von seinen insgesamt 6 Stücken (3 Winkel und 3 Seiten) mindestens 3 Stücke bestimmt, d. h. gegeben sein, darunter mindestens eine Seite.
In den sogenannten **Kongruenzsätzen** werden jeweils 3 Bestimmungsstücke eines Dreiecks genannt, die es eindeutig konstruierbar machen.
Konstruktionen mithilfe solcher 3 Bestimmungsstücke führen also auf kongruente Dreiecke. Umgekehrt sind Dreiecke kongruent, wenn sie in solchen 3 Bestimmungsstücken übereinstimmen.

1. Kongruenzsatz (sss)
Dreiecke sind **kongruent**, wenn sie in **drei Seiten** übereinstimmen.

Beispiel

Konstruiere das Dreieck ABC aus den gegebenen Bestimmungsstücken.
Gegeben: $a = 3{,}5$ cm; $b = 2{,}5$ cm; $c = 4$ cm

Lösung:

Planfigur:

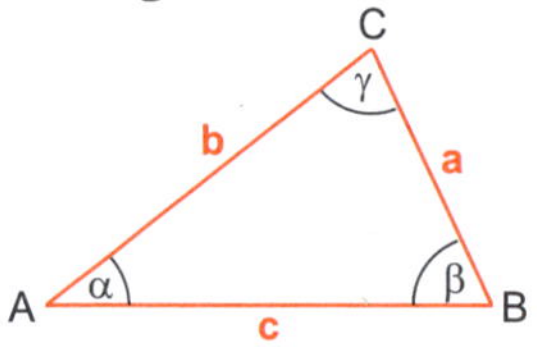

Hebe die gegebenen Stücke in einer Planfigur farbig hervor.

Konstruktionszeichnung:

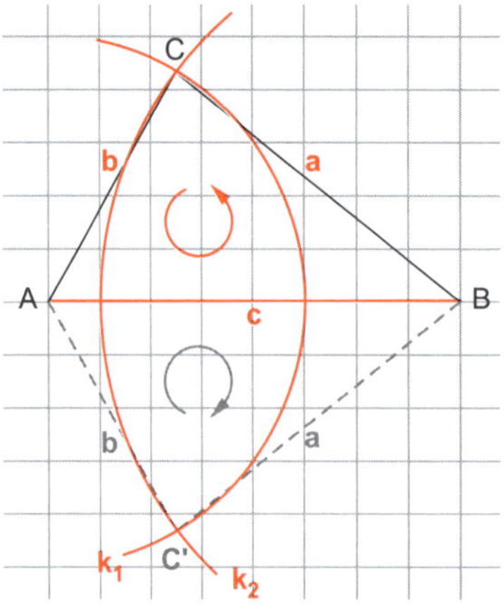

Konstruktionsbeschreibung:

1. Seite c mit $\overline{AB} = 4$ cm zeichnen
2. Kreis $k_1(A; r = b = 2{,}5 \text{ cm})$ zeichnen
3. Kreis $k_2(B; r = a = 3{,}5 \text{ cm})$ zeichnen
4. $k_1 \cap k_2 = \{C; C'\}$
   Oberer Schnittpunkt der beiden Kreise ist Punkt C. Mit dem unteren Schnittpunkt C' ergibt sich ein Dreieck ABC', das entgegengesetzt orientiert ist.
   Es gilt: $\Delta ABC \cong \Delta ABC'$ (Spiegelung an AB)

178 Konstruiere, falls möglich, das Dreieck ABC mithilfe der gegebenen Bestimmungsstücke.

a) a = 3 cm; b = 2 cm; c = 4 cm

b) a = 2 cm; b = 4 cm; c = 5,5 cm

c) a = 1 cm; b = 3 cm; c = 5 cm

179 Zeige, dass man ein Drachenviereck stets in zwei kongruente Dreiecke zerlegen kann.

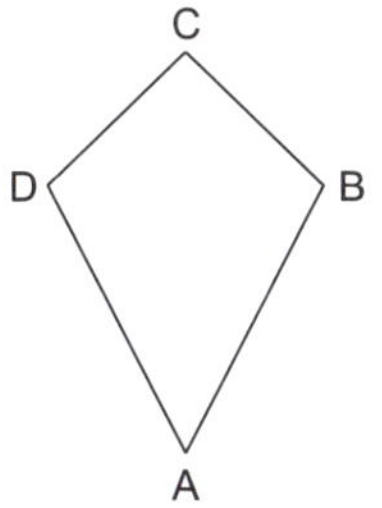

180 Im gleichseitigen Dreieck ABC ist D der Fußpunkt der Mittelsenkrechten $m_{[CA]}$ auf Seite [CA].
Sind die beiden so entstandenen Teildreiecke ABD und DBC kongruent? Begründe.

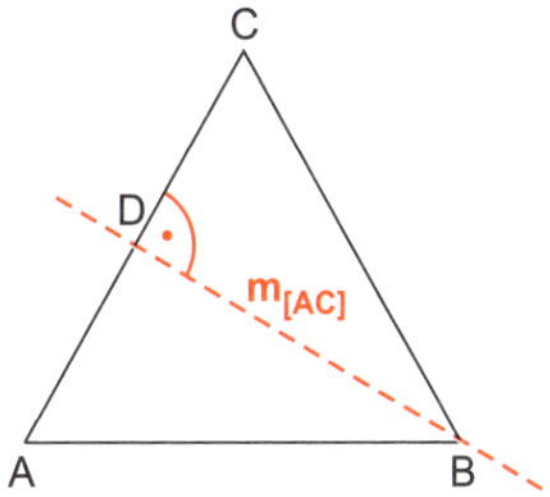

181 Durch Einzeichnen der Diagonalen entstehen in einem Parallelogramm vier Teildreiecke.

a) Zeige, dass zwei Paare von Teildreiecken kongruent sind.

b) Wie nennt man ein Parallelogramm, das durch Einzeichnen der Diagonalen in vier zueinander kongruente Teildreiecke zerfällt?

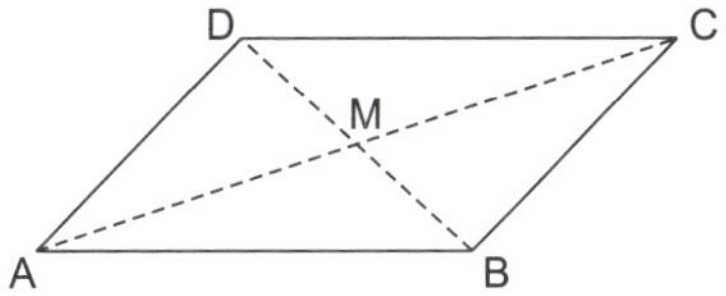

2. Kongruenzsatz (sws)
Dreiecke sind **kongruent**, wenn sie in **zwei Seiten** und dem **eingeschlossenen Winkel** übereinstimmen.

Beispiel

Konstruiere das Dreieck ABC aus den gegebenen Bestimmungsstücken.
Gegeben: $b = 3{,}5$ cm; $c = 4$ cm; $\alpha = 33°$

Lösung:

Planfigur:

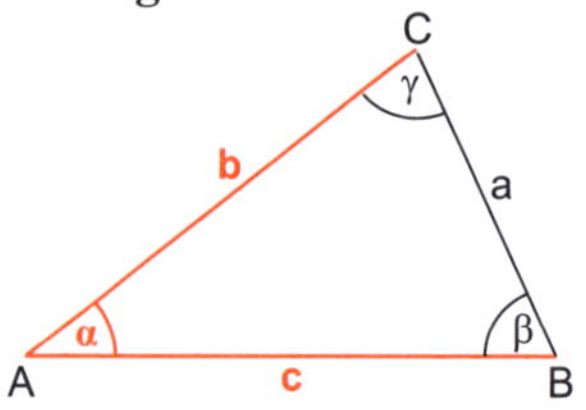

Hebe die gegebenen Stücke in einer Planfigur farbig hervor.

Konstruktionszeichnung:

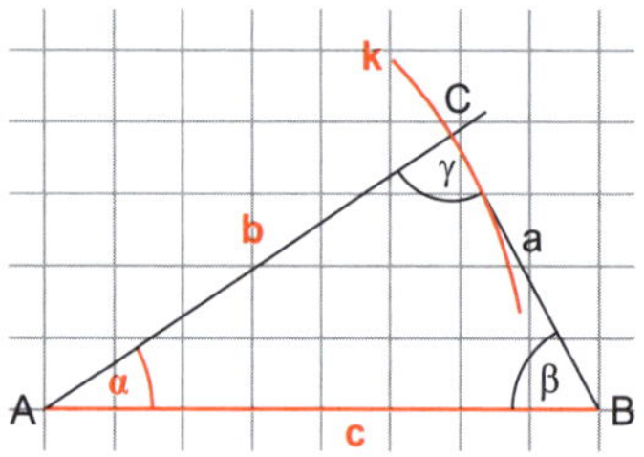

Konstruktionsbeschreibung:

1. Seite c mit $\overline{AB} = 4$ cm zeichnen
2. Winkel $\alpha = 33°$ an A antragen
3. Kreis k(A; $r = b = 3{,}5$ cm) zeichnen
4. Schnittpunkt des Kreises k mit dem freien Schenkel von α ist Punkt C
5. B und C verbinden

182 Konstruiere das Dreieck ABC mithilfe der gegebenen Bestimmungsstücke.

a) $a = 6$ cm; $b = 4$ cm; $\gamma = 70°$
b) $b = 4$ cm; $c = 5$ cm; $\alpha = 100°$
c) $c = 3$ cm; $a = 5$ cm; $\beta = 45°$
d) $b = a = 3{,}5$ cm; $\alpha = 65°$

183 Beantworte folgende Fragen zu nebenstehender Abbildung mit dem Rechteck ACDG.

a) Sind die Dreiecke ABG und CDF kongruent?
b) Sind die Dreiecke ABG und FDE kongruent?

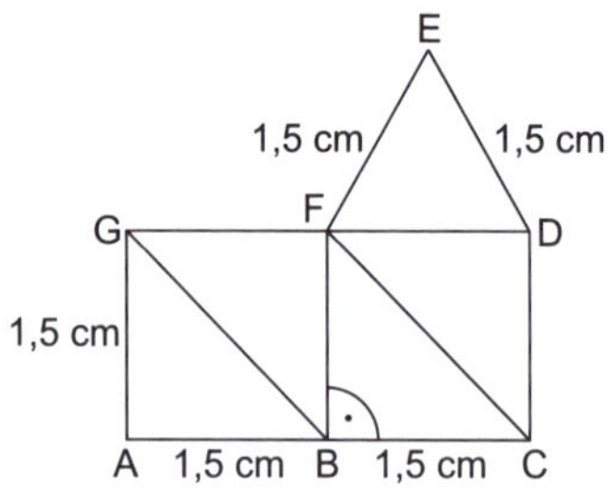

184 Der Eckpunkt D des Rechtecks ABCD ist der Mittelpunkt eines Kreises k, der durch den Eckpunkt A geht. Der freie Schenkel des Winkels α schneidet k in $P(\alpha)$.

a) Für welche $\alpha \in]0; 360°[$ gilt $\Delta DCP(\alpha) \cong \Delta ABD$?

b) Für welche $\alpha \in]0; 360°[$ gilt $\Delta DP(\alpha)C \cong \Delta ABD$?

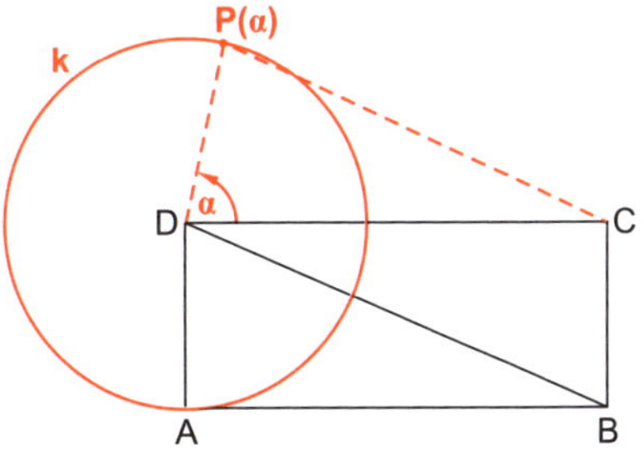

185 Sind die beiden Dreiecke ABC und DFE kongruent, wenn gilt:
$\alpha = \beta = 53°$, $\overline{BC} = 5$ cm und $\overline{FE} = \overline{ED} = 5$ cm, $\sphericalangle DEF = 74°$?

186 Zeichne ein gleichschenklig-rechtwinkliges Dreieck ABC mit Kathetenlänge 2,5 cm und Basis [AB].
Tipp: Überlege zunächst, wo der rechte Winkel liegen muss.

3. Kongruenzsatz (wsw und sww)
Dreiecke sind **kongruent**, wenn sie in einer **Seite** und den beiden **anliegenden Winkeln** übereinstimmen.

Anmerkung: Aus 2 gegebenen Winkeln kann über die Innenwinkelsumme stets der dritte Winkel berechnet werden. Der Fall sww, mit einer Seite und 2 Winkeln (nicht beide anliegend) kann daher stets auf den Fall wsw zurückgeführt werden.

eispiel

Konstruiere das Dreieck ABC aus den gegebenen Stücken.
Gegeben: $c = 3{,}5$ cm; $\alpha = 43°$; $\beta = 50°$

Lösung:

Planfigur:

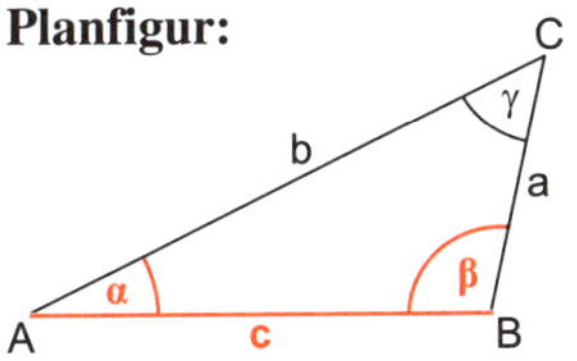

Hebe die gegebenen Stücke in einer Planfigur farbig hervor.

Konstruktionszeichnung:

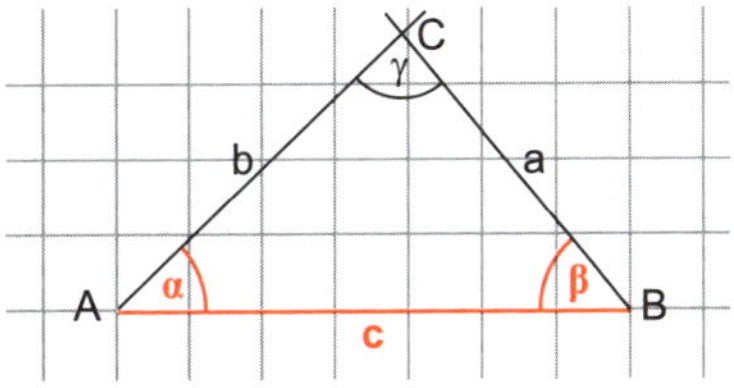

Konstruktionsbeschreibung:
1. Seite c mit $\overline{AB} = 3{,}5$ cm zeichnen
2. Winkel $\alpha = 43°$ an A antragen
3. Winkel $\beta = 50°$ an B antragen
4. Schnittpunkt der freien Schenkel von α und β ist Punkt C

187 Konstruiere das Dreieck ABC mithilfe der gegebenen Bestimmungsstücke.

a) $\overline{AB} = 5$ cm; $\alpha = 70°$; $\beta = 10°$

b) $a = 5$ cm; $\sphericalangle ACB = 90°$; $\sphericalangle CBA = 10°$

c) $c = 3$ cm; $\sphericalangle BAC = 150°$; $\sphericalangle ACB = 15°$

d) $b = 3{,}5$ cm; $\sphericalangle ACB = 80°$; $\sphericalangle CBA = 60°$

188 Aus 30 m Entfernung peilt man mit einem Theodoliten (Winkelmessgerät) einen Kirchturm vom Boden aus unter einem Sichtwinkel von 53° an.

a) Erstelle eine Zeichnung in einem geeigneten Maßstab.

b) Wie hoch ist die Kirche in Wirklichkeit?

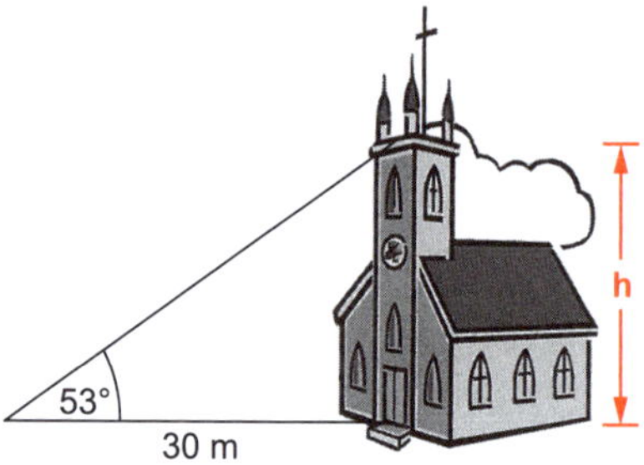

189 Sind die Dreiecke in den folgenden Skizzen jeweils kongruent? Begründe.

a)

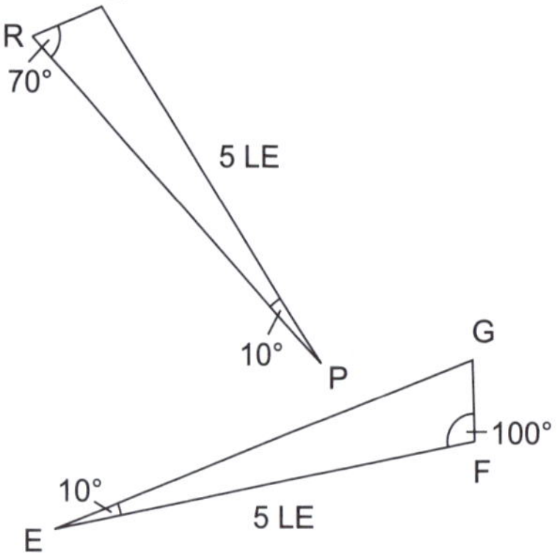

b)

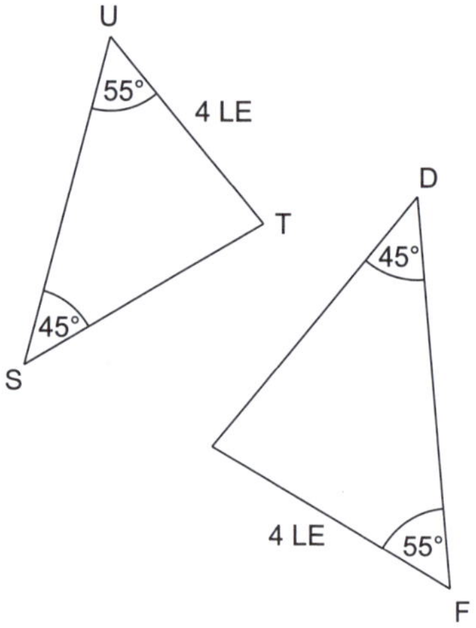

c)

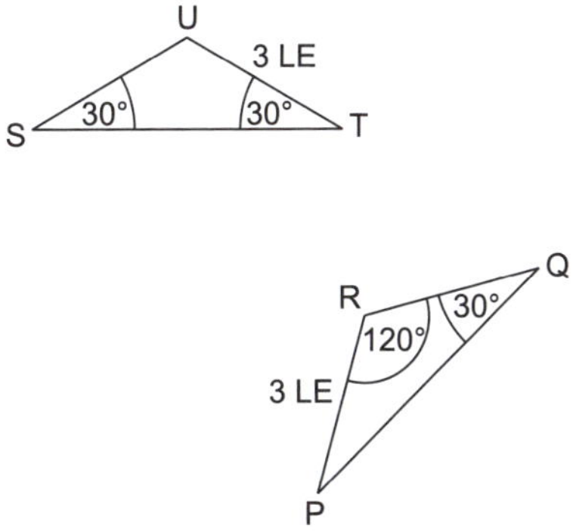

d)

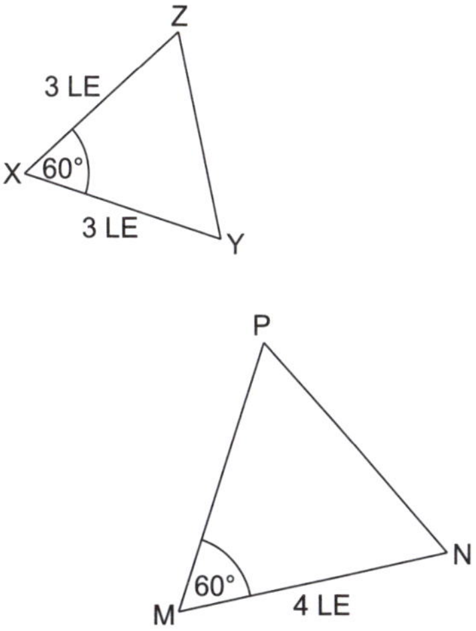

4. Kongruenzsatz (Ssw)
Dreiecke sind **kongruent**, wenn sie in **zwei Seiten** und dem **Gegenwinkel der größeren der beiden Seiten** übereinstimmen.

eispiel

Konstruiere das Dreieck ABC aus den gegebenen Bestimmungsstücken.

a) Gegeben: $b = 4$ cm; $c = 3$ cm; $\beta = 97°$
(Fall 1: Es ist der Gegenwinkel der **größeren** Seite gegeben.)

b) Gegeben: $b = 4$ cm; $c = 1$ cm; $\gamma = 10°$
(Fall 2: Es ist der Gegenwinkel der **kleineren** Seite gegeben.)

Lösung:

a) **Planfigur:**

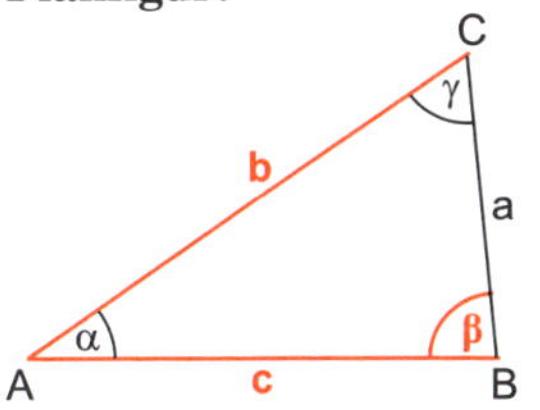

Hebe die gegebenen Stücke in einer Planfigur farbig hervor.

An der Seite c liegen zwei Bestimmungsstücke an. Beginne die Konstruktion daher mit dieser Seite.

Weil 2 Seiten und der Gegenwinkel der größeren Seite gegeben sind, handelt es sich um eine **Ssw-Konstruktion**.

Konstruktionszeichnung:

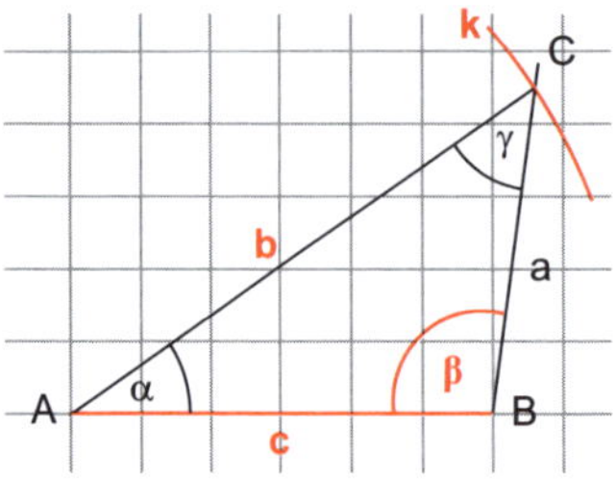

Konstruktionsbeschreibung:
1. Seite c mit $\overline{AB} = 3$ cm zeichnen
2. Winkel $\beta = 97°$ an B antragen
3. Kreis k(A; r = b = 4 cm) zeichnen
4. Schnittpunkt des Kreises k mit dem freien Schenkel von β ist Punkt C
5. C und A verbinden

b) **Planfigur:**

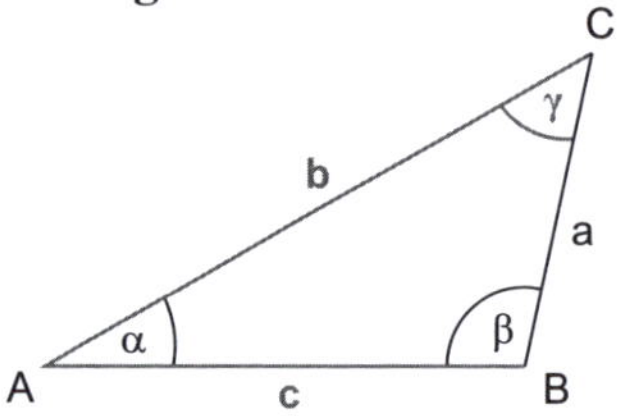

Hebe die gegebenen Stücke in einer Planfigur farbig hervor.

An der Seite b liegen zwei Bestimmungsstücke an. Beginne die Konstruktion daher mit dieser Seite.

Weil 2 Seiten und der Gegenwinkel der kleineren Seite gegeben sind, handelt es sich **nicht** um eine Ssw-Konstruktion. Daher lässt sich das Dreieck **nicht eindeutig** konstruieren.

Konstruktionszeichnung:

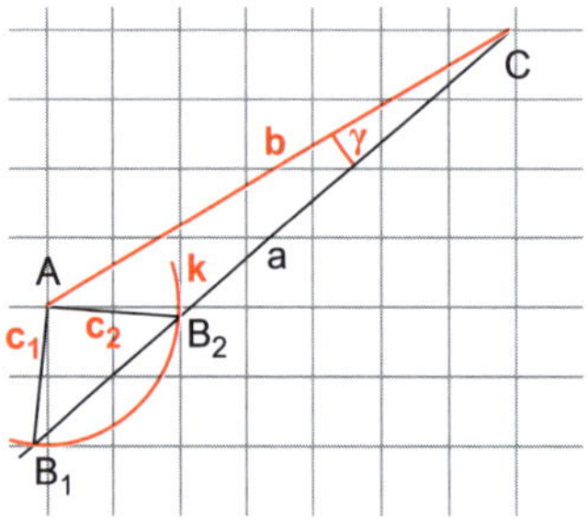

Konstruktionsbeschreibung:
1. Seite b mit $\overline{CA} = 4$ cm zeichnen
2. Winkel $\gamma = 10°$ an C antragen
3. Kreis k(A; r = c = 1 cm) zeichnen
4. Schnittpunkte des Kreises k mit dem freien Schenkel von γ sind die Punkte B_1 und B_2
5. A mit B_1 und B_2 verbinden

Es gibt also 2 nicht kongruente Dreiecke AB_1C und AB_2C.

190 Konstruiere das Dreieck ABC mithilfe der gegebenen Bestimmungsstücke.

a) $c = 5$ cm; $b = 4$ cm; $\gamma = 90°$

b) $\overline{AB} = 6$ cm; $\overline{BC} = 5$ cm; $\sphericalangle ACB = 60°$

c) $a = 4$ cm; $b = 3$ cm; $\sphericalangle BAC = 30°$

d) Konstruiere das Dreieck ABC aus Teilaufgabe a ohne den 90°-Winkel mit dem Geodreieck einzuzeichnen. *Tipp:* Satz des Thales

191 Betrachte die Skizzen. Welche Dreiecke sind eindeutig konstruierbar?

a)

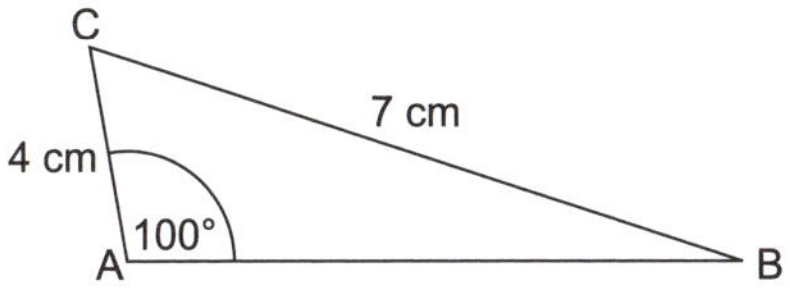

b)

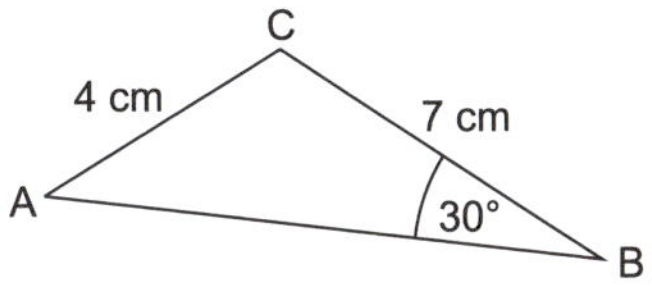

c)

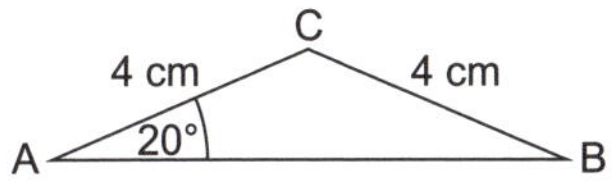

192 Die Realschule Moosburg ist 20 m lang. Lukas ist so weit zurückgegangen, dass er die beiden Ecken unter einem 80°-Winkel sieht. Er steht 14 m von der näherliegenden Ecke entfernt. Wie weit ist Lukas von der anderen Ecke entfernt?
Fertige eine geeignete Zeichnung an.

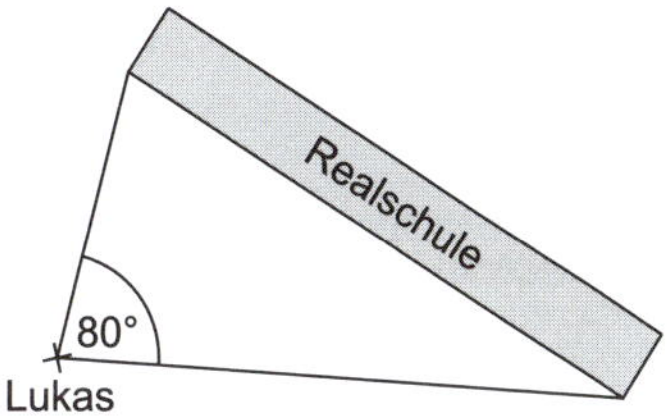

Zusammenfassung der Kongruenzsätze

Dreiecke sind **kongruent**, wenn sie:

1. Kongruenzsatz (**sss**)
   in **drei Seiten** übereinstimmen.
2. Kongruenzsatz (**sws**)
   in **zwei Seiten und dem eingeschlossenen Winkel** übereinstimmen.
3. Kongruenzsatz (**wsw und sww**)
   in **einer Seite und den beiden anliegenden Winkeln** übereinstimmen.
4. Kongruenzsatz (**Ssw**)
   in **zwei Seiten und dem Gegenwinkel der größeren der beiden Seiten** übereinstimmen.

Ob zwei Dreiecke kongruent sind, lässt sich leicht mithilfe des folgenden Schemas klären. Dreiecke, die sich mit seiner Hilfe als nicht notwendig kongruent erweisen, stimmen in 2 Seiten und dem Winkel, der der kleineren Seite gegenüberliegt, überein und können – müssen aber nicht – kongruent sein.

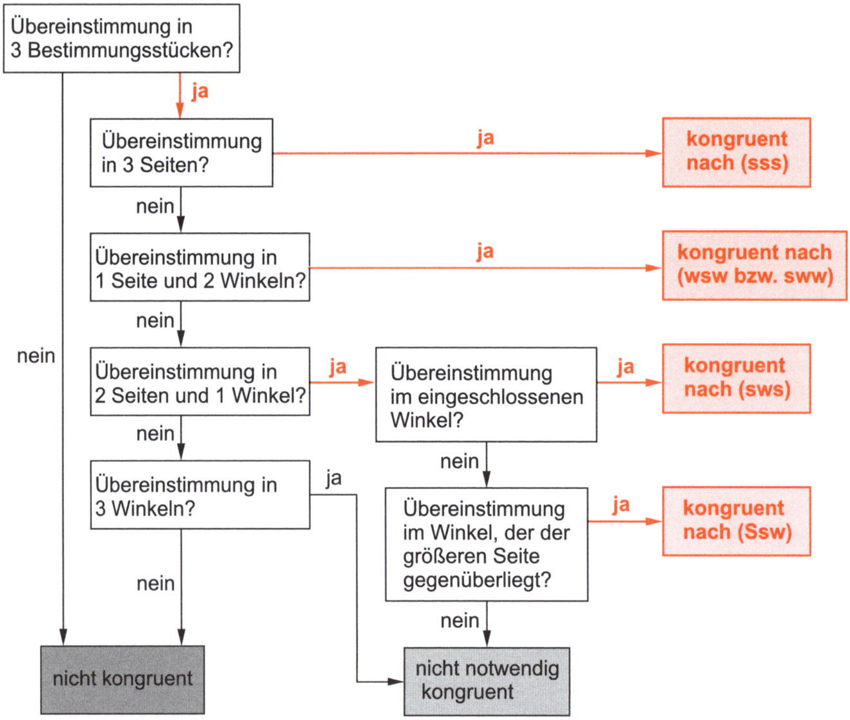

193 Zeige nur mit den Angaben der folgenden Skizzen, dass die Dreiecke ABD und BCD kongruent sind.

a)

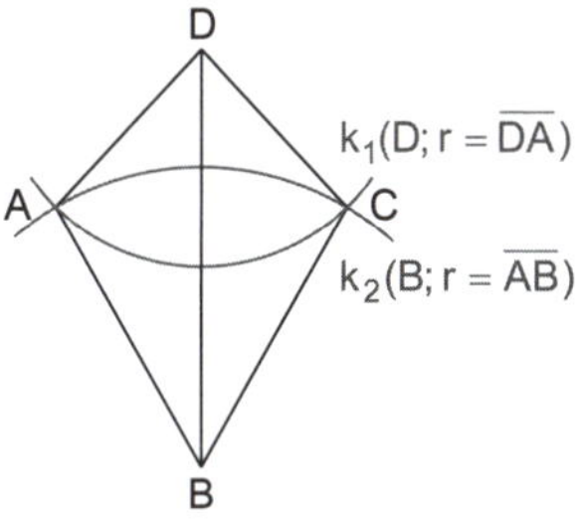

b)

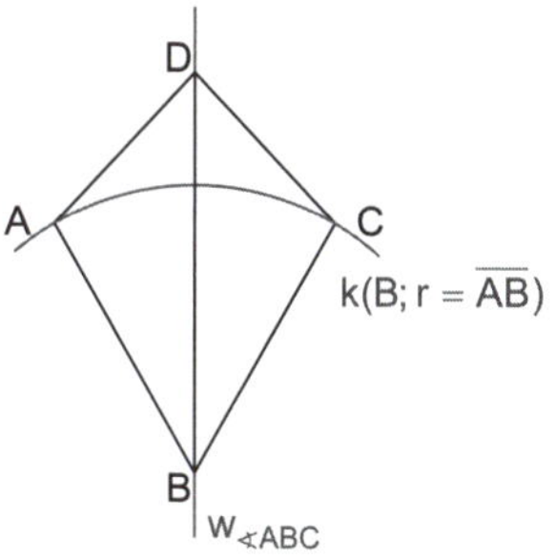

c)

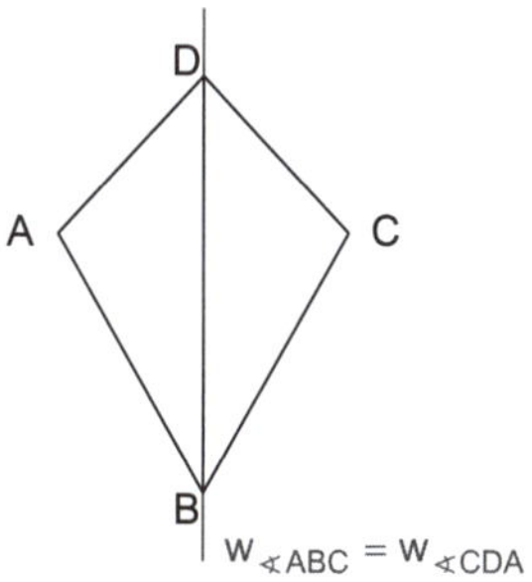

d)

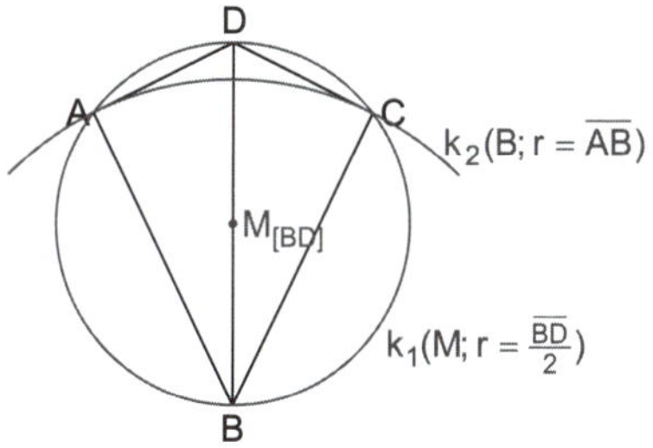

e)

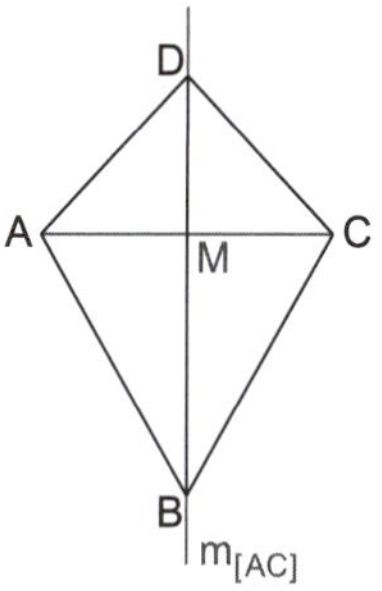

f)

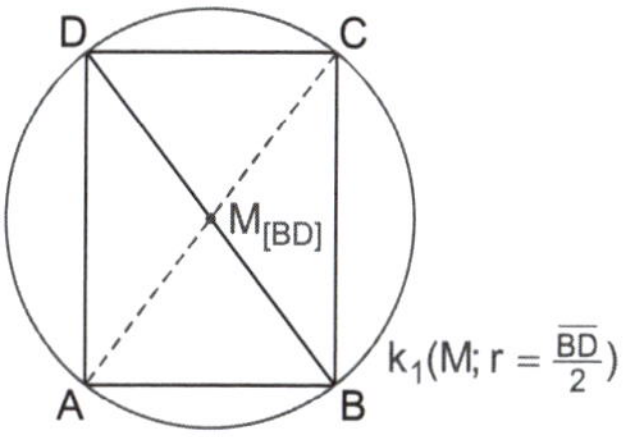

194 Begründe, dass zwei rechtwinklige Dreiecke kongruent sind, wenn sie in zwei Seiten übereinstimmen.

195 Warum ist ein Dreieck ABC mit $\alpha = \beta = \gamma = 60°$ nicht eindeutig konstruierbar, während ein Dreieck ABC mit $a = b = c = 6$ cm eindeutig konstruierbar ist?

196 Ein Parallelogramm ABCD wird durch die Diagonale [BD] in zwei Dreiecke unterteilt, siehe Skizze. Überlege, welche Stücke der Dreiecke ABD und BCD übereinstimmen und gib alle Kongruenzsätze an, mit deren Hilfe sich ihre Kongruenz zeigen lässt.

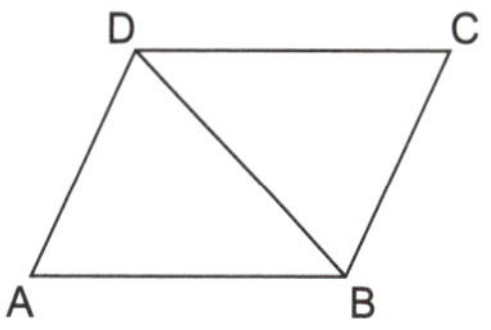

197 Das Parallelenpaar g und h wird von den Parallelenpaaren k und ℓ sowie m und n in den Punkten A, B, C, D und E, F, G, H geschnitten. Dabei gilt:
$g \perp k$ und $g \not\perp m$

Wie viele Paare von kongruenten Teildreiecken mit einer Diagonalen als Seite hat das Viereck ABCD? Wie viele das Viereck EFGH?

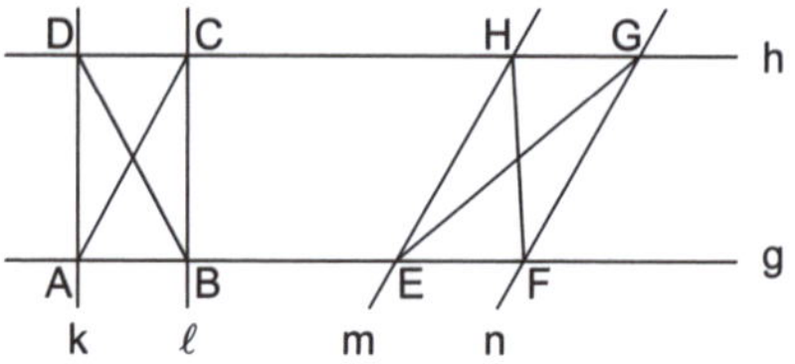

2.2 Begründungen mithilfe von Kongruenzsätzen oder Vektoren

Das Auge täuscht sich oft bei der Einschätzung von Streckenlängen und Winkelmaßen. Auch mit dem Geodreieck kann man diese nur im Rahmen der Messgenauigkeit bestimmen. Für mathematisch stichhaltige Beweise muss man sich anderer Mittel bedienen. Hier kommen **Kongruenzsätze** und **Vektoren** ins Spiel.

Das Koordinatendreieck eines Vektors $\vec{v} = \binom{x}{y}$ erhält man, wenn man vom Fuß des Vektorpfeils x Einheiten in horizontaler Richtung und y Einheiten in vertikaler Richtung geht. Man landet bei der Spitze des Vektorpfeils.

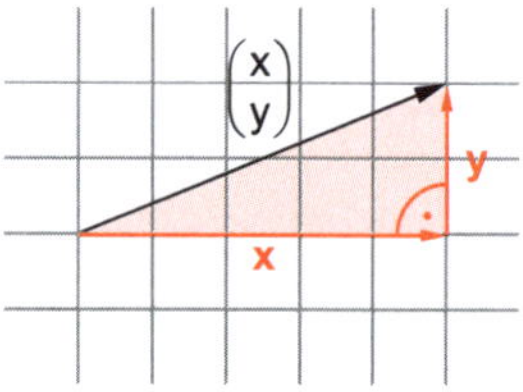

Das Koordinatendreieck eines Vektors $\binom{x}{y}$ bzw. $\binom{y}{x}$ ist damit immer ein rechtwinkliges Dreieck mit dem Vektorpfeil als Hypotenuse und den Kathetenlängen

- x und y, falls $x > 0$ und $y > 0$,
- –x und y, falls $x < 0$ und $y > 0$,
- x und –y, falls $x > 0$ und $y < 0$,
- –x und –y, falls $x < 0$ und $y < 0$.

Mit dem 2. Kongruenzsatz (sws) folgt daher:

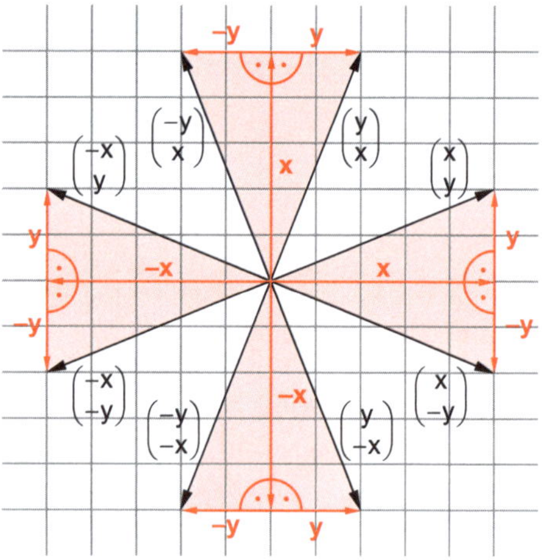

Die Koordinatendreiecke von Vektoren sind genau dann kongruent, wenn sich die Vektorkoordinaten nur im **Vorzeichen** oder der **Position** unterscheiden.

Daraus folgt:

Vektoren sind gleich lang, wenn sich die Vektorkoordinaten nur im **Vorzeichen** oder der **Position** unterscheiden.

Vektoren gleicher Länge sind somit:

$\begin{pmatrix} x \\ y \end{pmatrix}, \begin{pmatrix} -x \\ y \end{pmatrix}, \begin{pmatrix} x \\ -y \end{pmatrix}, \begin{pmatrix} -x \\ -y \end{pmatrix}$ und $\begin{pmatrix} y \\ x \end{pmatrix}, \begin{pmatrix} -y \\ x \end{pmatrix}, \begin{pmatrix} y \\ -x \end{pmatrix}, \begin{pmatrix} -y \\ -x \end{pmatrix}$ mit $x, y \in \mathbb{Q}$

kürzer:

$\begin{pmatrix} \pm x \\ \pm y \end{pmatrix}$ und $\begin{pmatrix} \pm y \\ \pm x \end{pmatrix}$ mit $x, y \in \mathbb{Q}$

ispiele

1. Sind die folgenden Vektoren gleich lang?

a) $\begin{pmatrix} 1 \\ 2 \end{pmatrix}$ und $\begin{pmatrix} 2 \\ 1 \end{pmatrix}$

b) $\begin{pmatrix} -1 \\ 2 \end{pmatrix}$ und $\begin{pmatrix} -2 \\ 1 \end{pmatrix}$

Lösung:

a) Ja, denn die Koordinaten unterscheiden sich nur in der Position.

Die beiden Koordinatendreiecke sind nach (sws) kongruent. Damit stimmen sie aufgrund von (sss) auch in der dritten Seite überein. Die beiden Vektoren sind also gleich lang.

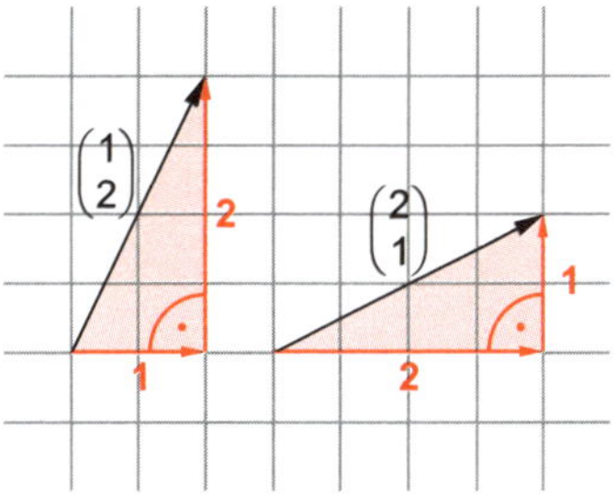

b) Ja, denn die Koordinaten unterscheiden sich nur im Vorzeichen und der Position.

Die negativen x-Koordinaten müssen hier nach links angetragen werden.

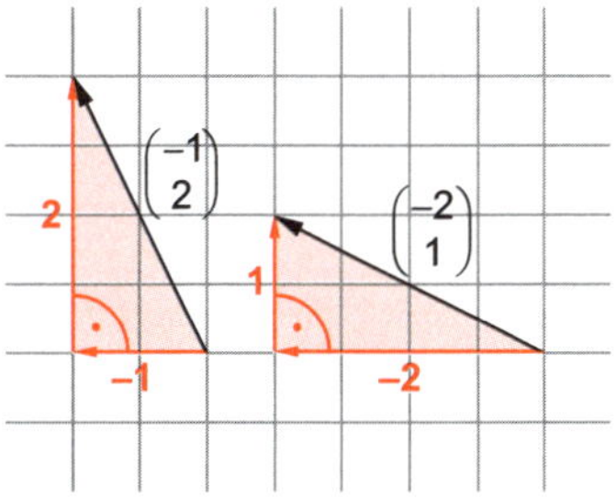

2. Gegeben sind die Punkte A(2 | 2), B(5 | 2), C(1 | 4) und D(6 | 0). Zeige mithilfe von Vektoren, dass die Dreiecke ABC und ADB kongruent sind.

Lösung:

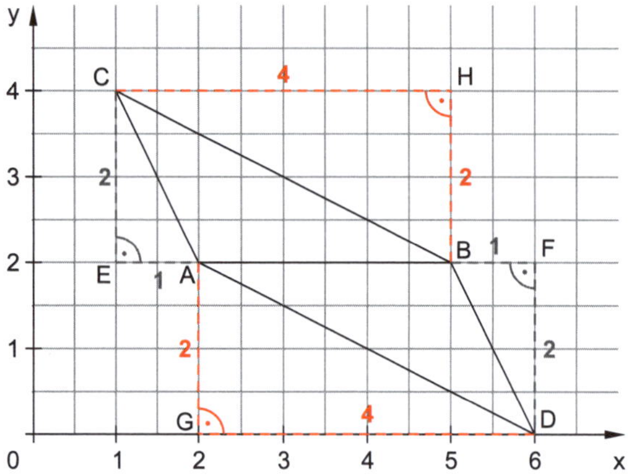

Wegen $\overline{AB} = \overline{BA}$ genügt es nach (sss) zu zeigen, dass die Dreiecke ABC und ADB auch in den anderen beiden Seiten übereinstimmen.

Berechnung der Vektoren:

$$\overrightarrow{BC} = \begin{pmatrix} 1-5 \\ 4-2 \end{pmatrix} = \begin{pmatrix} -4 \\ 2 \end{pmatrix}; \qquad \overrightarrow{CA} = \begin{pmatrix} 2-1 \\ 2-4 \end{pmatrix} = \begin{pmatrix} 1 \\ -2 \end{pmatrix};$$

$$\overrightarrow{AD} = \begin{pmatrix} 6-2 \\ 0-2 \end{pmatrix} = \begin{pmatrix} 4 \\ -2 \end{pmatrix}; \qquad \overrightarrow{DB} = \begin{pmatrix} 5-6 \\ 2-0 \end{pmatrix} = \begin{pmatrix} -1 \\ 2 \end{pmatrix}$$

Da sich die Koordinaten der Vektoren $\overrightarrow{BC}$ und $\overrightarrow{AD}$ bzw. $\overrightarrow{CA}$ und $\overrightarrow{DB}$ nur in Position und Vorzeichen unterscheiden, sind sie gleich lang. Also gilt auch $\overline{BC} = \overline{AD}$ und $\overline{CA} = \overline{DB}$.

198 Zeige, dass die Vektoren $\overrightarrow{AB} = \begin{pmatrix} 4 \\ 3 \end{pmatrix}$, $\overrightarrow{BC} = \begin{pmatrix} -3 \\ 4 \end{pmatrix}$, $\overrightarrow{CD} = \begin{pmatrix} -4 \\ 3 \end{pmatrix}$ und $\overrightarrow{DE} = \begin{pmatrix} 4 \\ -3 \end{pmatrix}$ gleich lang sind.

199 Zeichne das Viereck ABCD mit A(0 | 0), B(4 | 3), C(1 | 7) und D(–3 | 4).
Ist das Viereck ABCD eine Raute?
Tipp: Weise mithilfe von Vektoren nach, dass die Dreiecke ABC und ACD kongruent und gleichschenklig sind.

200 Zeichne das Viereck ABCD mit A(3 | 0), B(5 | 4), C(3 | 9) und D(1 | 4) und zeige, dass sich das Viereck in zwei kongruente Dreiecke zerlegen lässt.
Um was für ein Viereck handelt es sich?

201 In das Rechteck ABCD mit A(0|–2), B(12|–2), C(12|8) und D(0|8) wird ein Viereck EFGH mit E(5|–2), F(12|6), G(7|8) und H(0|0) einbeschrieben.

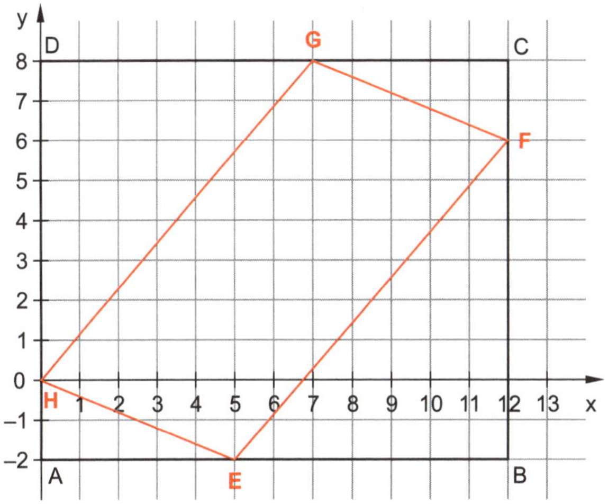

Zeige, dass das einbeschriebene Viereck EFGH ein Parallelogramm ist.
Tipp: Weise mithilfe von Vektoren nach, dass es in dieser Figur je zwei kongruente Dreiecke gibt.

202 Gegeben sind die Punkte A(1|1), B(5|1) und C(1|4) sowie P(9|6), Q(5|9) und R(9|9).
Sind die Dreiecke ABC und PRQ kongruent?
Argumentiere mithilfe von Vektoren.

Vierecke

1 Eigenschaften von Vierecken

Vom Flugzeug aus betrachtet erscheinen die land- und forstwirtschaftlich genutzten Flächen Bayerns oft wie ein Flickenteppich aus Vierecken. Praktisch alle bekannten Vierecksformen (Quadrat, Rechteck, Drachen, Trapez, Raute, Parallelogramm, allgemeines Viereck) kommen vor.

Bezeichnungen im Viereck

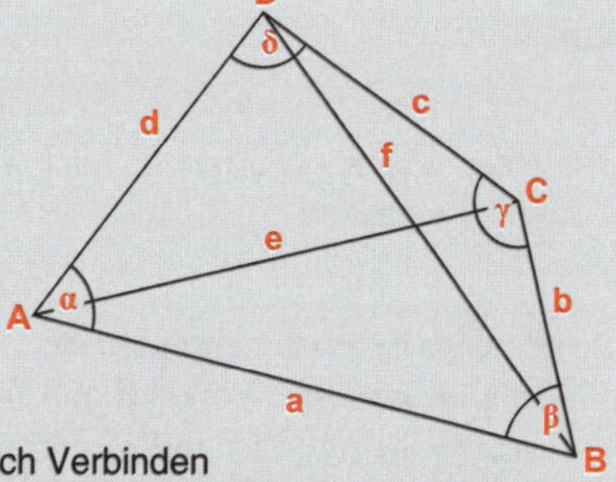

- Die **Eckpunkte** eines Vierecks werden entgegen dem Uhrzeigersinn mit **Großbuchstaben** bezeichnet.
- Die **Seiten** eines Vierecks werden analog zu den Eckpunkten mit **kleinen Buchstaben** bezeichnet. (Im Gegenuhrzeigersinn nachfolgend den Eckpunkten.)
- Jedes Viereck hat **2 Diagonalen**, die durch Verbinden der nicht benachbarten Eckpunkte entstehen. Im Viereck ABCD bezeichnet man die Diagonale von A nach C mit **e**, die Diagonale von B nach D mit **f**.
- Die **Innenwinkel** werden analog zu den Eckpunkten, die jeweils die Scheitel bilden, mit den entsprechenden **griechischen Buchstaben** bezeichnet.
- Gleich lange Seiten bzw. Winkel darf man mit den gleichen Buchstaben bezeichnen. (Muss man aber nicht!)

Verbindet man (überschneidungsfrei!) 4 verschiedene Punkte einer Ebene, von denen keine 3 auf einer Geraden liegen, entsteht ein Viereck. Jedes dieser Vierecke kann wiederum durch Ergänzung eines vierten Punktes aus einem Dreieck erzeugt werden. Je nachdem, ob der vierte Punkt **außerhalb** oder **innerhalb** des Dreiecks liegt, entsteht dabei ein **konvexes** oder ein **konkaves** Viereck. Diese können auch anhand der Lage ihrer Diagonalen unterschieden werden.

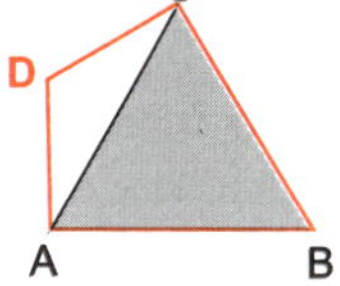

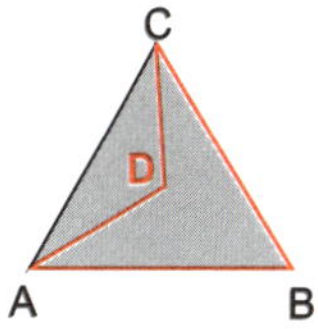

- In einem **konvexen Viereck** liegen beide **Diagonalen innerhalb** des Vierecks.
  Alle Innenwinkel sind kleiner als 180°.

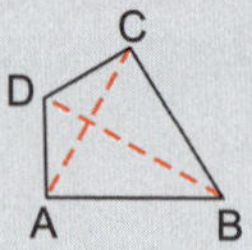

- In einem **konkaven Viereck** liegt eine **Diagonale innerhalb** und die andere **Diagonale außerhalb** des Vierecks.
  Genau ein Innenwinkel ist größer als 180°.

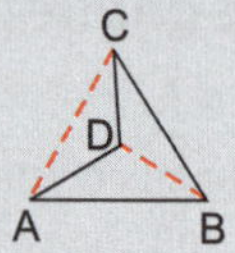

Jedes Viereck, egal ob konvex oder konkav, kann durch Einzeichnen einer innenliegenden Diagonale in zwei Teildreiecke zerlegt werden. Über den Innenwinkelsatz im Dreieck erhält man damit sofort:

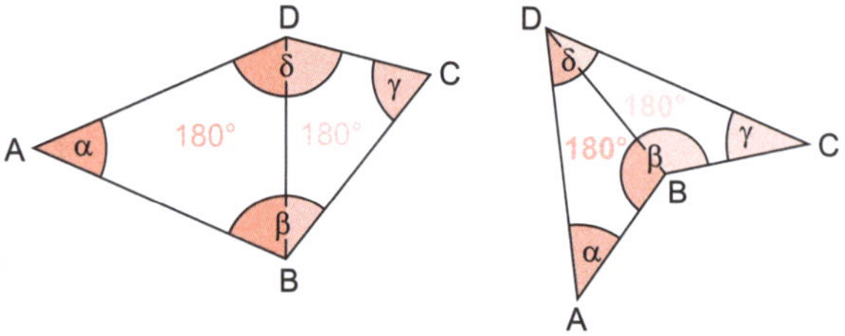

In jedem Viereck beträgt die Summe aller Innenwinkel 360°.
$\alpha + \beta + \gamma + \delta = 360°$

Beispiel

Betrachte nebenstehende Skizze.
Wie groß sind die Winkel β und δ, wenn $\alpha = 80°$, $\gamma = 75°$ und $\varepsilon = 105°$ gilt?

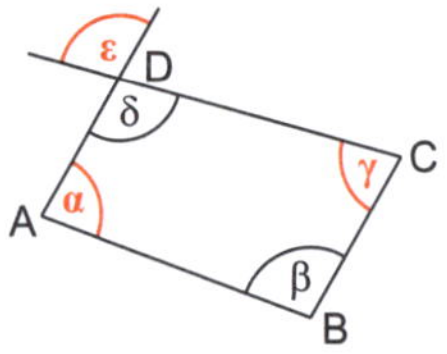

Lösung:
Da δ Scheitelwinkel zu ε ist, gilt $\delta = \varepsilon = 105°$.
Aus der Innenwinkelsumme im Viereck folgt damit:
$\beta = 360° - \alpha - \gamma - \delta = 360° - 80° - 75° - 105° = 100°$

Von den 8 Stücken (4 Seiten, 4 Winkel) eines Vierecks sind im allgemeinen Viereck (ohne Symmetrien) alle verschieden. Jedes Viereck lässt sich in 2 Teildreiecke zerlegen. Für die Konstruktion des ersten Dreiecks benötigt man mindestens 3 Bestimmungsstücke, für die des zweiten Dreiecks noch mindestens 2 Bestimmungsstücke, da es mit dem ersten Dreieck bereits eine Seite (eine der Diagonalen im Viereck) gemeinsam hat.

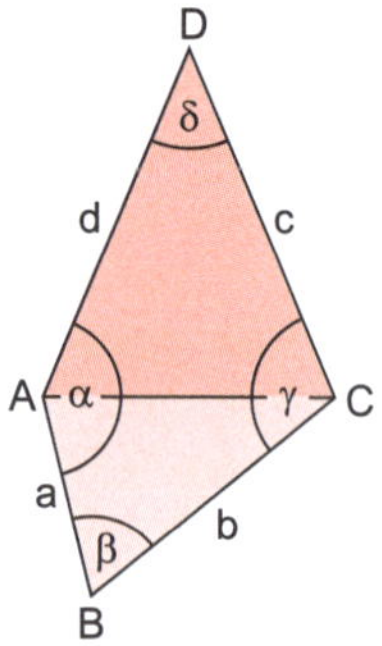

Für die Konstruktion von Vierecken gilt daher Folgendes:

- **Jedes Viereck** kann in **2 Dreiecke** zerlegt werden.
- Zur **Konstruktion** eines **allgemeinen Vierecks** (ohne Symmetrien) benötigt man von den 8 Stücken (4 Seiten, 4 Winkel) mindestens **5 Bestimmungsstücke**, darunter mindestens 2 Seiten.
- Gegebenenfalls kann die Konstruktion des Vierecks auf die Konstruktion von **2 Teildreiecken** zurückgeführt werden. Beginne dann mit dem Teildreieck, von dem 3 Bestimmungsstücke bekannt sind.

Beispiel

Konstruiere das konvexe Viereck ABCD aus den gegebenen Bestimmungsstücken.
Gegeben: $\overline{AB} = 4$ cm; $\overline{BC} = 4{,}5$ cm; $\overline{CD} = 3$ cm; $\overline{DA} = 3{,}5$ cm; $\sphericalangle CBA = 80°$

Lösung:

Planfigur:

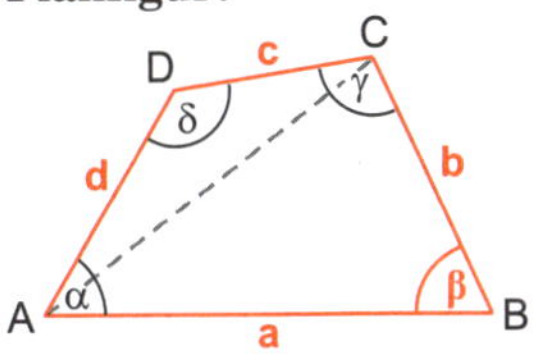

Hebe die gegebenen Bestimmungsstücke in einer Planfigur farbig hervor.

Konstruiere zuerst das Teildreieck ABC, von dem 3 Bestimmungsstücke bekannt sind, nach (sws).

Konstruiere danach noch die Seiten [CD] und [DA] des Teildreiecks ACD.

Konstruktionszeichnung:

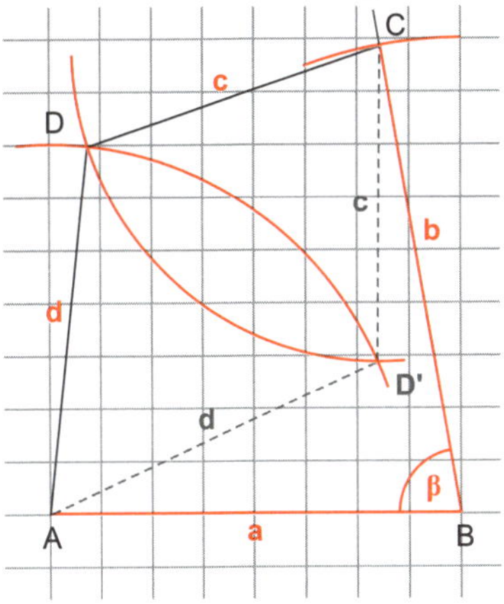

Konstruktionsbeschreibung:

1. Seite a mit $\overline{AB} = 4$ cm zeichnen
2. Winkel $\sphericalangle CBA = \beta = 80°$ an B antragen
3. Kreis k_1(B; r = b = 4,5 cm) zeichnen
4. Schnittpunkt des Kreises k_1 mit dem freien Schenkel von β ist Punkt C
5. Kreis k_2(C; r = c = 3 cm) zeichnen
6. Kreis k_3(A; r = d = 3,5 cm) zeichnen
7. $k_2 \cap k_3 = \{D; D'\}$
   Linker Schnittpunkt der beiden Kreise ist Punkt D. Mit dem rechten Schnittpunkt D' ergibt sich ein konkaves Viereck ABCD'.
8. C mit D und D mit A verbinden

Ein Viereck kann nicht nur mithilfe von Seiten oder Winkeln konstruiert werden, sondern auch mithilfe von Diagonalen oder Teilwinkeln.

Beispiel

Konstruiere das Viereck ABCD aus den gegebenen Bestimmungsstücken.
Gegeben: $e = 3$ cm; $f = 4{,}5$ cm; $d = 3$ cm; $\alpha = 80°$; $\beta' = \sphericalangle CBD = 25°$

Lösung:

Planfigur:

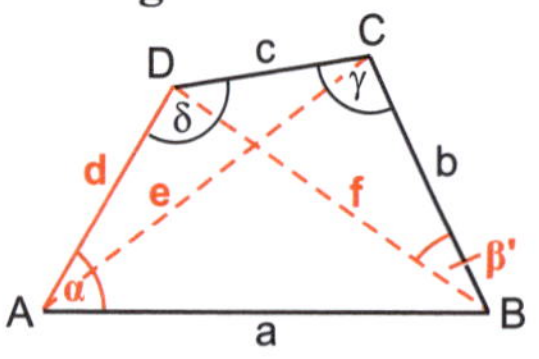

Hebe die gegebenen Bestimmungsstücke in einer Planfigur farbig hervor.

Konstruiere zuerst das Teildreieck ABD, von dem 3 Bestimmungsstücke bekannt sind, nach (Ssw).

Konstruiere danach noch die Seiten [BC] und [CD] des Teildreiecks DBC.

Konstruktionszeichnung:

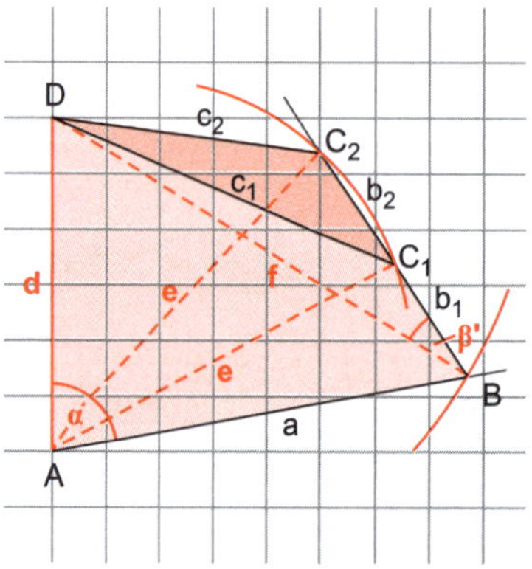

Konstruktionsbeschreibung:

1. Seite d mit $\overline{DA} = 3$ cm zeichnen
2. Winkel $\alpha = 80°$ an A antragen
3. Kreis $k_1(D;\ r = f = 4{,}5\text{ cm})$ zeichnen
4. Schnittpunkt des Kreises k_1 mit dem freien Schenkel von α ist Punkt B
5. Kreis $k_2(A;\ r = e = 3\text{ cm})$ zeichnen
6. Winkel $\beta' = 25°$ an B antragen
7. Es existieren 2 Schnittpunkte C_1 und C_2 des Kreises k_2 mit dem freien Schenkel von β'.
8. C_1 und C_2 mit D verbinden

Mit den gegebenen Bestimmungsstücken gibt es die 2 möglichen Vierecke ABC_1D und ABC_2D.

203 Konstruiere das konkave Viereck ABCD mithilfe der Bestimmungsstücke $a = 2$ cm, $b = 2{,}5$ cm, $c = 4{,}5$ cm, $d = 4$ cm und $\delta = 45°$.

204 Im Viereck ABCD haben die Punkte D und A einen Abstand von 2,5 cm und der Winkel CBA hat das Maß 80°. Die Seiten [BC] und [CD] schließen einen 110°-Winkel ein. Außerdem gilt $D \in k(C;\ r = 3\text{ cm})$ und $B \in k(C;\ r = 1{,}5\text{ cm})$. Konstruiere das Viereck ABCD.

205 Der Ursprung $O(0|0)$ und der Punkt $N(-8|-6)$ sind Eckpunkte des Vierecks NOPQ. Der Eckpunkt Q liegt im II. Quadranten genau 7 LE von der y-Achse entfernt. Außerdem sind noch die Winkelmaße $\sphericalangle ONQ = 45°$, $\sphericalangle NQP = 135°$ und $\sphericalangle QPO = 90°$ bekannt.

a) Zeichne das Viereck NOPQ in ein Koordinatensystem und gib die Koordinaten der Punkte P und Q an. (Platzbedarf: $-8 \leqq x \leqq 0$; $-6 \leqq y \leqq 4{,}5$)

b) Es gibt in Teilaufgabe a mehrere Möglichkeiten, das Viereck NOPQ zu konstruieren. Eine Möglichkeit erfordert die Berechnung eines Winkels, eine andere die Konstruktion eines Thaleskreises. Gib nun für eine von dir zuvor in Teilaufgabe a *nicht* gewählte Möglichkeit eine vollständige Konstruktionsbeschreibung an.

206 Ein Flügelaltar in Form eines Triptychons (griechisch „Dreitafel") besteht aus einem feststehenden Altarschrein und zwei beweglichen Flügeln, die nach innen eingeklappt werden können. Fertige eine maßstabsgetreue Skizze eines solchen Flügelaltars mit einem 6 m breiten Altarschrein und je 3 m breiten Flügeln, wobei der linke Flügel um 130° und der rechte Flügel um 125° geöffnet ist.
Wie weit sind die Außenseiten der beiden Flügel auseinander?

207 Konstruiere das Viereck ABCD mit $\overline{AB} = 1{,}5$ cm, $\overline{BC} = 3{,}3$ cm, $f = 2{,}5$ cm, $\beta = 250°$ und $\sphericalangle ACD = 312°$.

208 Der Punkt B ist einer der Eckpunkte des Vierecks ABCD und liegt auf der Parallelen p zur x-Achse durch $(0\,|\,1{,}5)$. Seine Abszisse ist größer als seine Ordinate und er ist 2,5 LE von $A(3\,|\,0)$ entfernt. Die Strecke [BD] ist doppelt so lang wie die Strecke [AB] und steht senkrecht auf [AB]. Der Punkt C liegt auf der Winkelhalbierenden w_I des I. Quadranten, wobei $\sphericalangle BDC = 60°$ gilt.
Zeichne das Viereck ABCD in ein Koordinatensystem.
(Platzbedarf: $0 \leqq x \leqq 7$; $0 \leqq y \leqq 7$)

209 Ein Raumteiler aus 3 jeweils 50 cm breiten Elementen wurde so aufgestellt, dass die Elemente in der Draufsicht in etwa die Form eines „Z" haben. Dabei schließt das obere Element mit dem mittleren einen Winkel von 74° ein, das mittlere mit dem unteren einen Winkel kleiner als 100° und Anfangs- und Endpunkt des Z liegen 90 cm auseinander. Erstelle eine Draufsicht des Raumteilers im Maßstab 1 : 20 und prüfe ohne Winkelmessung, ob das mittlere Element mit dem unteren einen rechten Winkel einschließt.

Falls sich ein Viereck nicht über Teildreiecke konstruieren lässt, kann die **Parallelenkonstruktion** zielführend sein. Dabei wird eine Strecke, die an einem freien Schenkel anliegt, unter einem festen Winkel parallel verschoben.

Beispiel

Konstruiere das konvexe Viereck ABCD aus den gegebenen Bestimmungsstücken.
Gegeben: $\overline{BC} = 2$ cm; $\overline{DA} = 4$ cm; $\alpha = 66°$; $\gamma = 80°$; $\delta = 80°$

Lösung:

Planfigur:

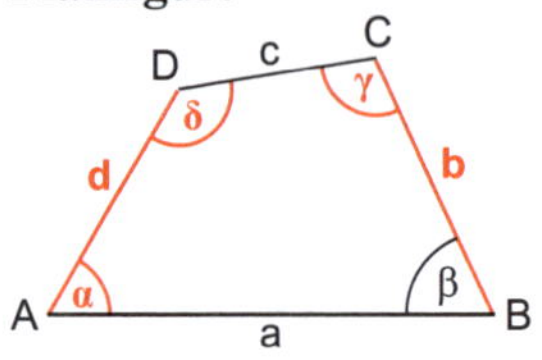

Hebe die gegebenen Bestimmungsstücke in einer Planfigur farbig hervor.

Mit den gegebenen Bestimmungsstücken lässt sich kein Teildreieck konstruieren. Beginne stattdessen mit der Seite d, an der zwei gegebene Winkel anliegen, und trage b unter dem Winkel γ in einem beliebigen Punkt C' auf dem freien Schenkel von δ an. Die Punkte B und C erhält man durch Konstruktion von Parallelen bzw. Parallelverschiebung.

Konstruktionszeichnung:

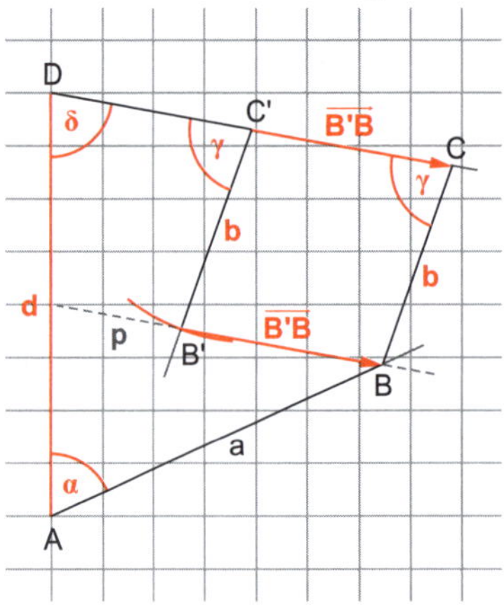

Konstruktionsbeschreibung:

1. Seite d mit $\overline{DA} = 4$ cm zeichnen
2. Winkel $\alpha = 66°$ an A antragen
3. Winkel $\delta = 80°$ an D antragen
4. Winkel $\gamma = 80°$ an beliebigem Punkt C' auf dem freien Schenkel von δ antragen
5. Kreis k(C'; r = b = 2 cm) zeichnen
6. Schnittpunkt des Kreises k mit dem freien Schenkel von γ ist Punkt B'
7. Parallele p zum freien Schenkel von δ durch B' zeichnen
8. Schnittpunkt von p und dem freien Schenkel von α ist Punkt B
9. Verschiebe C' mit dem Vektor $\overrightarrow{B'B}$ auf Punkt C
10. B und C verbinden

210 Konstruiere das Viereck ABCD mithilfe der Bestimmungsstücke $\overline{AB} = 2$ cm, $\overline{CD} = 3$ cm, $\beta = 70°$, $\gamma = 90°$ und $\delta = 75°$.

211 Konstruiere das Viereck ABCD mithilfe der Bestimmungsstücke $\overline{AB} = 4$ cm, $\overline{BC} = 3{,}5$ cm, $\overline{CD} = 2{,}5$ cm, $\alpha = 85°$ und $\delta = 125°$.

2 Symmetrische Vierecke

Im Gegensatz zu den allgemeinen Vierecken und nicht gleichschenkligen Trapezen, sind Vierecke mit zusätzlichen Eigenschaften wie Quadrat, Raute, Rechteck, Drachenviereck, Parallelogramm und gleichschenkliges Trapez symmetrisch. Dabei lassen sich zwei Arten von Symmetrie unterscheiden: **Achsensymmetrie** und **Punktsymmetrie**.

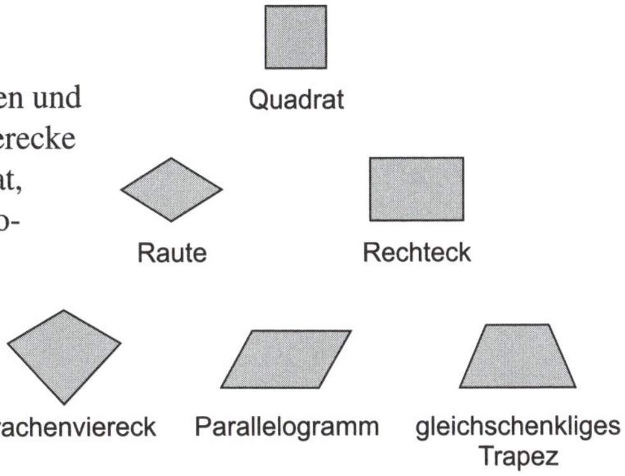

2.1 Achsensymmetrische Vierecke

Die (nur) **achsensymmetrischen Vierecke** sind **Drachenvierecke** und **gleichschenklige Trapeze**. Sonderformen achsensymmetrischer Vierecke sind somit Sonderformen des Drachenvierecks (Raute, Quadrat) und des gleichschenkligen Trapezes (Rechteck, Quadrat).

Ein Viereck mit 2 Paaren von gleichlangen Seiten heißt **Drachenviereck**. Äquivalent dazu könnte man sagen, dass ein Drachenviereck ein Viereck ist, das achsensymmetrisch zu einer seiner Diagonalen ist. Daher werden Drachenvierecke auch als **diagonalsymmetrisch** bezeichnet.

Eigenschaften von Drachenvierecken

- **Je 2 benachbarte Seiten** sind **gleich lang**.
- **2 gegenüberliegende Winkel** sind **gleich groß**. (Die beiden anderen Winkel sind unterschiedlich groß.)
- Die **Diagonalen** stehen **senkrecht** aufeinander.
- Das Drachenviereck ist zu einer Diagonalen **achsensymmetrisch**.
- Die Diagonale, durch die die Symmetrieachse verläuft, **halbiert** die andere Diagonale.
- Die Diagonale, durch die die Symmetrieachse verläuft, zerlegt das Drachenviereck in **2 kongruente Dreiecke**. Die andere Diagonale zerlegt das Drachenviereck in **2 gleichschenklige Dreiecke**.

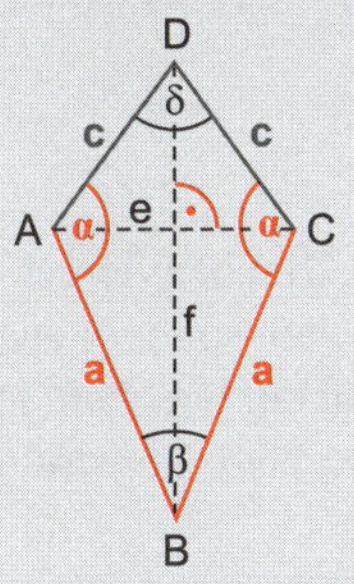

Beispiel

Konstruiere das konvexe Drachenviereck ABCD mit Symmetrieachse BD aus den gegebenen Bestimmungsstücken.
Gegeben: $d = 2$ cm; $b = 1{,}5$ cm; $\delta = 80°$

Lösung:

Planfigur:

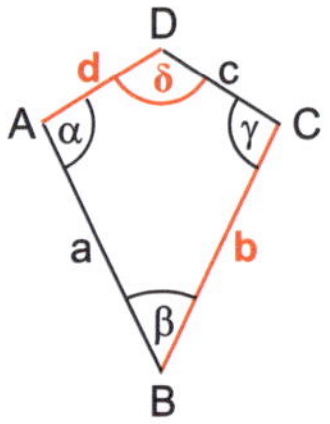

Hebe die gegebenen Bestimmungsstücke in einer Planfigur farbig hervor.

Es ist hilfreich, die gegebene Symmetrieachse zu berücksichtigen und bereits die Planfigur symmetrisch zu ihr zu zeichnen.

Da BD Symmetrieachse ist, sind die Seiten c und d gleich lang. Konstruiere also zunächst das Teildreieck ACD.

Konstruktionszeichnung:

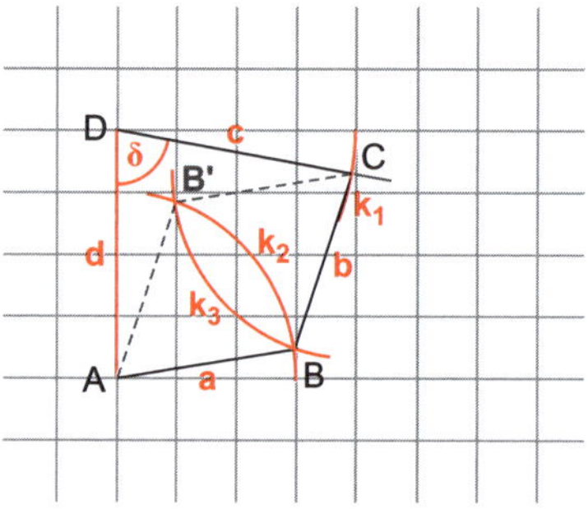

Konstruktionsbeschreibung:

1. Seite d mit $\overline{DA} = 2$ cm zeichnen
2. Winkel $\delta = 80°$ an D antragen
3. Kreis $k_1(D;\ r = c = d = 2$ cm) zeichnen
4. Schnittpunkt des Kreises k_1 mit dem freien Schenkel von δ ist Punkt C
5. Kreis $k_2(C;\ r = b = 1{,}5$ cm) zeichnen
6. Kreis $k_3(A;\ r = a = b = 1{,}5$ cm) zeichnen
7. $k_2 \cap k_3 = \{B;\ B'\}$
   Unterer Schnittpunkt der beiden Kreise ist Punkt B. Mit dem oberen Schnittpunkt B' ergibt sich ein konkaves Drachenviereck.
8. A mit B und B mit C verbinden

Ein Drachenviereck kann nicht nur mithilfe von Seiten oder Winkeln konstruiert werden, sondern auch mithilfe von Diagonalen oder Teilwinkeln. Außerdem kann ein Drachenviereck auch in Fällen, in denen sich kein Teildreieck konstruieren lässt, konstruierbar sein.

Beispiel

Konstruiere das Drachenviereck ABCD mit Symmetrieachse AC aus den gegebenen Bestimmungsstücken.
Gegeben: $e = 4$ cm; $f = 2$ cm; $\alpha' = \sphericalangle CAD = 30°$

Lösung:

Planfigur:

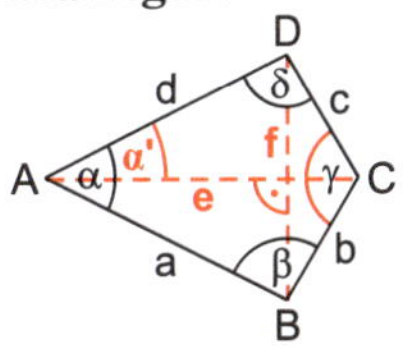

Hebe die gegebenen Bestimmungsstücke in einer Planfigur farbig hervor. Berücksichtige in der Planfigur die gegebene Symmetrieachse.

Anhand der Bestimmungsstücke lässt sich kein Teildreieck konstruieren. Nutze hier aus, dass die Diagonalen aufeinander senkrecht stehen und damit die Punkte B und D von e jeweils den Abstand $\frac{f}{2}$ haben.

Konstruktionszeichnung:

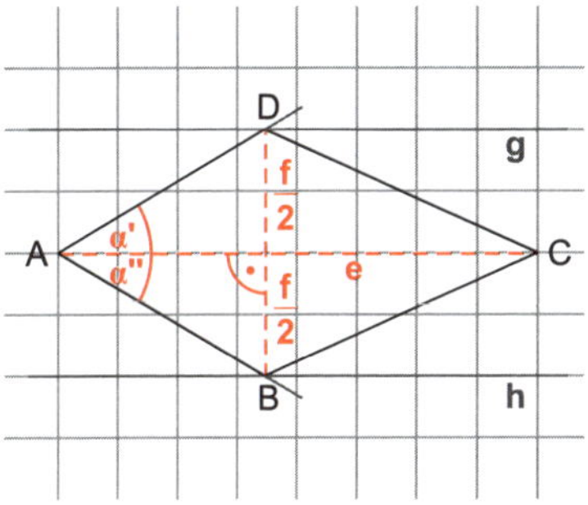

Konstruktionsbeschreibung:

1. Diagonale e mit $\overline{AC} = 4$ cm zeichnen
2. Parallelenpaar (g | h) im Abstand von $\frac{f}{2} = 1$ cm zu e zeichnen
3. Winkel $\alpha' = 30°$ an A antragen
4. Winkel $\alpha'' = 30°$ an A antragen
5. Schnittpunkt des freien Schenkels von α' mit g ist D
6. Schnittpunkt des freien Schenkels von α'' mit h ist B
7. B mit C und C mit D verbinden

212 Konstruiere das Drachenviereck ABCD mithilfe folgender Angaben.

a) $\overline{DA} = 3$ cm; $\overline{CD} = 1{,}5$ cm; $\alpha = 50°$; Symmetrieachse AC

b) $c = 1{,}8$ cm; $\alpha = 107°$; $\delta = 102°$; Symmetrieachse BD

c) $d = 2{,}5$ cm; $b = 2$ cm; $\sphericalangle DCA = \gamma' = 65°$; Symmetrieachse AC

d) $e = 2{,}8$ cm; $f = 3{,}4$ cm; $\alpha = 90°$; Symmetrieachse BD

213 Die Drachenvierecke ABC_nD mit den Eckpunkten A(0 | 0), B(4 | 1) und D(1 | 4) haben die gemeinsame Symmetrieachse AC_n.

a) Zeichne C_n für $n \in \{1; 2; 3\}$ so in ein Koordinatensystem ein, dass gilt:
- C_1 hat die Abszisse 2
- $\sphericalangle DC_2B = 90°$
- ABC_3D ist eine Raute

(Platzbedarf: $0 \leqq x \leqq 6$; $0 \leqq y \leqq 5{,}5$)

b) Begründe, weshalb alle Drachenvierecke ABC_nD denselben Diagonalenschnittpunkt Z haben und berechne seine Koordinaten.

Ein Viereck mit zwei parallelen Seiten heißt Trapez. Ein Trapez heißt gleichschenklig, wenn seine beiden Schenkel gleich lang und die Winkel an den parallelen Seiten jeweils gleich groß sind. Äquivalent dazu könnte man sagen, dass ein **gleichschenkliges Trapez** ein Trapez ist, das **achsensymmetrisch zur Mittelsenkrechten seiner parallelen Seiten** ist. Daher werden gleichschenklige Trapeze auch als **lotsymmetrisch** bezeichnet.

Eigenschaften von gleichschenkligen Trapezen

- **2 gegenüberliegende Seiten** sind **parallel**.
- Die **Winkel**, die jeweils **an einer der parallelen Seiten** anliegen, sind **gleich groß**.
- Die **Winkel**, die jeweils **an einem der Schenkel** anliegen, ergänzen sich zu **180°**.
- Die **Diagonalen** sind **gleich lang**.
- Die **Schenkel** sind **gleich lang**.
- Die **Mittelsenkrechte** der parallelen Seiten ist die **Symmetrieachse**.

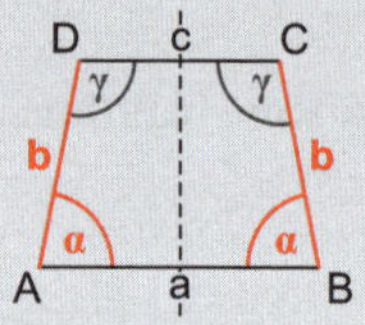

Beispiel

Konstruiere das gleichschenklige Trapez ABCD mit Symmetrieachse $m_{[AB]}$ aus den gegebenen Bestimmungsstücken.
Gegeben: $a = 4$ cm; $d = 2{,}5$ cm; $\alpha = 70°$

Lösung:

Planfigur:

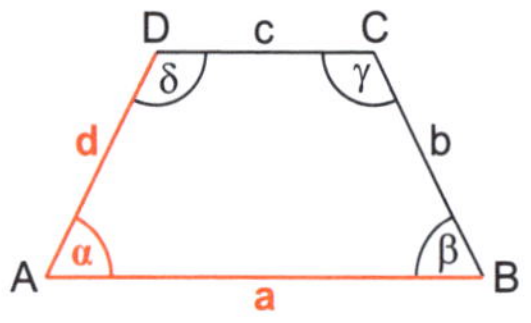

Hebe die gegebenen Bestimmungsstücke in einer Planfigur farbig hervor.

Es ist hilfreich, die gegebene Symmetrieachse zu berücksichtigen und bereits die Planfigur symmetrisch zu ihr zu zeichnen.

Konstruiere zuerst das Teildreieck ABD nach (sws). Nutze dann aus, dass α und β sowie b und d gleich groß sind.

Konstruktionszeichnung:

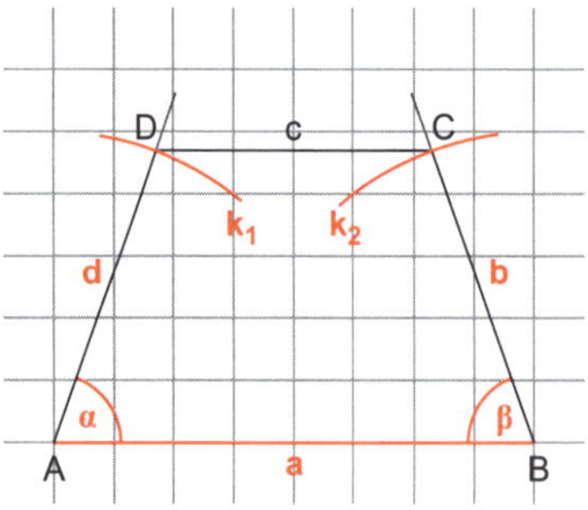

Konstruktionsbeschreibung:

1. Seite a mit $\overline{AB} = 4$ cm zeichnen
2. Winkel $\alpha = 70°$ an A antragen
3. Kreis $k_1(A;\ r = d = 2{,}5\ \text{cm})$ zeichnen
4. Schnittpunkt des Kreises k_1 mit dem freien Schenkel von α ist Punkt D
5. Winkel $\beta = \alpha = 70°$ an B antragen
6. Kreis $k_2(B;\ r = b = d = 2{,}5\ \text{cm})$ zeichnen
7. Schnittpunkt des Kreises k_2 mit dem freien Schenkel von β ist Punkt C
8. C und D verbinden

Ein gleichschenkliges Trapez kann nicht nur mithilfe von Seiten oder Winkeln konstruiert werden, sondern auch mithilfe von Diagonalen oder Teilwinkeln. Außerdem kann ein gleichschenkliges Trapez auch in Fällen, in denen sich kein Teildreieck konstruieren lässt, konstruierbar sein.

Beispiel

Konstruiere das gleichschenklige Trapez ABCD mit Symmetrieachse $m_{[BC]}$ aus den gegebenen Bestimmungsstücken.
Gegeben: $b = 3$ cm; $c = 1,5$ cm; $d = 2$ cm

Lösung:

Planfigur:

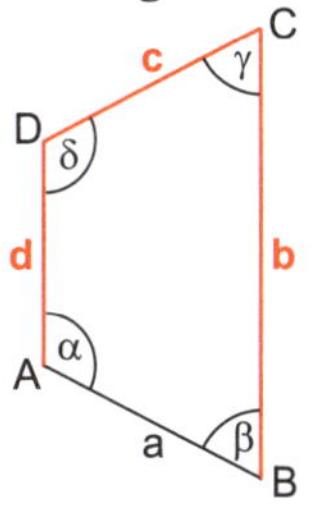

Hebe die gegebenen Bestimmungsstücke in einer Planfigur farbig hervor. Berücksichtige in der Planfigur die gegebene Symmetrieachse.

Anhand der Bestimmungsstücke lässt sich kein Teildreieck konstruieren. Nutze hier aus, dass die Mittelsenkrechte $m_{[BC]}$ die Seite b halbiert und somit die Punkte B und C auf dem Parallelenpaar mit Abstand $\frac{b}{2}$ zu $m_{[BC]}$ liegen.

Konstruktionszeichnung:

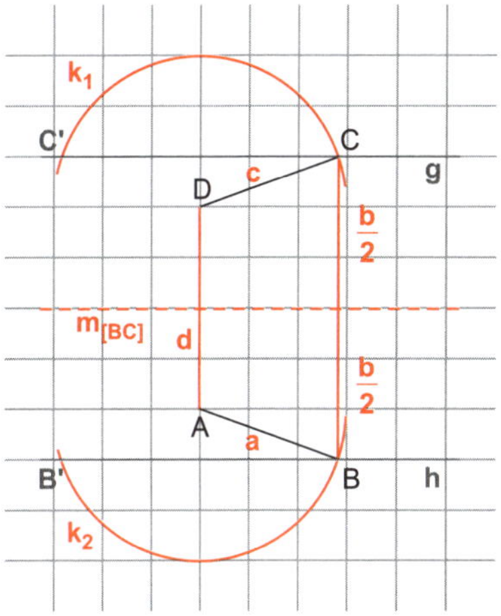

Konstruktionsbeschreibung:

1. Seite d mit $\overline{DA} = 2$ cm zeichnen
2. Mittelsenkrechte $m_{[BC]} = m_{[AD]}$ zeichnen
3. Parallelenpaar $(g \mid h)$ im Abstand von $\frac{b}{2} = 1,5$ cm zu $m_{[BC]}$ zeichnen
4. Kreis $k_1(D;\, r = c = 1,5 \text{ cm})$ zeichnen
5. $k_1 \cap g = \{C; C'\}$
   Rechter Schnittpunkt des Kreises mit der Parallelen ist Punkt C.
   Mit dem linken Schnittpunkt C' (und B') ergibt sich ein falsch orientiertes gleichschenkliges Trapez.
6. Kreis $k_2(A;\, r = a = c = 1,5 \text{ cm})$ zeichnen
7. $k_2 \cap h = \{B; B'\}$
   Rechter Schnittpunkt des Kreises mit der Parallelen ist Punkt B.
8. A mit B, B mit C und C mit D verbinden

214 Zeichne das gleichschenklige Trapez ABCD mithilfe folgender Angaben.

a) $\overline{AB} = 2$ cm; $\overline{BC} = 2,5$ cm; $\alpha = 110°$; Symmetrieachse $m_{[AB]}$

b) $d = 2,9$ cm; $c = 3,8$ cm; $\beta = 73°$; Symmetrieachse $m_{[DA]}$

c) $a = 3,8$ cm; $e = 4,4$ cm; $\sphericalangle DCA = \gamma' = 56°$; Symmetrieachse $m_{[CD]}$

d) $b = 3,2$ cm; $d = 4,6$ cm; $e = 4,1$ cm; Symmetrieachse $m_{[BC]}$

215 Im gleichschenkligen Trapez A_nB_nCD mit $C(4,5 \mid 1)$ und $D(3 \mid 2)$ ist $m_{[CD]}$ die Symmetrieachse und $\overline{A_nB_n} = 4,2$ cm.
Zeichne A_nB_nCD für $n \in \{1; 2\}$ so in ein Koordinatensystem ein, dass gilt:

- Der Schnittpunkt von Symmetrieachse und $[A_1B_1]$ liegt auf der x-Achse.
- Der Schnittpunkt von Symmetrieachse und $[A_2B_2]$ liegt auf der y-Achse.

(Platzbedarf: $-2 \leqq x \leqq 6$; $-6 \leqq y \leqq 2$)

2.2 Punktsymmetrische Vierecke

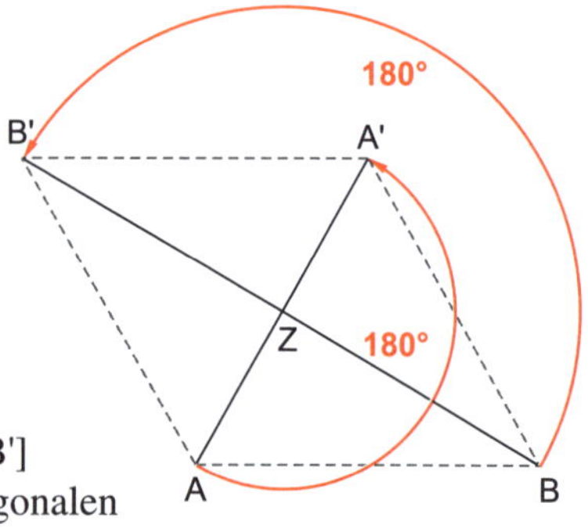

Spiegelt man zwei beliebige Punkte A und B einer Ebene an einem dritten Punkt Z (Drehung um 180°), so gilt für die zugehörigen Bildpunkte A' und B':
$\overline{AZ} = \overline{ZA'}$ und $\overline{BZ} = \overline{ZB'}$
Das Viereck mit den Diagonalen [AA'] und [BB'] ist damit ein Parallelogramm, da sich seine Diagonalen halbieren. **Parallelogramme** sind die einzigen Vierecke, die (nur) **punktsymmetrisch** sind. Sonderformen punktsymmetrischer Vierecke sind Sonderformen des Parallelogramms (Raute, Quadrat).

Eigenschaften von Parallelogrammen

- **Gegenüberliegende Seiten** sind **parallel** zueinander und **gleich lang**.
- **Gegenüberliegende Winkel** sind **gleich groß**.
- **Benachbarte Winkel** ergeben zusammen **180°**.
- Ein Parallelogramm ist **punktsymmetrisch** zum Diagonalenschnittpunkt.
- Die **Diagonalen halbieren sich** und teilen das Parallelogramm in jeweils **2 kongruente Dreiecke**.
- Für die Vektoren gilt: $\overrightarrow{AB} = \overrightarrow{DC}$ und $\overrightarrow{AD} = \overrightarrow{BC}$

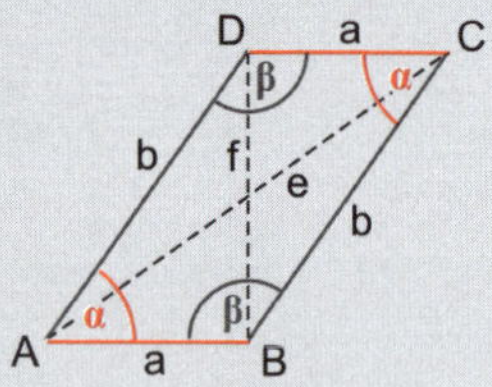

Beispiel

Konstruiere das Parallelogramm ABCD aus den gegebenen Bestimmungsstücken.
Gegeben: $a = 3{,}5$ cm; $b = 3$ cm; $\alpha = 80°$

Lösung:

Planfigur:

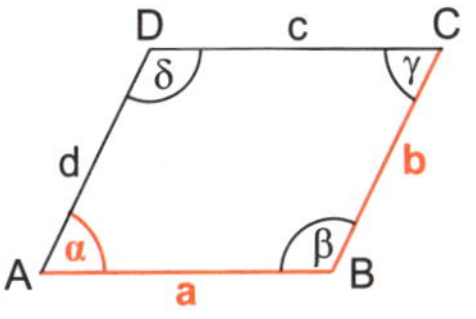

Hebe die gegebenen Bestimmungsstücke in einer Planfigur farbig hervor.

Da im Parallelogramm gegenüberliegende Seiten gleich groß sind, gilt $d = b$. Konstruiere damit zunächst das Teildreieck ABD nach (sws).

Da benachbarte Winkel zusammen 180° ergeben, könnte alternativ auch zuerst β bestimmt und das Teildreieck ABC nach (sws) konstruiert werden.

Konstruktionszeichnung:

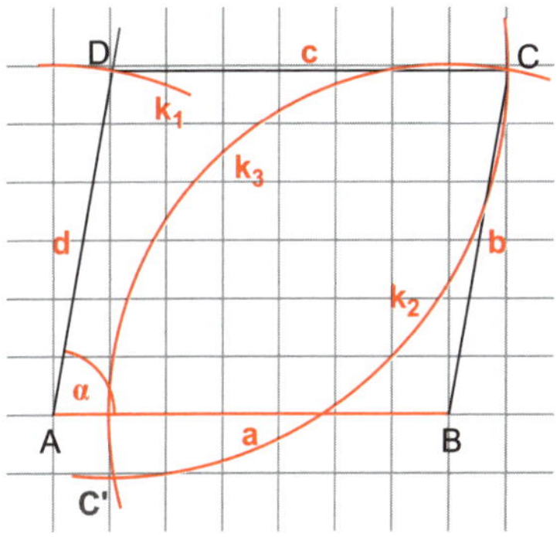

Konstruktionsbeschreibung:

1. Seite a mit $\overline{AB} = 3{,}5$ cm zeichnen
2. Winkel $\alpha = 80°$ an A antragen
3. Kreis $k_1(A;\ r = d = b = 3\text{ cm})$ zeichnen
4. Schnittpunkt des Kreises k_1 mit dem freien Schenkel von α ist Punkt D
5. Kreis $k_2(D;\ r = c = a = 3{,}5\text{ cm})$ zeichnen
6. Kreis $k_3(B;\ r = b = 3\text{ cm})$ zeichnen
7. $k_2 \cap k_3 = \{C;\ C'\}$
   Oberer Schnittpunkt der Kreise ist Punkt C. Mit dem unteren Schnittpunkt C' ergeben sich Seitenüberschneidungen.
8. B mit C und C mit D verbinden

Ein Parallelogramm kann nicht nur mithilfe von Seiten oder Winkeln konstruiert werden, sondern auch mithilfe von Diagonalen oder Teilwinkeln. Außerdem kann ein Parallelogramm auch in Fällen konstruierbar sein, in denen sich kein Teildreieck konstruieren lässt.

Beispiel

Konstruiere das Parallelogramm ABCD aus den gegebenen Bestimmungsstücken.
Gegeben: $e = 3{,}5$ cm; $f = 2$ cm; $\sphericalangle DCA = \gamma' = 30°$

Lösung:

Planfigur:

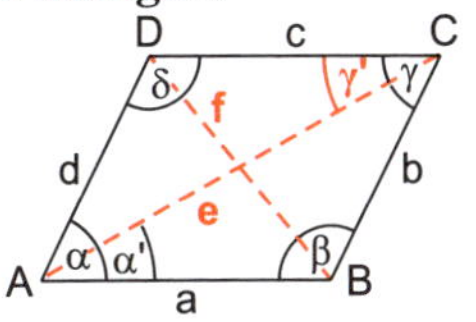

Hebe die gegebenen Bestimmungsstücke in einer Planfigur farbig hervor.

Konstruiere zunächst das Teildreieck ACD, indem du ausnutzt, dass sich die Diagonalen gegenseitig halbieren. Da es sich bei den Winkeln DCA und BAC um Z-Winkel handelt, sind sie gleich groß und Teildreieck ABC kann analog konstruiert werden.

Konstruktionszeichnung:

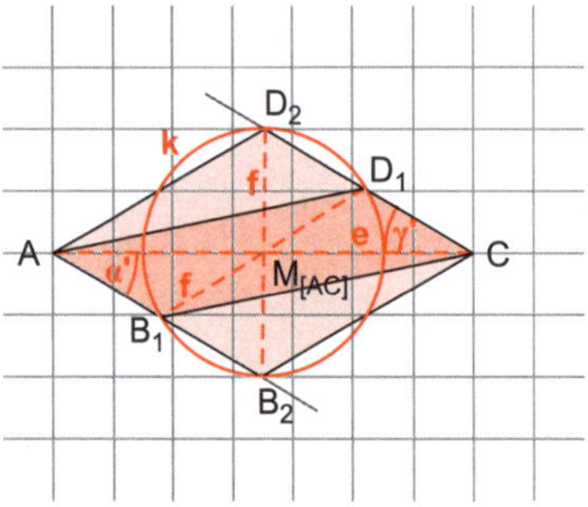

Konstruktionsbeschreibung:

1. Diagonale e mit $\overline{AC} = 3{,}5$ cm zeichnen
2. Mittelpunkt $M_{[AC]}$ der Strecke [AC] einzeichnen ($m_{[AC]}$)
3. Kreis $k(M_{[AC]}; r = \frac{f}{2} = 1\text{ cm})$ zeichnen
4. Winkel $\gamma' = 30°$ an C antragen
5. Schnittpunkte D_1 und D_2 des Kreises k mit dem freien Schenkel von γ' einzeichnen
6. Winkel $\alpha' = \gamma' = 30°$ an A antragen
7. Schnittpunkte B_1 und B_2 des Kreises k mit dem freien Schenkel von α' einzeichnen
8. D_1 und D_2 mit A und B_1 und B_2 mit C verbinden

Mit den gegebenen Bestimmungsstücken gibt es die 2 möglichen Vierecke AB_1CD_1 und AB_2CD_2.

216 Konstruiere das punktsymmetrische Viereck ABCD aus den gegebenen Bestimmungsstücken.

a) $\overline{BC} = 3{,}3$ cm; $\overline{CD} = 2{,}8$ cm; $\alpha = 77°$

b) $c = 1{,}8$ cm; $d = 2{,}7$ cm; $\alpha = 118°$

c) $a = 3{,}4$ cm; $d = 1{,}3$ cm; $e = 4$ cm

d) $d = 1{,}7$ cm; $e = 3{,}5$ cm; $f = 3{,}2$ cm

217 Die Vektoren $\overrightarrow{AB} = \binom{4}{2}$ und $\overrightarrow{AD} = \binom{0}{4}$ spannen Parallelogramme ABCD auf.

a) Zeichne das Parallelogramm, bei dem $C(6|7)$ gilt.

b) Berechne mithilfe der Vektoren das Symmetriezentrum des Parallelogramms.

218 Gegeben ist das Parallelogramm ABCD mit $B(6|1)$ und $D(4|3)$. Der Punkt A hat die gleiche Ordinate wie D und liegt auf der y-Achse.

a) Bestimme die Koordinaten der Punkte A und C und zeichne das Parallelogramm in ein Koordinatensystem.
(Platzbedarf: $0 \leqq x \leqq 10$; $0 \leqq y \leqq 3$)

b) In das Parallelogramm soll eine Raute A'BC'D einbeschrieben werden mit $A' \in [AB]$ und $C' \in [CD]$.
Zeichne die Raute ebenfalls in das Koordinatensystem aus Teilaufgabe a.

Vermischte Aufgaben

219 Konstruiere ein Quadrat, dessen Diagonale [AC] 3 cm lang ist, indem du die Diagonale

a) und 4 Winkel zeichnest.

b) und eine Gerade und 3 Kreise zeichnest.

220 Gegeben sind die Punkte $A(-1\,|\,2)$, $B(5\,|\,-1)$, $C(9\,|\,1)$ und $D(3\,|\,4)$.

a) Zeige mithilfe von Vektoren, dass das Viereck ABCD punktsymmetrisch ist.

b) Berechne das Symmetriezentrum von ABCD.

221 Zeige mithilfe von Vektoren, dass die Punkte $A(-2\,|\,-3)$, $B(3\,|\,-5)$, $C(5\,|\,0)$ und $D(0\,|\,2)$ ein Quadrat bilden.

222 Das Dreieck ABC hat bei B einen stumpfen Winkel.
Die Gerade g verläuft parallel zur Strecke [AB] durch den Punkt C.

) Zeige, dass der Kreis $k(A; r = \overline{BC})$ zwei Schnittpunkte D_1 und D_2 mit g hat.
Tipp: Fertige eine Skizze an und zeichne den Abstand h von B zu g ein.

b) Welche Art von Viereck ist $ABCD_1$ bzw. $ABCD_2$, wenn $\overline{D_1C} > \overline{D_2C}$ gilt? Erkläre.

223 Je zwei durch einen Strich verbundene Punkte auf einem Halma-Spielfeld haben den gleichen Abstand zueinander.

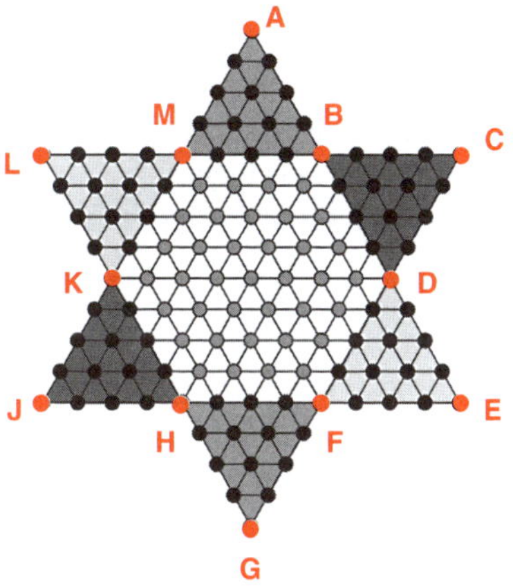

a) Es lassen sich viele symmetrische Vierecke mit rot gekennzeichneten Eckpunkten finden. Gib für jede Sonderform, die vorkommt, zwei Beispiele an.

b) Gib die Maße der Innenwinkel des Vierecks LKDB an.

c) Das Dreieck JEA hat in Wirklichkeit eine Breite von 33 cm. Konstruiere mithilfe dieser Angabe das Viereck KDBM im Maßstab 1 : 5.

d) Verkette die Vektoren $\overrightarrow{AB}$ und $\overrightarrow{BC}$ so miteinander, dass sie vom Punkt L zum Symmetriezentrum eines Parallelogramms mit roten Eckpunkten führen.

3 Haus der Vierecke

Im **Haus der Vierecke** können die unterschiedlichen Vierecksformen sinnvoll nach Anzahl und Art der Symmetrien angeordnet werden. Vierecke mit Symmetrien lassen sich anders als allgemeine Vierecke auch aus weniger als 5 Bestimmungsstücken konstruieren. Im Haus der Vierecke sind die Vierecke bereits entsprechend angeordnet.

Haus der Vierecke

- Ganz **oben** im Haus der Vierecke steht das **Quadrat** mit den meisten Symmetrien. Es hat 4 Achsensymmetrien und 1 Punktsymmetrie.
- Ganz **unten** im Haus der Vierecke steht das **allgemeine Viereck**. Es hat keine Achsensymmetrie und keine Punktsymmetrie.
- Das **allgemeine Trapez** besitzt keine Achsensymmetrie und keine Punktsymmetrie.

In Klammern ist jeweils die Anzahl der Bestimmungsstücke angegeben, die zur Konstruktion des Vierecks mindestens erforderlich sind.

Quadrat:
4 Achsensymmetrien
1 Punktsymmetrie
(mind. 1 Bestimmungsstück)

Raute und Rechteck:
2 Achsensymmetrien
1 Punktsymmetrie
(mind. 2 Bestimmungsstücke)

Parallelogramm:
1 Punktsymmetrie
(mind. 3 Bestimmungsstücke)

Drachenviereck und gleichschenkliges Trapez:
1 Achsensymmetrie
(mind. 3 Bestimmungsstücke)

Allgemeines Viereck:
keine Achsensymmetrie
keine Punktsymmetrie
(mind. 5 Bestimmungsstücke)

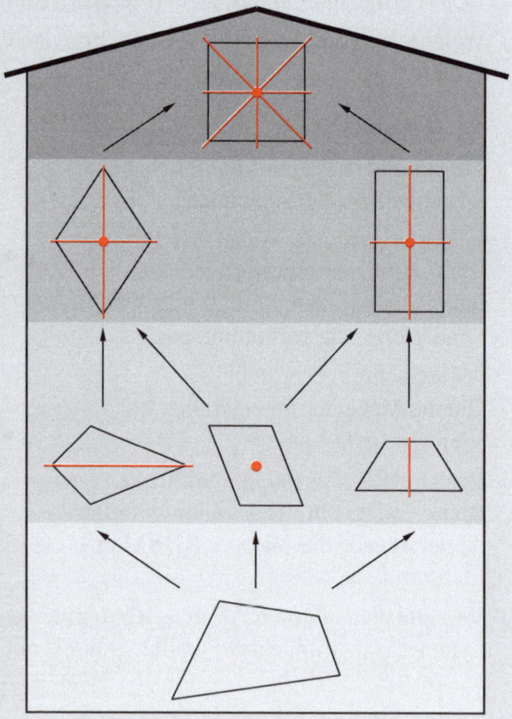

Beispiel

Im Haus der Vierecke nehmen die Symmetrien und die besonderen Eigenschaften der Vierecke von unten nach oben zu. Geht man entlang der Pfeile nach oben, landet man bei einem Viereck, das auch alle Eigenschaften der dabei passierten unteren Vierecke besitzt.
Mit diesem Wissen können folgende Fragen beantwortet werden.

a) Welche Raute hat einen rechten Winkel?
b) Was für ein Viereck ist ein achsensymmetrisches Parallelogramm?
c) Gibt es ein Viereck, das kein Quadrat ist, aber ein Drachenviereck mit parallelen Seiten?
d) Welches Viereck ist achsensymmetrisch und hat 2 parallele Seitenpaare sowie einen rechten Winkel?

Lösung:

a) Das Quadrat.
b) Ein Rechteck, eine Raute oder ein Quadrat.
c) Ja, die Raute.
d) Das Rechteck und das Quadrat.

224 a) Welche Vierecke haben 2 Arten von Symmetrien?
b) Ist jedes Drachenviereck, das auch ein Parallelogramm ist, ein Quadrat?
c) Welches Drachenviereck ist auch punktsymmetrisch?
d) Wie heißt ein gleichschenkliges Trapez mit einem 90°-Winkel?
e) Welche Eigenschaft muss ein Parallelogramm zusätzlich haben, damit es eine Raute wird?
f) Ist ein gleichschenkliges Trapez mit drei gleich langen Seiten ein Quadrat?

225 Gibt es ein gleichschenkliges Trapez, bei dem sich die Diagonalen halbieren?

226 Wie viele Angaben brauchst du mindestens, um
a) ein Quadrat zu zeichnen?
b) ein Drachenviereck zu zeichnen?
c) ein Rechteck zu zeichnen?

227 Welches symmetrische Viereck ABCD lässt sich aus den Angaben $a = 4$ cm, $c = d = 3$ cm und $\gamma = 45°$ eindeutig konstruieren?

228 Von einem Viereck ABCD sind gewisse Maße bekannt. Kläre anhand des unten stehenden Schemas, um welches Viereck es sich handelt.

a) $a = b = c = d = 4{,}7$ cm; $\alpha = \gamma = 30°$; $\beta = \delta = 150°$

b) $a = b = 2{,}3$ cm; $c = d = 4{,}7$ cm; $\alpha = \beta = \gamma = \delta$

c) $a = 8{,}7$ cm; $b = 42{,}3$ cm; $c = 42{,}3$ cm; $d = 8{,}7$ cm; $\alpha = 90°$; $\beta = \delta > 90°$

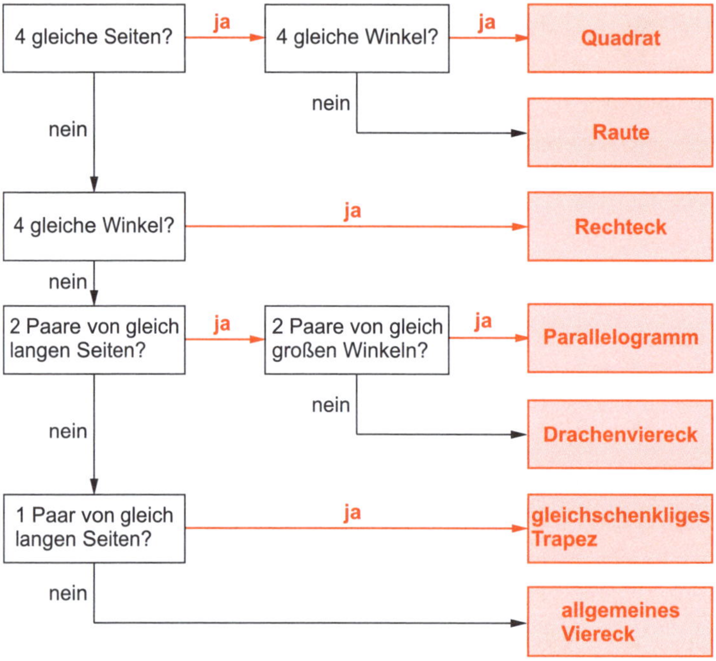

229 Welche symmetrischen Vierecke haben Diagonalen, die

a) gleich lang sind, senkrecht aufeinander stehen und sich gegenseitig halbieren?

b) nicht gleich lang sind, senkrecht aufeinander stehen und sich gegenseitig halbieren?

c) gleich lang sind, nicht senkrecht aufeinander stehen und sich gegenseitig halbieren?

d) gleich lang sind, nicht senkrecht aufeinander stehen und sich nicht gegenseitig halbieren?

e) nicht gleich lang sind, senkrecht aufeinander stehen und sich gegenseitig nicht halbieren?

Kannst du ein nicht symmetrisches Viereck zeichnen, dessen Diagonalen

f) gleich lang sind, senkrecht aufeinander stehen und sich nicht gegenseitig halbieren?

Daten und Zufall

1 Zufallsexperimente

Zufallsexperimente unterscheiden sich von anderen Experimenten dadurch, dass ihr Ergebnis nicht eindeutig vorhersagbar ist. Wirft man einen Würfel, so kann man eindeutig vorhersagen, dass er irgendwann liegen bleiben wird. Nicht eindeutig vorhersagbar ist allerdings, welche Seite dann oben liegen wird.

Kennzeichen eines Zufallsexperiments

- Die möglichen Ergebnisse des Experiments können vorher eindeutig angegeben werden.
- Welches der möglichen Ergebnisse des Experiments eintritt, kann nicht vorhergesagt werden.
- Ein Zufallsexperiment ist beliebig oft unter identischen Bedingungen wiederholbar.

Zeigen 2 Würfel die gleiche Augenzahl, nennt man das einen Pasch. Von den 36 möglichen Ergebnissen

(1; 1), (1; 2), (1; 3), (1; 4), (1; 5), (1; 6),
(2; 1), **(2; 2)**, (2; 3), (2; 4), (2; 5), (2; 6),
(3; 1), (3; 2), **(3; 3)**, (3; 4), (3; 5), (3; 6),
(4; 1), (4; 2), (4; 3), **(4; 4)**, (4; 5), (4; 6),
(5; 1), (5; 2), (5; 3), (5; 4), **(5; 5)**, (5; 6),
(6; 1), (6; 2), (6; 3), (6; 4), (6; 5), **(6; 6)**

sind für das Ereignis „Pasch" also nur die 6 Ergebnisse (1; 1), (2; 2), (3; 3), (4; 4), (5; 5) und (6; 6) günstig. Man kann das Ereignis „Pasch" auch als die Teilmenge {(1; 1), (2; 2), (3; 3), (4; 4), (5; 5), (6; 6)} aus der Menge aller Ergebnisse auffassen. Entsprechend interessiert man sich bei vielen Zufallsexperimenten häufig dafür, ob ein Ergebnis aus einer bestimmten Teilmenge aus der Menge aller Ergebnisse eintritt, nämlich jener Teilmenge von Ergebnissen, die für ein bestimmtes Ereignis günstig sind.

Der oben angedeutete Zusammenhang von Mengentheorie und Wahrscheinlichkeitsrechnung spiegelt sich in den Definitionen der folgenden Begriffe wider:

- **Ergebnis:** Möglicher Ausgang eines Zufallsexperiments
- **Ergebnisraum Ω:** Die Menge **aller Ergebnisse** eines Zufallsexperiments
- **Ereignis E:** Eine **Teilmenge** des Ergebnisraums ($E \subset \Omega$)
- **Gegenereignis $\overline{E}$:** Das zum Ereignis E komplementäre Ereignis, das genau dann eintritt, wenn E nicht eintritt ($\overline{E} = \Omega \setminus E$)
- **Elementarereignis:** Eine einelementige Teilmenge des Ergebnisraums Ω bzw. ein Ereignis mit nur einem günstigen Ergebnis
- **sicheres Ereignis:** Die Teilmenge des Ergebnisraums Ω, die alle Ergebnisse enthält und somit mit Ω übereinstimmt und sicher eintritt ($E = \Omega$)
- **unmögliches Ereignis:** Die Teilmenge des Ergebnisraums Ω, die keines der Ergebnisse enthält und somit leer ist und nie eintritt ($E = \emptyset$)

Beispiel

Eine Münze mit den Seiten Zahl (Z) und Wappen (W) wird zweimal hintereinander geworfen.

a) Gib den zugehörigen Ergebnisraum Ω an.

b) Gib das Ereignis E_1 „Genau einmal Wappen" als Menge an.

c) Gib das Ereignis $E_2 = \{(W; W), (W; Z), (Z; W)\}$ in beschreibender Form an.

d) Gib das Ereignis E_3 „Höchstens einmal Zahl" als Menge und das Gegenereignis $\overline{E_3}$ als Menge und in beschreibender Form an.

e) Welche der folgenden Ereignisse sind Elementarereignisse, welche sichere Ereignisse, welche unmögliche Ereignisse?
- E_4 „Mindestens einmal Zahl oder Wappen"
- E_5 „Höchstens einmal Zahl oder Wappen"
- E_6 „Höchstens dreimal Zahl oder Wappen"
- E_7 „Mindestens dreimal Zahl oder Wappen"

Lösung:

a) $\Omega = \{(W; W), (W; Z), (Z; W), (Z; Z)\}$

b) $E_1 = \{(W; Z), (Z; W)\}$

c) E_2 „Mindestens einmal Wappen"

d) $E_3 = \{(W; W), (W; Z), (Z; W)\}$;
$\overline{E_3} = \{(Z; Z)\}$; $\overline{E_3}$ „Kein Wappen" *alternativ:* $\overline{E_3}$ „Zweimal Zahl"

e) Es gilt:
- $E_4 = \{(W; W), (W; Z), (Z; W), (Z; Z)\} = \Omega$
- $E_5 = \{(W; Z), (Z; W)\}$
- $E_6 = \{(W; W), (W; Z), (Z; W), (Z; Z)\} = \Omega$
- $E_7 = \emptyset$

Also sind E_4 und E_6 sichere Ereignisse und E_7 ist ein unmögliches Ereignis. Ein Elementarereignis ist nicht vertreten.

230 Zwei Würfel werden geworfen und die Augenzahlen addiert.

a) Gib den zugehörigen Ergebnisraum Ω an.

b) Gib das Ereignis E_1 „Augensumme höchstens 5“ als Menge an.

c) Gib das Ereignis E_2 „Augensumme größer 3 und kleiner 14“ als Menge an.

d) Gib das Ereignis E_3 „Augensumme ist Primzahl“ als Menge an.

e) Gib das Gegenereignis zu E_4 „Augensumme durch 3 teilbar“ als Menge an.

f) Gib das Gegenereignis zu E_5 „Augensumme nicht größer als 5 und nicht kleiner als 2“ als Menge an.

g) Gib das Gegenereignis zu E_6 „Augensumme ist eine Quadratzahl und gerade“ als Menge und in beschreibender Form an.

h) Gib das Ereignis $E_7 = \{4; 8; 12\}$ in beschreibender Form an.

i) Gib das Ereignis $E_8 = \{4; 9\}$ in beschreibender Form an.

j) Gib das Ereignis $E_9 = \{2; 3; 4; 5; 7; 9; 11\}$ in beschreibender Form an.

231 E ist ein Ereignis eines Zufallsexperiments mit Ergebnisraum Ω.
Führe die folgenden Mengenoperationen aus.

a) $E \cap \overline{E}$

b) $E \cup \overline{E}$

c) $\Omega \setminus \overline{E}$

d) $\overline{\Omega}$

e) $\overline{\varnothing}$

f) $E \setminus \overline{E}$

232 Beim einmaligen Münzwurf gilt für den Ergebnisraum $\Omega = \{W; Z\}$.

a) Gib alle möglichen Ereignisse als Menge und in beschreibender Form an.

b) Erkläre, warum es bei jedem Zufallsversuch mehr mögliche Ereignisse als Ergebnisse gibt.

233 Aus nebenstehender Urne werden 2 Kugeln auf einmal gezogen und nur nach der Farbe unterschieden. Kreuze an, was zutrifft.

	Elementar-ereignis	sicheres Ereignis	unmögliches Ereignis
E_1 „Mindestens 1 gezogene Kugel weiß“	☐	☐	☐
E_2 „Mindestens 1 gezogene Kugel schwarz“	☐	☐	☐
E_3 „Mehr als 3 verbleibende Kugeln schwarz“	☐	☐	☐
E_4 „Höchstens 2 verbleibende Kugeln schwarz“	☐	☐	☐

2 Berechnung von Laplace-Wahrscheinlichkeiten

Der Ausgang eines einzelnen Zufallsexperiments lässt sich nicht verlässlich vorhersagen. Es gibt jedoch Zufallsexperimente, für deren Ausgänge sich rechnerisch Wahrscheinlichkeiten ermitteln lassen. Dazu zählen die nach dem französischen Mathematiker Pierre-Simon Laplace benannten **Laplace-Experimente**, die sich dadurch auszeichnen, dass alle Ergebnisse gleich wahrscheinlich sind. Gegenstände, mit denen Laplace-Experimente durchgeführt werden können, bezeichnet man als ideal oder versieht sie mit dem Zusatz „Laplace", z. B. Laplace-Würfel.

Pierre-Simon Laplace 1749–1827

- Ein Experiment, bei dem alle Ergebnisse (Elementarereignisse) **gleich wahrscheinlich** sind, heißt **Laplace-Experiment**.
- Berechnung der **Laplace-Wahrscheinlichkeit** für ein Ereignis E:
  $$P(E) = \frac{\text{Anzahl der Elemente von E}}{\text{Anzahl der Elemente von } \Omega} = \frac{|E|}{|\Omega|}$$
- Die **Mächtigkeit |E|** eines Ereignisses E ist die Anzahl seiner Elemente, die sich **kombinatorisch** oder mithilfe eines **Baumdiagramms** bestimmen lässt.
- Die Laplace-Wahrscheinlichkeit stimmt bei Laplace-Experimenten immer mit der durch das Gesetz der großen Zahlen ermittelten statistischen Wahrscheinlichkeit überein. Die relative Häufigkeit nähert sich bei einer großen Anzahl von Versuchen hier also der Laplace-Wahrscheinlichkeit an.

Beispiel

Eine Münze mit Wappen (W) und Zahl (Z) wird dreimal hintereinander geworfen. Die Anzahl der für das Ereignis E „Mindestens zweimal Zahl" günstigen Ergebnisse lässt sich gut an einem Baumdiagramm bestimmen.

Bei jedem Wurf gibt es 2 mögliche Ergebnisse.
Also gilt: $|\Omega| = 2 \cdot 2 \cdot 2 = \mathbf{8}$

Wegen
E = {**(W; Z; Z), (Z; W; Z), (Z; Z; W), (Z; Z; Z)**}
folgt $|E| = \mathbf{4}$.

Insgesamt folgt:
$$P(E) = \frac{|E|}{|\Omega|} = \frac{\mathbf{4}}{\mathbf{8}} = \frac{1}{2} = 0{,}5$$

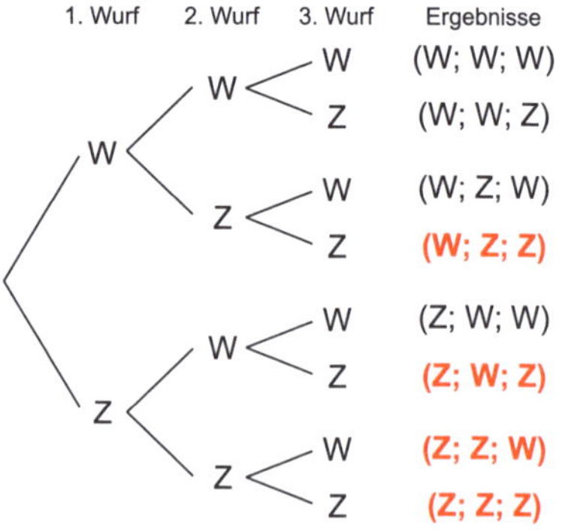

- Die Laplace-Wahrscheinlichkeit eines Ereignisses E wird als **Bruch**, **Dezimalbruch** oder **Prozentzahl** angegeben.
  Es gilt: $\mathbf{0 \leqq P(E) \leqq 1}$ bzw. $\mathbf{0\,\% \leqq P(E) \leqq 100\,\%}$
- Wahrscheinlichkeit des sicheren Ereignisses Ω:
  $\mathbf{P(\Omega) = 1}$
- Wahrscheinlichkeit des Gegenereignisses $\bar{E}$:
  $\mathbf{P(\bar{E})} = P(\Omega) - P(E) = \mathbf{1 - P(E)}$

Beispiel

Drei Münzen mit Wappen (W) und Zahl (Z) werden gleichzeitig geworfen. Berechne die Wahrscheinlichkeiten für das Eintreten folgender Ereignisse.

a) E_1 „Mindestens zweimal Wappen“

b) E_2 „Höchstens einmal Wappen“

c) E_3 „Mindestens zweimal Wappen oder höchstens einmal Wappen“

Lösung:

Ob man drei Münzen gleichzeitig wirft oder eine Münze dreimal hintereinander, ist unerheblich. Insofern stimmt hier die Ergebnismenge mit der des vorherigen Beispiels überein. Es gilt also auch hier:

$\Omega = \{(W; W; W), (W; W; Z), (W; Z; W), (W; Z; Z), (Z; W; W), (Z; W; Z), (Z; Z; W), (Z; Z; Z)\}$

und

$|\Omega| = 8$

a) $E_1 = \{(W; W; W), (W; W; Z), (W; Z; W), (Z; W; W)\}$ und $|E_1| = 4$

$$P(E_1) = \frac{|E_1|}{|\Omega|} = \frac{4}{8} = \frac{1}{2} = \mathbf{0{,}5}$$

b) $E_2 = \{(W; Z; Z), (Z; W; Z), (Z; Z; W), (Z; Z; Z)\}$ und $|E_2| = 4$

$$P(E_2) = \frac{|E_2|}{|\Omega|} = \frac{4}{8} = \frac{1}{2} = \mathbf{0{,}5}$$

alternativ:

$E_2 = \overline{E_1}$

$P(E_2) = P(\overline{E_1}) = 1 - P(E_1) = 1 - 0{,}5 = \mathbf{0{,}5}$

E_2 tritt genau dann ein, wenn E_1 nicht eintritt. E_2 ist also das Gegenereignis zu E_1.

c) $E_3 = E_1 \cup E_2 = E_1 \cup \overline{E_1} = \Omega$ und $|E_3| = 8$

$$P(E_3) = \frac{|E_3|}{|\Omega|} = \frac{8}{8} = \mathbf{1}$$

E_3 tritt genau dann ein, wenn entweder E_1 oder das Gegenereignis zu E_1 eintritt. E_3 tritt damit also für jedes der Ergebnisse ein und ist daher das sichere Ereignis, das mit Wahrscheinlichkeit 1 eintritt.

234 Beantworte folgende Fragen zu Laplace-Experimenten.

a) Mit welcher Wahrscheinlichkeit tritt ein unmögliches Ereignis ein?

b) Mit welcher prozentualen Wahrscheinlichkeit tritt ein Ereignis E ein, für das 3 von 12 möglichen Versuchsausgängen günstig sind?

c) Mit welcher prozentualen Wahrscheinlichkeit tritt ein Ereignis E ein, für das 14 von 21 möglichen Versuchsausgängen ungünstig sind?

235 Beim Schafkopf erhält jeder der 4 Mitspieler 8 der insgesamt 32 Karten. Bei einem Solospiel sind die höchsten Trümpfe die 4 Ober gefolgt von den 4 Untern. Die Ober und Unter werden auch als Offiziere bezeichnet, die restlichen Karten als Farben.

Offiziere			
[Eichel] O	[Gras] O	[Herz] O	[Schellen] O
[Eichel] U	[Gras] U	[Herz] U	[Schellen] U

Farben					
[Eichel] A	[Eichel] 10	[Eichel] K	[Eichel] 9	[Eichel] 8	[Eichel] 7
[Gras] A	[Gras] 10	[Gras] K	[Gras] 9	[Gras] 8	[Gras] 7
[Herz] A	[Herz] 10	[Herz] K	[Herz] 9	[Herz] 8	[Herz] 7
[Schellen] A	[Schellen] 10	[Schellen] K	[Schellen] 9	[Schellen] 8	[Schellen] 7

Mit welcher Wahrscheinlichkeit ist die erste ausgeteilte Karte

a) der Eichel-Ober?

b) ein Ober?

c) kein Offizier?

d) Herz, aber kein Ober?

e) ein Offizier oder ein Ass?

f) eine Zahlkarte?

236 Johannes hat ein Sticker-Album von seinem Lieblingsfußballverein. In einer Tauschbörse ersteigert er eine Packung Sticker mit allen 11 Stammspielern. Die Reihenfolge der Spieler in der Packung ist zufällig zustande gekommen.

a) Mit welcher Wahrscheinlichkeit ist der Torwart an erster Stelle?

b) Mit welcher Wahrscheinlichkeit ist der Torwart oder ein Spieler aus der Viererabwehrkette an erster Stelle?

c) Mit welcher Wahrscheinlichkeit ist keiner der beiden Stürmer und kein Abwehrspieler an erster Stelle?

d) Wie viele Möglichkeiten gibt es für die Reihenfolge der Spieler in der Packung?

237 Aus einer Packung Gummibärchen, in der noch 3 weiße, 2 rote und 1 grünes Bärchen sind, wird blind 1 Bärchen entnommen.

a) Mit welcher Wahrscheinlichkeit erwischt man ein rotes Bärchen?

b) Mit welcher Wahrscheinlichkeit erwischt man ein weißes oder ein rotes Bärchen?

c) Mit welcher Wahrscheinlichkeit erwischt man kein rotes Bärchen?

d) Mit welcher Wahrscheinlichkeit erwischt man kein rotes oder grünes Bärchen?

e) Mit welcher Wahrscheinlichkeit verbleiben von 2 Farben gleich viele Bärchen in der Tüte?

f) Es wurden bereits 1 weißes und 1 grünes Bärchen gezogen. Berechne jeweils die Wahrscheinlichkeit, nun ein weißes/rotes/grünes Bärchen zu ziehen.

238 a) In einer Urne sind 3 weiße, 3 graue und eine unbekannte Zahl von schwarzen Kugeln.
Welche Aussage kannst du über die Anzahl der schwarzen Kugeln treffen, wenn du weißt, dass das Ziehen einer Kugel aus dieser Urne ein Laplace-Experiment mit Ergebnisraum $\Omega = \{\text{weiß; grau; schwarz}\}$ darstellt? Begründe.

b) 2 Würfel werden geworfen und es wird die Augensumme gebildet.
Für welche der folgenden denkbaren Ergebnisräume ist dieses Experiment ein Laplace-Experiment?

- $\Omega_1 = \{2; 3; 4; 5; 6; 7; 8; 9; 10; 11; 12\}$
- $\Omega_2 = \{\text{gerade; ungerade}\}$
- $\Omega_3 = \{\text{Primzahl; keine Primzahl}\}$

239 a) Beschreibe ein Laplace-Experiment, zu dem der Ergebnisraum $\Omega = \{\text{rot, grün, blau, gelb}\}$ passt.

b) Beschreibe ein Laplace-Experiment, zu dem der Ergebnisraum $\Omega = \{(\text{rot; rot}), (\text{rot; grün}), (\text{grün; rot}), (\text{grün; grün})\}$ passt.

240 Frau Meier kauft für ihren Mann in einem Kaufrausch 5 Hemden, 4 Hosen und 3 Paar Schuhe, die alle eine andere Farbe haben.

a) Wie viele Kombinationsmöglichkeiten für ein Outfit hat Herr Meier mit den neuen Stücken?

b) Herr Meier stellt sich aus den neuen Stücken am nächsten Tag vollkommen willkürlich ein Outfit zusammen. Dabei hat er ausgerechnet das grüne Hemd zur blauen Hose kombiniert, was seine Frau absolut unmöglich findet.
Wie groß war die Wahrscheinlichkeit, dass ihm das passiert?

241 Beim Backgammon hat jeder Spieler zwei Würfel und zieht seine Steine entsprechend der gewürfelten Augenzahlen. Dabei ist zu beachten, dass jede Augenzahl für sich gezogen wird. Beide Augenzahlen können allerdings auch mit demselben Stein gezogen werden. Welche Augenzahl zuerst gezogen wird, ist dem Spieler überlassen.

Würfelt man einen Pasch, also zwei gleiche Augenzahlen, z. B. 5 und 5, so wird jede gewürfelte Augenzahl doppelt gezogen, im Beispiel also viermal die 5.

a) Du möchtest möglichst schnell vorwärtskommen und hoffst auf einen Pasch. Wie groß ist die Wahrscheinlichkeit, einen Pasch zu würfeln?

b) Wie groß ist die Wahrscheinlichkeit, keinen Pasch zu würfeln?

c) Wie groß ist die Wahrscheinlichkeit, einen Pasch mit 6ern zu würfeln?

d) Der letzte deiner Spielsteine ist 12 Felder vom Ziel entfernt.
Wie groß ist die Wahrscheinlichkeit für einen Wurf, bei dem du alle Augenzahlen ziehen kannst? (Denke an die Regel beim Pasch!)

242 Das nebenstehende Laplace-Glücksrad wird 2-mal gedreht. Ermittle die Wahrscheinlichkeiten für folgende Ereignisse mithilfe eines Baumdiagramms.

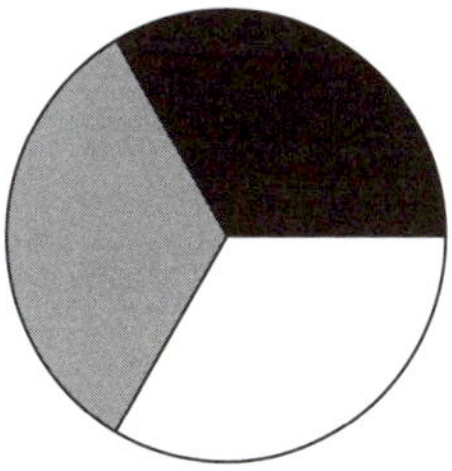

a) E_1 „Mindestens einmal schwarz“

b) E_2 „Zuerst schwarz oder zuletzt grau“

c) E_3 „Zuletzt weiß und nicht zuerst schwarz“

243 a) Bei welchem der Laplace-Glücksräder ist die Wahrscheinlichkeit, eine Primzahl zu drehen, am höchsten?

A

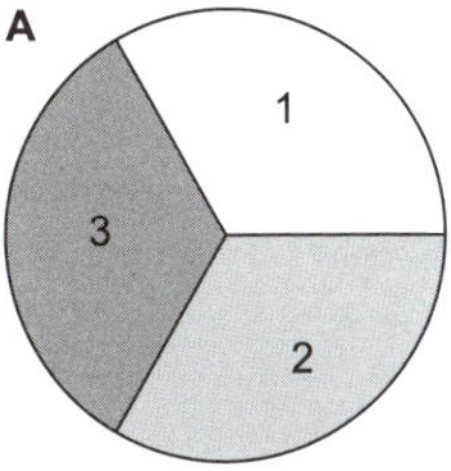

B

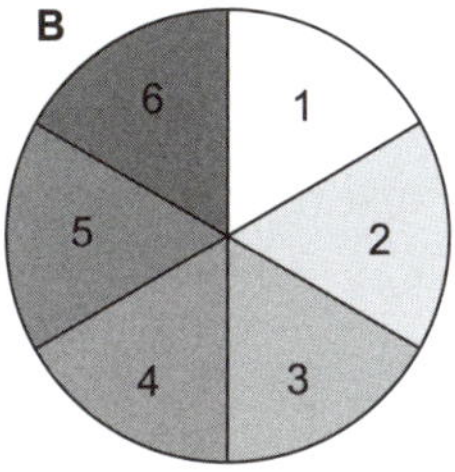

C

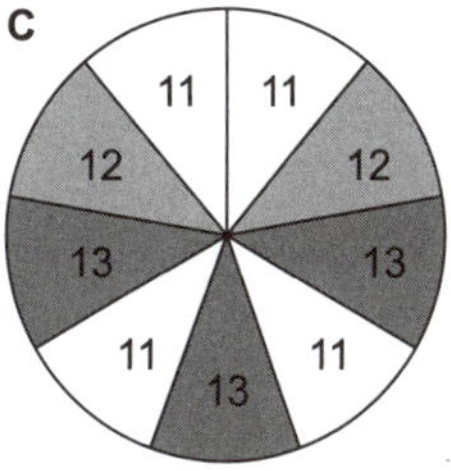

b) Zeichne ein Laplace-Glücksrad mit 5 Feldern und verteile die Zahlen 21, 22 und 23 so auf die Felder, dass gilt P(„21“) = 40 % und P(„Primzahl“) = 40 %.

244 In einem Sparschwein befinden sich 20 Münzen. 60 % der Münzen sind Euro-Münzen, davon 4 1-Euro-Münzen, der Rest sind Cent-Münzen. Theresa leert das Sparschwein aus und greift blind eine Münze heraus.

a) Mit welcher Wahrscheinlichkeit ist diese Münze eine Cent-Münze?

b) Mit welcher Wahrscheinlichkeit ist diese Münze keine 1-Euro-Münze?

c) Mit welcher Wahrscheinlichkeit ist diese eine goldfarbene Münze, wenn es im Sparschwein davon halb so viele wie silber-goldfarbene Münzen gibt?
Wie viele Münzen sind kupferfarben?

d) Wie viel Geld ist mindestens im Sparschwein?
Wie viel Geld ist höchstens im Sparschwein?

Lösungen

1 a) $4x^3 - 0{,}1y + 2 \cdot x \cdot 3 \cdot x \cdot x + 2\frac{1}{10}y$

$= 4x^3 - 0{,}1y + 6x^3 + 2{,}1y$

$= \mathbf{10x^3 + 2y}$

Kommutativgesetz: $2 \cdot x \cdot 3 \cdot x \cdot x = 2 \cdot 3 \cdot x \cdot x \cdot x$

Die Summanden dürfen vertauscht werden, sodass gleichartige Terme zusammengefasst werden können.

b) $2ac^2 + (16ac) \cdot c - 4a \cdot (7c)^2 = 2ac^2 + 16ac^2 - 4a \cdot 49c^2$

$= 18ac^2 - 196ac^2$

$= \mathbf{-178ac^2}$

c) $1x + 2y - (7x - x + 15x) - 16 \cdot 0{,}125y = 1x + 2y - 21x - 16 \cdot \frac{1}{8}y$

$= -20x + 2y - 2y$

$= \mathbf{-20x}$

d) $10 \cdot (2{,}2x - 1{,}95) + \frac{1}{4} + \frac{2}{8} = 22x - 19{,}5 + \frac{1}{4} + \frac{1}{4}$

$= 22x - 19{,}5 + \frac{1}{2}$

$= \mathbf{22x - 19}$

e) $(-4{,}25h) - (-0{,}5g)^2 + 2 \cdot (g^2 + 6^2h) = -4{,}25h - (0{,}25g^2) + 2 \cdot (g^2 + 36h)$

$= -4{,}25h - 0{,}25g^2 + 2g^2 + 72h$

$= \mathbf{1{,}75g^2 + 67{,}75h}$

f) $\left(\frac{1}{80} : \frac{5}{44t} + s\right) \cdot 4 + \left(0{,}22t - 6\frac{s^2}{s}\right) \cdot 3 = \left(\frac{1}{80} \cdot \frac{44t}{5} + s\right) \cdot 4 + (0{,}22t - 6s) \cdot 3$

$= \left(\frac{11t}{100} + s\right) \cdot 4 + 0{,}66t - 18s$

$= \frac{44}{100}t + 4s + 0{,}66t - 18s$

$= \mathbf{1{,}1t - 14s}$

2 a) $T_1(x) = -(ab^2)^3 = -a^3b^6$ $\qquad T_2(x) = -a^2 \cdot a \cdot (b^3 \cdot b^2) = -a^3b^5$

Es gilt $T_1(x) = T_2(x) \cdot b$. Die Terme lassen sich also nicht ineinander umformen und sind damit **nicht äquivalent**.

b) $T_1(x) = -x^2 + 2(-2x+2) + 4$
$T_1(x) = -x^2 - 4x + 4 + 4$
$T_1(x) = -x^2 - 4x + 8$

$T_2(x) = 4x(-x-1) + 3(x^2+1) + 5$
$T_2(x) = -4x^2 - 4x + 3x^2 + 3 + 5$
$T_2(x) = -x^2 - 4x + 8$

Die Terme lassen sich so umformen, dass sie übereinstimmen, und sind damit **äquivalent**.

3 a) $5x + 4y + 7x - \mathbf{3}y - y = \mathbf{12}\,x$

Ergänze so, dass die Variable y verschwindet.

b) $9x + 15y = \mathbf{3} \cdot (3x + \mathbf{5}y)$

$9x = \mathbf{3} \cdot 3x$; $15y = 3 \cdot \mathbf{5}y$

c) $\frac{12}{6} + \mathbf{12} \cdot \frac{1}{2}x = 2 \cdot (\mathbf{1} + 3x)$

$\frac{12}{6} = 2 \cdot \mathbf{1}$; $6x = \mathbf{12} \cdot \frac{1}{2}x$

d) $\mathbf{-5} \cdot \frac{1}{5}x + \frac{81}{27} = \frac{1}{3} \cdot (\mathbf{9} - 3x)$

$\frac{81}{27} = \frac{9}{3} = \frac{1}{3} \cdot \mathbf{9}$; $\frac{1}{3} \cdot (-3x) = -x = \mathbf{-5} \cdot \frac{1}{5}x$

4 a)

Anzahl Würfel	1	2	3	4	5
sichtbare Würfelseiten	**5**	**9**	**13**	**17**	**21**

b) $\mathbf{T(x) = 4x + 1}$

Vom obersten Würfel sind 5 Seiten sichtbar, von allen anderen 4 Seiten.

Um den richtigen Term zu finden, suche nach einer Gesetzmäßigkeit in der Wertetabelle.

1	**2**	**3**	**4**	**5**
5 $4 \cdot \mathbf{1} + 1$	9 $4 \cdot \mathbf{2} + 1$	13 $4 \cdot \mathbf{3} + 1$	17 $4 \cdot \mathbf{4} + 1$	21 $4 \cdot \mathbf{5} + 1$

c) $T(111) = 4 \cdot 111 + 1 = \mathbf{445}$

Setze $x = 111$.

Ein Turm aus 111 Würfeln hat 445 sichtbare Seiten.

d) Dem Term von Fabienne liegt der Gedanke zugrunde, dass von den 6 Seiten eines jeden Würfels 2 Seiten (die obere und die untere) nicht sichtbar sind. Einzige Ausnahme ist der oberste Würfel mit sichtbarer oberer Seite, daher +1.

$T_F(x) = (6x - 2x) + 1 = 4x + 1 = T(x)$

e) $\mathbf{T(x) = 3x + 2}$

$$\begin{aligned} T_P(x) &= 2(x-1) + 1 + 2(x+1) + 1 - x \\ &= 2x - 2 + 1 + 2x + 2 + 1 - x \\ &= 3x + 2 \\ &= T(x) \end{aligned}$$

Mithilfe einer Wertetabelle findet man die zugrunde liegende Gesetzmäßigkeit leichter.

1	**2**	**3**	**4**	**5**
5 $3 \cdot \mathbf{1} + 2$	8 $3 \cdot \mathbf{2} + 2$	11 $3 \cdot \mathbf{3} + 2$	14 $3 \cdot \mathbf{4} + 2$	17 $3 \cdot \mathbf{5} + 2$

Von allen Würfeln sind 3 Seiten sichtbar. Bei den Würfeln am Anfang und Ende der Straße ist zusätzlich noch jeweils 1 Seite sichtbar.

5 a) $x + (5y - 3x)$
$= x + 5y - 3x$
$= \mathbf{-2x + 5y}$

Die Klammer kann weggelassen werden, weil ein „+“ vor der Klammer steht. x steht für +1x.
Da die Summanden nicht gleichartig sind, lässt sich dieser Term nicht weiter vereinfachen.

b) $-(9x + 3y) + 7x$
$= -9x - 3y + 7x$
$= \mathbf{-2x - 3y}$

Steht ein „–“ vor der Klammer, ändern sich die Vorzeichen aller Summanden.

c) $-3x^2 + (4x - 2y + 3x^2)$
$= -3x^2 + 4x - 2y + 3x^2$
$= \mathbf{4x - 2y}$

Die Klammer kann weggelassen werden, weil ein „+“ vor der Klammer steht.

d) $8x^2 + 2x - (y + 2x - 8x^2)$
$= 8x^2 + 2x - y - 2x + 8x^2$
$= \mathbf{16x^2 - y}$

Steht ein „–“ vor der Klammer, ändern sich die Vorzeichen aller Summanden.

e) $+(2x + 4x^2 + y) - (3x - 2y^2 + 3y)$
Klammerregeln beachten.
$= 2x + 4x^2 + y - 3x + 2y^2 - 3y$
Zusammenfassen gleicher Variable.
$= -x + 4x^2 - 2y + 2y^2$
$= \mathbf{4x^2 + 2y^2 - x - 2y}$
Ordne die Terme nach der größten Potenz.

f) $2(3x + 5y) + 3(3x + 5y) + 6(3x + 5y)$
$= 6x + 10y + 9x + 15y + 18x + 30y$
$= \mathbf{33x + 55y}$

Löse die Klammern mithilfe des Distributivgesetzes auf.

g) $3x(3x + 4y) - 11xy + 3x - x(x + y)$
$= 9x^2 + 12xy - 11xy + 3x - x^2 - xy$
$= \mathbf{8x^2 + 3x}$

Löse die Klammern mithilfe des Distributivgesetzes auf und achte auf Minuszeichen vor der Klammer.

h) $-[-(-3x + 4y - z) + (-3x + 4y - z)] - 4y - 4y^2$
Löse zuerst die inneren Klammern auf.
$= -[+3x - 4y + z - 3x + 4y - z] - 4y - 4y^2$
Die Summanden innerhalb der Klammer addieren sich zu null.
$= -[0] - 4y - 4y^2$
$= \mathbf{-4y^2 - 4y}$
Ordne nach der größten Potenz.

i) $-5x(3x + 6y + 2) - 10x + 5y(y + 2x) - 20xy$
$= -15x^2 - 30xy - 10x - 10x + 5y^2 + 10xy - 20xy$
$= \mathbf{-15x^2 + 5y^2 - 40xy - 20x}$

Löse die Klammer mithilfe des Distributivgesetzes auf und achte auf das Minuszeichen vor der Klammer.

j) $-\frac{3}{4}\left(\frac{1}{3}x+\frac{2}{3}y\right)\cdot 2x+5\cdot\left(\frac{1}{10}x^2+\frac{2}{5}x^2-4xy\right)$

$=\left(-\frac{1}{4}x-\frac{1}{2}y\right)\cdot 2x+5\cdot\left(\frac{1}{10}x^2+\frac{4}{10}x^2-4xy\right)$

$=-\frac{1}{2}x^2-xy+5\cdot\left(\frac{1}{2}x^2-4xy\right)$

$=-\frac{1}{2}x^2-xy+\frac{5}{2}x^2-20xy$

$=\mathbf{2x^2-21xy}$

Die erste Klammer wird mit 2 Faktoren multipliziert. Hier wird die Klammer nacheinander mit beiden Faktoren multipliziert. Man hätte hier auch so rechnen können:

$-\frac{3}{4}\left(\frac{1}{3}x+\frac{2}{3}y\right)\cdot 2x$

$=-\frac{3}{2}x\left(\frac{1}{3}x+\frac{2}{3}y\right)$

$=-\frac{1}{2}x^2-xy$

6 a) $0{,}8x(1{,}2y+0{,}5x)-0{,}8x^2-0{,}04xy$ — Löse die Klammer auf.

$=0{,}96xy+0{,}4x^2-0{,}8x^2-0{,}04xy$ — Vereinfache.

$=-0{,}4x^2+0{,}92xy$

b) $3(x-3y)-2(-3x+y)$ — Löse die Klammern auf. Beachte die Vorzeichen.

$=3x-9y+6x-2y$ — Vereinfache.

$=\mathbf{9x-11y}$

c) $-(3x+5y)\cdot 4-4(x-2y)$ — Löse die Klammern auf.

$=-12x-20y-4x+8y$ — Vereinfache.

$=\mathbf{-16x-12y}$

d) $2xy\cdot(3-4y+x)-2x\cdot(3y+5xy)$ — Löse die Klammern auf.

$=6xy-8xy^2+2x^2y-6xy-10x^2y$ — Vereinfache.

$=\mathbf{-8x^2y-8xy^2}$ — xy^2 und x^2y können nicht zusammengefasst werden.

7 a) $(4x+3y)+(7x+y)=\mathbf{11}x+\mathbf{4y}$

b) $-(4x+8)+(5x-30)=\mathbf{-1}x-\mathbf{48}+2x+10$ — $-4x+5x=x=\mathbf{-1}x+2x$; $-8-30=-38=\mathbf{-48}+10$

c) $5-3x=10-8x-(\mathbf{5}+(\mathbf{-5})x)$ — $5=10-\mathbf{5}$; $-3x=-8x-(\mathbf{-5})x$

d) $2(x+3)+3(y-1)=4x-\mathbf{2}x+\mathbf{3}+\mathbf{3}y$ — $2x=4x-\mathbf{2x}$; $6-3=\mathbf{3}$

e) $(12a-3b)-(\mathbf{-3a-9b})=15a+6b$ — $12a-(\mathbf{-3a})=15a$; $-3b-(\mathbf{-9b})=6b$

f) $2(3a-4b)-3(\mathbf{5a-2b})=-9a-2b$ — $6a-3(\mathbf{5a})=-9a$; $-8b-3(\mathbf{-2b})=-2b$

g) $-(3x+8+4y)+(14y+(\mathbf{-2})^3+3x)=\mathbf{0}x+\mathbf{21y}-16-11y$ — $-8+(\mathbf{-2})^3=-16$; $-4y+14y=\mathbf{21y}-11y$

8 a) $-5(x+7y)+\mathbf{18}\cdot(0,5x+1,5y)=-5x+\mathbf{(-35y)}+9x+\mathbf{27y}=\mathbf{4x-8y}$

b) $(2x-\mathbf{3y})-(\mathbf{8x}-5y)=2x-\mathbf{3y}-8x+5y=-6x+2y=2(\mathbf{-3x+y})$

c) $3a^2(a+\mathbf{(-b^2)})-\mathbf{3b^2}\cdot(-a^2-2b)=\mathbf{3a^3}-3a^2b^2+\mathbf{3a^2b^2}+6b^3=3(\mathbf{a^3}+2b^3)$

9 Alter von Tim/Tom: x

Alter von Tim bei Beendigung des Studiums: $(x-7)+(x+3)=2x-4$

Alter von Tom bei Beendigung des Studiums: $2(x-2)=2x-4$

Da die Terme äquivalent sind, können die beiden recht haben.

10

- ☐ $-xy+y^2-2x+y$
- ☒ $x\cdot(y-2)+y\cdot(y+1)$
- ☒ $y\cdot(y+x+1)-2x$
- ☒ $y-2x+y\cdot(y+x)$
- ☒ $xy+y^2-2x+y$
- ☐ $y\cdot(x-2)+y\cdot(y+1)$
- ☐ $2x-y\cdot(y+x+1)$
- ☒ $y^2-(2x-xy)+y$

11 a) $(a-b)(b-a)$

$=ab-a^2-b^2+ba$

$=\mathbf{-a^2-b^2+2ab^2}$

Jeder Summand der 1. Klammer wird mit jedem Summanden der 2. Klammer multipliziert.
$ab=ba$

b) $(8x+2,5y)(8x+2,5y)$

$=8x\cdot 8x+8x\cdot 2,5y+2,5y\cdot 8x+2,5y\cdot 2,5y$

$=64x^2+20xy+20yx+6,25y^2$

$=\mathbf{64x^2+40xy+6,25y^2}$

Jeder Summand der 1. Klammer wird mit jedem Summanden der 2. Klammer multipliziert.
$20xy=20yx$

c) $(3x^2+y)(x-4y)$

$=3x^2\cdot x+3x^2\cdot(-4y)+y\cdot x+y\cdot(-4y)$

$=\mathbf{3x^3-12x^2y+xy-4y^2}$

Löse die Klammern auf. Achte dabei auf die Vorzeichen.

d) $(-m-3n)(-n^2-3m)$

$=mn^2+3m^2+3n^3+9mn$

$=\mathbf{3n^3+mn^2+3m^2+9mn}$

Ordne nach der größten Potenz.

e) $\left(\frac{3}{5}x^2-y+\frac{5}{2}xy\right)(20y^2-xy)$

$=12x^2y^2-\frac{3}{5}x^3y-20y^3+xy^2+50xy^3-\frac{5}{2}x^2y^2$

$=\mathbf{-\frac{3}{5}x^3y+50xy^3-20y^3+9,5x^2y^2+xy^2}$

f) $\left(\frac{1}{6}k+t-3\frac{1}{2}kt\right)\left(-15kt-k^2+\frac{2}{7}\right)$

$=-\frac{15}{6}k^2t-\frac{1}{6}k^3+\frac{2}{42}k-15kt^2-k^2t+\frac{2}{7}t+\frac{105}{2}k^2t^2+\frac{7}{2}k^3t-kt$

$=-\frac{1}{6}k^3+\frac{7}{2}k^3t+\frac{105}{2}k^2t^2-\frac{21}{6}k^2t-15kt^2-kt+\frac{2}{42}k+\frac{2}{7}t$

$=\mathbf{-\frac{1}{6}k^3+3\frac{1}{2}k^3t+52\frac{1}{2}k^2t^2-3\frac{1}{2}k^2t-15kt^2-kt+\frac{1}{21}k+\frac{2}{7}t}$

12 a) $2x(x+3)-(+x-4)=2x^2+6x-x+4=\mathbf{2x^2+5x+4}$

b) $\frac{1}{2}x\left(3-\frac{1}{2}x\right)-5(4x+8)$

$=1{,}5x-0{,}25x^2-20x-40$ — Fasse zusammen.

$=\mathbf{-0{,}25x^2-18{,}5x-40}$

c) $-(x+2)\cdot(x+3)\cdot(x-3)$ — Multipliziere zunächst nur 2 Klammern aus. Zusammenfassen verringert den Rechenaufwand.

$=-(x^2+3x+2x+6)\cdot(x-3)$

$=-(x^2+5x+6)\cdot(x-3)$

$=-(x^3+5x^2+6x-3x^2-15x-18)$

$=-(x^3+2x^2-9x-18)$

$=\mathbf{-x^3-2x^2+9x+18}$

d) $-2(x-7)(x+1)(x+2)$

$=-2(x^2+x-7x-7)(x+2)$

$=-2(x^2-6x-7)(x+2)$

$=-2(x^3-6x^2-7x+2x^2-12x-14)$

$=-2(x^3-4x^2-19x-14)$

$=\mathbf{-2x^3+8x^2+38x+28}$

e) $-(x+1)(x+1)(-2+x)+x(x+4)(x-4)$ — Gehe Schritt für Schritt vor.

$=-(x^2+x+x+1)(-2+x)+x(x^2-4x+4x-16)$ — Vereinfache vor dem Ausmultiplizieren innerhalb der Klammern.

$=-(x^2+2x+1)(-2+x)+x(x^2-16)$

$=-(-2x^2+x^3-4x+2x^2-2+x)+x^3-16x$ — Fasse zusammen.

$=-(x^3-3x-2)+x^3-16x$

$=-x^3+3x+2+x^3-16x$

$=\mathbf{-13x+2}$

f) $(3x+2)(x-2)+2(x-3)(x+3)$
$= 3x^2-6x+2x-4+2(x^2+3x-3x-9)$
$= 3x^2-6x+2x-4+2(x^2-9)$
$= 3x^2-4x-4+2x^2-18$
$= \mathbf{5x^2-4x-22}$

g) $(2x-3y)(2x+3y)(x+2)-(4x^3+9y^2x)$
$= (4x^2+6xy-6xy-9y^2)(x+2)-(4x^3+9y^2x)$ Vereinfache.
$= (4x^2-9y^2)(x+2)-4x^3-9y^2x$ Das Ergebnis mit der jetzt zweiten Klammer ausmultiplizieren.
$= 4x^3-9xy^2+8x^2-18y^2-4x^3-9xy^2$
$= \mathbf{-18xy^2+8x^2-18y^2}$

13 a) $(4x+3y)(7x+y) = \mathbf{28}x^2+\mathbf{25}xy+\mathbf{3}y^2$

b) $-(4x+8)(5x-30) = -20\mathbf{x^2}+\mathbf{80}x+\mathbf{240}$

c) $5-4x = (10-8x)(\mathbf{0{,}5}+\mathbf{0}x)$

d) $2(x+3)\cdot 3(y-1) = 6(\mathbf{-1}x+\mathbf{1}xy+\mathbf{3}y-\mathbf{3})$

e) $(12a-3b)(3b-12a)(12a+3b) = (3b-12a)(3b+12a)(\mathbf{12a-3b})$

14 $(4x+6)(2x-4) = 8x^2-16x+12x-24$
$= 1{,}5x-0{,}25x^2-20x-408x^2-4x-24$
$= 2(4x^2-2x-12)$
$= \mathbf{4(2x^2-x-6)}$

Da du den Term als Produkt mit Faktor 2 darstellen kannst, ist die Zahl durch 2 teilbar. Ein weiterer Teiler der Zahl ist 4.

15 a) $(x+7y)\cdot(\mathbf{3x}+1{,}5y) = 1{,}5x\cdot(2x+y)+\mathbf{10{,}5}y\cdot(2x+y)$

b) $(2x-\mathbf{1})\cdot(\mathbf{1}-5y) = 2x-\mathbf{10xy}-1+5y = 2x(\mathbf{1}+\mathbf{(-5)y})-1+5y$

c) $3a^2(a+\mathbf{b})\cdot\left(\frac{1}{a^2}-2b\right) = (\mathbf{3a^3}+3a^2b)\cdot\left(\frac{1}{a^2}-2b\right)$
$= 3a(\mathbf{1}-\mathbf{2a^2b})+3b(\mathbf{1}-\mathbf{2a^2b})$

16

- ☐ $-2x^2 - xy - 2xy - y^2$
- ☒ $(y-2x)(x+y)$
- ☐ $-2x^2 - xy - y^2$
- ☐ $-2x(x+y) + y^2$
- ☒ $-2x^2 + xy - 2xy + y^2$
- ☐ $(x-y)(2x-y)$
- ☐ $-(2x^2 - xy + y^2)$
- ☐ $-2x^2 - (x+y)y$

17

a) $u_Q(x) = 4x$ cm

$u_R(x) = [2(x-2) + 2(x-3)]$ cm

b) $A_Q(x) = x^2$ cm

$A_R(x) = (x-2)(x-3)\ \text{cm}^2$

$A_R(x) = (x^2 - 3x - 2x + 6)\ \text{cm}^2$

$A_R(x) = (x^2 - 5x + 6)\ \text{cm}^2$

Skizze:

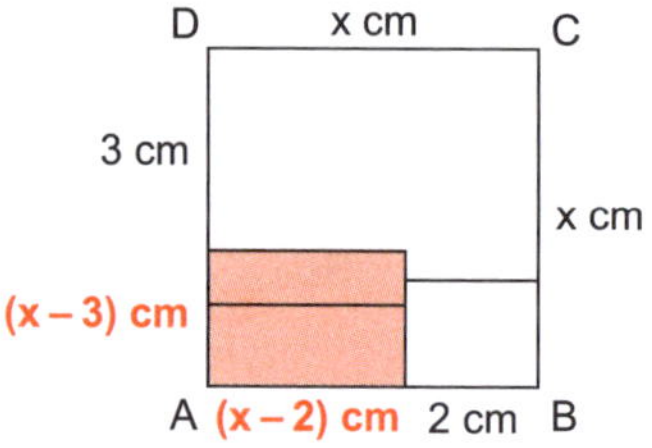

18

$A_M = (a-d)(b-f) + (a-e-d)f + d(b-c)$

$A_M = ab - af - bd + df + af - ef - df + bd - cd$

$A_M = ab - cd - ef$

$A_S = (a-d)c + a(b-c-f) + (a-e)f$

$A_S = ac - cd + ab - ac - af + af - ef$

$A_S = ab - cd - ef$

Die Terme lassen sich ineinander umformen und sind somit äquivalent.

Mehmets Teilflächen:

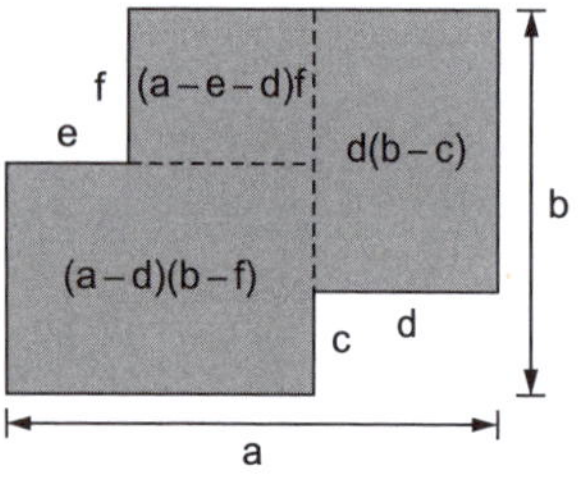

Sinas Teilflächen:

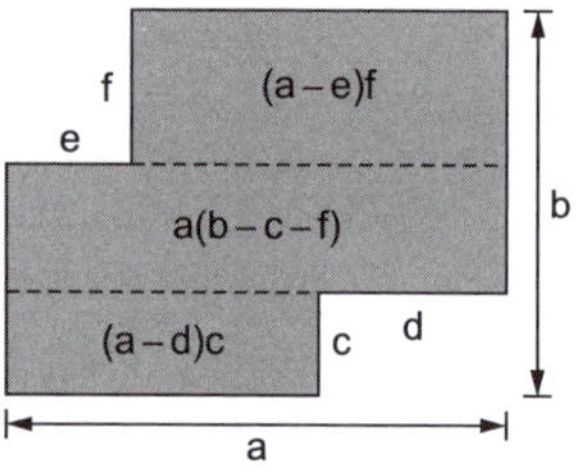

19

	A_1	A_2	A_3
$A = ab + (a-c)(d-b)$	☒	☒	☐
$A = ad - cb$	☐	☐	☒
$A = (a-c)d + c(d-b)$	☐	☐	☒
$A = ad - c(d-b)$	☒	☒	☐
$A = (a-c)(d-b) + (a-c)b + cb$	☒	☒	☐
$A = (a-b)(d+c) - ac + bd$	☐	☐	☒

20 a) $3z^2 + 6z = \mathbf{3(z^2 + 2z)}$

b) $8u^2 - 2u = \mathbf{2u(4u - 1)}$

c) $4u^2 - 6t = \mathbf{4 \cdot \left(u^2 - \frac{3}{2}t\right)}$

d) $\frac{1}{3}x^2 + 2 = \mathbf{\frac{1}{3} \cdot (x^2 + 6)}$

e) $3v^2 + 4v = \mathbf{\frac{1}{3} v(9v + 12)}$

f) $4a + 6b = \mathbf{-\frac{1}{2}(-8a - 12b)}$

$-\frac{1}{2}$ ausklammern bedeutet, in der Klammer alles mit (–2) zu multiplizieren, denn $\frac{1}{\frac{-1}{2}} = -2$.

Vor dem Weiterrechnen erst überprüfen!

$-\frac{1}{2} \cdot (-2) \cdot 4a = 4a$

$-\frac{1}{2} \cdot (-2) \cdot 6b = 6b$ ok!

21 a) $50a^2 + 12{,}5a + 4ab + b$

$= 12{,}5a\mathbf{(4a + 1)} + b\mathbf{(4a + 1)}$

$= \mathbf{(12{,}5a + b) \cdot (4a + 1)}$

Klammere den Faktor (4a + 1) aus.

b) $6x^2 + 6x + 2y + 2xy$

$= 6x\mathbf{(x + 1)} + 2y\mathbf{(1 + x)}$

$= \mathbf{(x + 1)(6x + 2y)}$

Zwei gleiche Terme

c) $24b + 18ab + 32 + 24a$

$= 2(12b + 9ab + 16 + 12a)$

$= 2[3b\mathbf{(4 + 3a)} + 4\mathbf{(4 + 3a)}]$

$= 2[(3b + 4)(4 + 3a)]$

$= \mathbf{2(3b + 4)(4 + 3a)}$

Es kommen nur gerade Zahlen vor, diese sind alle durch 2 teilbar.

Weiteres Ausklammern ist nur möglich, wenn du einzelne Terme faktorisierst.

(4 + 3a) kommt in beiden Summanden vor und kann somit ausgeklammert werden.

d) $17x^2 + 28xy + 4x + \left(\frac{1}{4}\right)^{-2} x$

$= 17x^2 + 28xy + 4x + 16x$

$= 17x^2 + 28xy + 20x$

$= \mathbf{x(17x + 28y + 20)}$

Löse zuerst die störende Potenz auf.

Falls du es nicht mehr gewusst hast:

$\left(\frac{1}{4}\right)^{-2} = \left(\frac{4}{1}\right)^{2} = \frac{16}{1} = 16$

e) $3x^2y - 6 - 9xy + 2x$

$= 3x^2y - 9xy - 6 + 2x$

$= 3xy(x-3) + 2(-3+x)$ — Zwei gleiche Terme

$= (x-3)(3xy+2)$

f) $\frac{2}{3}mn^2 + 2m^2n - 4mn - 12m^2$ — Stelle so um, dass du vorteilhaft ausklammern kannst.

$= \frac{2}{3}mn^2 - 4mn + 2m^2n - 12m^2$

$= \frac{2}{3}mn(n-6) + 2m^2(n-6)$

$= \left(\frac{2}{3}mn + 2m^2\right)(n-6)$

22 a) $x^2 + 5x + 6 = (x+2)(x+3)$

$6 = 6 \cdot 1$ und $5x = \boxed{2x + 3x}$

$6 = \boxed{2 \cdot 3}$

$6 = (-2) \cdot (-3)$

$6 = (-6) \cdot (-1)$

Probe:

$(x+2)(x+3) = x^2 + 3x + 2x + 2 \cdot 3$

b) $x^2 + x - 6 = (x-2)(x+3)$

$-6 = \boxed{(-2) \cdot 3}$ und $+x = 1x = \boxed{-2x + 3x}$

$-6 = (-3) \cdot 2$

⋮

c) $x^2 - 6x + 9 = (x-3)(x-3)$

$9 = 3 \cdot 3$ und $-6x = \boxed{(-3x) + (-3x)}$

$9 = \boxed{(-3) \cdot (-3)}$

⋮

d) $b^2 + 3b - 4 = (b+4)(b-1)$

$-4 = (-2) \cdot 2$ und $3b = \boxed{4b + (-1b)}$

$-4 = (-4) \cdot (+1)$

$-4 = \boxed{(+4) \cdot (-1)}$

e) $y^2 + y - 12 = (y+4)(y-3)$

$-12 = (-12) \cdot 1$ und $+y = +1y$

$-12 = (-6) \cdot 2$ $\quad = \boxed{+4y + (-3y)}$

$-12 = (-4) \cdot 3$

$-12 = \boxed{(+4) \cdot (-3)}$

$-12 = (+6) \cdot (-2)$

$-12 = (+12) \cdot (-1)$

f) $x^2 - 17x + 30 = (x-15)(x-2)$

$30 = 15 \cdot 2$ und $-17x = \boxed{-15x + (-2x)}$

$30 = \boxed{(-15) \cdot (-2)}$

⋮

g) $x^2 - 4 = x^2 + 0x - 4 =$ **$(x+2)(x-2)$** $\quad -4 = \boxed{2 \cdot (-2)}$ und $0x = \boxed{2x + (-2x)}$
$-4 = (-1) \cdot 4$
$\vdots$

h) $x^2 - 121 = x^2 + 0x - 121$ $\quad -121 = \boxed{11 \cdot (-11)}$ und $0x = \boxed{11x + (-11x)}$
$= $ **$(x+11)(x-11)$**

23 a) $3x^2 - 12x + 12$ $\quad +4 = 2 \cdot 2$ und $-4x = \boxed{-2x + (-2x)}$
$= 3(x^2 - 4x + 4)$ $\quad +4 = \boxed{(-2) \cdot (-2)}$
$=$ **$3(x-2)(x-2)$** $\quad \vdots$

b) $5a^2 - 25a + 30 = 5(a^2 - 5a + 6) =$ **$5(a-2)(a-3)$**

c) $270b^2 - 1\,080b - 1\,350 = 270(b^2 - 4b - 5) =$ **$270(b-5)(b+1)$**

d) $-208 - 36c + 4c^2 = 4c^2 - 36c - 208 = 4(c^2 - 9c - 52) =$ **$4(c-13)(c+4)$**

24 a) $T(a) = 0 \quad \Leftrightarrow \quad a + \frac{1}{3} = 0 \quad \Leftrightarrow$ **$a = -\frac{1}{3}$**

b) $T(b) = 0 \quad \Leftrightarrow \quad b = 0 \;\vee\; b + 1 = 0 \quad \Leftrightarrow$ **$b = 0 \;\vee\; b = -1$**

c) $T(c) = 0 \quad \Leftrightarrow \quad (3c+1)(3c-1) = 0$
$\Leftrightarrow \quad 3c + 1 = 0 \;\vee\; 3c - 1 = 0 \quad \Leftrightarrow$ **$c = -\frac{1}{3} \;\vee\; c = \frac{1}{3}$**

d) $T(d) = 0 \quad \Leftrightarrow \quad d(d+7) = 0 \quad \Leftrightarrow$ **$d = 0 \;\vee\; d = -7$**

e) $T(e) = 0 \quad \Leftrightarrow \quad (e+4)(e+3) = 0 \quad \Leftrightarrow$ **$e = -4 \;\vee\; e = -3$**

f) $T(f) = 0 \quad \Leftrightarrow \quad f^2 - f - 12 = 0$
$\Leftrightarrow \quad (f-4)(f+3) = 0 \quad \Leftrightarrow$ **$f = 4 \;\vee\; f = -3$**

g) $T(g) = 0 \quad \Leftrightarrow \quad (g+2)(g-2) = 0 \quad \Leftrightarrow$ **$g = -2 \;\vee\; g = 2$**

h) $T(h) = 0 \quad \Leftrightarrow \quad (h-2{,}5)(h-2{,}5) = 0 \quad \Leftrightarrow$ **$h = 2{,}5$**

25 a) Mithilfe der Nullstellen –10 und 10 folgt: $x^2 - 100 =$ **$(x+10)(x-10)$**

b) Mithilfe der Nullstellen 1 und 2 folgt: $x^2 - 3x + 2 =$ **$(x-1)(x-2)$**

c) Mithilfe der Nullstellen –10 und 5 folgt: $x^2 + 5x - 50 =$ **$(x+10)(x-5)$**

d) Mithilfe der Nullstellen 4 und –5 folgt: $x^2 + x - 20 =$ **$(x-4)(x+5)$**

e) Mithilfe der Nullstellen 2 und 9 folgt: $x^2 - 11x + 18 =$ **$(x-2)(x-9)$**

f) Mithilfe der Nullstellen –1 und –2 folgt:
$7x^2+21x+14=7(x^2+3x+2)=\mathbf{7(x+1)(x+2)}$

26 a) $(6+z)^2=\mathbf{36+12z+z^2}$

b) $(b-1)^2=\mathbf{b^2-2b+1}$

c) $(3x-4z)^2=\mathbf{9x^2-24xz+16z^2}$

d) $(4x+3)^2=\mathbf{16x^2+24x+9}$

e) $\left(y+\frac{3}{4}\right)^2=\mathbf{y^2+\frac{3}{2}y+\frac{9}{16}}$

f) $\left(z-3\frac{1}{2}\right)^2=\left(z-\frac{7}{2}\right)^2=\mathbf{z^2-7z+\frac{49}{4}}$

g) $(2a-4b)(2a+4b)=\mathbf{4a^2-16b^2}$

h) $(1{,}5x-5y)(5y+1{,}5x)=\mathbf{2{,}25x^2-25y^2}$

27 a) $x^2-\mathbf{18xy}+81y^2=(x-\mathbf{9y})^2$

b) $a^2+\mathbf{4ab}+4b^2=\mathbf{(a+2b)^2}$

c) $x^2+6x+\mathbf{9}=\mathbf{(x+3)^2}$

d) $y^4+\mathbf{\frac{2}{5}y}+\frac{1}{25y^2}=\mathbf{\left(y^2+\frac{1}{5y}\right)^2}$

e) $a^2-\mathbf{3a}+\frac{9}{4}=\mathbf{\left(a-\frac{3}{2}\right)^2}$

f) $(x-\mathbf{2a^2y})(x+\mathbf{2a^2y})=x^2\mathbf{-}4a^4y^2$

g) $(c+\mathbf{2b})(2b-\mathbf{c})=\mathbf{4b^2-c^2}$

h) $z^2+yz+\mathbf{\frac{y^2}{4}}=\mathbf{\left(z+\frac{y}{2}\right)^2}$

28 a) $T_1=(10x-5y)^2=100x^2\mathbf{-}100xy+25y^2\neq T_2$ **nicht äquivalent**

b) $T_1=(1\,000x+0{,}5)^2=1\,000\,000x^2+1\,000x+0{,}25\neq T_2$ **nicht äquivalent**

c) $T_1=(25a-49b)(25a+49b)=625a^2-2\,401b^2\neq 5a^2-7b^2=T_2$
nicht äquivalent

d) $T_1=(2x-y)^2=4x^2-4xy+y^2=y^2-4xy+4x^2=(y-2x)^2=T_2$ **äquivalent** *alternative Lösungsmöglichkeit:*

$T_1 = (2x - y)^2 = [(-1)(y - 2x)]^2 = (-1)^2 (y - 2x)^2 = (y - 2x)^2 = T_2$ **äquivalent**

e) $T_1 = (3y - 2z)^2 = 9y^2 - 12yz + 4z^2 \neq 4z^2 + 12yz + 9y^2 = (-2z - 3y)^2 = T_2$
nicht äquivalent

f) $T_1 = \left(\frac{8c}{12} - \frac{6d^4}{3}\right)\left(\frac{8c}{12} + \frac{6d^4}{3}\right) = \left(\frac{2c}{3} - 2d^4\right)\left(\frac{2c}{3} + 2d^4\right) = \frac{4c^2}{9} - 4d^8$

$= 4\left(\frac{c^2}{9} - d^8\right) = T_2$ **äquivalent**

29 a) $4\left(\frac{1}{2}x - \frac{4}{3}y\right)^2 = 4\left(\frac{1}{4}x^2 - \frac{4}{3}xy + \frac{16}{9}y^2\right) = \mathbf{x^2 - \frac{16}{3}xy + \frac{64}{9}y^2}$

b) $\frac{30}{25}\left(\frac{3}{5}x + \frac{5}{6}y\right)^2 = \frac{6}{5}\left(\frac{9}{25}x^2 + xy + \frac{25}{36}y^2\right) = \mathbf{\frac{54}{125}x^2 + \frac{6}{5}xy + \frac{5}{6}y^2}$

c) $(-x + 4)(-x - 4) = (4 - x)(4 + x) \cdot (-1) = (16 - x^2) \cdot (-1) = \mathbf{x^2 - 16}$

d) $[5 \cdot (1{,}5x - 1{,}4y)]^2 = 5^2 \cdot (1{,}5x - 1{,}4y)^2$

$= 25 \cdot (2{,}25x^2 - 4{,}2xy + 1{,}96y^2)$

$= \mathbf{56{,}25x^2 - 105xy + 49y^2}$

e) $((1 + x^2)^2)^2 = (1 + 2x^2 + x^4)^2$

$= (1 + 2x^2 + x^4)(1 + 2x^2 + x^4)$

$= 1 + 2x^2 + x^4 + 2x^2 + 4x^4 + 2x^6 + x^4 + 2x^6 + x^8$

$= \mathbf{x^8 + 4x^6 + 6x^4 + 4x^2 + 1}$

f) $(3z - 8)(3z + 8)(9z^2 + 64) = (9z^2 - 64)(9z^2 + 64) = \mathbf{81z^4 - 4\,096}$

30 a) $2(a - b)^2 + 5b^2 - 2a^2 = 2(a^2 - 2ab + b^2) + 5b^2 - 2a^2$

$= 2a^2 - 4ab + 2b^2 + 5b^2 - 2a^2$

$= \mathbf{7b^2 - 4ab}$

b) $(4 + 11y)^2 - (11y - 4)^2 + (y + 4)(y - 4)$

$= 16 + 88y + 121y^2 - (121y^2 - 88y + 16) + y^2 - 16$

$= 88y + 122y^2 - 121y^2 + 88y - 16$

$= \mathbf{y^2 + 176y - 16}$

c) $(1{,}2x^2+3)(1{,}2x^2-3)-(1{,}2x^2+3)^2 = 1{,}44x^4-9-(1{,}44x^4+7{,}2x^2+9)$

$= 1{,}44x^4-9-1{,}44x^4-7{,}2x^2-9$

$= \mathbf{-7{,}2x^2-18}$

alternative Lösungsmöglichkeit:

$(1{,}2x^2+3)(1{,}2x^2-3)-(1{,}2x^2+3)^2 = (1{,}2x^2+3)[(1{,}2x^2-3)-(1{,}2x^2+3)]$

$= (1{,}2x^2+3)[1{,}2x^2-3-1{,}2x^2-3]$

$= (1{,}2x^2+3)(-6)$

$= \mathbf{-7{,}2x^2-18}$

d) $\left(\frac{1}{2}x-3\right)^2-\left(\frac{3}{2}x+2\right)^2+2x^2 = \frac{1}{4}x^2-3x+9-\frac{9}{4}x^2-6x-4+2x^2$

$= -\frac{8}{4}x^2+2x^2-9x+5$

$= \mathbf{-9x+5}$

31 a) $(3x+y)^2-(3x-y)^2 = 9x^2+6xy+y^2-(9x^2-6xy+y^2)$

$= 9x^2+6xy+y^2-9x^2+6xy-y^2$

$= \mathbf{12xy}$

b) $(5x+3)(5x-3)-(5-3x)^2 = 25x^2-9-(25-30x+9x^2)$

$= 25x^2-9-25+30x-9x^2$

$= \mathbf{16x^2+30x-34}$

c) $(3y+4x)^2-(4x-2y)(4x+2y) = 9y^2+24xy+16x^2-(16x^2-4y^2)$

$= 9y^2+24xy+16x^2-16x^2+4y^2$

$= \mathbf{13y^2+24xy}$

d) $(x-2y)^2+(x+2y)^2-4y^2-2x^2$

$= x^2-4xy+4y^2+x^2+4xy+4y^2-4y^2-2x^2$

$= \mathbf{4y^2}$

e) $-3\left(\frac{y}{2}+\frac{3}{4}z\right)^2+2y\left(\frac{3y}{8}+\frac{yz}{4}\right)+\frac{11}{16}z^2$

$= -3\left(\frac{y^2}{4}+\frac{3}{4}yz+\frac{9}{16}z^2\right)+\frac{3y^2}{4}+\frac{y^2z}{2}+\frac{11}{16}z^2$

$= -\frac{3y^2}{4}-\frac{9}{4}yz-\frac{27}{16}z^2+\frac{3y^2}{4}+\frac{y^2z}{2}+\frac{11}{16}z^2$

$= \mathbf{-z^2+\frac{y^2z}{2}-\frac{9}{4}yz}$

f) $(1{,}4a^2+b)(1{,}4a^2-b)+0{,}04a^4+b^2=1{,}96a^4-b^2+0{,}04a^4+b^2=\mathbf{2a^4}$

g) $\left(\frac{1}{4}+x\right)^2+x^2(x^{-1}-2)-\left(\frac{1}{2}x+1\right)\left(\frac{1}{2}x-1\right)$

$=\frac{1}{16}+\frac{1}{2}x+x^2+x-2x^2-\left(\frac{1}{4}x^2-1\right)$

$=-x^2+1\frac{1}{2}x+\frac{1}{16}-\frac{1}{4}x^2+1$

$=\mathbf{-\frac{5}{4}x^2+1\frac{1}{2}x+1\frac{1}{16}}$

32 a) $T_1(2)=-(2-2)^2+5=\mathbf{5}$
$T_1(5)=-(5-2)^2+5=-9+5=\mathbf{-4}$

$T_2(2)=(2-5)^2-4=9-4=\mathbf{5}$
$T_2(5)=(5-5)^2-4=\mathbf{-4}$

b) $T_1(0)=-(0-2)^2+5=-4+5=1$

$T_2(0)=-(0-5)^2-4=25-4=21$

Wegen $T_1(0)\neq T_2(0)$ sind T_1 und T_2 nicht äquivalent, denn sonst müssten ihre Formwerte für alle Belegungen übereinstimmen.

c) Damit $-(x-5)^2+T_a(x)$ zu $T_1(x)$ äquivalent ist,
muss gelten $-(x-5)^2+T_a(x)=T_1(x)$:

$T_a(x)=T_1(x)+(x-5)^2$
$T_a(x)=-(x-2)^2+5+(x-5)^2$
$T_a(x)=-x^2+4x-4+5+x^2-10x+25$
$T_a(x)=\mathbf{-6x+26}$

Probe:
$-(x-5)^2+T_a(x)$
$=-x^2+10x-25-6x+26$
$=-x^2+4x+1$
$=T_1(x)$

Damit $(x-2)^2+T_b(x)$ zu $T_2(x)$ äquivalent ist,
muss gelten $(x-2)^2+T_b(x)=T_2(x)$:

$T_b(x)=T_2(x)-(x-2)^2$
$T_b(x)=(x-5)^2-4-(x-2)^2$
$T_b(x)=x^2-10x+25-4-x^2+4x-4$
$T_b(x)=\mathbf{-6x+17}$

Probe:
$(x-2)^2+T_b(x)$
$=x^2-4x+4-6x+17$
$=x^2-10x+21$
$=T_2(x)$

33 a) $A_{Rechteck}=(x^2-a^2)$ FE $=(x+a)(x-a)$ FE
Ein Rechteck mit der Länge $(x+a)$ LE und der Breite $(x-a)$ LE hat den gleichen Flächeninhalt wie die entstandene Figur.

b) $A_{Quadrat}=y^2$ FE
$A_{Rechteck}=(y+b)\cdot(y-b)$ FE $=(y^2-b^2)$ FE
Wegen $b^2>0$ für $]0;y[$ gilt $y^2-b^2<y^2$ für alle $b\in\ ]0;y[$. Es gibt daher kein $b\in\ ]0;y[$, sodass das entstehende Rechteck den gleichen Flächeninhalt wie das ursprüngliche Quadrat hätte.

34 a) $A=(x+2)^2-(x-1)^2=x^2+4x+4-x^2+2x-1=\mathbf{6x+3}$

b) $A=(x+3)(x-3)+3^2=x^2-9+9=\mathbf{x^2}$

c) $A=(x+4)^2-\frac{1}{2}(x+4)(x+4)$

$A=(x+4)^2-\frac{1}{2}(x+4)^2$

$A=\frac{1}{2}(x+4)^2$

$A=\frac{1}{2}(x^2+8x+16)$

$A=\mathbf{\frac{1}{2}x^2+4x+8}$

Bei der eingeschlossenen weißen Figur handelt es sich um einen Drachen mit den Diagonalen $e=(x+4)$ und $f=(x+4)$. $A_{Drachen}=\frac{1}{2}ef$

d) $A=(x+4)^2-\frac{1}{4}(x+4)^2$

$A=\frac{3}{4}(x+4)^2$

$A=\frac{3}{4}(x^2+8x+16)$

$A=\mathbf{\frac{3}{4}x^2+6x+12}$

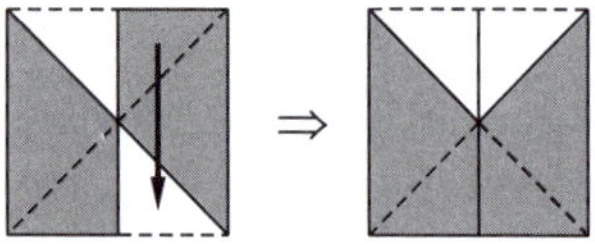

35 a) $a^2+4ab+4b^2=\mathbf{(a+2b)^2}$

b) $4z^2-12z+9=\mathbf{(2z-3)^2}$

c) $b^2-\frac{1}{2}b+\frac{1}{16}=\mathbf{\left(b-\frac{1}{4}\right)^2}$

d) $b^8-25b^4=\mathbf{(b^4+5b^2)(b^4-5b^2)}$

e) $4c^2-8cd+4d^2=\mathbf{(2c-2d)^2}$

f) $-b^2+2ba-a^2=-(b^2-2ab+a^2)=\mathbf{-(b-a)^2}$

g) $4-x^2=\mathbf{(2+x)(2-x)}$

h) $\frac{1}{9}z^2-\frac{1}{4}w^2=\mathbf{\left(\frac{1}{3}z+\frac{1}{2}w\right)\left(\frac{1}{3}z-\frac{1}{2}w\right)}$

36 a) $3a^2-3a+\frac{3}{4}=3\left(a^2-a+\frac{1}{4}\right)=\mathbf{3\left(a-\frac{1}{2}\right)^2}$

b) $-2x^2-10x-12{,}5=-2(x^2+5x+6{,}25)=\mathbf{-2(x+2{,}5)^2}$

c) $3y^3 - 6y^2 + 3y = 3y(y^2 - 2y + 1) = \mathbf{3y(y-1)^2}$

d) $\frac{a}{2}x^2 + \frac{a^2}{2}x + \frac{a^3}{8} = \frac{a}{2}\left(x^2 + ax + \frac{a^2}{4}\right) = \mathbf{\frac{a}{2}\left(x + \frac{a}{2}\right)^2}$

e) $9a^2 + 24ab + 16b^2 = \mathbf{(3a + 4b)^2}$

f) $5b^5 - 4b^4 = \mathbf{b^4(5b - 4)}$

g) $27b^5 - 3b^3 = 3b^3(9b^2 - 1) = \mathbf{3b^3(3b + 1)(3b - 1)}$

h) $\frac{5}{4}x^2 - 2x + \frac{4}{5} = \frac{5}{4}\left(x^2 - \frac{8}{5}x + \frac{16}{25}\right) = \mathbf{\frac{5}{4}\left(x - \frac{4}{5}\right)^2}$

alternative Lösungsmöglichkeit:

$\frac{5}{4}x^2 - 2x + \frac{4}{5} = 5\left(\frac{x^2}{4} - \frac{2}{5}x + \frac{4}{25}\right) = \mathbf{5\left(\frac{x}{2} - \frac{2}{5}\right)^2}$

37 a) $22^2 = (20 + 2)^2 = 400 + 80 + 4 = \mathbf{484}$

b) $98^2 = (100 - 2)^2 = 10\,000 - 400 + 4 = \mathbf{9\,604}$

c) $43^2 = (40 + 3)^2 = 1\,600 + 240 + 9 = \mathbf{1\,849}$

d) $49^2 = (50 - 1)^2 = 2\,500 - 100 + 1 = \mathbf{2\,401}$

e) $103^2 = (100 + 3)^2 = 10\,000 + 600 + 9 = \mathbf{10\,609}$

f) $225^2 = (200 + 25)^2 = 40\,000 + 10\,000 + 625 = \mathbf{50\,625}$

g) $113^2 = (100 + 13)^2 = 10\,000 + 2\,600 + 169 = \mathbf{12\,769}$

h) $10\,012^2 = (10\,000 + 12)^2 = 100\,000\,000 + 240\,000 + 144 = \mathbf{100\,240\,144}$

38 a) $4 \cdot 28 = (16 - 12)(16 + 12) = 16^2 - 12^2 = 256 - 144 = \mathbf{112}$

$28 - 4 = 24 = 2 \cdot 12 = 24$
$4 = (28 - 12) - 12 = 16 - 12$
$28 = (28 - 12) + 12 = 16 + 12$

b) $11 \cdot 27 = (19 - 8)(19 + 8) = 19^2 - 8^2 = 361 - 64 = \mathbf{297}$

$27 - 11 = 16 = 2 \cdot 8$
$11 = 19 - 8$
$27 = 19 + 8$

c) $18 \cdot 22 = (20 - 2)(20 + 2) = 20^2 - 2^2 = 400 - 4 = \mathbf{396}$

d) $17 \cdot 23 = (20 - 3)(20 + 3) = 20^2 - 3^2 = 400 - 9 = \mathbf{391}$

e) $108 \cdot 132 = (120 - 12)(120 + 12) = 120^2 - 12^2 = 14\,400 - 144 = \mathbf{14\,256}$

f) $225 \cdot 275 = (250 - 25)(250 + 25) = 250^2 - 25^2 = 62\,500 - 625 = \mathbf{61\,875}$

39 a) $25^2 = (2 \cdot 10 + 5)^2 = (2^2 + 2) \cdot 100 + 25 = \mathbf{625}$

b) $35^2 = (3 \cdot 10 + 5)^2 = (3^2 + 3) \cdot 100 + 25 = \mathbf{1\,225}$

c) $55^2 = (5 \cdot 10 + 5)^2 = (5^2 + 5) \cdot 100 + 25 = \mathbf{3\,025}$

d) $75^2 = (7 \cdot 10 + 5)^2 = (7^2 + 7) \cdot 100 + 25 = \mathbf{5\,625}$

e) $105^2 = (10 \cdot 10 + 5)^2 = (10^2 + 10) \cdot 100 + 25 = \mathbf{11\,025}$

f) $125^2 = (12 \cdot 10 + 5)^2 = (12^2 + 12) \cdot 100 + 25 = \mathbf{15\,625}$

40 a)
$$\begin{aligned}(525 - 21^2)(15^2 - 13^2) &= [525 - (20+1)^2](15+13)(15-13)\\ &= [525 - (400 + 40 + 1)] \cdot 28 \cdot 2\\ &= (525 - 441) \cdot 56\\ &= 84 \cdot 56\\ &= (70+14)(70-14)\\ &= 70^2 - 14^2\\ &= 4\,900 - 196\\ &= \mathbf{4\,704}\end{aligned}$$

b)
$$\begin{aligned}\frac{1}{226^2}(125^2 - 101^2)^2 &= \frac{1}{226^2}[(125+101)(125-101)]^2\\ &= \frac{1}{226^2}(226)^2 \cdot (24)^2\\ &= 24^2\\ &= (20+4)^2\\ &= 400 + 160 + 16\\ &= \mathbf{576}\end{aligned}$$

c)
$$\begin{aligned}(106^2 - 27^2) \cdot \frac{81 \cdot 133}{(106+27)^2} &= (106+27) \cdot (106-27) \cdot \frac{81 \cdot 133}{(106+27)^2}\\ &= (106-27) \cdot \frac{81 \cdot 133}{(106+27)}\\ &= 79 \cdot \frac{81 \cdot 133}{133}\\ &= 79 \cdot 81\\ &= (80-1)(80+1)\\ &= 80^2 - 1^2\\ &= 6\,400 - 1\\ &= \mathbf{6\,399}\end{aligned}$$

d) $\dfrac{\left(\frac{2}{10}-\frac{4}{25}\right)^2}{\frac{1}{4}-\frac{2}{5}+\frac{4}{25}} = \dfrac{\left(\frac{2}{10}-\frac{4}{25}\right)^2}{\left(\frac{1}{2}-\frac{2}{5}\right)^2} = \dfrac{\left[\frac{2}{5}\left(\frac{1}{2}-\frac{2}{5}\right)\right]^2}{\left(\frac{1}{2}-\frac{2}{5}\right)^2} = \left(\frac{2}{5}\right)^2 = \mathbf{\frac{4}{25}}$

41 Erstelle zunächst die numerische Wertetabelle, um damit die grafische Wertetabelle zeichnen zu können.

x	–3	–2	–1	0	1	2	3
T(x)	5	0	–3	**–4**	–3	0	5

Die Wertetabelle ist für die Werte von x = –3 bis x = 3 zu erstellen. Dabei soll der Abstand zwischen den x-Werten 1 betragen ($\Delta x = 1$).

Der Extremwert in der Wertetabelle ist T(0) = –4. Dabei handelt es sich um das **Minimum**.

Grafische Wertetabelle:

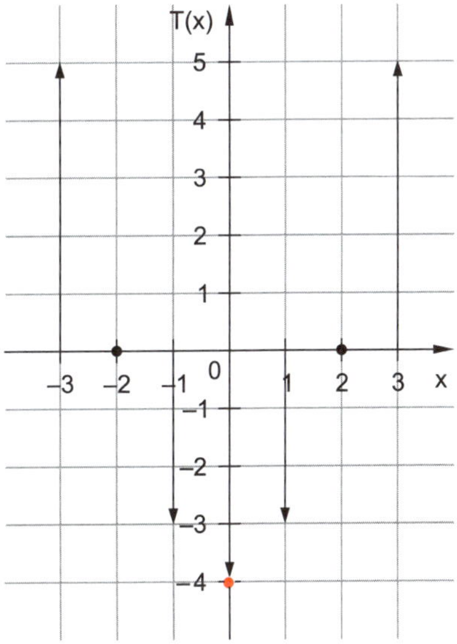

42 a) S(–2 | 0)

Da der Term in der Scheitelform $T(x) = (x+2)^2$ gegeben ist, kannst du den Scheitelpunkt direkt ablesen.

$\mathbf{T_{min} = 0}$ **für x = –2**

Der Extremwert ist also 0 und wird bei x = –2 angenommen. Da der Faktor vor der binomischen Formel a = 1 positiv ist, handelt es sich bei dem Extremwert um ein Minimum.

b) S(–2 | 0)

$\mathbf{T_{max} = 0}$ **für x = –2**

Da der Term $T(x) = -3(x+2)^2$ in der Scheitelform gegeben ist, kannst du den Scheitelpunkt sowie Art, Lage und Größe des Extremwertes wieder direkt ablesen.

c) $T(x) = -\frac{1}{2}(2x+2)^2 + 4$

$T(x) = -\frac{1}{2}(2 \cdot (x+1))^2 + 4$

$T(x) = -\frac{1}{2} \cdot 4 \cdot (x+1)^2 + 4$

$T(x) = -2(x+1)^2 + 4$

$S(-1\,|\,4)$

$T_{max} = 4$ für $x = -1$

Versuche zunächst durch Umformen, den Term $T(x) = -\frac{1}{2}(2x+2)^2 + 4$ auf die Scheitelform zu bringen. Klammere dafür den Faktor vor x aus.

Aus der Scheitelform $T(x) = -2(x+1)^2 + 4$ kannst du wieder den Scheitelpunkt sowie Art, Lage und Größe des Extremwertes direkt ablesen.

d) $T(x) = -5 + 2(3x+4)^2$

$T(x) = 2\left(3 \cdot \left(x + \frac{4}{3}\right)\right)^2 - 5$

$T(x) = 18\left(x + \frac{4}{3}\right)^2 - 5$

$S\left(-\frac{4}{3}\,\middle|\,-5\right)$

$T_{min} = -5$ für $x = -\frac{4}{3}$

Versuche zunächst durch Umformen, den Term $T(x) = -5 + 2(3x+4)^2$ auf die Scheitelform zu bringen. Klammere dafür den Faktor vor x aus.

Aus der Scheitelform $T(x) = 18\left(x + \frac{4}{3}\right)^2 - 5$ kannst du wieder den Scheitelpunkt sowie Art, Lage und Größe des Extremwertes direkt ablesen

e) $T(x) = 4 \cdot [-(x+5)^2 + 2]$

$T(x) = -4(x+5)^2 + 8$

$S(-5\,|\,8)$

$T_{max} = 8$ für $x = -5$

Forme den Term $T(x) = 4 \cdot [-(x+5)^2 + 2]$ zunächst wieder um.
Aus der Scheitelform $T(x) = -4(x+5)^2 + 8$ kannst du wieder den Scheitelpunkt sowie Art, Lage und Größe des Extremwertes direkt ablesen.

f) $T(x) = -3 - 2\left(\frac{1}{2}x - 2\right)^2 - 3$

$T(x) = -2\left(\frac{1}{2} \cdot (x-4)\right)^2 - 6$

$T(x) = -\frac{1}{2}(x-4)^2 - 6$

$S(4\,|\,-6)$

$T_{max} = -6$ für $x = 4$

Umformen

43 a) Ein möglicher Term mit $T_{min} = 3$ für $x = -2$ ist: **$T(x) = (x+2)^2 + 3$**

b) Ein möglicher Term mit $T_{min} = -4$ für $x = -4$ ist: **$T(x) = (x+4)^2 - 4$**

c) Ein möglicher Term mit $T_{max} = 2$ für $x = 1$ ist: **$T(x) = -(x-1)^2 + 2$**

d) Ein möglicher Term mit $T_{min} = \frac{1}{4}$ für $x = \frac{1}{2}$ ist: **$T(x) = \left(x - \frac{1}{2}\right)^2 + \frac{1}{4}$**

e) Ein möglicher Term mit $T_{max} = 0$ für $x = 0$ ist: $\mathbf{T(x) = -x^2}$

f) Ein möglicher Term mit $T_{max} = 0$ für $x = -\frac{1}{2}$ ist: $\mathbf{T(x) = -\left(x + \frac{1}{2}\right)^2}$

44 a) $\mathbb{G} = \mathbb{Q}$

$T(x) = 3x^2 + 6x + 9$ — Klammere den Faktor 3 aus.

$T(x) = 3 \cdot (x^2 + 2x + 3)$ — Spalte den gemischten Term auf in $2 \cdot x \cdot$ **Rest** und ergänze quadratisch.

$T(x) = 3 \cdot (x^2 + 2 \cdot x \cdot 1 \mathbf{+ 1^2 - 1^2} + 3)$

$T(x) = 3 \cdot ((x+1)^2 - 1 + 3)$

$T(x) = 3 \cdot ((x+1)^2 + 2)$ — Multipliziere die Klammer aus.

$T(x) = 3 \cdot (x+1)^2 + 6$

$\mathbf{T_{min} = 6}$ **für** $\mathbf{x = -1}$

b) $\mathbb{G} = \mathbb{Q}$

$T(x) = -3x^2 + 6x - 9$ — Klammere den Faktor –3 aus.

$T(x) = -3 \cdot (x^2 - 2x + 3)$ — Spalte den gemischten Term auf in $2 \cdot x \cdot$ **Rest** und ergänze quadratisch.

$T(x) = -3 \cdot (x^2 - 2 \cdot x \cdot 1 \mathbf{+ 1^2 - 1^2} + 3)$

$T(x) = -3 \cdot ((x-1)^2 - 1 + 3)$ — Multipliziere die Klammer aus.

$T(x) = -3 \cdot (x-1)^2 - 6$

$\mathbf{T_{max} = -6}$ **für** $\mathbf{x = 1}$

c) $\mathbb{G} = \mathbb{Q}$

$T(x) = -\frac{1}{3}x^2 + 2x - 3$ — Klammere den Faktor $-\frac{1}{3}$ aus.

$T(x) = -\frac{1}{3} \cdot (x^2 - 6x + 9)$ — Spalte den gemischten Term auf in $2 \cdot x \cdot$ **Rest** und ergänze quadratisch.

$T(x) = -\frac{1}{3} \cdot (x^2 - 2 \cdot x \cdot 3 \mathbf{+ 3^2 - 3^2} + 9)$

$T(x) = -\frac{1}{3} \cdot ((x-3)^2 + 0)$

$T(x) = -\frac{1}{3} \cdot (x-3)^2$

$\mathbf{T_{max} = 0}$ **für** $\mathbf{x = 3}$

d) $\mathbb{G} = \mathbb{Q}$

$T(x) = 4x^2 + 2x - 5$

$T(x) = 4 \cdot (x^2 + 0{,}5x - 1{,}25)$

$T(x) = 4 \cdot (x^2 + 2 \cdot x \cdot 0{,}25 \mathbf{+ 0{,}25^2 - 0{,}25^2} - 1{,}25)$

$T(x) = 4 \cdot ((x + 0{,}25)^2 - 1{,}3125)$

$T(x) = 4 \cdot (x + 0{,}25)^2 - 5{,}25$

$\mathbf{T_{min} = -5{,}25}$ **für** $\mathbf{x = -0{,}25}$

e) $\mathbb{G} = \mathbb{Q}$

$T(x) = 10x^2 - 12x + 10$

$T(x) = 10 \cdot (x^2 - 1{,}2x + 1)$

$T(x) = 10 \cdot (x^2 - 2 \cdot x \cdot 0{,}6 + \mathbf{0{,}6^2 - 0{,}6^2} + 1)$

$T(x) = 10 \cdot ((x - 0{,}6)^2 + 0{,}64)$

$T(x) = 10 \cdot (x - 0{,}6)^2 + 6{,}4$

$T_{min} = 6{,}4$ für $x = 0{,}6$

f) $\mathbb{G} = \mathbb{Q}$

$T(x) = -5x^2 - 14x + 3$

$T(x) = -5 \cdot (x^2 + 2{,}8x - 0{,}6)$

$T(x) = -5 \cdot (x^2 + 2 \cdot x \cdot 1{,}4 + \mathbf{1{,}4^2 - 1{,}4^2} - 0{,}6)$

$T(x) = -5 \cdot ((x + 1{,}4)^2 - 2{,}56)$

$T(x) = -5 \cdot (x + 1{,}4)^2 + 12{,}8$

$T_{max} = 12{,}8$ für $x = -1{,}4$

45 a) Für das Produkt P zweier Zahlen, deren Summe 10 ist, gilt:

$P(x) = x \cdot (10 - x)$

$P(x) = -x^2 + 10x$

$P(x) = -(x^2 - 10x)$

$P(x) = -(x^2 - 2 \cdot x \cdot 5 + 5^2 - 5^2)$

$P(x) = -((x - 5)^2 - 25)$

$P(x) = -(x - 5)^2 + 25$

Benenne die eine Zahl mit $x \in \mathbb{Q}$, dann ist die andere Zahl $10 - x$, da die Summe der beiden rationalen Zahlen 10 ergibt.

Der maximale Produktwert der beiden Zahlen ist $P_{max} = 25$ für $x = 5$. Die beiden Zahlen sind damit **5** und **$10 - 5 = 5$**.

b) Für das Produkt P zweier Zahlen, deren Differenz 5 ist, gilt:

$P(x) = x \cdot (x + 5)$

$P(x) = x^2 + 5x$

$P(x) = x^2 + 2 \cdot x \cdot 2{,}5 + 2{,}5^2 - 2{,}5^2$

$P(x) = (x + 2{,}5)^2 - 6{,}25$

Benenne wieder eine Zahl mit $x \in \mathbb{Q}$, dann ist die andere Zahl $x + 5$, da die Differenz der beiden rationalen Zahlen 5 ergibt.

Der minimale Produktwert der beiden Zahlen ist $P_{min} = -6{,}25$ für $x = -2{,}5$. Die beiden Zahlen sind damit **$-2{,}5$** und **$-2{,}5 + 5 = 2{,}5$**.

46 Es sei die Länge ℓ des Rechtecks mit $\ell = x$ m vorgegeben. Da der Umfang des Rechtecks $u = 50$ m beträgt und sich mithilfe der Formel $u = 2\ell + 2b$ berechnet, gilt damit für die Breite b des Rechtecks:

$b = 0{,}5 \cdot u - \ell$

$b = 0{,}5 \cdot 50 \text{ m} - x \text{ m}$

$b = (25 - x) \text{ m}$

Der Flächeninhalt des Rechtecks ergibt sich mit $A = \ell \cdot b$:

$A(x) = x \cdot (25 - x) \text{ m}^2$

$A(x) = (25x - x^2) \text{ m}^2$

$A(x) = (-x^2 + 25x) \text{ m}^2$

$A(x) = -(x^2 - 25x) \text{ m}^2$

$A(x) = -(x^2 - 2 \cdot x \cdot 12{,}5 + 12{,}5^2 - 12{,}5^2) \text{ m}^2$

$A(x) = -((x - 12{,}5)^2 - 156{,}25) \text{ m}^2$

$A(x) = [-(x - 12{,}5)^2 + 156{,}25] \text{ m}^2$

$A_{max} = 156{,}25 \text{ m}^2$ für $x = 12{,}5$

Der maximale Flächeninhalt beträgt 156,25 m². Die zugehörigen Seitenlängen sind dann **12,5 m** und $(25 - 12{,}5) \text{ m} = \mathbf{12{,}5 \text{ m}}$.

Die gegebene Seillänge von 50 m entspricht dem größtmöglichen Umfang des rechteckigen Claims. Es ist also zunächst der maximale Flächeninhalt zu berechnen, den ein Rechteck mit einem Umfang von 50 m haben kann.

47 Seitenlängen des neuen Rechtecks:

$\overline{AB_n} = (7 - x) \text{ cm}$ und $\overline{AD_n} = (3 + x) \text{ cm}$

Der Flächeninhalt des neuen Rechtecks ergibt sich mit $A = \overline{AB_n} \cdot \overline{AD_n}$:

$A(x) = (7 - x) \cdot (3 + x) \text{ cm}^2$

$A(x) = (21 + 7x - 3x - x^2) \text{ cm}^2$

$A(x) = (-x^2 + 4x + 21) \text{ cm}^2$

$A(x) = -(x^2 - 4x - 21) \text{ cm}^2$

$A(x) = -(x^2 - 2 \cdot x \cdot 2 + 2^2 - 2^2 - 21) \text{ cm}^2$

$A(x) = -[(x - 2)^2 - 25] \text{ cm}^2$

$A(x) = [-(x - 2)^2 + 25] \text{ cm}^2$

$A_{max} = 25 \text{ cm}^2$ für $x = 2$

Den größten Flächeninhalt mit 25 cm² erhält man für **x = 2**.

Wegen $\overline{AB_1} = (7 - 2) \text{ cm} = 5 \text{ cm}$ und $\overline{AD_1} = (3 + 2) \text{ cm} = 5 \text{ cm}$ ist das Rechteck $AB_1C_1D_1$ ein Quadrat.

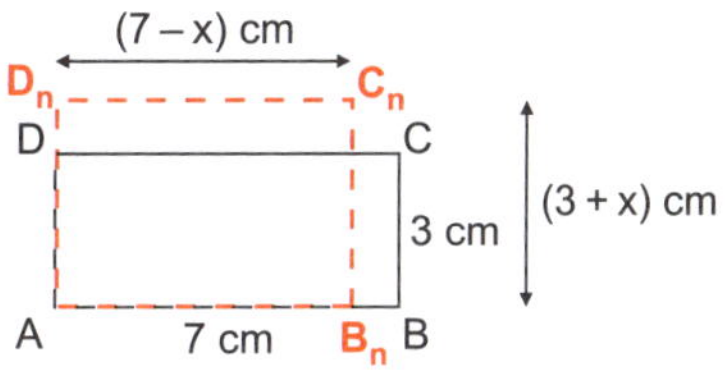

48 Es ist die Breite $b = x$ m des rechteckigen Bereichs vorgegeben. Da die Zaunlänge $u = 8$ m beträgt und nur 3 Seiten eingezäunt werden müssen, gilt für die Länge ℓ des Bereichs:

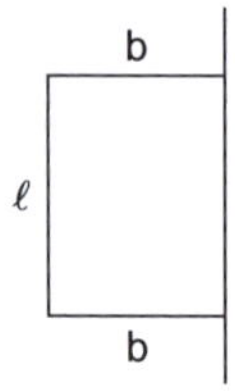

$\ell = u - 2b$
$\ell = 8\text{ m} - 2x\text{ m}$
$\ell = (8 - 2x)\text{ m}$

Der Flächeninhalt des Rechtecks ergibt sich mit $A = \ell \cdot b$:

$A(x) = (8 - 2x) \cdot x\text{ m}^2$
$A(x) = (8x - 2x^2)\text{ m}^2$
$A(x) = (-2x^2 + 8x)\text{ m}^2$
$A(x) = -2(x^2 - 4x)\text{ m}^2$
$A(x) = -2(x^2 - 2 \cdot x \cdot 2 + 2^2 - 2^2)\text{ m}^2$
$A(x) = -2[(x - 2)^2 - 4]\text{ m}^2$
$A(x) = [-2(x - 2)^2 + 8]\text{ m}^2$
$A_{max} = 8\text{ m}^2$ für $x = 2$

Den Kaninchen steht maximal eine Fläche von **8 m^2** als Auslauf zur Verfügung.

49 Seitenlängen des neuen Dreiecks:

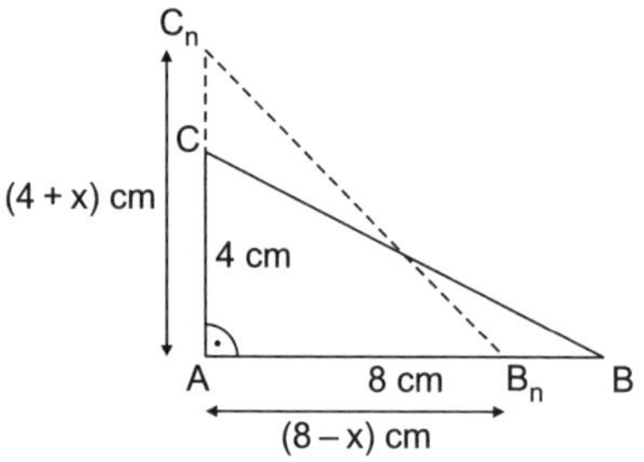

$\overline{AB_n} = (8 - x)\text{ cm}$ und $\overline{AC_n} = (4 + x)\text{ cm}$

Der Flächeninhalt des neuen Dreiecks ergibt sich mit $A = \frac{1}{2} \cdot \overline{AB_n} \cdot \overline{AC_n}$:

$$A(x) = \frac{1}{2} \cdot (8 - x) \cdot (4 + x)\text{ cm}^2$$
$$A(x) = \frac{1}{2} \cdot (32 + 8x - 4x - x^2)\text{ cm}^2$$
$$A(x) = \frac{1}{2} \cdot (-x^2 + 4x + 32)\text{ cm}^2$$
$$A(x) = -\frac{1}{2} \cdot (x^2 - 4x - 32)\text{ cm}^2$$
$$A(x) = -\frac{1}{2} \cdot (x^2 - 2 \cdot x \cdot 2 + 2^2 - 2^2 - 32)\text{ cm}^2$$
$$A(x) = -\frac{1}{2} \cdot [(x - 2)^2 - 36]\text{ cm}^2$$
$$A(x) = \left[-\frac{1}{2} \cdot (x - 2)^2 + 18\right]\text{ cm}^2$$

$A_{max} = 18\text{ cm}^2$ für $x = 2$

Den größten Flächeninhalt mit 18 cm^2 erhält man für **$x = 2$**.

50 a) Seitenlängen des Quaders:
Länge: 15 cm
Breite: 5 cm
Höhe: 8 cm

Volumen des ursprünglichen Quaders:
$V = 15\text{ cm} \cdot 5\text{ cm} \cdot 8\text{ cm} = \mathbf{600\text{ cm}^3}$

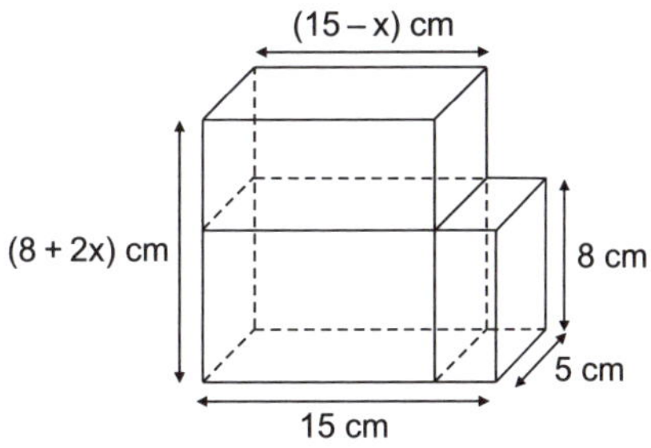

b) Seitenlängen der neuen Quader:
Länge: $(15 - x)$ cm
Breite: 5 cm
Höhe: $(8 + 2x)$ cm

Volumen der neuen Quader:
$\mathbf{V(x) = (15 - x) \cdot 5 \cdot (8 + 2x)\text{ cm}^3}$

c) Berechnung des maximalen Volumens:

$V(x) = (15 - x) \cdot 5 \cdot (8 + 2x)\text{ cm}^3$

$V(x) = (15 - x) \cdot (40 + 10x)\text{ cm}^3$

$V(x) = [600 + 150x - 40x - 10x^2]\text{ cm}^3$

$V(x) = [-10x^2 + 110x + 600]\text{ cm}^3$

$V(x) = [-10(x^2 - 11x - 60)]\text{ cm}^3$

$V(x) = [-10(x^2 - 2 \cdot x \cdot 5{,}5 + 5{,}5^2 - 5{,}5^2 - 60)]\text{ cm}^3$

$V(x) = [-10((x - 5{,}5)^2 - 90{,}25)]\text{ cm}^3$

$V(x) = [-10(x - 5{,}5)^2 + 902{,}5]\text{ cm}^3$

$V_{max} = 902{,}5\text{ cm}^3$ für $x = 5{,}5$

Das Volumen des Quaders wird maximal für $\mathbf{x = 5{,}5}$.

d) Berechnung der prozentualen Zunahme:

$$p\,\% = \frac{V_{max}}{V} \cdot 100\,\% = \frac{902{,}5\text{ cm}^3}{600\text{ cm}^3} \cdot 100\,\% = 150{,}42\,\%$$

Das größte Volumen V_{max} des Quaders ist um **50,42 %** größer als das bei a berechnete Volumen V.

51 a) $3x + 1 = 4 \quad |\,\mathbf{-1}$

$3x = 4 - 1$

$3x = 3 \quad |\,\mathbf{:3}$

$x = \mathbf{1}$

b) $-3x - 12 = 15 \quad |+12$

$-3x = 15 + 12$

$-3x = 27 \quad |:(-3)$

$x = -9$

c) $x + 4 = 5x \quad |-x$

$4 = 5x - x$

$4 = 4x \quad |:4$

$1 = x$

d) $6x + 8 = 4x + 12 \quad |-8$

$6x = 4x + 12 - 8$

$6x = 4x + 4 \quad |-4x$

$2x = 4 \quad |:2$

$x = 2$

52 a) $-3x - 21 = 15 \quad |+21$

$-3x = 36 \quad |:(-3)$

$x = -12$

b) $2x + 5 = -13 \quad |-5$

$2x = -18 \quad |:2$

$x = -9$

c) $5x + 8 = 4x + 4 \quad |-4x$

$5x + 8 - 4x = 4 \quad |-8$

$5x - 4x = 4 - 8$

$x = -4$

d) $10x + 4 = 8x - 12 \quad |-8x-4$

$10x - 8x = -12 - 4$

$2x = -16 \quad |:2$

$x = -8$

oder:

$10x + 4 = 8x - 12 \quad |-(8x+4)$

$10x - 8x = -12 - 4$

$2x = -16 \quad |:2$

$x = -8$

53 a) Gegebene Rechnung:

$$\begin{aligned} & 8z+4=0 && \mid -4 \\ \Leftrightarrow\ & 8z=-4 && \mid -8 \\ \Leftrightarrow\ & z=-12 \end{aligned}$$

Korrekte Lösung:

$$\begin{aligned} & 8z+4=0 && \mid -4 \\ \Leftrightarrow\ & 8z=-4 && \mid :8 \\ \Leftrightarrow\ & z=-0{,}5 \end{aligned}$$

b) Gegebene Rechnung:

$$\begin{aligned} & 2y+4=-6 && \mid -4 \\ \Leftrightarrow\ & 2y=-2 && \mid :2 \\ \Leftrightarrow\ & y=-1 \end{aligned}$$

Korrekte Lösung:

$$\begin{aligned} & 2y+4=-6 && \mid -4 \\ \Leftrightarrow\ & 2y=-10 && \mid :2 \\ \Leftrightarrow\ & y=-5 \end{aligned}$$

c) Gegebene Rechnung:

$$\begin{aligned} & -3x+4=-6 && \mid :(-3) \\ \Leftrightarrow\ & x+4=2 && \mid -4 \\ \Leftrightarrow\ & x=-2 \end{aligned}$$

Korrekte Lösung:

$$\begin{aligned} & -3x+4=-6 && \mid :(-3) \\ \Leftrightarrow\ & x-\frac{4}{3}=2 && \mid +\frac{4}{3} \\ \Leftrightarrow\ & x=3\frac{1}{3} \end{aligned}$$

oder:

$$\begin{aligned} & -3x+4=-6 && \mid -4 \\ \Leftrightarrow\ & -3x=-10 && \mid :(-3) \\ \Leftrightarrow\ & x=3\frac{1}{3} \end{aligned}$$

d) Gegebene Rechnung:

$$\begin{aligned} & -6w+3=-9 && \mid -3 \\ \Leftrightarrow\ & -6w=-6 && \mid :(-6) \\ \Leftrightarrow\ & w=1 \end{aligned}$$

Korrekte Lösung:

$$\begin{aligned} & -6w+3=-9 && \mid -3 \\ \Leftrightarrow\ & -6w=-12 && \mid :(-6) \\ \Leftrightarrow\ & w=2 \end{aligned}$$

54 a)

$$\begin{aligned} & 7x+6=-3x-4 && \mid -6 \\ \Leftrightarrow\ & 7x=-3x-10 && \mid +3x \\ \Leftrightarrow\ & 10x=-10 && \mid :10 \\ \Leftrightarrow\ & x=-1 \end{aligned}$$

Probe:

$$7\cdot(-1)+6\overset{?}{=}-3\cdot(-1)-4$$

$$-1=-1 \qquad \text{(w)}$$

$\mathbb{L}=\{-1\}$

b) $13+8x-4x=-2x+25$

$\Leftrightarrow \quad 13+4x=-2x+25 \quad |-13$

$\Leftrightarrow \quad 4x=-2x+12 \quad |+2x$

$\Leftrightarrow \quad 6x=12 \quad |:6$

$\Leftrightarrow \quad x=2$

Probe:

$13+8\cdot 2-4\cdot 2\stackrel{?}{=}-2\cdot 2+25$

$21=21 \quad (w)$

$\mathbb{L}=\{2\}$

c) $x+(x+6)=5x$

$\Leftrightarrow \quad x+x+6=5x$

$\Leftrightarrow \quad 2x+6=5x \quad |-2x$

$\Leftrightarrow \quad 6=3x \quad |:3$

$\Leftrightarrow \quad 2=x$

Probe:

$2+(2+6)\stackrel{?}{=}5\cdot 2$

$10=10 \quad (w)$

$\mathbb{L}=\{2\}$

d) $3\cdot(x+4)=2\cdot(x+4)+8$

$\Leftrightarrow \quad 3x+12=2x+8+8$

$\Leftrightarrow \quad 3x+12=2x+16 \quad |-12$

$\Leftrightarrow \quad 3x=2x+4 \quad |-2x$

$\Leftrightarrow \quad x=4$

Probe:

$3\cdot(4+4)\stackrel{?}{=}2\cdot(4+4)+8$

$24=24 \quad (w)$

$\mathbb{L}=\{4\}$

55 a) $\mathbb{G}=\mathbb{N}$

$-3x-4\cdot(x-8)=5x-2\cdot(5+x)$

$\Leftrightarrow \quad -3x-4x+32=5x-10-2x$

$\Leftrightarrow \quad -7x+32=3x-10 \quad |-3x$

$\Leftrightarrow \quad -10x+32=-10 \quad |-32$

$\Leftrightarrow \quad -10x=-42 \quad |:(-10)$

$\Leftrightarrow \quad x=4{,}2$

$\mathbb{L}=\varnothing$

Löse die Klammern auf und fasse alle gleichartigen Terme zusammen.

Bringe alle Terme mit und ohne x auf verschiedene Seiten, indem du zuerst 3x und dann 32 subtrahierst.

Dividiere anschließend durch den Vorfaktor –10 der Variablen.

$4{,}2 \notin \mathbb{L}$, da $4{,}2 \notin \mathbb{G}=\mathbb{N}$

b) $\mathbb{G} = \mathbb{Z}$

$$-4x - 2\left(-x + \frac{1}{2}\right) = -\frac{1}{2}(2x + 8)$$

$$\Leftrightarrow \quad -4x + 2x - 1 = -x - 4$$

Löse die Klammern auf und fasse alle gleichartigen Terme zusammen.

$$\Leftrightarrow \quad -2x - 1 = -x - 4 \qquad |+x$$

$$\Leftrightarrow \quad -x - 1 = -4 \qquad |+1$$

$$\Leftrightarrow \quad -x = -3 \qquad |:(-1)$$

$$\Leftrightarrow \quad x = 3$$

Bringe alle Terme mit und ohne x auf verschiedene Seiten, indem du zuerst x und dann 1 addierst. Dividiere anschließend durch den Vorfaktor –1 der Variablen.

$\mathbb{L} = \{3\}$

c) $\mathbb{G} = \mathbb{N}$

$$-\frac{1}{4}(2 - x) - \frac{1}{2}\left(-\frac{1}{2}x + 4\right) = \frac{1}{3}(-6 - 3x) \cdot 3 \qquad |\cdot 4$$

Multipliziere mit 4, damit die Brüche verschwinden.

$$\Leftrightarrow \quad -(2 - x) - 2\left(-\frac{1}{2}x + 4\right) = 4 \cdot \frac{1}{3}(-6 - 3x) \cdot 3$$

$$\Leftrightarrow \quad -2 + x + x - 8 = 4 \cdot (-6 - 3x)$$

Löse die Klammern auf und fasse alle gleichartigen Terme zusammen.

$$\Leftrightarrow \quad 2x - 10 = -24 - 12x \qquad |+12x$$

$$\Leftrightarrow \quad 14x - 10 = -24 \qquad |+10$$

$$\Leftrightarrow \quad 14x = -14 \qquad |:14$$

$$\Leftrightarrow \quad x = -1$$

Bringe alle Terme mit und ohne x auf verschiedene Seiten, indem du zuerst 12x und dann 10 addierst. Dividiere durch den Vorfaktor 14 der Variablen.

$\mathbb{L} = \varnothing$

$-1 \notin L$, da $-1 \notin \mathbb{G} = \mathbb{N}$.

d) $\mathbb{G} = \mathbb{Z}$

$$2(x - 3) - 2^{-2}(-x + 4) \cdot 2 = 2 \cdot (x + 1) - 1(x + 1)$$

$$\Leftrightarrow \quad 2x - 6 - \frac{2}{4}(-x + 4) = 2x + 2 - x - 1$$

$$\Leftrightarrow \quad 2x - 6 + \frac{1}{2}x - 2 = x + 1$$

Löse die Klammern auf und fasse alle gleichartigen Terme zusammen.

$$\Leftrightarrow \quad 2{,}5x - 8 = x + 1 \qquad |-x$$

$$\Leftrightarrow \quad 1{,}5x - 8 = 1 \qquad |+8$$

$$\Leftrightarrow \quad 1{,}5x = 9 \qquad |:1{,}5$$

$$\Leftrightarrow \quad x = 6$$

Bringe alle Terme mit und ohne x auf verschiedene Seiten, indem du x subtrahierst und 8 addierst. Dividiere anschließend durch den Vorfaktor 1,5 der Variablen.

$\mathbb{L} = \{6\}$

56 Betrachte die gegebene Rechnung:

$$-(2x-4)^2=-4(x+1)(x-1)$$

$$\begin{aligned}
&(1) \Leftrightarrow & -4x^2-8x+16&=-4(x+1)(x-1) \\
&(2) \Leftrightarrow & -4x^2-8x+16&=-4x^2-4 && \mid +4x^2-16 \\
&(3) \Leftrightarrow & -8x&=20 && \mid :(-8) \\
&(4) \Leftrightarrow & x&=2,5
\end{aligned}$$

zu (1) Es wurde die binomische Formel falsch angewandt und beim Auflösen der Klammer das Minus davor nicht beachtet:
$-(2x-4)^2=-(4x^2\mathbf{-16x}+16)=-4x^2\mathbf{+16x}-16$

zu (2) Nach dem Anwenden der binomischen Formel wurde beim Auflösen der Klammer das Minus davor nicht beachtet:
$-4(x+1)(x-1)=-4(x^2-1)=-4x^2+4$

zu (3) Es wurde falsch gerechnet: $-4-16=-20$

zu (4) Es wurde falsch gerechnet: $20:(-8)=-2,5$ also $x=-2,5$
Außerdem fehlt die Lösungsmenge $\mathbb{L}=\varnothing$.

Korrekte Lösung:

$$\begin{aligned}
& & -(2x-4)^2&=-4(x+1)(x-1) \\
&\Leftrightarrow & -4x^2+16x-16&=-4(x+1)(x-1) \\
&\Leftrightarrow & -4x^2+16x-16&=-4x^2+4 && \mid +4x^2+16 \\
&\Leftrightarrow & 16x&=20 && \mid :16 \\
&\Leftrightarrow & x&=1,25
\end{aligned}$$

$\mathbb{L}=\varnothing$

Beachte beim Auflösen der binomischen Formel das Vorzeichen vor der Klammer.

57 a) $\mathbb{G}_1=\mathbb{Z};\quad \mathbb{G}_2=\mathbb{Q}^+;\quad \mathbb{G}_3=\mathbb{Q}$

$$\begin{aligned}
& & -(x+3)-2(x+4)&=-(x+2)^2+x^2 \\
&\Leftrightarrow & -x-3-2x-8&=-(x^2+4x+4)+x^2 \\
&\Leftrightarrow & -3x-11&=-x^2-4x-4+x^2 \\
&\Leftrightarrow & -3x-11&=-4x-4 && \mid +4x \\
&\Leftrightarrow & x-11&=-4 && \mid +11 \\
&\Leftrightarrow & x&=7
\end{aligned}$$

$\mathbb{L}_1=\mathbb{L}_2=\mathbb{L}_3=\{7\}$

Wende zunächst die 1. binomische Formel an und löse anschließend die Klammer auf. Beachte dabei das Minus vor der Klammer.

b) $\mathbb{G}_1=\mathbb{Z};\quad \mathbb{G}_2=\mathbb{Q}^+;\quad \mathbb{G}_3=\mathbb{Q}$

$$\begin{aligned}
& & x(x-1)-3x&=(x-1)(x+1)+\frac{1}{2}(x-4) \\
&\Leftrightarrow & x^2-x-3x&=x^2-1+0,5x-2 \\
&\Leftrightarrow & x^2-4x&=x^2+0,5x-3 && \mid -x^2
\end{aligned}$$

3. binomische Formel

$$\Leftrightarrow \quad -4x = 0{,}5x - 3 \quad |-0{,}5x$$
$$\Leftrightarrow \quad -4{,}5x = -3 \quad |:(-4{,}5)$$
$$\Leftrightarrow \quad x = \frac{2}{3}$$

$\mathbb{L}_1 = \varnothing$; $\mathbb{L}_2 = \mathbb{L}_3 = \left\{\frac{2}{3}\right\}$

c) $\mathbb{G}_1 = \mathbb{Z}$; $\mathbb{G}_2 = \mathbb{Q}^+$; $\mathbb{G}_3 = \mathbb{Q}$

$$16 \cdot \left(\frac{1}{4}x - \frac{3}{4}\right)\left(\frac{1}{4}x + \frac{3}{4}\right) = (x+2)^2 - \frac{1}{3}(6x+9)$$
$$\Leftrightarrow \quad 16 \cdot \left(\frac{1}{16}x^2 - \frac{9}{16}\right) = x^2 + 4x + 4 - 2x - 3$$
$$\Leftrightarrow \quad x^2 - 9 = x^2 + 2x + 1 \quad |-x^2 - 1$$
$$\Leftrightarrow \quad -10 = 2x \quad |:2$$
$$\Leftrightarrow \quad x = -5$$

$\mathbb{L}_1 = \mathbb{L}_3 = \{-5\}$; $\mathbb{L}_2 = \varnothing$

d) $\mathbb{G}_1 = \mathbb{Z}$; $\mathbb{G}_2 = \mathbb{Q}^+$; $\mathbb{G}_3 = \mathbb{Q}$

$$(0{,}5x+1)^2 + (1{,}5x-2)^2 = (3x-2)^2 - 2x(3{,}25x-4)$$
$$\Leftrightarrow \quad 0{,}25x^2 + x + 1 + 2{,}25x^2 - 6x + 4 = 9x^2 - 12x + 4 - 6{,}5x^2 + 8x$$
$$\Leftrightarrow \quad 2{,}5x^2 - 5x + 5 = 2{,}5x^2 - 4x + 4 \quad |-2{,}5x^2$$
$$\Leftrightarrow \quad -5x + 5 = -4x + 4 \quad |+5x$$
$$\Leftrightarrow \quad 5 = x + 4 \quad |-4$$
$$\Leftrightarrow \quad x = 1$$

$\mathbb{L}_1 = \mathbb{L}_2 = \mathbb{L}_3 = \{1\}$

58 a) gesuchte Zahl: x

$$5 \cdot x = 18 - 13$$
$$5x = 5 \quad |:5$$
$$x = 1$$

$\mathbb{L} = \{1\}$

b) gesuchte Zahl: x

$$2 \cdot (x+1) = 8$$
$$2x + 2 = 8 \quad |-2$$
$$2x = 6 \quad |:2$$
$$x = 3$$

$\mathbb{L} = \{3\}$

c) gesuchte Zahl: x

$$3 \cdot x - 2 = x - 12 \quad |-x$$
$$2x - 2 = -12 \quad |+2$$
$$2x = -10 \quad |:2$$
$$x = -5$$

$\mathbb{L} = \{-5\}$

59 a)

$$-x + 3 > -7 \quad |-3$$
$$-x + 3 - 3 > -7 - 3$$
$$-x > -10 \quad |:(-1)$$
$$(-x):(-1) < -10:(-1)$$
$$x < 10$$

Inversionsgesetz

b) $4x+8 \leqq 16 \quad |-8$

$4x+8-8 \leqq 16-8$

$4x \leqq 8 \quad |:4$

$4x:4 \leqq 8:4$

$x \leqq 2$

c) $-(x+3) \geqq -5 \quad |\cdot(-1)$ **Inversionsgesetz**

$-(x+3)\cdot(-1) \leqq (-5)\cdot(-1)$

$x+3 \leqq 5 \quad |-3$

$x+3-3 \leqq 5-3$

$x \leqq 2$

d) $25-5x < 50 \quad |-25$

$25-5x-25 < 50-25$

$-5x < 25 \quad |:(-5)$ **Inversionsgesetz**

$(-5x):(-5) > 25:(-5)$

$x > -5$

60 a) Gegebene Rechnung:

$-6x+3 < 18x \quad |:(-6)$

$\Leftrightarrow \quad x+3 \geqq -3x \quad |-x$

$\Leftrightarrow \quad 3 \leqq -4x \quad |:(-4)$

$\Leftrightarrow \quad \frac{3}{4} \geqq x$

Korrekte Lösung:

$-6x+3 < 18x \quad |:(-6)$

$\Leftrightarrow \quad x-\frac{1}{2} > -3x \quad |-x$

$\Leftrightarrow \quad -\frac{1}{2} > -4x \quad |:(-4)$

$\Leftrightarrow \quad \frac{1}{8} < x$

oder:

$-6x+3 < 18x \quad |+6x$

$\Leftrightarrow \quad 3 < 24x \quad |:24$

$\Leftrightarrow \quad \frac{3}{24} < x$

$\Leftrightarrow \quad \frac{1}{8} < x$

b) Gegebene Rechnung:

$-8x+4(3x+1) < 12x+4 \quad |:4$

$\Leftrightarrow \quad -2x+3x+1 < 3x+1 \quad |-(3x+1)$

$\Leftrightarrow \quad -2x < 0 \quad |:2$

$\Leftrightarrow \quad x > 0$

Korrekte Lösung:

$$\begin{aligned} & -8x+4(3x+1)<12x+4 && |:4 \\ \Leftrightarrow\quad & -2x+3x+1<3x+1 && |-(3x+1) \\ \Leftrightarrow\quad & -2x<0 && |:(-2) \\ \Leftrightarrow\quad & x>0 \end{aligned}$$

oder:

$$\begin{aligned} & -8x+4(3x+1)<12x+4 \\ \Leftrightarrow\quad & -8x+12x+4<12x+4 \\ \Leftrightarrow\quad & 4x+4<12x+4 && |-12x \\ \Leftrightarrow\quad & -8x+4<4 && |-4 \\ \Leftrightarrow\quad & -8x<0 && |:(-8) \\ \Leftrightarrow\quad & x>0 \end{aligned}$$

61 a) Bringe die Ungleichung $5(x+1)-x \leqq 3x+6$ mithilfe von Äquivalenzumformungen auf die Form $x \leqq 1$.

$$\begin{aligned} & \mathbf{5(x+1)-x \leqq 3x+6} \\ \Leftrightarrow\quad & 5x+5-x \leqq 3x+6 \\ \Leftrightarrow\quad & 4x+5 \leqq 3x+6 && |-3x \\ \Leftrightarrow\quad & x+5 \leqq 6 && |-5 \\ \Leftrightarrow\quad & \mathbf{x \leqq 1} \end{aligned}$$

b) Bringe die Ungleichung $1-7x > -(x-12)-4x$ mithilfe von Äquivalenzumformungen auf die Form $1-2x>12$.

$$\begin{aligned} & \mathbf{1-7x > -(x-12)-4x} \\ \Leftrightarrow\quad & 1-7x > -x+12-4x \\ \Leftrightarrow\quad & 1-7x > -5x+12 && |+5x \\ \Leftrightarrow\quad & \mathbf{1-2x > 12} \end{aligned}$$

c) Bringe die Ungleichung $4+2(-3x-5)<2x$ mithilfe von Äquivalenzumformungen auf die Form $6+6x>-2x$.

$$\begin{aligned} & \mathbf{4+2(-3x-5)<2x} \\ \Leftrightarrow\quad & 4-6x-10<2x \\ \Leftrightarrow\quad & -6x-6<2x && |:(-1) \\ \Leftrightarrow\quad & \mathbf{6+6x>-2x} \end{aligned}$$

d) Bringe die Ungleichung $-3(x-8+2x)-3 \geqq 15(x-1)$ mithilfe von Äquivalenzumformungen auf die Form $24x \leqq 36$.

$$
\begin{aligned}
& \mathbf{-3(x-8+2x)-3 \geqq 15(x-1)} \\
\Leftrightarrow\ & -3x+24-6x-3 \geqq 15x-15 \\
\Leftrightarrow\ & -9x+21 \geqq 15x-15 && |-15x \\
\Leftrightarrow\ & -24x+21 \geqq -15 && |-21 \\
\Leftrightarrow\ & -24x \geqq -36 && |:(-1) \\
\Leftrightarrow\ & \mathbf{24x \leqq 36}
\end{aligned}
$$

62 a)

$$
\begin{aligned}
& -3x \leqq 18 && \mathbf{|:(-3)} \\
\Leftrightarrow\ & \mathbf{x \geqq -6}
\end{aligned}
$$

b)

$$
\begin{aligned}
& 3x+8 > -4 && \mathbf{|-8} \\
\Leftrightarrow\ & 3x > -12 && \mathbf{|:3} \\
\Leftrightarrow\ & \mathbf{x > -4}
\end{aligned}
$$

c)

$$
\begin{aligned}
& x+8 \geqq 2x+2 && \mathbf{|-2x} \\
\Leftrightarrow\ & -x+8 \geqq 2 && \mathbf{|-8} \\
\Leftrightarrow\ & -x \geqq -6 && \mathbf{|:(-1)} \\
\Leftrightarrow\ & \mathbf{x \leqq 6}
\end{aligned}
$$

d)

$$
\begin{aligned}
& -2(-3x+4) > -5(-3x-4)+17 \\
\Leftrightarrow\ & 6x-8 > 15x+20+17 \\
\Leftrightarrow\ & 6x-8 > 15x+37 && \mathbf{|-15x} \\
\Leftrightarrow\ & -9x-8 > 37 && \mathbf{|+8} \\
\Leftrightarrow\ & -9x > 45 && \mathbf{|:(-9)} \\
\Leftrightarrow\ & \mathbf{x < -5}
\end{aligned}
$$

63 a)

$$
\begin{aligned}
& 3x+8 \geqq 2x+3-1 \\
\Leftrightarrow\ & 3x+8 \geqq 2x+2 && |-2x \\
\Leftrightarrow\ & x+8 \geqq 2 && |-8 \\
\Leftrightarrow\ & x \geqq \mathbf{-6}
\end{aligned}
$$

Probe:

$$3 \cdot \mathbf{(-6)} + 8 \stackrel{?}{=} 2 \cdot \mathbf{(-6)} + 3 - 1$$

$$-10 = -10 \qquad \text{(w)}$$

$$\mathbb{L} = \{x \in \mathbb{Q} \mid x \geqq -6\}$$

b) $x + 4 \cdot 2^{-1} < 3x + 18 - 4x$

$\Leftrightarrow \quad x + 4 \cdot \frac{1}{2} < -x + 18$

$\Leftrightarrow \quad x + 2 < -x + 18 \qquad | + x$

$\Leftrightarrow \quad 2x + 2 < 18 \qquad | - 2$

$\Leftrightarrow \quad 2x < 16 \qquad | : 2$

$\Leftrightarrow \quad x < \mathbf{8}$

Probe:

$\mathbf{8} + 4 \cdot 2^{-1} \stackrel{?}{=} 3 \cdot \mathbf{8} + 18 - 4 \cdot \mathbf{8}$

$10 = 10 \qquad \text{(w)}$

$\mathbb{L} = \{x \in \mathbb{Q} \mid x < 8\}$

c) $-\frac{1}{2}(x+1) - \frac{1}{2}x > x + 4 \qquad | \cdot 2$

$\Leftrightarrow \quad -(x+1) - x > 2x + 8$

$\Leftrightarrow \quad -x - 1 - x > 2x + 8$

$\Leftrightarrow \quad -2x - 1 > 2x + 8 \qquad | - 2x$

$\Leftrightarrow \quad -4x - 1 > 8 \qquad | + 1$

$\Leftrightarrow \quad -4x > 9 \qquad | : (-4)$

$\Leftrightarrow \quad x < \mathbf{-2{,}25}$

Probe:

$-\frac{1}{2}(\mathbf{-2{,}25} + 1) - \frac{1}{2} \cdot (\mathbf{-2{,}25}) \stackrel{?}{=} \mathbf{-2{,}25} + 4$

$1{,}75 = 1{,}75 \qquad \text{(w)}$

$\mathbb{L} = \{x \in \mathbb{Q} \mid x < -2{,}25\}$

d) $1{,}5x - (7x - 8) \geqq -7(x+1)$

$\Leftrightarrow \quad 1{,}5x - 7x + 8 \geqq -7x - 7$

$\Leftrightarrow \quad -5{,}5x + 8 \geqq -7x - 7 \qquad | + 7x$

$\Leftrightarrow \quad 1{,}5x + 8 \geqq -7 \qquad | -8$

$\Leftrightarrow \quad 1{,}5x \geqq -15 \qquad | : 1{,}5$

$\Leftrightarrow \quad x \geqq \mathbf{-10}$

Probe:

$1{,}5 \cdot (\mathbf{-10}) - (7 \cdot (\mathbf{-10}) - 8) \stackrel{?}{=} -7(\mathbf{-10} + 1)$

$63 = 63 \qquad \text{(w)}$

$\mathbb{L} = \{x \in \mathbb{Q} \mid x \geqq -10\}$

64 a) $\mathbb{G} = \mathbb{N}$

$$-\frac{1}{9}x + 2 > -4 + 2x \quad |\cdot 9$$
$$\Leftrightarrow \quad -x + 18 > -36 + 18x \quad |-18x$$
$$\Leftrightarrow \quad -19x + 18 < -36 \quad |-18$$
$$\Leftrightarrow \quad -19x < 54 \quad |:(-19)$$
$$\Leftrightarrow \quad x < \frac{54}{19}$$

$\mathbb{L} = \varnothing$

Korrekte Lösung:

$\mathbb{G} = \mathbb{N}$

$$-\frac{1}{9}x + 2 > -4 + 2x \quad |\cdot 9$$
$$\Leftrightarrow \quad -x + 18 > -36 + 18x \quad |-18x$$
$$\Leftrightarrow \quad -19x + 18 > -36 \quad |-18$$
$$\Leftrightarrow \quad -19x > -54 \quad |:(-19)$$
$$\Leftrightarrow \quad x < \frac{54}{19}$$

$$\mathbb{L} = \left\{ x \in \mathbb{N} \,|\, x < \frac{54}{19} \right\} = \{x \in \mathbb{N} \,|\, x < 3\} = \{1; 2\}$$

b) $\mathbb{G} = \mathbb{Q}^-$

$$-0{,}5 \geqq (x-3)^2 - (x-2)(x+2)$$
$$\Leftrightarrow \quad -0{,}5 \geqq x^2 - 6x + 9 - x^2 - 4$$
$$\Leftrightarrow \quad -0{,}5 \geqq -6x + 5 \quad |-5$$
$$\Leftrightarrow \quad -5{,}5 < -6x \quad |:(-6)$$
$$\Leftrightarrow \quad \frac{23}{2} > x$$

$\mathbb{L} = \varnothing$

Korrekte Lösung:

$\mathbb{G} = \mathbb{Q}^-$

$$-0{,}5 \geqq (x-3)^2 - (x-2)(x+2)$$
$$\Leftrightarrow \quad -0{,}5 \geqq x^2 - 6x + 9 - (x^2 - 4)$$
$$\Leftrightarrow \quad -0{,}5 \geqq x^2 - 6x + 9 - x^2 + 4$$
$$\Leftrightarrow \quad -0{,}5 \geqq -6x + 13 \quad |-13$$
$$\Leftrightarrow \quad -13{,}5 \geqq -6x \quad |:(-6)$$
$$\Leftrightarrow \quad 2{,}25 \leqq x$$

$$\mathbb{L} = \{x \in \mathbb{Q}^- \,|\, 2{,}25 \leqq x\} = \varnothing$$

Wende zunächst die binomische Formel an und löse dann die Klammer auf.

65 a) $\mathbb{G} = \mathbb{Z}$

$$
\begin{aligned}
& -6x + 2(-x-4) \geqq -(x+2) + 2x \\
\Leftrightarrow \quad & -6x - 2x - 8 \geqq -x - 2 + 2x \\
\Leftrightarrow \quad & -8x - 8 \geqq x - 2 && \mid -x \\
\Leftrightarrow \quad & -9x - 8 \geqq -2 && \mid +8 \\
\Leftrightarrow \quad & -9x \geqq 6 && \mid :(-9) \\
\Leftrightarrow \quad & x \leqq -\frac{2}{3}
\end{aligned}
$$

$\mathbb{L} = \left\{x \in \mathbb{Z} \mid x \leqq -\frac{2}{3}\right\} = \{x \in \mathbb{Z} \mid x \leqq -1\}$

b) $\mathbb{G} = \mathbb{N}$

$$
\begin{aligned}
& -2(-x-3) + 3(-x-3) \leqq 8 \cdot \left(\frac{1}{4}x + \frac{1}{2}\right) \\
\Leftrightarrow \quad & 2x + 6 - 3x - 9 \leqq 2x + 4 \\
\Leftrightarrow \quad & -x - 3 \leqq 2x + 4 && \mid -2x \\
\Leftrightarrow \quad & -3x - 3 \leqq 4 && \mid +3 \\
\Leftrightarrow \quad & -3x \leqq 7 && \mid :(-3) \\
\Leftrightarrow \quad & x \geqq -\frac{7}{3}
\end{aligned}
$$

$\mathbb{L} = \left\{x \in \mathbb{N} \mid x \geqq -\frac{7}{3}\right\} = \mathbb{N}$

c) $\mathbb{G} = \mathbb{Q}$

$$
\begin{aligned}
& -\frac{1}{4}(x+9) + \frac{1}{5}(x-7) < \frac{1}{5}(6x-17) && \mid \cdot 20 \\
\Leftrightarrow \quad & -5(x+9) + 4(x-7) < 4(6x-17) \\
\Leftrightarrow \quad & -5x - 45 + 4x - 28 < 24x - 68 \\
\Leftrightarrow \quad & -x - 73 < 24x - 68 && \mid -24x \\
\Leftrightarrow \quad & -25x - 73 < -68 && \mid +73 \\
\Leftrightarrow \quad & -25x < 5 && \mid :(-25) \\
\Leftrightarrow \quad & x > -\frac{1}{5}
\end{aligned}
$$

Multipliziere zunächst mit dem Hauptnenner 20, um die Brüche in der Rechnung zu vermeiden.

$\mathbb{L} = \left\{x \in \mathbb{Q} \mid x > -\frac{1}{5}\right\}$

d) $\mathbb{G} = \mathbb{Q}^-$

$$\begin{aligned} & -[x+1-(x+6x)+3(-5+x)] > (-x-1)(-5) \\ \Leftrightarrow\quad & -[x+1-x-6x-15+3x] > 5x+5 \\ \Leftrightarrow\quad & -[-3x-14] > 5x+5 \\ \Leftrightarrow\quad & 3x+14 > 5x+5 \quad \left|-5x-14\right. \\ \Leftrightarrow\quad & -2x > -9 \quad \left|:(-2)\right. \\ \Leftrightarrow\quad & x < 4,5 \end{aligned}$$

Löse die Klammern der Reihe nach von innen nach außen auf. Beachte dabei die Minuszeichen vor den Klammern.

$\mathbb{L} = \left\{x \in \mathbb{Q}^- \mid x < 4,5\right\} = \mathbb{Q}^-$

66 a) gesuchte Zahl: x

$$\begin{aligned} 8\cdot x &> 3\cdot x+25 \quad \left|-3x\right. \\ 5x &> 25 \quad \left|:5\right. \\ x &> 5 \end{aligned}$$

$\mathbb{L} = \{x \in \mathbb{Q} \mid x > 5\}$

b) gesuchte Zahl: x

$$\begin{aligned} 2\cdot(x+5) &\geqq -12 \\ 2x+10 &\geqq -12 \quad \left|-10\right. \\ 2x &\geqq -22 \quad \left|:2\right. \\ x &\geqq -11 \end{aligned}$$

$\mathbb{L} = \{x \in \mathbb{Q} \mid x \geqq -11\}$

c) gesuchte Zahl: x

$$\begin{aligned} x-6\cdot(-1,5) &< 0 \\ x+9 &< 0 \quad \left|-9\right. \\ x &< -9 \end{aligned}$$

$\mathbb{L} = \{x \in \mathbb{Q} \mid x < -9\}$

67 a) $\mathbb{G}_1 = \mathbb{N};\quad \mathbb{G}_2 = \mathbb{Q}^+;\quad \mathbb{G}_3 = \mathbb{Q}$

$$\begin{aligned} & -8x^2+2\cdot 4x+4x+4x \leqq 2^{-2}+\frac{1}{2}\left(x-\frac{1}{2}-16x^2\right) \\ \Leftrightarrow\quad & -8x^2+8x+8x \leqq \frac{1}{4}+\frac{1}{2}x-\frac{1}{4}-8x^2 \\ \Leftrightarrow\quad & -8x^2+16x \leqq \frac{1}{2}x-8x^2 \quad \left|+8x^2-\frac{1}{2}x\right. \\ \Leftrightarrow\quad & 15,5x \leqq 0 \quad \left|:15,5\right. \\ \Leftrightarrow\quad & x \leqq 0 \end{aligned}$$

$2^{-2} = \frac{1}{2^2} = \frac{1}{4}$

$\mathbb{L}_1 = \mathbb{L}_2 = \emptyset;\quad \mathbb{L}_3 = \{x \in \mathbb{Q} \mid x \leqq 0\}$

b) $\mathbb{G}_1 = \mathbb{N};\quad \mathbb{G}_2 = \mathbb{Q}^+;\quad \mathbb{G}_3 = \mathbb{Q}$

$$
\begin{aligned}
& & -3\left(\frac{1}{3}x+2\right)+2(x-3) &< -\frac{1}{3}(-6+9x)-4(x-1) & \\
&\Leftrightarrow & -x-6+2x-6 &< 2-3x-4x+4 & \\
&\Leftrightarrow & x-12 &< -7x+6 & \quad |+7x+12 \\
&\Leftrightarrow & 8x &< 18 & \quad |:8 \\
&\Leftrightarrow & x &< 2,25 &
\end{aligned}
$$

$\mathbb{L}_1 = \{1; 2\}$

$\mathbb{L}_2 = \{x \in \mathbb{Q}^+ \mid x < 2,25\}$

$\mathbb{L}_3 = \{x \in \mathbb{Q} \mid x < 2,25\}$

c) $\mathbb{G}_1 = \mathbb{N};\quad \mathbb{G}_2 = \mathbb{Q}^+;\quad \mathbb{G}_3 = \mathbb{Q}$

$$
\begin{aligned}
& & (3x+2)^2-\left(x+\frac{1}{2}\right)\left(x-\frac{1}{2}\right) &> 2^3x^2+1,85 & \\
&\Leftrightarrow & 9x^2+12x+4-\left(x^2-\frac{1}{4}\right) &> 8x^2+1,85 & \\
&\Leftrightarrow & 9x^2+12x+4-x^2+\frac{1}{4} &> 8x^2+1,85 & \\
&\Leftrightarrow & 8x^2+12x+4,25 &> 8x^2+1,85 & \quad |-8x^2 \\
&\Leftrightarrow & 12x+4,25 &> 1,85 & \quad |-4,25 \\
&\Leftrightarrow & 12x &> -2,4 & \quad |:12 \\
&\Leftrightarrow & x &> -0,2 &
\end{aligned}
$$

$\mathbb{L}_1 = \{x \in \mathbb{N} \mid x > -0,2\} = \mathbb{N}$

$\mathbb{L}_2 = \{x \in \mathbb{Q}^+ \mid x > -0,2\} = \mathbb{Q}^+$

$\mathbb{L}_3 = \{x \in \mathbb{Q} \mid x > -0,2\}$

d) $\mathbb{G}_1 = \mathbb{N};\quad \mathbb{G}_2 = \mathbb{Q}^+;\quad \mathbb{G}_3 = \mathbb{Q}$

$$
\begin{aligned}
& & (x+2)^2-4\left(\frac{1}{2}x-3\right)\left(\frac{1}{2}x+3\right) &\geqq 2(x+3)^2-2x^2 & \\
&\Leftrightarrow & x^2+4x+4-4\left(\frac{1}{4}x^2-9\right) &\geqq 2(x^2+6x+9)-2x^2 & \\
&\Leftrightarrow & x^2+4x+4-x^2+36 &\geqq 2x^2+12x+18-2x^2 & \\
&\Leftrightarrow & 4x+40 &\geqq 12x+18 & \quad |-12x-40 \\
&\Leftrightarrow & -8x &\geqq -22 & \quad |:(-8) \\
&\Leftrightarrow & x &\leqq 2,75 &
\end{aligned}
$$

$\mathbb{L}_1 = \{x \in \mathbb{N} \mid x \leqq 2,75\} = \{1; 2\}$

$\mathbb{L}_2 = \{x \in \mathbb{Q}^+ \mid x \leqq 2,75\}$

$\mathbb{L}_3 = \{x \in \mathbb{Q} \mid x \leqq 2,75\}$

68 a)

$$-3^2+4(3+2x)+2x \leqq 9\left[4x+5-\frac{2}{3}\left(x-\frac{1}{3}\right)\right]$$

$$\Leftrightarrow \quad -9+12+8x+2x \leqq 9\left[4x+5-\frac{2}{3}x+\frac{2}{9}\right]$$

$$\Leftrightarrow \quad 3+10x \leqq 36x+45-6x+2$$

$$\Leftrightarrow \quad 3+10x \leqq 30x+47 \qquad |-30x-3$$

$$\Leftrightarrow \quad -20x \leqq 44 \qquad |:(-20)$$

$$\Leftrightarrow \quad x \geqq -2,2$$

$\mathbb{L}=\{x \in \mathbb{Q} \mid x \geqq 2,2\}$

Beachte:
$-3^2=-(3)^2=-9$
$(-3)^2=9$

b)

$$3-[3x-(10+14x)\cdot(-2)] < -3x+\frac{1}{2}(2+16x)$$

$$\Leftrightarrow \quad 3-[3x+20+28x] < -3x+1+8x$$

$$\Leftrightarrow \quad 3-3x-20-28x < 5x+1$$

$$\Leftrightarrow \quad -31x-17 < 5x+1 \qquad |-5x+17$$

$$\Leftrightarrow \quad -36x < 18 \qquad |:(-36)$$

$$\Leftrightarrow \quad x > -0,5$$

$\mathbb{L}=\{x \in \mathbb{Q} \mid x > -0,5\}$

c)

$$-3(x-2)^2+2(x-4)^2+\left(\frac{1}{x}\right)^{-2} \geqq -\frac{1}{2}(6x-16)\cdot 2$$

$$\Leftrightarrow \quad -3(x^2-4x+4)+2(x^2-8x+16)+x^2 \geqq -(6x-16)$$

$$\Leftrightarrow \quad -3x^2+12x-12+2x^2-16x+32+x^2 \geqq -6x+16$$

$$\Leftrightarrow \quad -4x+20 \geqq -6x+16 \qquad |+6x-20$$

$$\Leftrightarrow \quad 2x \geqq -4 \qquad |:2$$

$$\Leftrightarrow \quad x \geqq -2$$

$\mathbb{L}=\{x \in \mathbb{Q} \mid x \geqq -2\}$

d)

$$26x(x-1)-(4-5x)^2=(4x+1)^2+(x-2)^2-(4x-2)(4x+2)$$

$$\Leftrightarrow \quad 26x^2-26x-(16-40x+25x^2)=16x^2+8x+1+x^2-4x+4-(16x^2-4)$$

$$\Leftrightarrow \quad 26x^2-26x-16+40x-25x^2=16x^2+8x+1+x^2-4x+4-16x^2+4$$

$$\Leftrightarrow \quad x^2+14x-16=x^2+4x+9 \qquad |-x^2$$

$$\Leftrightarrow \quad 14x-16=4x+9 \qquad |-4x$$

$$\Leftrightarrow \quad 10x-16=9 \qquad |+16$$

$$\Leftrightarrow \quad 10x=25 \qquad |:10$$

$$\Leftrightarrow \quad x=2,5$$

$\mathbb{L}=\{2,5\}$

69 a) Führe auf beiden Seiten der Gleichung $x=2$ Äquivalenzumformungen durch, um auf mögliche Gleichungen mit der Lösung $x=2$ zu kommen.
Dadurch ergeben sich beispielsweise:
$x+7=2+7$, also $\mathbf{x+7=9}$
$5\cdot x=5\cdot 2$, also $\mathbf{5x=10}$

b) Führe auf beiden Seiten der Ungleichung $x<6$ Äquivalenzumformungen durch, um auf mögliche Ungleichungen mit der Lösung $x<6$ zu kommen.
Dadurch ergeben sich beispielsweise:
$x-3{,}6<6-3{,}6$, also $\mathbf{x-3{,}6<2{,}4}$
$2\cdot x<2\cdot 6$, also $\mathbf{2x<12}$

c) Mögliche Ungleichungen mit der Lösung $x>-2{,}5$ sind beispielsweise:
$x+12+x>-2{,}5+12+x$, also $\mathbf{2x+12>9{,}5+x}$
$-1\cdot x<(-1)\cdot(-2{,}5)$, also $\mathbf{-x<2{,}5}$

d) Mögliche Ungleichungen mit der Lösung $x\geqq -3{,}6$ sind beispielsweise:
$x-4+3x\geqq -3{,}6-4+3x$, also $\mathbf{4x-4\geqq -7{,}6+3x}$
$-2\cdot x+5\leqq(-2)\cdot(-3{,}6)+5$, also $\mathbf{-2x+5\leqq 12{,}2}$

70 a) Versuche, die Gleichung $8x-4=3x+6(x-2)+3x$ mithilfe von Äquivalenzumformungen auf die Form $x=2$ zu bringen.

$$\begin{aligned} & \mathbf{8x-4=3x+6(x-2)+3x} & \\ \Leftrightarrow\quad & 8x-4=3x+6x-12+3x & \\ \Leftrightarrow\quad & 8x-4=12x-12 & \mid -12x \\ \Leftrightarrow\quad & -4x-4=-12 & \mid +4 \\ \Leftrightarrow\quad & -4x=-8 & \mid :(-4) \\ \Leftrightarrow\quad & \mathbf{x=2} & \end{aligned}$$

Die Gleichungen $8x-4=3x+6(x-2)+3x$ und $x=2$ sind also äquivalent.

b) Versuche, die Ungleichung $2\left(x+\frac{1}{2}\right)-\frac{1}{3}(3x-9)>8(0{,}25x-0{,}75)$ mithilfe von Äquivalenzumformungen auf die Form $x+10>2x$ zu bringen.

$$\begin{aligned} & \mathbf{2\left(x+\frac{1}{2}\right)-\frac{1}{3}(3x-9)>8(0{,}25x-0{,}75)} & \\ \Leftrightarrow\quad & 2x+1-3x+3>2x-6 & \\ \Leftrightarrow\quad & -x+4>2x-6 & \mid +6 \\ \Leftrightarrow\quad & \mathbf{-x+10>2x} & \end{aligned}$$

Da die Ungleichungen $-x+10>2x$ und $x+10>2x$ offensichtlich nicht äquivalent sind, können auch $2\left(x+\frac{1}{2}\right)-\frac{1}{3}(3x-9)>8(0{,}25x-0{,}75)$ und $x+10>2x$ nicht äquivalent sein.

c) Versuche, die Gleichung $2x+9(x-1)+3=4[x+2(x-1{,}5)(-1)]$ mithilfe von Äquivalenzumformungen auf die Form $11x=-6-4x+24$ zu bringen.

$$\mathbf{2x+9(x-1)+3=4[x+2(x-1{,}5)(-1)]}$$
$$\Leftrightarrow \quad 2x+9x-9+3=4[x-2x+3]$$
$$\Leftrightarrow \quad 11x-6=4x-8x+12$$
$$\Leftrightarrow \quad 11x-6=-4x+12 \quad |+6$$
$$\Leftrightarrow \quad 11x=-4x+12+6$$
$$\Leftrightarrow \quad 11x=-4x+12+6+6-6$$
$$\Leftrightarrow \quad \mathbf{11x=-6-4x+24}$$

Die Gleichungen $2x+9(x-1)+3=4[x+2(x-1{,}5)(-1)]$ und $11x=-6-4x+24$ sind also äquivalent.

d) Versuche, die Ungleichung $(-3)[x+3x-5(-2-x)(-0{,}2)]\leqq -7x+1$ mithilfe von Äquivalenzumformungen auf die Form $x\leqq 2{,}5$ zu bringen.

$$\mathbf{(-3)[x+3x-5(-2-x)(-0{,}2)]\leqq -7x+1}$$
$$\Leftrightarrow \quad (-3)[4x-5(0{,}4+0{,}2x)]\leqq -7x+1$$
$$\Leftrightarrow \quad (-3)[4x-2-x]\leqq -7x+1$$
$$\Leftrightarrow \quad (-3)[3x-2]\leqq -7x+1$$
$$\Leftrightarrow \quad -9x+6\leqq -7x+1 \quad |+7x$$
$$\Leftrightarrow \quad -2x+6\leqq 1 \quad |-6$$
$$\Leftrightarrow \quad -2x\leqq -5 \quad |:(-2)$$
$$\Leftrightarrow \quad \mathbf{x\geqq 2{,}5}$$

Da die Ungleichungen $x\geqq 2{,}5$ und $x\leqq 2{,}5$ offensichtlich nicht äquivalent sind, können auch $(-3)[x+3x-5(-2-x)(-0{,}2)]\leqq -7x+1$ und $x\leqq 2{,}5$ nicht äquivalent sein.

71 a) Die Seitenlängen des Rechtecks sind $(3x-2)$ cm und $(x+2)$ cm und der Umfang beträgt 24 cm. Stelle eine Gleichung auf und berechne x für $x\in\mathbb{Q}^+$.

Gleichung:

$$2\cdot(3x-2)+2\cdot(x+2)=24 \qquad \text{Umfang des Rechtecks} = 2\cdot\text{Länge}+2\cdot\text{Breite}$$
$$\Leftrightarrow \quad 6x-4+2x+4=24$$
$$\Leftrightarrow \quad 8x=24 \quad |:8$$
$$\Leftrightarrow \quad \mathbf{x=3}$$

$\mathbb{L}=\{3\}$

b) Der Flächeninhalt des Rechtecks beträgt $(40+3x^2)\ \text{cm}^2$. Stelle eine Gleichung auf und berechne x für $x \in \mathbb{Q}^+$.

Gleichung:

$$
\begin{aligned}
& (3x-2)\cdot(x+2) = 40+3x^2 && \text{Flächeninhalt des Rechtecks = Länge} \cdot \text{Breite} \\
\Leftrightarrow\ & 3x^2+6x-2x-4 = 40+3x^2 \\
\Leftrightarrow\ & 3x^2+4x-4 = 40+3x^2 && |-3x^2 \\
\Leftrightarrow\ & 4x-4 = 40 && |+4 \\
\Leftrightarrow\ & 4x = 44 && |:4 \\
\Leftrightarrow\ & \mathbf{x = 11}
\end{aligned}
$$

$\mathbb{L} = \{11\}$

72 a) Betrachte die Gleichung $x+16 = 32-11$. Ein mögliches Zahlenrätsel ist:

Vermehrst du die gesuchte Zahl um 16, so erhältst du die Differenz aus 32 und 11.

b) Betrachte die Ungleichung $7x < 2x+6$. Ein mögliches Zahlenrätsel ist:

Das Siebenfache der Zahl ist kleiner als das Doppelte der Zahl vermehrt um 6.

c) Betrachte die Ungleichung $2\cdot(1{,}5x-3) \leqq 8$. Ein mögliches Zahlenrätsel ist:

Ziehst du vom 1,5-fachen der Zahl 3 ab und verdoppelst das Ergebnis, so erhältst du höchstens 8.

d) Betrachte die Ungleichung $x+5\cdot(9-6{,}5) \geqq 2^2-1$. Ein mögliches Zahlenrätsel ist:

Die Zahl vermehrt um das Fünffache der Differenz aus 9 und 6,5 ist mindestens so groß wie das Quadrat von 2 vermindert um 1.

73 a) $\mathbb{G} = \mathbb{Q}$

$$
\begin{aligned}
& 7x+9\cdot(x+1) = 3x+4 \\
\Leftrightarrow\ & 7x+9x+9 = 3x+4 \\
\Leftrightarrow\ & 16x+9 = 3x+4 && |-3x \\
\Leftrightarrow\ & 13x+9 = 4 && |-9 \\
\Leftrightarrow\ & 13x = -5 && |:13 \\
\Leftrightarrow\ & x = -\frac{5}{13}
\end{aligned}
$$

$\mathbb{L} = \left\{-\frac{5}{13}\right\}$

b) $\mathbb{G} = \mathbb{N}$

$$-\frac{3}{4}x + \frac{1}{4}(x+2) = -\frac{1}{4}(-x-2) + \frac{1}{2}x \quad |\cdot 4$$

Multipliziere mit dem Hauptnenner

$$\Leftrightarrow \quad -3x + (x+2) = -(-x-2) + 2x$$
$$\Leftrightarrow \quad -3x + x + 2 = x + 2 + 2x$$
$$\Leftrightarrow \quad -2x + 2 = 3x + 2 \quad |-3x-2$$
$$\Leftrightarrow \quad -5x = 0 \quad |:(-3)$$
$$\Leftrightarrow \quad x = 0$$

$\mathbb{L} = \varnothing$

c) $\mathbb{G} = \mathbb{Q}$

$$(1,7x-1,3)^2 = (1,7x-1,3)(1,7x+1,3) + 25,48$$
$$\Leftrightarrow \quad 2,89x^2 - 4,42x + 1,69 = 2,89x^2 - 1,69 + 25,48$$
$$\Leftrightarrow \quad 2,89x^2 - 4,42x + 1,69 = 2,89x^2 + 23,79 \quad |-2,89x^2 - 1,69$$
$$\Leftrightarrow \quad -4,42x = 22,1 \quad |:(-4,42)$$
$$\Leftrightarrow \quad x = -5$$

$\mathbb{L} = \{-5\}$

d) $\mathbb{G} = \mathbb{Z}$

$$(10x-1)^2 - (8x+1)^2 > 9\cdot(2x-1)(2x+1)$$
$$\Leftrightarrow \quad 100x^2 - 20x + 1 - (64x^2 + 16x + 1) > 9\cdot(4x^2 - 1)$$
$$\Leftrightarrow \quad 100x^2 - 20x + 1 - 64x^2 - 16x - 1 > 36x^2 - 9$$
$$\Leftrightarrow \quad 36x^2 - 36x > 36x^2 - 9 \quad |-36x^2$$
$$\Leftrightarrow \quad -36x > -9 \quad |:(-36)$$
$$\Leftrightarrow \quad x < \frac{1}{4}$$

$\mathbb{L} = \left\{x \in \mathbb{Z} \mid x < \frac{1}{4}\right\}$

74 A: $\mathbb{G} = \mathbb{Q}^+$

$$-7 + (5-x)(-3) + x[3 - 2(5+1)] = -28$$
$$\Leftrightarrow \quad -7 - 15 + 3x + x[3-12] = -28$$
$$\Leftrightarrow \quad -22 + 3x - 9x = -28$$
$$\Leftrightarrow \quad -22 - 6x = -28 \quad |+22$$
$$\Leftrightarrow \quad -6x = -6 \quad |:(-6)$$
$$\Leftrightarrow \quad x = 1$$

$\mathbb{L}_A = \{1\}$

B: $\mathbb{G} = \mathbb{Q}^+$

$$
\begin{aligned}
& -2[(x+8)\cdot 0{,}5 - 0{,}2(x+5)(-3)] = 8x - 6{,}4 \\
\Leftrightarrow\quad & -2[0{,}5x + 4 + 0{,}6(x+5)] = 8x - 6{,}4 \\
\Leftrightarrow\quad & -2[0{,}5x + 4 + 0{,}6x + 3] = 8x - 6{,}4 \\
\Leftrightarrow\quad & -2[1{,}1x + 7] = 8x - 6{,}4 \\
\Leftrightarrow\quad & -2{,}2x - 14 = 8x - 6{,}4 && \mid -8x + 14 \\
\Leftrightarrow\quad & -10{,}2x = 7{,}6 && \mid : (-10{,}2) \\
\Leftrightarrow\quad & x = -\frac{38}{51}
\end{aligned}
$$

$\mathbb{L}_B = \varnothing$

C: $\mathbb{G} = \mathbb{Q}^+$

$$
\begin{aligned}
& x - 7[x + 0{,}25(x-3)] = (-5)(x-1)\cdot 0{,}75 \\
\Leftrightarrow\quad & x - 7[x + 0{,}25x - 0{,}75] = (-5x+5)\cdot 0{,}75 \\
\Leftrightarrow\quad & x - 7x - 1{,}75x + 5{,}25 = -3{,}75x + 3{,}75 \\
\Leftrightarrow\quad & -7{,}75x + 5{,}25 = -3{,}75x + 3{,}75 && \mid +3{,}75x - 5{,}25 \\
\Leftrightarrow\quad & -4x = -1{,}5 && \mid : (-4) \\
\Leftrightarrow\quad & x = \frac{3}{8}
\end{aligned}
$$

$\mathbb{L}_C = \left\{\frac{3}{8}\right\}$

D: $\mathbb{G} = \mathbb{Q}^+$

$$
\begin{aligned}
& (x+2)^2 - \frac{1}{2}(x+2)(x-2) = 14 + \frac{1}{2}x^2 \\
\Leftrightarrow\quad & x^2 + 4x + 4 - \frac{1}{2}(x^2 - 4) = 14 + \frac{1}{2}x^2 \\
\Leftrightarrow\quad & x^2 + 4x + 4 - \frac{1}{2}x^2 + 2 = 14 + \frac{1}{2}x^2 \\
\Leftrightarrow\quad & \frac{1}{2}x^2 + 4x + 6 = 14 + \frac{1}{2}x^2 && \mid -\frac{1}{2}x^2 - 6 \\
\Leftrightarrow\quad & 4x = 8 && \mid : 4 \\
\Leftrightarrow\quad & x = 2
\end{aligned}
$$

$\mathbb{L}_D = \{2\}$

Als Lösung ergibt sich damit:

B $\mathbb{L} = \varnothing$ D $\mathbb{L} = \{2\}$ A $\mathbb{L} = \{1\}$ C $\mathbb{L} = \left\{\frac{3}{8}\right\}$

75 Seitenlängen des Rechtecks: (4x + 2) cm
(3,5x − 2) cm

Seitenlängen des Dreiecks: (4x + 2) cm
(3x + 6) cm
2x cm

Da das Rechteck und das Dreieck denselben Umfang haben sollen, kannst du folgende Gleichung aufstellen, wobei $x \in \mathbb{Q}^+$ ist:

$$2\cdot(4x+2)+2\cdot(3{,}5x-2)=(4x+2)+(3x+6)+2x$$
$$\Leftrightarrow \quad 8x+4+7x-4=4x+2+3x+6+2x$$
$$\Leftrightarrow \quad 15x=9x+8 \qquad |-9x$$
$$\Leftrightarrow \quad 6x=8 \qquad |:6$$
$$\Leftrightarrow \quad x=\frac{4}{3}$$

$$\mathbb{L}=\left\{\frac{4}{3}\right\}$$

76 a) $\mathbb{G}_1=\mathbb{N};\quad \mathbb{G}_2=\mathbb{Q}^-;\quad \mathbb{G}_3=\mathbb{Q}$

$$2^{-3}\cdot(16x+8)-2\left(\frac{1}{2}x+6\right)=-4(3x+7)\cdot(-2)-\frac{15}{4}$$
$$\Leftrightarrow \quad \frac{1}{8}\cdot(16x+8)-x-12=8\cdot(3x+7)-\frac{15}{4}$$
$$\Leftrightarrow \quad 2x+1-x-12=24x+56-\frac{15}{4}$$
$$\Leftrightarrow \quad x-11=24x+52{,}25 \qquad |-24x+11$$
$$\Leftrightarrow \quad -23x=63{,}25 \qquad |:(-23)$$
$$\Leftrightarrow \quad x=-2{,}75$$

$\mathbb{L}_1=\emptyset;\quad \mathbb{L}_2=\mathbb{L}_3=\{-2{,}75\}$

b) $\mathbb{G}_1=\mathbb{N};\quad \mathbb{G}_2=\mathbb{Q}^-;\quad \mathbb{G}_3=\mathbb{Q}$

$$(4x-1)^2-(5x-2)(5x+2)=2-(3x+2)^2$$
$$\Leftrightarrow \quad 16x^2-8x+1-(25x^2-4)=2-(9x^2+12x+4)$$
$$\Leftrightarrow \quad 16x^2-8x+1-25x^2+4=2-9x^2-12x-4$$
$$\Leftrightarrow \quad -9x^2-8x+5=-9x^2-12x-2 \qquad |+9x^2$$
$$\Leftrightarrow \quad -8x+5=-12x-2 \qquad |+12x-5$$
$$\Leftrightarrow \quad 4x=-7 \qquad |:4$$
$$\Leftrightarrow \quad x=-1{,}75$$

$\mathbb{L}_1=\emptyset;\quad \mathbb{L}_2=\mathbb{L}_3=\{-1{,}75\}$

c) $\mathbb{G}_1 = \mathbb{N}$; $\mathbb{G}_2 = \mathbb{Q}^-$; $\mathbb{G}_3 = \mathbb{Q}$

$$\left(-\frac{1}{2}x-2\right)^2-\frac{1}{2}(2x+x^2-12)<-\left(\frac{1}{2}x+1\right)\left(\frac{1}{2}x-1\right)+\frac{3}{4}(8-4x)$$

$$\Leftrightarrow \quad \frac{1}{4}x^2+2x+4-x-\frac{1}{2}x^2+6<-\left(\frac{1}{4}x^2-1\right)+6-3x$$

$$\Leftrightarrow \quad -\frac{1}{4}x^2+x+10<-\frac{1}{4}x^2+1+6-3x$$

$$\Leftrightarrow \quad -\frac{1}{4}x^2+x+10<-\frac{1}{4}x^2+7-3x \qquad \left|+\frac{1}{4}x^2\right.$$

$$\Leftrightarrow \quad x+10<7-3x \qquad |+3x-10$$

$$\Leftrightarrow \quad 4x<-3 \qquad |:4$$

$$\Leftrightarrow \quad x>-0{,}75$$

$\mathbb{L}_1 = \{x \in \mathbb{N} \mid x > -0{,}75\} = \mathbb{N}$
$\mathbb{L}_2 = \{x \in \mathbb{Q}^- \mid x > -0{,}75\}$
$\mathbb{L}_3 = \{x \in \mathbb{Q} \mid x > -0{,}75\}$

d) $\mathbb{G}_1 = \mathbb{N}$; $\mathbb{G}_2 = \mathbb{Q}^-$; $\mathbb{G}_3 = \mathbb{Q}$

$$-\frac{1}{2}\left(\frac{1}{3}x-\frac{1}{4}\right)^2=\left(\frac{1}{3}x+\frac{1}{4}\right)^2-\frac{1}{4}\left(\frac{2}{3}x^2-\frac{8}{3}x+3\right) \qquad |\cdot 4$$

$$\Leftrightarrow \quad -2\left(\frac{1}{3}x-\frac{1}{4}\right)^2=4\left(\frac{1}{3}x+\frac{1}{4}\right)^2-\left(\frac{2}{3}x^2-\frac{8}{3}x+3\right)$$

$$\Leftrightarrow \quad -2\left(\frac{1}{9}x^2-\frac{1}{6}x+\frac{1}{16}\right)=4\left(\frac{1}{9}x^2+\frac{1}{6}x+\frac{1}{16}\right)-\frac{2}{3}x^2+\frac{8}{3}x-3$$

$$\Leftrightarrow \quad -\frac{2}{9}x^2+\frac{1}{3}x-\frac{1}{8}=\frac{4}{9}x^2+\frac{2}{3}x+\frac{1}{4}-\frac{2}{3}x^2+\frac{8}{3}x-3$$

$$\Leftrightarrow \quad -\frac{2}{9}x^2+\frac{1}{3}x-\frac{1}{8}=-\frac{2}{9}x^2+\frac{10}{3}x-\frac{11}{4} \qquad \left|+\frac{2}{9}x^2\right.$$

$$\Leftrightarrow \quad \frac{1}{3}x-\frac{1}{8}=\frac{10}{3}x-\frac{11}{4} \qquad \left|-\frac{10}{3}x+\frac{1}{8}\right.$$

$$\Leftrightarrow \quad -3x=-\frac{21}{8} \qquad |:(-3)$$

$$\Leftrightarrow \quad x=\frac{7}{8}$$

$\mathbb{L}_1 = \mathbb{L}_2 = \varnothing$; $\mathbb{L}_3 = \left\{\frac{7}{8}\right\}$

77 Erstelle dir zur Lösung eine Text-Term-Tabelle.

Text	Term
Alter von Leon heute	x
Alter von Anna heute	$9 \cdot x$
Alter von Leon in 6 Jahren	$x+6$
Alter von Anna in 6 Jahren	$9 \cdot x+6$

Da Anna in 6 Jahren dreimal so alt ist wie Leon, ergibt sich folgende Gleichung:
$3 \cdot (x+6) = 9 \cdot x + 6$

Lösen der Gleichung:

$$
\begin{aligned}
& 9 \cdot x + 6 = 3 \cdot (x+6) \\
\Leftrightarrow\quad & 9x + 6 = 3x + 18 \quad && |-3x-6 \\
\Leftrightarrow\quad & 6x = 12 \quad && |:6 \\
\Leftrightarrow\quad & x = \mathbf{2}
\end{aligned}
$$

$\mathbb{L} = \{2\}$

Leon ist **2 Jahre** alt und Anna ist **$9 \cdot 2 = 18$** Jahre alt.

78 a) gesuchte Zahl: x

$$
\begin{aligned}
& x \cdot (x+2) = (x+3)^2 \\
\Leftrightarrow\quad & x^2 + 2x = x^2 + 6x + 9 \quad && |-x^2-6x \\
\Leftrightarrow\quad & -4x = 9 \quad && |:(-4) \\
\Leftrightarrow\quad & x = \mathbf{-2,25}
\end{aligned}
$$

$\mathbb{L} = \{-2,25\}$

Die gesuchte Zahl ist **–2,25**.

b) gesuchte Zahl: x
$\mathbb{G} = \mathbb{N}$

$$
\begin{aligned}
& (x-1) \cdot (x+1) > (x-3)^2 \\
\Leftrightarrow\quad & x^2 - 1 > x^2 - 6x + 9 \quad && |-x^2 \\
\Leftrightarrow\quad & -1 > -6x + 9 \quad && |-9 \\
\Leftrightarrow\quad & -10 > -6x \quad && |:(-6) \\
\Leftrightarrow\quad & \mathbf{\frac{5}{3}} < x
\end{aligned}
$$

$\mathbb{L} = \left\{x \in \mathbb{N} \mid x > \frac{5}{3}\right\} = \{x \in \mathbb{N} \mid x > 1\}$

Die kleinste natürliche Zahl, die die Rechengeschichte erfüllt, ist **2**.

79 Erstelle dir zur Lösung eine Text-Term-Tabelle.

Text	Term
Anzahl der Lkws	x
Anzahl der Pkws	$3 \cdot x$
Länge aller Lkws	$20 \cdot x$
Länge aller Pkws	$5 \cdot 3 \cdot x$
Abstand zwischen den Fahrzeugen	$2{,}5 \cdot (x + 3 \cdot x)$
Staulänge	$20 \cdot x + 5 \cdot 3 \cdot x + 2{,}5 \cdot (x + 3 \cdot x)$
Staulänge laut Text	18 000

Gleichung: $20 \cdot x + 5 \cdot 3 \cdot x + 2{,}5 \cdot (x + 3 \cdot x) = 18\,000$

Lösen der Gleichung:

$$\begin{aligned} & 20 \cdot x + 5 \cdot 3 \cdot x + 2{,}5 \cdot (x + 3 \cdot x) = 18\,000 \\ \Leftrightarrow\quad & 20x + 15x + 10x = 18\,000 \\ \Leftrightarrow\quad & 45x = 18\,000 \quad |:45 \\ \Leftrightarrow\quad & x = \mathbf{400} \end{aligned}$$

$\mathbb{L} = \{400\}$

Es stehen **400** Lkws und **3 · 400 = 1 200** Pkws im Stau.

80 Vom ursprünglichen Parallelogramm sind die längere Seite $\ell = x$ cm und der Umfang $u = 70$ cm gegeben. Da der Umfang mithilfe der Formel $u = 2\ell + 2b$ berechnet wird, gilt für die Länge der kürzeren Seite b:

$b = 0{,}5 \cdot u - \ell$

$b = 0{,}5 \cdot 70\text{ cm} - x\text{ cm}$

$b = (35 - x)\text{ cm}$

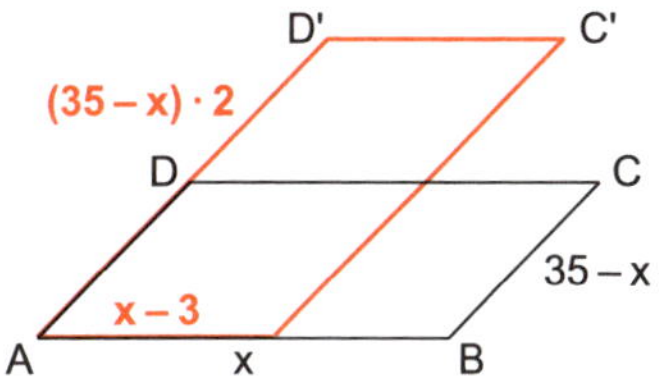

Text	Term	
	Ursprüngliches Parallelogramm	**Verändertes Parallelogramm**
Längere Seite in cm	x	$x - 3$
Kürzere Seite in cm	$35 - x$	$(35 - x) \cdot 2 = 70 - 2x$
Umfang in cm	70	104

Gleichung: $2 \cdot (x - 3) + 2 \cdot (70 - 2x) = 104$

Lösen der Gleichung:

$$2\cdot(x-3)+2\cdot(70-2x)=104$$
$$\Leftrightarrow \quad 2x-6+140-4x=104$$
$$\Leftrightarrow \quad -2x+134=104 \quad |-134$$
$$\Leftrightarrow \quad -2x=-30 \quad |:(-2)$$
$$\Leftrightarrow \quad x=\mathbf{15}$$

$\mathbb{L}=\{15\}$

Die Seiten des Parallelogramms waren **15 cm** und **35 – 15 = 20 cm** lang.

81

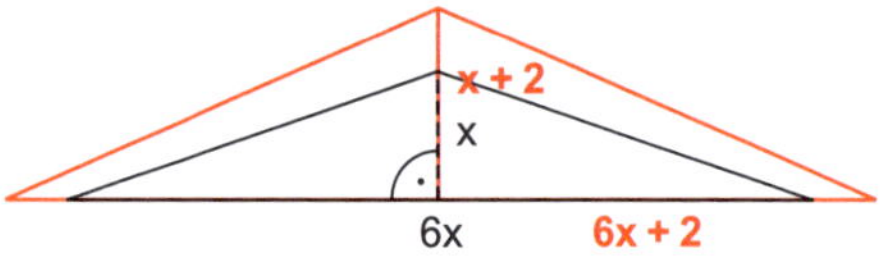

Eine Skizze ist immer hilfreich. Sei sie nun gefordert oder nicht.

Der ursprüngliche Flächeninhalt lautet: $A_{alt}=\frac{1}{2}\cdot 6x\cdot x=3x^2$

Der Flächeninhalt des veränderten Dreiecks lautet: $A_{neu}=\frac{1}{2}\cdot(6x+2)(x+2)$

Der Flächeninhalt des veränderten Dreiecks ist um 23 cm² größer als der alte:
$A_{neu}=A_{alt}+23=3x^2+23$

Damit ergibt sich die Gleichung: $\frac{1}{2}\cdot(6x+2)(x+2)=3x^2+23$

Lösen der Gleichung:

$$\frac{1}{2}\cdot(6x+2)(x+2)=3x^2+23$$
$$\Leftrightarrow \quad \frac{1}{2}\cdot(6x^2+12x+2x+4)=3x^2+23$$
$$\Leftrightarrow \quad 3x^2+6x+x+2=3x^2+23$$
$$\Leftrightarrow \quad 3x^2+7x+2=3x^2+23 \quad |-3x^2-2$$
$$\Leftrightarrow \quad 7x=21 \quad |:7$$
$$\Leftrightarrow \quad x=\mathbf{3}$$

$\mathbb{L}=\{3\}$

Die Grundseite des ursprünglichen Dreiecks betrug **3 cm**, die Höhe **6 · 3 = 18 cm**.

alternative Lösungsmöglichkeit mithilfe der Text-Term-Tabelle:

Text	Term	
	Ursprüngliches Dreieck	**Verändertes Dreieck**
Höhe in cm	x	$x+2$
Grundseite in cm	$6\cdot x$	$6x+2$
Fläche in cm²	$\frac{1}{2}\cdot 6\cdot x\cdot x=3x^2$	$3x^2+23$

Gleichung: $\frac{1}{2}\cdot(6x+2)(x+2)=3x^2+23$

Lösen der Gleichung:

$$\begin{aligned} & \frac{1}{2}\cdot(6x+2)(x+2)=3x^2+23 \\ \Leftrightarrow\quad & \frac{1}{2}\cdot(6x^2+12x+2x+4)=3x^2+23 \\ \Leftrightarrow\quad & 3x^2+6x+x+2=3x^2+23 \\ \Leftrightarrow\quad & 3x^2+7x+2=3x^2+23 \quad |-3x^2 \\ \Leftrightarrow\quad & 7x+2=23 \quad |-2 \\ \Leftrightarrow\quad & 7x=21 \quad |:7 \\ \Leftrightarrow\quad & x=\mathbf{3} \end{aligned}$$

$\mathbb{L}=\{3\}$

Die Grundseite des ursprünglichen Dreiecks ist **3 cm** und die Höhe **6 · 3 = 18 cm** lang.

82 Um die beiden Anbieter vergleichen zu können, musst du zunächst berechnen, wie lange Tamara bei jedem der Anbieter für die 25 € telefonieren könnte. Dafür musst du zwei Gleichungen aufstellen.

Text	**Term**	
Anzahl der Gesprächsminuten	x	
	Avery Best	**BeHereAndCall**
Gesprächskosten	$0{,}09\cdot x$	$0{,}12\cdot x$
Grundgebühr	9	5
Monatliche Gesamtkosten	$9+0{,}09\cdot x$	$5+0{,}12\cdot x$
Monatliches Guthaben laut Text	25	

Aufstellen und Lösen der Kostengleichungen:

Avery Best:

$$\begin{aligned} & 9+0{,}09\cdot x=25 \quad |-9 \\ \Leftrightarrow\quad & 0{,}09x=16 \quad |:0{,}09 \\ \Leftrightarrow\quad & x=\mathbf{177{,}78} \end{aligned}$$

BeHereAndCall:

$$\begin{aligned} & 5+x\cdot 0{,}12=25 \quad |-5 \\ \Leftrightarrow\quad & 0{,}12x=20 \quad |:0{,}12 \\ \Leftrightarrow\quad & x=\mathbf{166{,}67} \end{aligned}$$

Tamara kann mit Avery Best etwa 178 Minuten und mit BeHereAndCall etwa 167 Minuten telefonieren. Der Wechsel lohnt sich für Tamara also nicht.

83 Anzahl der Personen: x

Gewicht dieser Personen in kg: $75 \cdot x$

Gesamtgewicht der Gepäckstücke zu 8 kg in kg: $\frac{1}{2} \cdot x \cdot 8$

Gesamtgewicht der Gepäckstücke zu 4 kg in kg: $\frac{1}{4} \cdot x \cdot 4$

Gesamtgewicht in kg: $75 \cdot x + \frac{1}{2} \cdot x \cdot 8 + \frac{1}{4} \cdot x \cdot 4$

Zulässiges Gesamtgewicht laut Text in kg: 630

Damit ergibt sich die Ungleichung: $75 \cdot x + \frac{1}{2} \cdot x \cdot 8 + \frac{1}{4} \cdot x \cdot 4 \leqq 630$

Lösen der Ungleichung:

$$
\begin{aligned}
& 75 \cdot x + \frac{1}{2} \cdot x \cdot 8 + \frac{1}{4} \cdot x \cdot 4 \leqq 630 \\
\Leftrightarrow \quad & 75x + 4x + x \leqq 630 \\
\Leftrightarrow \quad & 80x \leqq 630 \qquad |:80 \\
\Leftrightarrow \quad & x \leqq \mathbf{7{,}875}
\end{aligned}
$$

$\mathbb{L} = \{x \in \mathbb{N} \mid x \leqq 7{,}875\} = \{x \in \mathbb{N} \mid x \leqq 7\}$

Es können höchstens **7 Personen** im Aufzug mitfahren.

84 a) In dieser Aufgabe ist eine Skizze hilfreich. Lukas und Lisa fahren aufeinander zu:

Erstelle dir zur Lösung eine Text-Term-Tabelle.

Text	Term
Fahrtzeit bis zum Treffen in Minuten	x
Geschwindigkeit von Lukas in $\frac{km}{h}$	30
Zurückgelegter Weg von Lukas in km	$30 \cdot x$
Geschwindigkeit von Lisa in $\frac{km}{h}$	24
Zurückgelegter Weg von Lisa in km	$24 \cdot x$
Gesamtweg in km	$30 \cdot x + 24 \cdot x$
Gesamtweg laut Text in km	18

Gleichung: $30 \cdot x + 24 \cdot x = 18$

Lösen der Gleichung:

$$30 \cdot x + 24 \cdot x = 18$$

$$\Leftrightarrow \quad 54x = 18 \quad |:54$$

$$\Leftrightarrow \quad x = \mathbf{\frac{1}{3}}$$

$$\mathbb{L} = \left\{\frac{1}{3}\right\}$$

Es dauert $60 \cdot \frac{1}{3} =$ **20 Minuten** bis sie sich treffen.

b) Lisa ist $\frac{1}{3}$ Stunde mit 24 $\frac{\text{km}}{\text{h}}$ gefahren. Sie hat also $\frac{1}{3} \cdot 24\text{ km} = 8\text{ km}$ zurückgelegt. Der Treffpunkt ist also **8 km** vom Fußballplatz entfernt.

85 a) Erstelle dir zur Lösung eine Text-Term-Tabelle. Denke dabei an den Zusammenhang **Strecke = Zeit · Geschwindigkeit**.

Text	Term	
	Stefan	**Kathrin**
Fahrzeit in Stunden	x	$x - \frac{2}{3}$
Geschwindigkeit in $\frac{\text{km}}{\text{h}}$	80	$80 + 40 = 120$
Gefahrene Strecke in km	$x \cdot 80$	$\left(x - \frac{2}{3}\right) \cdot 120$

Gleichung: $x \cdot 80 = \left(x - \frac{2}{3}\right) \cdot 120$

Lösen der Gleichung:

$$x \cdot 80 = \left(x - \frac{2}{3}\right) \cdot 120$$

$$\Leftrightarrow \quad 80x = 120x - 80 \quad |-120x$$

$$\Leftrightarrow \quad -40x = -80 \quad |:(-40)$$

$$\Leftrightarrow \quad x = \mathbf{2}$$

$$\mathbb{L} = \{2\}$$

Stefan ist **2 Stunden** unterwegs.

b) Stefan ist 2 Stunden mit 80 $\frac{\text{km}}{\text{h}}$ gefahren. Er hat also $2 \cdot 80\text{ km} = 160\text{ km}$ zurückgelegt. Feucht ist also 160 km von Ergolding entfernt.

86 Erstelle dir zur Lösung eine Text-Term-Tabelle. Denke dabei an den Zusammenhang **Prozentwert = Grundwert** $\cdot \frac{\textbf{Prozentsatz}}{\textbf{100}}$.

Text	Term
Anzahl der Schüler der 8. Jahrgangsstufe	x
Anzahl der Mädchen	$x \cdot \frac{55}{100} = 0{,}55 \cdot x$
Anzahl der Jungen	$0{,}55 \cdot x - 12$

Gleichung: $0{,}55 \cdot x + 0{,}55 \cdot x - 12 = x$

Lösen der Gleichung:

$$0{,}55 \cdot x + 0{,}55 \cdot x - 12 = x$$
$$\Leftrightarrow \quad 1{,}1x - 12 = x \quad |-x+12$$
$$\Leftrightarrow \quad 0{,}1x = 12 \quad |:0{,}1$$
$$\Leftrightarrow \quad x = \mathbf{120}$$
$$\mathbb{L} = \{120\}$$

In der 8. Jahrgangsstufe sind **0,55 · 120 = 66** Mädchen und **66 – 12 = 54** Jungen.

87 a) Erstelle die Text-Term-Tabelle. Denke dabei an den Zusammenhang **Prozentwert = Grundwert** $\cdot \frac{\textbf{Prozentsatz}}{\textbf{100}}$.

Text	Term
Preis für 100 g Nussmischung in €	x
Preis für den Anteil der Mandeln in €	$3 \cdot \frac{60}{100}$
Preis für den Anteil der Macadamianüsse in €	$4{,}50 \cdot \frac{40}{100}$
Gesamtpreis für die Mischung in €	$3 \cdot \frac{60}{100} + 4{,}50 \cdot \frac{40}{100}$

Der Preis für die Nussmischung setzt sich aus den Preisen für die beiden Sorten zusammen. Damit ergibt sich die Gleichung: $3 \cdot \frac{60}{100} + 4{,}50 \cdot \frac{40}{100} = x$

Lösung der Gleichung:

$$3 \cdot \frac{60}{100} + 4{,}50 \cdot \frac{40}{100} = x$$
$$\Leftrightarrow \quad 1{,}8 + 1{,}8 = x$$
$$\Leftrightarrow \quad x = \mathbf{3{,}60}$$
$$\mathbb{L} = \{3{,}60\}$$

100 g der Nussmischung kosten **3,60 €**.

b) Berechne zunächst den Preis für 1 g Mandeln und für 1 g Macadamianüsse:
Preis pro Gramm Mandeln in €: $3 : 100 = 0{,}03$
Preis pro Gramm Macadamianüsse in €: $4{,}50 : 100 = 0{,}045$

Erstelle dann eine Text-Term-Tabelle. Denke dabei wieder an den Zusammenhang **Prozentwert = Grundwert** $\cdot \frac{\textbf{Prozentsatz}}{\textbf{100}}$.

Text	Term
Menge der Mandeln in g	x
Menge der Macadamianüsse in g	$250 - x$
Preis der Mandeln in der Mischung in €	$0{,}03 \cdot x$
Preis der Macadamianüsse in der Mischung in €	$0{,}045 \cdot (250 - x)$
Gesamtpreis der Mischung in €	$0{,}03 \cdot x + 0{,}045 \cdot (250 - x)$
Gesamtpreis der Mischung laut Text in €	9

Damit ergibt sich die Gleichung: $0{,}03 \cdot x + 0{,}045 \cdot (250 - x) = 9$

Lösung der Gleichung:

$$0{,}03 \cdot x + 0{,}045 \cdot (250 - x) = 9$$
$$\Leftrightarrow \quad 0{,}03x + 11{,}25 - 0{,}045x = 9$$
$$\Leftrightarrow \quad -0{,}015x + 11{,}25 = 9 \quad |-11{,}25$$
$$\Leftrightarrow \quad -0{,}015x = -2{,}25 \quad |:(-0{,}015)$$
$$\Leftrightarrow \quad x = \mathbf{150}$$

$\mathbb{L} = \{150\}$

In der Mischung sind **150 g Mandeln** und 250g – 150 g = **100 g Macadamianüsse**.

88 a) Bestimmung der Definitionsmenge:

$$x + 1{,}5 = 0 \quad |-1{,}5$$
$$\Leftrightarrow \quad x = -1{,}5$$

Betrachte den Nennerterm und setze ihn gleich null.

$\mathbb{D} = \mathbb{Q} \setminus \{-1{,}5\}$

b) Bestimmung der Definitionsmenge:

$$2(x + 4) = 0 \quad |:2$$
$$\Leftrightarrow \quad x + 4 = 0 \quad |-4$$
$$\Leftrightarrow \quad x = -4$$

$\mathbb{D} = \mathbb{Q} \setminus \{-4\}$

c) $\frac{3x+2}{3x-2}+\frac{3x-2}{3x+2}$

Hier musst du beide Nennerterme auf Nullstellen untersuchen.

Bestimmung der Definitionsmenge:

$$3x-2=0 \quad \vee \quad 3x+2=0$$
$$\Leftrightarrow \quad 3x=2 \quad \vee \quad 3x=-2$$
$$\Leftrightarrow \quad x=\frac{2}{3} \quad \vee \quad x=-\frac{2}{3}$$

$\mathbb{D}=\mathbb{Q}\setminus\left\{-\frac{2}{3};\frac{2}{3}\right\}$

d) Bestimmung der Definitionsmenge:

$$-7x-31{,}5=0 \quad \vee \quad x+x=0$$
$$\Leftrightarrow \quad -7x=31{,}5 \quad \vee \quad 2x=0$$
$$\Leftrightarrow \quad x=-4{,}5 \quad \vee \quad x=0$$

$\mathbb{D}=\mathbb{Q}\setminus\{-4{,}5;0\}$

e)
$$(x-10)\cdot 2(x-10)=0 \quad \vee \quad (x-59)^{34}=0$$
$$\Leftrightarrow \quad x=10 \quad \vee \quad x=59$$

Die Nullstellen der Nennerterme können hier direkt eingegeben werden.

$\mathbb{D}=\mathbb{Q}\setminus\{10;59\}$

f)
$$\frac{1}{(x-2)}\cdot(x+2)^2=0 \quad \vee \quad x-2=0 \quad \vee \quad 100x^2-1=0$$
$$\Leftrightarrow \quad x=-2 \quad \vee \quad x=2 \quad \vee \quad x=-\frac{1}{10} \quad \vee \quad x=\frac{1}{10}$$

$\mathbb{D}=\mathbb{Q}\setminus\left\{-2;-\frac{1}{10};\frac{1}{10};2\right\}$

Der Nennerterm $\frac{1}{(x-2)}\cdot(x+2)^2$ enthält den Bruch $\frac{1}{(x-2)}$, dessen Nennerterm $(x-2)$ ebenfalls nicht gleich null werden darf, damit der ganze Term definiert ist.

89 a) $\frac{2(x+3)}{x^2-9}=\frac{2(x+3)}{(x+3)(x-3)}$

Wende die 3. binomische Formel an.

$\mathbb{D}=\mathbb{Q}\setminus\{-3;3\}$

b) $\frac{x-2}{9x^2-4}=\frac{x-2}{(3x+2)(3x-2)}$

Wende die 3. binomische Formel an.

$$3x+2=0 \quad \vee \quad 3x-2=0$$
$$\Leftrightarrow \quad x=-\frac{2}{3} \quad \vee \quad x=\frac{2}{3}$$

$\mathbb{D}=\mathbb{Q}\setminus\left\{-\frac{2}{3};\frac{2}{3}\right\}$

c) $\frac{3x+3}{3x^2-3}=\frac{3x+3}{3(x^2-1)}=\frac{3x+3}{3(x+1)(x-1)}$

Klammere aus und wende dann die 3. binomische Formel an.

$\mathbb{D}=\mathbb{Q}\setminus\{-1;1\}$

d) $\frac{x+1}{x^2+4x+4} = \frac{x+1}{(x+2)^2}$

Wende die 1. binomische Formel an.

$\mathbb{D} = \mathbb{Q} \setminus \{-2\}$

e) $\frac{4}{2x^2-4x+2} = \frac{4}{2(x^2-2x+1)} = \frac{4}{2(x-1)^2}$

Klammere aus und wende dann die 2. binomische Formel an.

$\mathbb{D} = \mathbb{Q} \setminus \{1\}$

f) $\frac{3x+0,5}{0,25x^2-1} = \frac{3x+0,5}{(0,5x+1)(0,5x-1)}$

$0,5x+1=0 \lor 0,5x-1=0$
$\Leftrightarrow x=-2 \lor x=2$

$\mathbb{D} = \mathbb{Q} \setminus \{-2; 2\}$

g) $\frac{1}{(2x^2-4x)(2x+1)} = \frac{1}{2x(x-2)(2x+1)}$

$2x=0 \lor x-2=0 \lor 2x+1=0$
$\Leftrightarrow x=0 \lor x=2 \lor x=-\frac{1}{2}$

$\mathbb{D} = \mathbb{Q} \setminus \left\{-\frac{1}{2}; 0; 2\right\}$

h) $\frac{x-12}{16x^2-25+\frac{1}{4}x^2+\frac{5}{16}x}$

Wende die 3. binomische Formel an und klammere $\frac{1}{16}x$ aus.

$= \frac{x-12}{(4x+5)(4x-5)+\frac{1}{16}x(4x+5)}$

Nun kannst du $(4x+5)$ ausklammern.

$= \frac{x-12}{(4x+5)\left(4x-5+\frac{1}{16}x\right)}$

$= \frac{x-12}{(4x+5)\left(\frac{65}{16}x-5\right)}$

Faktorisiere so weit wie möglich.

$= \frac{x-12}{(4x+5)\cdot 5\left(\frac{13}{16}x-1\right)}$

Die Nullstellen der Faktoren des Nennerterms lassen sich im Kopf berechnen.

$\mathbb{D} = \mathbb{Q} \setminus \left\{-\frac{5}{4}; \frac{16}{13}\right\}$

90 a) $\frac{1}{x^2+x-6} = \frac{1}{(x+3)(x-2)}$

$\mathbb{D} = \mathbb{Q} \setminus \{-3; 2\}$

b) $\frac{3x}{-4x^2+4x-24} = \frac{3x}{-4(x^2-x+6)}$

$= \frac{3x}{-4\left(x^2-2\cdot\frac{1}{2}x+\left(\frac{1}{2}\right)^2-\left(\frac{1}{2}\right)^2+6\right)}$

$= \frac{3x}{-4\left[\left(x-\frac{1}{2}\right)^2-\frac{1}{4}+6\right]}$

$= \frac{3x}{-4\left(x-\frac{1}{2}\right)^2-23}$

$\mathbb{D} = \mathbb{Q}$

Der Nennerterm nimmt bei $x = \frac{1}{2}$ sein Maximum –23 an. Er hat also keine Nullstellen.

c) $\frac{x}{x^2+19x+150} = \frac{x}{x^2+2\cdot 9{,}5x+9{,}5^2-9{,}5^2+150}$

$= \frac{x}{(x+9{,}5)^2-90{,}25+150}$

$= \frac{x}{(x+9{,}5)^2+59{,}75}$

$\mathbb{D} = \mathbb{Q}$

Der Nennerterm nimmt bei $x = -9{,}5$ sein Minimum 59,75 an. Er hat also keine Nullstellen.

d) $\frac{2}{5x^2-50x+105} = \frac{2}{5(x^2-10x+21)} = \frac{2}{5(x-3)(x-7)}$

$\mathbb{D} = \mathbb{Q} \setminus \{3; 7\}$

91 a) $\frac{x+2}{x-2} = \frac{(x+2)(x+2)}{(x-2)(x+2)} = \frac{(x+2)^2}{x^2-4} = \mathbf{\frac{x^2+4x+4}{x^2-4}}$

$\mathbb{D} = \mathbb{Q} \setminus \{-2; 2\}$

Zur Bestimmung der Definitionsmenge betrachte den Nennerterm direkt nach dem Erweitern.

b) $\frac{2x+5}{3x+7} = \frac{(2x+5)(3x-7)}{(3x+7)(3x-7)} = \frac{6x^2-14x+15x-35}{9x^2-49} = \mathbf{\frac{6x^2+x-35}{9x^2-49}}$

$\mathbb{D} = \mathbb{Q} \setminus \left\{-\frac{7}{3}; \frac{7}{3}\right\}$

c) $\frac{4x^2-9}{2x+3} = \frac{(4x^2-9)(2x-3)}{(2x+3)(2x-3)} = \mathbf{\frac{8x^3-12x^2-18x+27}{4x^2-9}}$

$\mathbb{D} = \mathbb{Q} \setminus \left\{-\frac{3}{2}; \frac{3}{2}\right\}$

d) $\frac{4x+30}{6x^2-216} = \frac{(4x+30)\cdot\frac{1}{2x}}{(6x^2-216)\cdot\frac{1}{2x}} = \mathbf{\frac{2+\frac{15}{x}}{3x-\frac{108}{x}}}$

$(6x^2-216)\cdot\frac{1}{2x} = 0$

$\Leftrightarrow \; 6(x^2-36) = 0$

$\Leftrightarrow \; (x-6)(x+6) = 0$

$\mathbb{D} = \mathbb{Q} \setminus \{-6; 0; 6\}$

92 a) $\frac{5x}{13y} = \frac{\mathbf{25x^2}}{65xy}$ $\qquad \frac{5x\cdot 5x}{13y\cdot 5x} = \frac{25x^2}{65xy}$

b) $\frac{3x+3}{4x} = \frac{6x^2+6x}{\mathbf{8x^2}}$ $\qquad \frac{(3x+3)\cdot 2x}{4x\cdot 2x} = \frac{6x^2+6x}{8x^2}$

c) $\frac{9-x}{9} = \frac{81-x^2}{\mathbf{81+9x}}$ $\qquad \frac{(9-x)(9+x)}{9(9+x)} = \frac{81-x^2}{81+9x}$

d) $\frac{2}{3x+5x^2} = \frac{\mathbf{54x+90x^2}}{81x^2+225x^4}$

$\frac{2(3x+5x^2)\cdot 9}{(3x+5x^2)(3x+5x^2)\cdot 9} = \frac{18(3x+5x^2)}{(9x^2+25x^4)\cdot 9}$

$= \frac{54x+90x^2}{81x^2+225x^4}$

e) $\frac{42x}{24y^2} = \frac{7x^2y}{\mathbf{4xy^3}}$ $\qquad \frac{42x}{24y^2} = \frac{42x\cdot\frac{1}{6}xy}{24y^2\cdot\frac{1}{6}xy} = \frac{7x^2y}{4xy^3}$

f) $\frac{2a+3}{4a^2+12a+9} = \frac{\mathbf{4a^2-9}}{(4a^2-9)(2a+3)}$

$\frac{2a+3}{4a^2+12a+9} = \frac{2a+3}{(2a+3)^2} = \frac{(2a+3)(2a-3)}{(2a+3)^2(2a-3)}$

$= \frac{4a^2-9}{(2a+3)\underbrace{(2a+3)(2a-3)}_{4a^2-9}}$

$= \frac{4a^2-9}{(4a^2-9)(2a+3)}$

93 a) $\mathbb{D} = \mathbb{N}$

$\frac{3x^2}{x} = \mathbf{3x}$

b) $\mathbb{D} = \mathbb{Q}^+ \setminus \{-1\} = \mathbb{Q}^+$

$$\frac{3(x+1)}{4(x+1)} = \frac{3}{4}$$

c) $\mathbb{D} = \mathbb{Z} \setminus \{-1\}$

$$\frac{(1+x)\cdot 4}{(1+x)^2} = \frac{4}{1+x}$$

d) $\mathbb{D} = \mathbb{Q} \setminus \{-3; 3\}$

$$\frac{x+3}{x^2-9} = \frac{x+3}{(x+3)(x-3)} = \frac{1}{x-3}$$

e) $\mathbb{D} = \mathbb{Q} \setminus \{-2\}$

$$\frac{x^2-4}{(x+2)^2} = \frac{(x+2)(x-2)}{(x+2)^2} = \frac{x-2}{x+2}$$

f) $\mathbb{D} = \mathbb{Q}^- \setminus \left\{-\frac{1}{2}\right\}$

$$\frac{(2x-1)^2}{(2x+1)^2}$$ **nicht kürzbar**

g) $\mathbb{D} = \mathbb{N}_0 \setminus \{-2\} = \mathbb{N}_0$

$$\frac{2x+6}{2x+4} = \frac{2(x+3)}{2(x+2)} = \frac{x+3}{x+2}$$

h) $\mathbb{D} = \mathbb{Q}$

$$\frac{(x+2)^2-4x}{(x-2)^2+4x} = \frac{x^2+4x+4-4x}{x^2-4x+4+4x} = \frac{x^2+4}{x^2+4} = 1$$

94 a) $\frac{125xy^2}{25x^2} = \frac{10y^2}{2x}$

$$\frac{(125xy^2):(12,5x)}{(25x^2):(12,5x)} = \frac{10y^2}{2x}$$

oder: $\frac{125xy^2}{25x^2} = \frac{10y^2 \cdot 12,5x}{2x \cdot 12,5x} = \frac{10y^2}{2x}$

b) $\frac{6x^2+6x}{x+1} = \frac{6x}{1}$

$$\frac{6x^2+6x}{x+1} = \frac{6x(x+1)}{x+1} = 6x$$

c) $\frac{4(9-x)(9+x)}{(81-x^2)(36+4x)} = \frac{1}{9+x}$

$$\frac{4\cdot(9-x)(9+x)}{(81-x^2)(36+4x)} = \frac{4\cdot(81-x^2)}{(81-x^2)\cdot 4(9+x)} = \frac{1}{9+x}$$

d) $\dfrac{64x^2-16x^4}{32(2x-x^2)}=\dfrac{4x+2x^2}{4}$

$$\frac{64x^2-16x^4}{32(2x-x^2)}=\frac{16(4x^2-x^4)}{4\cdot 8\cdot(2x-x^2)}=\frac{2\cdot 8\cdot(2x+x^2)(2x-x^2)}{4\cdot 8\cdot(2x-x^2)}=\frac{2(2x+x^2)}{4}$$

e) $\dfrac{42x(y+y^2)}{63y^2}=\dfrac{2x+2xy}{3y}$

$$\frac{42x(y+y^2)}{63y^2}=\frac{2\cdot 21x(1+y)y}{3\cdot 21\cdot y\cdot y}=\frac{2x(1+y)}{3y}$$

f) $\dfrac{(0,25x^2-4y^2)^2}{x^4-32x^2y^2+256y^4}=\dfrac{1}{16}$

$$\frac{(0,25x^2-4y^2)^2}{x^4-32x^2y^2+256y^4}=\frac{(0,25x^2-4y^2)^2}{(x^2-16y^2)^2}=\frac{(0,25x^2-4y^2)^2}{[4(0,25x^2-4y^2)]^2}=\frac{(0,25x^2-4y^2)^2}{16\cdot(0,25x^2-4y^2)^2}=\frac{1}{16}$$

95 a) $T_1(x)=\dfrac{2x+1}{3x-6}=\dfrac{2\cdot(2x+1)}{2\cdot(3x-6)}=\dfrac{4x+2}{6x-12}=T_2(x)$

$\mathbb{D}=\mathbb{Q}\setminus\{2\}$

b) $T_1(x)=\dfrac{x+2}{x+3}=\dfrac{(x+2)(x-3)\cdot 2}{(x+3)(x-3)\cdot 2}=\dfrac{(x-3)(2x+4)}{2(x^2-9)}=T_2(x)$

$\mathbb{D}=\mathbb{Q}\setminus\{-3;3\}$

c) $T_1(x)=\dfrac{4x+8}{x^2+4x+4}=\dfrac{4(x+2)}{(x+2)^2}=\dfrac{4}{x+2}=T_2(x)$

$\mathbb{D}=\mathbb{Q}\setminus\{-2\}$

d) $T_1(x)=\dfrac{3x+9}{9(3x-9)}=\dfrac{(3x+9)(3x-9)}{9(3x-9)(3x-9)}=\dfrac{9x^2-81}{9(3x-9)^2}=\dfrac{9(x^2-9)}{9(3x-9)^2}$

$$=\frac{x^2-9}{(3x-9)^2}=T_2(x)$$

$\mathbb{D}=\mathbb{Q}\setminus\{3\}$

e) $T_1(x)=\dfrac{4-9x^2}{8x+50+12x^2+75x}=\dfrac{(2+3x)(2-3x)}{2(4x+25)+3x(4x+25)}$

$$=\frac{(2+3x)(2-3x)}{(2+3x)(4x+25)}=\frac{2-3x}{4x+25}=T_2(x)$$

alternative Lösungsmöglichkeit:

$$T_1(x) = \frac{4-9x^2}{8x+50+12x^2+75x} = \frac{(2+3x)(2-3x)}{8x+12x^2+50+75x}$$

$$= \frac{(2+3x)(2-3x)}{4x(2+3x)+25(2+3x)} = \frac{(2+3x)(2-3x)}{(4x+25)(2+3x)} = \frac{2-3x}{4x+25} = T_2(x)$$

$$\mathbb{D} = \mathbb{Q} \setminus \left\{-\frac{25}{4}; -\frac{2}{3}\right\}$$

96 a)

$$\begin{array}{ll} N_1: & x+1 = (x+1) \\ N_2: & 3x-6 = 3 \cdot (x-2) \\ \hline HN: & 3 \cdot (x+1)(x-2) \end{array}$$

Erweitern auf HN:

$$\frac{x}{x+1} = \frac{x \cdot 3(x-2)}{(x+1) \cdot 3(x-2)} = \frac{3x^2-6x}{3(x^2-x-2)} = \frac{3x^2-6x}{3x^2-3x-6}$$

$$\frac{1}{3x-6} = \frac{x+1}{(3x-6) \cdot (x+1)} = \frac{x+1}{3x^2-3x-6}$$

$$\mathbb{D} = \mathbb{Q} \setminus \{-1; 2\}$$

b)

$$\begin{array}{ll} N_1: & x^3 = x^3 \\ N_2: & 5x = 5 \cdot x \\ \hline HN: & 5 \cdot x^3 \end{array}$$

Erweitern auf HN:

$$\frac{x^2}{x^3} = \frac{x^2 \cdot 5}{x^3 \cdot 5} = \frac{5x^2}{5x^3}$$

$$\frac{2}{5x} = \frac{2 \cdot x^2}{5x \cdot x^2} = \frac{2x^2}{5x^3}$$

$$\mathbb{D} = \mathbb{Q} \setminus \{0\}$$

c)

$$\begin{array}{ll} N_1: & 2x+4 = 2 \cdot (x+2) \\ N_2: & 3x+6 = 3 \cdot (x+2) \\ \hline HN: & 2 \cdot 3 \cdot (x+2) \end{array}$$

Erweitern auf HN:

$$\frac{3x+1}{2x+4} = \frac{(3x+1) \cdot 3}{(2x+4) \cdot 3} = \frac{9x+3}{6x+12}$$

$$\frac{0{,}5x+3}{3x+6}=\frac{(0{,}5x+3)\cdot 2}{(3x+6)\cdot 2}=\frac{\mathbf{x+6}}{\mathbf{6x+12}}$$

$\mathbb{D}=\mathbb{Q}\setminus\{-2\}$

d) N_1: $x^2-121=(x+11)\cdot(x-11)$
N_2: $x+11 \quad = x+11$

HN: $(x+11)\cdot(x-11)$

Erweitern auf HN:

$$\frac{\mathbf{3x+1}}{\mathbf{x^2-121}}$$

Der Nenner entspricht bei diesem Bruchterm bereits dem HN.

$$\frac{3x-33}{x+11}=\frac{3(x-11)\cdot(x-11)}{(x+11)\cdot(x-11)}=\frac{3(x^2-22x+121)}{x^2-121}=\frac{\mathbf{3x^2-66x+363}}{\mathbf{x^2-121}}$$

$\mathbb{D}=\mathbb{Q}\setminus\{-11;11\}$

e) N_1: $6x+8 \quad = 2\cdot(3x+4)$
N_2: $(3x+4)^2 = \quad (3x+4)^2$

HN: $2\cdot(3x+4)^2$

Erweitern auf HN:

$$\frac{2x+4}{6x+8}=\frac{(2x+4)(3x+4)}{2(3x+4)(3x+4)}=\frac{6x^2+20x+16}{2\cdot(9x^2+24x+16)}=\frac{\mathbf{6x^2+20x+16}}{\mathbf{18x^2+48x+32}}$$

$$\frac{3x^2}{(3x+4)^2}=\frac{3x^2\cdot 2}{(3x+4)^2\cdot 2}=\frac{\mathbf{6x^2}}{\mathbf{18x^2+48x+32}}$$

$\mathbb{D}=\mathbb{Q}\setminus\left\{-\frac{4}{3}\right\}$

f) N_1: $0{,}5x+1 = 0{,}5\cdot(x+2)$
N_2: $(x+2)^2 = \quad (x+2)^2$

HN: $0{,}5\cdot(x+2)^2$

Erweitern auf HN:

$$\frac{4}{0{,}5x+1}=\frac{4\cdot(x+2)}{0{,}5\cdot(x+2)(x+2)}=\frac{\mathbf{4x+8}}{\mathbf{0{,}5x^2+2x+2}}$$

$$\frac{2x+16}{(x+2)^2}=\frac{(2x+16)\cdot 0{,}5}{(x+2)^2\cdot 0{,}5}=\frac{\mathbf{x+8}}{\mathbf{0{,}5x^2+2x+2}}$$

$\mathbb{D}=\mathbb{Q}\setminus\{-2\}$

g) N_1: $x^2-9 = (x+3)\cdot(x-3)$
N_2: $4(x-3)^2 = 4\cdot(x-3)^2$

HN: $4\cdot(x+3)\cdot(x-3)^2$

Erweitern auf HN:

$$\frac{x+3}{x^2-9}=\frac{(x+3)\cdot 4(x-3)}{(x^2-9)\cdot 4(x-3)}=\frac{4(x^2-9)}{4(x^3-3x^2-9x+27)}=\mathbf{\frac{4x^2-36}{4x^3-12x^2-36x+108}}$$

$$\frac{2x}{4(x-3)^2}=\frac{2x\cdot(x+3)}{4(x-3)^2\cdot(x+3)}=\frac{2x^2+6x}{4(x-3)^2\cdot(x+3)}$$

$$=\frac{2x^2+6x}{4(x-3)(x^2-9)}=\mathbf{\frac{2x^2+6x}{4x^3-12x^2-36x+108}}$$

$\mathbb{D}=\mathbb{Q}\setminus\{-3;3\}$

h) N_1: $z^2+4z+4 = (z+2)^2$
N_2: $5z^2-20 = 5\cdot(z^2-4) = 5\cdot(z+2)\cdot(z-2)$

HN: $5\cdot(z+2)^2(z-2)$

Erweitern auf HN:

$$\frac{2}{z^2+4z+4}=\frac{2\cdot 5(z-2)}{(z+2)^2\cdot 5(z-2)}=\frac{10z-20}{(z^2-4)\cdot(5z+10)}=\mathbf{\frac{10z-20}{5z^3+10z^2-20z-40}}$$

$$\frac{6z-9}{5z^2-20}=\frac{(6z-9)(z+2)}{5\cdot(z^2-4)(z+2)}=\mathbf{\frac{6z^2+3z-18}{5z^3+10z^2-20z-40}}$$

$\mathbb{D}=\mathbb{Q}\setminus\{-2;2\}$

i) N_1: $x-1 = (x-1)$
N_2: $(x+1)^2 = (x+1)^2$
N_3: $x^2-1 = (x-1)\cdot(x+1)$

HN: $(x-1)\cdot(x+1)^2$

Erweitern auf HN:

$$\frac{x+1}{x-1}=\frac{(x+1)(x+1)^2}{(x-1)(x+1)^2}=\frac{(x+1)(x^2+2x+1)}{(x^2-1)(x+1)}$$

$$=\frac{x^3+2x^2+x+x^2+2x+1}{x^3+x^2-x-1}=\mathbf{\frac{x^3+3x^2+3x+1}{x^3+x^2-x-1}}$$

$$\frac{x+1}{(x+1)^2}=\frac{(x+1)\cdot(x-1)}{(x+1)^2\cdot(x-1)}=\frac{x^2-1}{(x+1)(x^2-1)}=\mathbf{\frac{x^2-1}{x^3+x^2-x-1}}$$

$$\frac{2x}{x^2-1} = \frac{2x\cdot(x+1)}{(x^2-1)\cdot(x+1)} = \frac{\mathbf{2x^2+2x}}{\mathbf{x^3+x^2-x-1}}$$

$\mathbb{D} = \mathbb{Q}\setminus\{-1; 1\}$

j) N_1: $-9a^2+18a-9 = -9(a^2-2a+1) = -3^2 \cdot \quad (a-1)^2$
N_2: $12a-12 \quad = 12(a-1) \quad = 3 \cdot 4\cdot (a-1)$
N_3: $3a^2+3a-6 \quad = 3(a^2+a-2) \quad = 3 \cdot \quad (a-1)\ (a+2)$

HN: $-3^2 \cdot 4\cdot (a-1)^2\ (a+2)$

Erweitern auf HN:

$$\frac{a}{-9a^2+18a-9} = \frac{a\cdot 4(a+2)}{(-9a^2+18a-9)\cdot 4(a+2)}$$

$$= \frac{4a^2+8a}{(-9a^2+18a-9)\cdot(4a+8)}$$

$$= \frac{4a^2+8a}{-36a^3-72a^2+72a^2+144a-36a-72}$$

$$= \frac{\mathbf{4a^2+8a}}{\mathbf{-36a^3+108a-72}}$$

$$\frac{b}{12a-12} = \frac{b\cdot[-3(a-1)(a+2)]}{(12a-12)\cdot[-3(a-1)(a+2)]} = \frac{-3b(a^2+a-2)}{12(-3)(a-1)^2\ (a+2)}$$

$$= \frac{-3a^2b-3ab+6b}{-36(a^2-2a+1)(a+2)}$$

$$= \frac{-3a^2b-3ab+6b}{-36(a^3+2a^2-2a^2-4a+a+2)}$$

$$= \frac{\mathbf{-3a^2b-3ab+6b}}{\mathbf{-36a^3+108a-72}}$$

$$\frac{ab}{3a^2+3a-6} = \frac{ab\cdot[-12(a-1)]}{(3a^2+3a-6)\cdot[-12(a-1)]}$$

$$= \frac{-12a^2b+12ab}{(-12)\cdot 3\cdot (a-1)^2\,(a+2)}$$

$$= \frac{\mathbf{-12a^2b+12ab}}{\mathbf{-36a^3+108a-72}}$$

$\mathbb{D} = \mathbb{Q}\setminus\{-2; 1\}$

97 a) $\frac{4x}{6x}+\frac{2x}{6x}+\frac{20x}{6x}=\frac{4x+2x+20x}{6x}=\frac{26x}{6x}=\mathbf{\frac{13}{3}}$

b) $\frac{4x}{8xy}-\frac{8x^2y^2}{8xy}-\frac{-20x}{8xy}=\frac{4x-8x^2y^2-(-20x)}{8xy}$

$$=\frac{24x-8x^2y^2}{8xy}=\frac{8x(3-xy^2)}{8xy}=\mathbf{\frac{3-xy^2}{y}}$$

c) $\frac{13c-4}{4c-2}+\frac{5(c-1)}{4c-2}=\frac{13c-4+5c-5}{4c-2}=\frac{18c-9}{4c-2}=\frac{4{,}5(4c-2)}{4c-2}=\mathbf{4{,}5}$

d) $\frac{-6a-4}{a^2-25}+\frac{-24+11a}{a^2-25}-\frac{-a+2}{a^2-25}=\frac{-6a-4-24+11a+a-2}{a^2-25}$

$$=\frac{6a-30}{(a+5)(a-5)}=\frac{6(a-5)}{(a+5)(a-5)}=\mathbf{\frac{6}{a+5}}$$

98 a) N_1: $2x+4 = 2(x+2)$
N_2: $5x+10 = 5(x+2)$

HN: $2\cdot 5\cdot (x+2)$

$\mathbb{D}=\mathbb{Q}\setminus\{-2\}$

$$\frac{x+1}{2x+4}+\frac{1-x}{5x+10}=\frac{(x+1)\cdot 5}{(2x+4)\cdot 5}+\frac{(1-x)\cdot 2}{(5x+10)\cdot 2}$$

$$=\frac{5x+5}{10(x+2)}+\frac{2-2x}{10(x+2)}$$

$$=\frac{5x+5+2-2x}{10(x+2)}$$

$$=\mathbf{\frac{3x+7}{10x+20}}$$

b) N_1: $b^2-9=(b+3)\cdot(b-3)$
N_2: $2b-6=2\cdot(b-3)$

HN: $2\cdot(b+3)\cdot(b-3)$

$\mathbb{D}=\mathbb{Q}\setminus\{-3; 3\}$

$$\frac{8b}{b^2-9}+\frac{5}{2b-6}=\frac{8b\cdot 2}{(b^2-9)\cdot 2}+\frac{5\cdot(b+3)}{(2b-6)(b+3)}=\frac{16b+5b+15}{2b^2-18}=\mathbf{\frac{21b+15}{2b^2-18}}$$

c) N_1: $3x - 3 = 3 \cdot (x-1)$

N_2: $x^2 - 1 = (x-1) \cdot (x+1)$

HN: $3 \cdot (x-1) \cdot (x+1)$

$\mathbb{D} = \mathbb{Q} \setminus \{-1; 1\}$

$$1 + \frac{2}{3x-3} - \frac{x^2}{x^2-1} = \frac{3 \cdot (x-1) \cdot (x+1)}{3 \cdot (x-1) \cdot (x+1)} + \frac{2 \cdot (x+1)}{(3x-3) \cdot (x+1)} - \frac{x^2 \cdot 3}{(x^2-1) \cdot 3}$$

$$= \frac{3x^2-3}{3x^2-3} + \frac{2x+2}{3x^2-3} - \frac{3x^2}{3x^2-3}$$

$$= \frac{3x^2 - 3 + 2x + 2 - 3x^2}{3x^2-3}$$

$$= \frac{\mathbf{2x-1}}{\mathbf{3x^2-3}}$$

d) N_1: $7x + 3 = (7x+3)$

N_2: $x = x$

N_3: $7x^2 + 3x = (7x+3) \cdot x$

HN: $(7x+3) \cdot x$

$\mathbb{D} = \mathbb{Q} \setminus \left\{-\frac{3}{7}; 0\right\}$

$$\frac{21}{7x+3} - \frac{1}{x} + \frac{9}{7x^2+3x} = \frac{21x - (7x+3) + 9}{x \cdot (7x+3)} = \frac{14x+6}{x \cdot (7x+3)} = \frac{2 \cdot (7x+3)}{x \cdot (7x+3)} = \frac{\mathbf{2}}{\mathbf{x}}$$

e) N_1: $x + 1 = (x+1)$

N_2: $x - 1 = (x-1)$

N_3: $x^2 - 1 = (x+1) \cdot (x-1)$

HN: $(x+1) \cdot (x-1)$

$\mathbb{D} = \mathbb{Q} \setminus \{-1; 1\}$

$$\frac{x-1}{x+1} + \frac{x+1}{x-1} - \frac{(x+1)^2}{x^2-1} = \frac{(x-1) \cdot (x-1) + (x+1) \cdot (x+1) - (x+1)^2}{(x+1)(x-1)}$$

$$= \frac{(x-1)^2 - (x+1)^2 + (x+1)^2}{(x+1)(x-1)}$$

$$= \frac{(x-1)^2}{(x+1)(x-1)}$$

$$= \frac{\mathbf{x-1}}{\mathbf{x+1}}$$

f) N_1: $x^2-1 = (x+1)\cdot(x-1)$
N_2: $3x+3 = 3\cdot(x+1)$
N_3: $2x-2 = 2\cdot(x-1)$

HN: $2\cdot3\cdot(x+1)\cdot(x-1)$

$\mathbb{D} = \mathbb{Q}\setminus\{-1; 1\}$

$$\frac{x^2}{x^2-1}-\frac{3x}{3x+3}-\frac{1}{2x-2}=\frac{6x^2-3x\cdot2\cdot(x-1)-3\cdot(x+1)}{2\cdot3\cdot(x+1)(x-1)}$$
$$=\frac{6x^2-6x^2+6x-3x-3}{6(x+1)(x-1)}$$
$$=\frac{3x-3}{6(x+1)(x-1)}$$
$$=\frac{3(x-1)}{6(x+1)(x-1)}$$
$$=\frac{1}{2(x+1)}=\frac{1}{2+2x}$$

g) N_1: $3x+9 = 3\cdot(x+3)$
N_2: $(x+3)^2 = (x+3)^2$
N_3: $x+3 = (x+3)$

HN: $3\cdot(x+3)^2$

$\mathbb{D} = \mathbb{Q}\setminus\{-3\}$

$$\frac{3x}{3x+9}-\frac{-\frac{1}{3}x^2}{(x+3)^2}+\frac{1}{x+3}=\frac{3x\cdot(x+3)+\frac{1}{3}x^2\cdot3+3(x+3)}{3(x+3)^2}$$
$$=\frac{3x^2+9x+x^2+3x+9}{3(x+3)^2}$$
$$=\frac{4x^2+12x+9}{3(x+3)^2}$$
$$=\frac{(2x+3)^2}{3(x+3)^2}$$

h) N_1: $x^2-2x+1 = (x-1)^2$
N_2: $x^2+2x+1 = (x+1)^2$
N_3: $x^2-1 = (x-1)\cdot(x+1)$

HN: $(x-1)^2\cdot(x+1)^2$

$\mathbb{D} = \mathbb{Q}\setminus\{-1; 1\}$

$$\frac{1}{x^2-2x+1}+\frac{1}{x^2+2x+1}-\frac{2}{x^2-1}=\frac{(x+1)^2+(x-1)^2-2\cdot(x-1)(x+1)}{(x^2-2x+1)(x^2+2x+1)}$$

$$=\frac{x^2+2x+1+x^2-2x+1-2x^2+2}{x^4-2x+1}$$

$$=\mathbf{\frac{4}{x^4-2x+1}}$$

i) N_1: $x^2-4x+4=(x-2)^2$
N_2: $x^2+4x+4=(x+2)^2$
N_3: $x^2-4 \quad =(x-2)(x+2)$

HN: $(x-2)^2\cdot(x+2)^2$

$\mathbb{D}=\mathbb{Q}\setminus\{-2;2\}$

$$\frac{x-2}{x^2-4x+4}+\frac{x+2}{x^2+4x+4}-\frac{3x}{x^2-4}$$

$$=\frac{(x-2)\cdot(x+2)^2}{(x^2-4x+4)\cdot(x+2)^2}+\frac{(x+2)\cdot(x-2)^2}{(x^2+4x+4)\cdot(x-2)^2}-\frac{3x\cdot(x-2)(x+2)}{(x^2-4)\cdot(x-2)(x+2)}$$

$$=\frac{(x-2)(x+2)^2+(x+2)\cdot(x-2)^2-3x\cdot(x-2)(x+2)}{(x^2-4)^2}$$

$$=\frac{(x-2)(x+2)[(x+2)+(x-2)-3x]}{(x^2-4)^2}$$

$$=\frac{(x^2-4)(-x)}{(x^2-4)^2}$$

$$=-\frac{x}{x^2-4}$$

$$=\mathbf{\frac{x}{4-x^2}}$$

j) N_1: $x^2+3 \quad =(x^2+3)$
N_2: $x^2+3x \quad =x\cdot(x+3)$
N_3: $x^2(x^2+3)+3x(x^2+3)=(x^2+3x)\cdot(x^2+3)=x\cdot(x+3)\cdot(x^2+3)$

HN: $x\cdot(x+3)(x^2+3)$

$\mathbb{D}=\mathbb{Q}\setminus\{-3;0;3\}$

$$\frac{x}{x^2+3}-\frac{x}{x^2+3x}+\frac{12x}{x^2(x^2+3)+3x(x^2+3)}=\frac{x\cdot(x+3)-x(x^2+3)+12x}{(x^2+3x)(x^2+3)}$$

$$=\frac{x^3+3x^2-x^3-3x+12x}{(x^2+3x)(x^2+3)}$$

$$=\frac{3x^2+9x}{(x^2+3x)(x^2+3)}$$

$$=\frac{3\cdot(x^2+3x)}{(x^2+3x)(x^2+3)}$$

$$=\frac{3}{x^2+3}$$

99 $T_1(0)=\frac{4\cdot 0^2+5\cdot 0-51}{0^2-9}-\frac{116}{4\cdot 0+12}=\frac{-51}{-9}-\frac{116}{12}=\frac{17}{3}-\frac{29}{3}=-\frac{12}{3}=-4$

$$T_2(0)=\frac{8}{0-3}+\frac{12\cdot 0-36}{0\cdot(0^2-9)-3(0^2-9)}=\frac{8}{-3}+\frac{-36}{-3\cdot(-9)}=\frac{-8}{3}+\frac{4}{-3}=-\frac{12}{3}=-4$$

$$T_3(0)=\frac{4\cdot 0-12}{0+3}=\frac{-12}{3}=-4$$

$$T_4(0)=\frac{8\cdot 0+36}{(0+3)(0-3)}=\frac{36}{3\cdot(-3)}=\frac{36}{-9}=-4$$

Um Mias zweite Behauptung zu beweisen, genügt es, die Terme so umzuformen, dass man zwei äquivalente Termpaare erhält:

$$T_1(x)=\frac{4x^2+5x-51}{x^2-9}-\frac{116}{4x+12}=\frac{4x^2+5x-51}{(x+3)(x-3)}-\frac{116}{4(x+3)}$$

$$=\frac{(4x^2+5x-51)\cdot 4-116\cdot(x-3)}{4\cdot(x+3)\cdot(x-3)}$$

$$=\frac{16x^2+20x-204-116x+348}{4\cdot(x+3)\cdot(x-3)}$$

$$=\frac{16x^2-96x+144}{4\cdot(x+3)\cdot(x-3)}$$

$$=\frac{(4x-12)^2}{(x+3)(4x-12)}=\frac{4x-12}{x+3}=T_3(x)$$

$$T_2(x) = \frac{8}{x-3} + \frac{12x-36}{x(x^2-9)-3(x^2-9)} = \frac{8}{x-3} + \frac{12x-36}{(x-3)\cdot(x^2-9)}$$

$$= \frac{8\cdot(x^2-9)+12x-36}{(x-3)\cdot(x^2-9)} = \frac{8x^2-72+12x-36}{(x-3)\cdot(x^2-9)}$$

$$= \frac{8x^2+12x-108}{(x-3)\cdot(x^2-9)}$$

$$\mathbf{T_4(x)} = \frac{8x+36}{(x+3)(x-3)} = \frac{(8x+36)\cdot(x-3)}{(x+3)(x-3)\cdot(x-3)}$$

$$= \frac{8x^2-24x+36x-108}{(x^2-9)\cdot(x-3)}$$

$$= \frac{8x^2+12x-108}{(x-3)\cdot(x^2-9)} = \mathbf{T_2(x)}$$

100 a) $\mathbb{D} = \mathbb{Q} \setminus \left\{0; \frac{3}{2}\right\}$

$$\frac{1}{x}\cdot\frac{x+1}{2x-3} = \frac{1\cdot(x+1)}{x(2x-3)} = \frac{\mathbf{x+1}}{\mathbf{2x^2-3x}}$$

Hier kann nicht gekürzt werden.

b) $\mathbb{D} = \mathbb{Q} \setminus \{0\}$

$$6x\cdot\frac{1}{3}\cdot\frac{x-1}{2x} = \frac{6x\cdot 1\cdot(x-1)}{3\cdot 2x} = \frac{6x^2-6x}{6x} = \mathbf{x-1}$$

Kürzt man hier vor dem Ausmultiplizieren, erhält man sofort den Term x – 1.

c) $\mathbb{D} = \mathbb{Q} \setminus \{-5; 0\}$

$$\frac{4}{y}\cdot\frac{4y-3}{2y+10} = \frac{16y-12}{2y^2+10y} = \frac{2(8y-6)}{2(y^2+5y)} = \frac{\mathbf{8y-6}}{\mathbf{y^2+5y}}$$

d) $\mathbb{D} = \mathbb{Q} \setminus \{-3; 3\}$

$$\frac{4}{y^2-9}\cdot\frac{y^2-9}{2y+6} = \frac{4}{2y+6} = \frac{\mathbf{2}}{\mathbf{y+3}}$$

e) $\mathbb{D} = \mathbb{Q} \setminus \left\{-5; -\frac{1}{5}; 5\right\}$

$$\frac{25x+5}{125-5x^2}\cdot\frac{5+x}{5x+1} = \frac{5\cdot(5+x)}{125-5x^2} = \frac{5+x}{25-x^2} = \frac{5+x}{(5+x)(5-x)} = \frac{\mathbf{1}}{\mathbf{5-x}}$$

f) $\mathbb{D} = \mathbb{Q} \setminus \{-7; 7\}$

$$\frac{x+7}{x^2-49} \cdot \frac{7-x}{-7-x} = \frac{7-x}{(x^2-49)\cdot(-1)} = \frac{x-7}{(x+7)(x-7)} = \mathbf{\frac{1}{x+7}}$$

g) $\mathbb{D} = \mathbb{Q} \setminus \{-2; 2\}$

$$(30x-7{,}5x^3) \cdot \frac{4+x}{4-x^2} = \frac{7{,}5x(4-x^2)\cdot(4+x)}{4-x^2} = 7{,}5x\cdot(4+x) = \mathbf{7{,}5x^2+30x}$$

h) $\mathbb{D} = \mathbb{Q} \setminus \{-13; 2\}$

$$\frac{169-x^2}{13+x} \cdot \frac{13+x}{26-13x} = \frac{169-x^2}{26-13x} = \frac{(13+x)(13-x)}{2(13-x)} = \mathbf{\frac{13+x}{2}}$$

i) $\mathbb{D} = \mathbb{Q} \setminus \{-3; 0; 3\}$

$$\frac{4x^4+24x^2+36}{x-3} \cdot \frac{x^2-9}{4x^4-36x^2} = \frac{4(x^4+6x^2+9)\cdot(x^2-9)}{(x-3)\cdot 4x^2(x^2-9)}$$

$$= \frac{(x^2+3)^2}{(x-3)\cdot x^2} = \mathbf{\frac{(x^2+3)^2}{x^3-3x^2}}$$

j) $\mathbb{D} = \mathbb{Q} \setminus \{0; 2\}$

$$\left(\frac{3x^2}{-4}\right)^3 \cdot \frac{16}{x^2-2x} \cdot \frac{7x-14}{x} = \frac{(3x^2)^3}{(-4)^3} \cdot \frac{16\cdot 7(x-2)}{x(x-2)\cdot x}$$

$$= \frac{27x^6\cdot 16\cdot 7}{-64\cdot x^2} = -\frac{27\cdot 7x^4}{4} = \mathbf{-\frac{189x^4}{4}}$$

101 a) $\frac{288}{12x} : \frac{24x}{2} = \frac{288}{12x} \cdot \frac{2}{24x} = \frac{12\cdot 1}{6x\cdot x} = \mathbf{\frac{2}{x^2}}$

Nimm mit dem Kehrbruch mal.

$\mathbb{D} = \mathbb{Q} \setminus \{0\}$

b) $\frac{25x^3}{125x^2} : 5x^2 = \frac{25x^3}{125x^2} \cdot \frac{1}{5x^2} = \frac{5x}{125x^2} = \mathbf{\frac{1}{25x}}$

$\mathbb{D} = \mathbb{Q} \setminus \{0\}$

c) $\frac{3x-5}{4(x-8)} : \frac{4x}{16x-128} = \frac{3x-5}{4(x-8)} \cdot \frac{16(x-8)}{4x} = \mathbf{\frac{3x-5}{x}}$

$\mathbb{D} = \mathbb{Q} \setminus \{0; 8\}$

d) $\frac{4}{x-4} : \frac{24}{x^2-8x+16} = \frac{4}{x-4} \cdot \frac{(x-4)^2}{24} = \mathbf{\frac{x-4}{6}}$

$\mathbb{D} = \mathbb{Q} \setminus \{4\}$

e) $\frac{4x-28}{7+x} : \frac{2x-14}{x^2-49} = \frac{4(x-7)}{7+x} \cdot \frac{(x+7)(x-7)}{2(x-7)} = 2(x-7) = \mathbf{2x-14}$

$\mathbb{D} = \mathbb{Q} \setminus \{-7; 7\}$

f) $\frac{y^2-4}{y+2} : \frac{y+2}{y-2} = \frac{(y+2)(y-2)}{y+2} \cdot \frac{y-2}{y+2} = \frac{(y-2)^2}{y+2} = \mathbf{\frac{y^2-2y+4}{y+2}}$

$\mathbb{D} = \mathbb{Q} \setminus \{-2; 2\}$

g) $\frac{(2x-6)\cdot(2x+6)}{x+3} : (x-3) = \frac{(4x^2-36)}{x+3} \cdot \frac{1}{x-3} = \frac{4(x^2-9)}{(x+3)\cdot(x-3)} = \mathbf{4}$

$\mathbb{D} = \mathbb{Q} \setminus \{-3; 3\}$

h) $\frac{2\cdot(4x-28)}{3x} : \frac{6x-42}{21x^2\cdot(x+2)} = \frac{8\cdot(x-7)}{3x} \cdot \frac{21x^2\cdot(x+2)}{6(x-7)}$

$= \frac{8\cdot 7x\cdot(x+2)}{6}$

$= \mathbf{\frac{28x^2+56x}{3}}$

$\mathbb{D} = \mathbb{Q} \setminus \{-2; 0; 7\}$

i) $\frac{(x-5)^2}{-x^2+10x-25} : \frac{x^2+10x+25}{(x-5)^2} = \frac{(x-5)^2}{-(x^2-10x+25)} \cdot \frac{(x-5)^2}{(x+5)^2}$

$= \frac{(x-5)^2}{-(x+5)^2}$

$= \mathbf{\frac{x^2-10x+25}{-x^2-10x-25}}$

$\mathbb{D} = \mathbb{Q} \setminus \{-5; 5\}$

j) $\frac{x(x-3)}{-1} : \left(\frac{-x^3}{x^2-6x+9}\right)^{-1} = \frac{x(x-3)}{-1} \cdot \frac{-x^3}{x^2-6x+9}$

$= \frac{x(x-3) \cdot (-x^3)}{(-1) \cdot (x-3)^2}$

$= \mathbf{\frac{x^4}{x-3}}$

Der Kehrbruch zu $\left(\frac{-x^3}{x^2-6x+9}\right)^{-1}$ ist $\frac{-x^3}{x^2-6x+9}$.

$\mathbb{D} = \mathbb{Q} \setminus \{0; 3\}$

102 a) $\frac{2x^2+x}{x-1} : \frac{x}{x^2-1} \cdot \frac{1}{4x+2} = \frac{(2x+1)x \cdot (x+1)(x-1)}{(x-1) \cdot x} \cdot \frac{1}{4x+2}$

$= \frac{(2x+1) \cdot (x+1)}{1} \cdot \frac{1}{2(2x+1)}$

$= \mathbf{\frac{x+1}{2}}$

$\mathbb{D} = \mathbb{N}_0 \setminus \left\{-1; -\frac{1}{2}; 0; 1\right\} = \mathbb{N}_0 \setminus \{0; 1\} = \mathbb{N} \setminus \{1\}$

b) $\frac{64-y^2}{(8-y)^2} : \frac{(8+y)^2}{8-y} \cdot \frac{8+y}{8} = \frac{(8+y)(8-y) \cdot (8-y)}{(8-y)^2 \cdot (8+y)^2} \cdot \frac{8+y}{8} = \frac{1}{8+y} \cdot \frac{8+y}{8} = \mathbf{\frac{1}{8}}$

$\mathbb{D} = \mathbb{Z} \setminus \{-8; 8\}$

c) $\left(\frac{3}{2x} \cdot \frac{4x^2}{9} : \frac{2x}{3(x+3)}\right) : \frac{9x+27}{3x} = \frac{12x^2}{18x} \cdot \frac{3(x+3)}{2x} \cdot \frac{3x}{9x+27} = \frac{(x+3) \cdot 3x}{9(x+3)} = \mathbf{\frac{x}{3}}$

$\mathbb{D} = \mathbb{Q} \setminus \{-3; 0\}$

d) $\frac{3x+1}{2x-4} \cdot \frac{3}{2x+4} : \frac{x}{4x^2-16} = \frac{(3x+1) \cdot 3}{4x^2-16} \cdot \frac{4x^2-16}{x} = \mathbf{\frac{9x+3}{x}}$

$\mathbb{D} = \mathbb{N}_0 \setminus \{-2; 0; 2\} = \mathbb{N}_0 \setminus \{0; 2\} = \mathbb{N} \setminus \{2\}$

e) $\frac{1}{x+3} : (x^2-9) \cdot \frac{3x-9}{4} = \frac{1}{(x+3)(x^2-9)} \cdot \frac{3x-9}{4}$

$= \frac{1 \cdot 3(x-3)}{(x+3)(x+3)(x-3) \cdot 4}$

$= \mathbf{\frac{3}{4(x+3)^2}}$

$\mathbb{D} = \mathbb{N} \setminus \{-3; 3\} = \mathbb{N} \setminus \{3\}$

f) $$\frac{6x+3}{x+2}\cdot\frac{2x-4}{4x+2}:\frac{3(x+2)^2}{x^2-4}=\frac{3(2x+1)\cdot 2(x-2)}{(x+2)\cdot 2(2x+1)}\cdot\frac{x^2-4}{3(x+2)^2}$$
$$=\frac{3(x-2)\cdot(x+2)(x-2)}{(x+2)\cdot 3(x+2)^2}$$
$$=\frac{(x-2)^2}{(x+2)^2}=\mathbf{\frac{x^2-4x+4}{x^2+4x+4}}$$

$\mathbb{D}=\mathbb{Q}\setminus\left\{-2;-\frac{1}{2};2\right\}$

103 a) $$\frac{2+x}{x}+\frac{2+x}{x}\cdot\frac{x-1}{4x-3}=\frac{2+x}{x}+\frac{(2+x)\cdot(x-1)}{x\cdot(4x-3)}$$
$$=\frac{(2+x)\cdot(4x-3)+(2+x)\cdot(x-1)}{x\cdot(4x-3)}$$
$$=\frac{(2+x)\cdot(4x-3+x-1)}{x\cdot(4x-3)}$$
$$=\frac{(2+x)\cdot(5x-4)}{4x^2-3x}$$
$$=\frac{10x-8+5x^2-4x}{4x^2-3x}$$
$$=\mathbf{\frac{5x^2+6x-8}{4x^2-3x}}$$

$\mathbb{D}=\mathbb{Q}\setminus\left\{0;\frac{3}{4}\right\}$

b) $$\frac{3x+4}{x}:\frac{x}{2x-3}+\frac{4x+5}{x^3-x^2}\cdot\frac{x}{2}=\frac{(3x+4)\cdot(2x-3)}{x\cdot x}+\frac{4x^2+5x}{2x^3-2x^2}$$
$$=\frac{6x^2-9x+8x-12}{x^2}+\frac{4x^2+5x}{x^2(2x-2)}$$
$$=\frac{(6x^2-x-12)(2x-2)+4x^2+5x}{x^2(2x-2)}$$
$$=\frac{12x^3-12x^2-2x^2+2x-24x+24+4x^2+5x}{2x^3-2x^2}$$
$$=\mathbf{\frac{12x^3-10x^2-17x+24}{2x^3-2x^2}}$$

$\mathbb{D}=\mathbb{Q}\setminus\left\{0;1;\frac{3}{2}\right\}$

c) $\dfrac{8}{x+5} : \dfrac{56}{x^2-25} - \dfrac{6}{x-4} : \dfrac{42}{x^2-16} + \left(\dfrac{2x+1}{7}\right)^2$

$= \dfrac{8\cdot(x+5)(x-5)}{(x+5)\cdot 56} - \dfrac{6\cdot(x+4)(x-4)}{(x-4)\cdot 42} + \dfrac{(2x+1)^2}{7^2}$

$= \dfrac{x-5}{7} - \dfrac{x+4}{7} + \dfrac{4x^2+4x+1}{49}$

$= \dfrac{-9}{7} + \dfrac{4x^2+4x+1}{49}$

$= \dfrac{\mathbf{4x^2+4x-62}}{\mathbf{49}}$

$\mathbb{D} = \mathbb{Q} \setminus \{-5; -4; 4; 5\}$

d) $\dfrac{(x+4)^2}{3x-6} \cdot \dfrac{4x-8}{x+4} - \dfrac{x}{(x-4)^2} : \dfrac{1}{x^2-16} = \dfrac{(x+4)\cdot 4(x-2)}{3(x-2)} - \dfrac{x\cdot(x+4)(x-4)}{(x-4)^2}$

$= \dfrac{4(x+4)}{3} - \dfrac{x\cdot(x+4)}{x-4}$

$= \dfrac{4(x+4)(x-4)-3x(x+4)}{3(x-4)}$

$= \dfrac{(x+4)\cdot(4x-16-3x)}{3(x-4)}$

$= \dfrac{(x+4)\cdot(x-16)}{3(x-4)}$

$= \dfrac{x^2-16x+4x-64}{3x-12}$

$= \dfrac{\mathbf{x^2-12x-64}}{\mathbf{3x-12}}$

$\mathbb{D} = \mathbb{Q} \setminus \{-4; 2; 4\}$

e) $(3x-5)^{-2} : (2x-3)^{-1} = \dfrac{1}{(3x-5)^2} \cdot (2x-3) = \dfrac{\mathbf{2x-3}}{\mathbf{9x^2-30x+25}}$

$\mathbb{D} = \mathbb{Q} \setminus \left\{\dfrac{3}{2}; \dfrac{5}{3}\right\}$

f) $(x^2+x-2)^{-1}:(4x+8)^{-1}+\frac{5}{x-1}=\frac{1}{(x^2+x-2)}\cdot(4x+8)+\frac{5}{x-1}$

$$=\frac{4(x+2)}{(x-1)(x+2)}+\frac{5}{x-1}$$

$$=\frac{4}{x-1}+\frac{5}{x-1}$$

$$=\mathbf{\frac{9}{x-1}}$$

$\mathbb{D}=\mathbb{Q}\setminus\{-2;1\}$

104 a) $\mathbb{D}=\mathbb{Q}\setminus\{0\}$

$$\frac{3}{2x}=\frac{15}{18}$$

$\Leftrightarrow\ 3\cdot18=15\cdot2x$

$\Leftrightarrow\ 54=30x \quad |:30$

$\Leftrightarrow\ x=\frac{54}{30}$

$\Leftrightarrow\ x=\frac{9}{5}$

$\mathbb{L}=\left\{\frac{9}{5}\right\}$

b) $\mathbb{D}=\mathbb{Q}\setminus\{3\}$

$\frac{5}{2x-6}=30 \quad |\cdot(2x-6)$

$\Leftrightarrow\ 5=30\cdot(2x-6)$

$\Leftrightarrow\ 5=60x-180 \quad |+180$

$\Leftrightarrow\ 185=60x \quad |:60$

$\Leftrightarrow\ x=\frac{185}{60}$

$\Leftrightarrow\ x=\frac{37}{12}$

$\mathbb{L}=\left\{\frac{37}{12}\right\}$

c) $\mathbb{D} = \mathbb{Q} \setminus \left\{\frac{3}{2}\right\}$

$$\frac{3}{2x-3} - 8 = 0 \qquad |+8$$

$$\Leftrightarrow \quad \frac{3}{2x-3} = 8 \qquad |\cdot(2x-3)$$

$$\Leftrightarrow \quad 3 = 8\cdot(2x-3)$$

$$\Leftrightarrow \quad 3 = 16x - 24 \qquad |+24$$

$$\Leftrightarrow \quad 27 = 16x \qquad |:16$$

$$\Leftrightarrow \quad x = \frac{27}{16}$$

$\mathbb{L} = \left\{\frac{27}{16}\right\}$

d) $\mathbb{D} = \mathbb{Q} \setminus \{-2\}$

$$\frac{4x+8}{3x+6} = 8 \qquad |\cdot(3x+6)$$

$$\Leftrightarrow \quad 4x+8 = 8\cdot(3x+6)$$

$$\Leftrightarrow \quad 4x+8 = 24x+48 \qquad |-4x$$

$$\Leftrightarrow \quad 8 = 20x+48 \qquad |-48$$

$$\Leftrightarrow \quad -40 = 20x \qquad |:20$$

$$\Leftrightarrow \quad x = -2$$

$\mathbb{L} = \varnothing$, da $-2 \notin \mathbb{D}$

Die Lösung ist nicht in der Definitionsmenge enthalten!

e) $\mathbb{D} = \mathbb{Q} \setminus \{1\}$

$$\frac{3+2x}{x-1} = \frac{4x-2}{2x-2}$$

$$\Leftrightarrow \quad (3+2x)(2x-2) = (4x-2)(x-1)$$

$$\Leftrightarrow \quad 6x-6+4x^2-4x = 4x^2-4x-2x+2$$

$$\Leftrightarrow \quad 4x^2+2x-6 = 4x^2-6x+2 \qquad |-4x^2+6x$$

$$\Leftrightarrow \quad 8x-6 = 2 \qquad |+6$$

$$\Leftrightarrow \quad 8x = 8 \qquad |:4$$

$$\Leftrightarrow \quad x = 1$$

$\mathbb{L} = \varnothing$, da $1 \notin \mathbb{D}$

Die Lösung ist nicht in der Definitionsmenge enthalten!

f) $\mathbb{D} = \mathbb{Q} \setminus \{-3; -2{,}5\}$

$$\frac{8}{x+3} = \frac{6}{x+2{,}5}$$

$$\begin{aligned}
\Leftrightarrow\quad & 8(x+2{,}5) = 6(x+3) && \\
\Leftrightarrow\quad & 8x+20 = 6x+18 && |-6x-20 \\
\Leftrightarrow\quad & 2x = -2 && |:2 \\
\Leftrightarrow\quad & x = -1 &&
\end{aligned}$$

$\mathbb{L} = \{-1\}$

g) $\mathbb{D} = \mathbb{Q} \setminus \{-2\}$

$$\frac{4x+16}{3x+6} = \frac{3}{2}$$

$$\begin{aligned}
\Leftrightarrow\quad & (4x+16)2 = 3(3x+6) && \\
\Leftrightarrow\quad & 8x+32 = 9x+18 && |-8x-18 \\
\Leftrightarrow\quad & 14 = x &&
\end{aligned}$$

$\mathbb{L} = \{14\}$

h) $\mathbb{D} = \mathbb{Q} \setminus \{-8; -4\}$

$$\frac{x-8}{x+4} = \frac{x+4}{x+8}$$

$$\begin{aligned}
\Leftrightarrow\quad & (x-8)(x+8) = (x+4)(x+4) && \\
\Leftrightarrow\quad & x^2-64 = x^2+8x+16 && |-x^2-16 \\
\Leftrightarrow\quad & -80 = 8x && |:8 \\
\Leftrightarrow\quad & x = -10 &&
\end{aligned}$$

$\mathbb{L} = \{-10\}$

105 a) $\mathbb{D} = \mathbb{Z} \setminus \left\{0; \frac{1}{3}\right\}$

$$\frac{3x+2}{x} + \frac{3}{5} = \frac{10{,}8x+2}{3x-1}$$

$$\Leftrightarrow\quad \frac{(3x+2)\cdot 5 + 3\cdot x}{5x} = \frac{10{,}8x+2}{3x-1}$$

$$\Leftrightarrow\quad \frac{18x+10}{5x} = \frac{10{,}8x+2}{3x-1}$$

$$\begin{aligned}
\Leftrightarrow\quad & (18x+10)\cdot(3x-1) = (10{,}8x+2)\cdot 5x && \\
\Leftrightarrow\quad & 54x^2-18x+30x-10 = 54x^2+10x && |-54x^2
\end{aligned}$$

Für die Über-Kreuz-Multiplikation müssen auf beiden Seiten der Gleichung Brüche stehen. Hier musst du also zunächst die linke Summe berechnen.

$$\Leftrightarrow \quad 12x - 10 = 10x \qquad |-10x + 10$$

$$\Leftrightarrow \quad 2x = 10 \qquad |:2$$

$$\Leftrightarrow \quad x = 5$$

$\mathbb{L} = \{5\}$

b) $\mathbb{D} = \mathbb{Q}^+ \setminus \{-1; 0\} = \mathbb{Q}^+$

$$\frac{3}{2} + \frac{4}{x} = \frac{7}{x+1} + \frac{4,5x}{3x+3}$$

$$\Leftrightarrow \quad \frac{3x+8}{2x} = \frac{7 \cdot 3 + 4,5x}{3x+3}$$

$$\Leftrightarrow \quad (3x+8) \cdot (3x+3) = (21 + 4,5x) \cdot 2x$$

$$\Leftrightarrow \quad 9x^2 + 9x + 24x + 24 = 42x + 9x^2 \qquad |-9x^2$$

$$\Leftrightarrow \quad 33x + 24 = 42x \qquad |-33x$$

$$\Leftrightarrow \quad 24 = 9x \qquad |:9$$

$$\Leftrightarrow \quad x = \frac{24}{9}$$

$$\Leftrightarrow \quad x = \frac{8}{3}$$

$\mathbb{L} = \left\{\frac{8}{3}\right\}$

c) $\mathbb{D} = \mathbb{Z} \setminus \left\{-\frac{2}{5}\right\} = \mathbb{Z}$

$$\frac{3x-4}{5x+2} - \frac{4x+1}{15x+6} = \frac{2}{4} - \frac{7}{12}$$

$$\Leftrightarrow \quad \frac{(3x-4) \cdot 3 - (4x+1)}{15x+6} = \frac{6-7}{12}$$

$$\Leftrightarrow \quad \frac{9x - 12 - 4x - 1}{15x+6} = \frac{-1}{12}$$

$$\Leftrightarrow \quad \frac{5x-13}{15x+6} = \frac{-1}{12}$$

$$\Leftrightarrow \quad 60x - 156 = -15x - 6 \qquad |+15x + 156$$

$$\Leftrightarrow \quad 75x = 150 \qquad |:75$$

$$\Leftrightarrow \quad x = 2$$

$\mathbb{L} = \{2\}$

d) $\mathbb{D} = \mathbb{Q}^+ \setminus \{-2;\ -1\} = \mathbb{Q}^+$

$$\frac{3x+15}{6x+3} + \frac{1}{2} = \frac{1{,}5x-2}{x+1} - \frac{2}{4}$$

$$\Leftrightarrow \quad \frac{(3x+15)\cdot 2 + 6x+3}{(6x+3)\cdot 2} = \frac{(1{,}5x-2)\cdot 4 - 2(x+1)}{(x+1)\cdot 4}$$

$$\Leftrightarrow \quad \frac{6x+30+6x+3}{12x+6} = \frac{6x-8-2x-2}{4x+4}$$

$$\Leftrightarrow \quad \frac{12x+33}{12x+6} = \frac{4x-10}{4x+4}$$

$$\Leftrightarrow \quad (12x+33)\cdot(4x+4) = (4x-10)\cdot(12x+6)$$

$$\Leftrightarrow \quad 48x^2+48x+132x+132 = 48x^2+24x-120x-60 \qquad \big|-48x^2$$

$$\Leftrightarrow \quad 180x+132 = -96x-60 \qquad \big|+96x-132$$

$$\Leftrightarrow \quad 276x = -192 \qquad \big|:276$$

$$\Leftrightarrow \quad x = -\frac{192}{276}$$

$$\Leftrightarrow \quad x = -\frac{16}{23}$$

$\mathbb{L} = \varnothing$

106

$$\frac{x}{x-4} = \frac{x+4}{(x-4)+2}$$

$$\Leftrightarrow \quad \frac{x}{x-4} = \frac{x+4}{x-2}$$

$$\Leftrightarrow \quad x^2-2x = x^2-16$$

$$\Leftrightarrow \quad -2x = -16 \qquad \big|:(-2)$$

$$\Leftrightarrow \quad x = 8$$

$\mathbb{L} = \{8\}$

Der ursprüngliche Bruch lautet: $\frac{8}{8-4} = \frac{8}{4} = 2$

107

$$\frac{x}{x-2} - \frac{x-2}{x} = \frac{4x-4}{x^2-10}$$

$$\Leftrightarrow \quad \frac{x^2-(x-2)^2}{(x-2)\cdot x} = \frac{4x-4}{x^2-10}$$

$$\Leftrightarrow \quad \frac{x^2-(x^2-4x+4)}{x^2-2x}=\frac{4x-4}{x^2-10}$$

$$\Leftrightarrow \quad \frac{4x-4}{x^2-2x}=\frac{4x-4}{x^2-10}$$

$$\Leftrightarrow \quad (4x-4)(x^2-10)=(4x-4)(x^2-2x) \qquad |:(4x-4)$$

$$\Leftrightarrow \quad x^2-10=x^2-2x \qquad |-x^2$$

$$\Leftrightarrow \quad -10=-2x \qquad |:(-2)$$

$$\Leftrightarrow \quad x=5$$

$\mathbb{L}=\{5\}$

Der ursprüngliche Bruch lautet: $\frac{5}{5-2}=\mathbf{\frac{5}{3}}$

108 Rechteck A:
kürzere Seite: x LE
längere Seite: (x + 4) LE

Rechteck B:
kürzere Seite: (2x + 4) LE
längere Seite: (3x + 4) LE

Es gilt:

$$\frac{A_{\text{Rechteck A}}}{A_{\text{Rechteck B}}}=\frac{1}{6}$$

$$\Leftrightarrow \quad \frac{x(x+4)\text{ FE}}{(2x+4)(3x+4)\text{ FE}}=\frac{1}{6}$$

$$\Leftrightarrow \quad 6x^2+24x=(2x+4)(3x+4)$$

$$\Leftrightarrow \quad 6x^2+24x=6x^2+8x+12x+16 \qquad |-6x^2$$

$$\Leftrightarrow \quad 24x=20x+16 \qquad |-20x$$

$$\Leftrightarrow \quad 4x=16 \qquad |:4$$

$$\Leftrightarrow \quad x=4$$

Rechteck A:
kürzere Seite: **4 LE**
längere Seite: **8 LE**

Rechteck B:
kürzere Seite: **12 LE**
längere Seite: **16 LE**

109 1. Stunde:
Frauen: x
Männer: $\frac{2}{3}x$

2. Stunde:
Frauen: $x-1$
Männer: $\frac{2}{3}x+2$

Es gilt:

$$\frac{\frac{2}{3}x+2}{x-1}=\frac{6}{7}$$

$$\Leftrightarrow \quad \frac{14}{3}x+14=6x-6 \qquad \left|-\frac{14}{3}x+6\right.$$

$$\Leftrightarrow \quad 20=6x-\frac{14}{3}x$$

$$\Leftrightarrow \quad 20=\frac{4}{3}x \qquad \left|\cdot\frac{3}{4}\right.$$

$$\Leftrightarrow \quad 15=x$$

In der ersten Stunde erschienen **15 Frauen** und $\frac{2}{3}\cdot 15=$ **10 Männer**.
Da in der zweiten Stunde 14 Frauen und 12 Männer erschienen, fehlten **2 Männer**, um das Verhältnis auszugleichen.

110 a) $\{P \mid \overline{LP} < 5{,}5\ \text{LE}\}$

b) $\{P \mid \overline{MP} \geqq 3\ \text{LE}\}$

111 a)

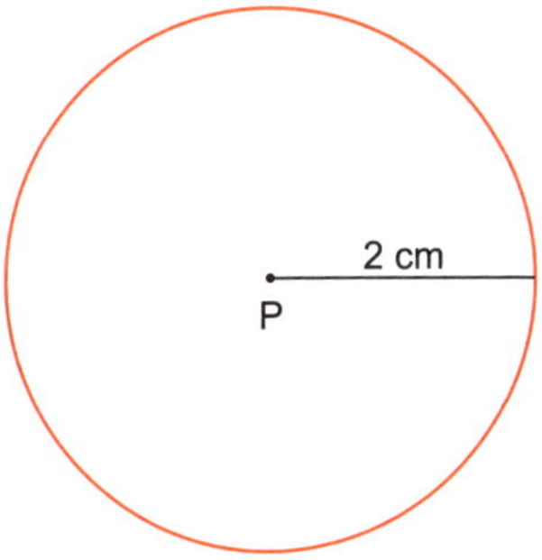

Gesucht ist die Menge aller Punkte, die genau 2 cm vom Punkt P entfernt sind. Zeichne dazu einen Kreis um P mit Radius 2 cm und markiere die Kreislinie farbig.

b)

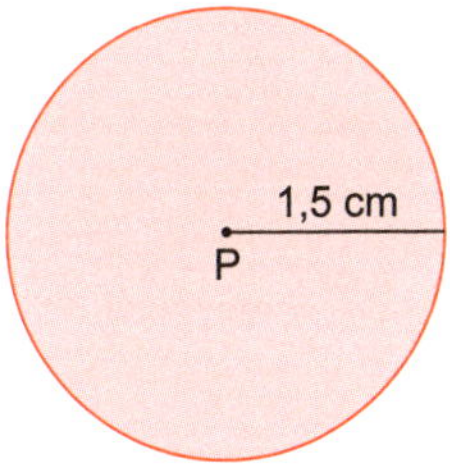

Gesucht ist die Menge aller Punkte, die höchstens 1,5 cm vom Punkt P entfernt sind. Zeichne dazu einen Kreis um P mit Radius 1,5 cm. Hier sind das Kreisinnere und die Kreislinie farbig zu markieren.

c)

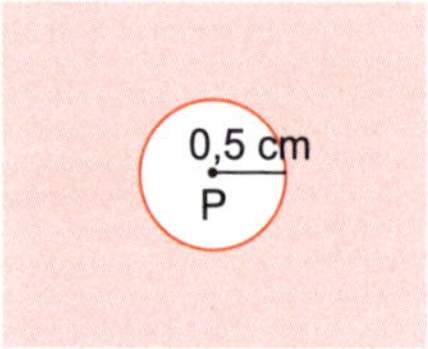

Gesucht ist die Menge aller Punkte, die mindestens 0,5 cm vom Punkt P entfernt sind. Zeichne dazu einen Kreis um P mit Radius 0,5 cm. Hier sind das Kreisäußere und die Kreislinie farbig zu markieren.

d)

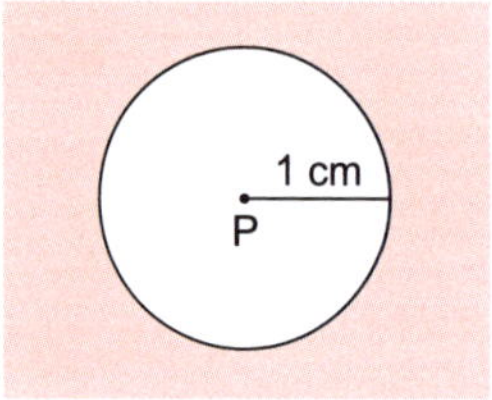

Gesucht ist die Menge aller Punkte, die mehr als 1 cm vom Punkt P entfernt sind. Zeichne dazu einen Kreis um P mit Radius 1 cm. Hier ist das Kreisäußere farbig zu markieren.

112 a)

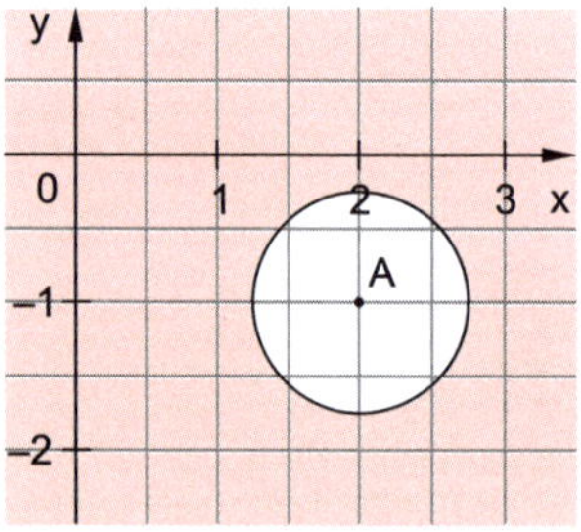

Gesucht ist die Menge aller Punkte, die mehr als 0,75 cm vom Punkt A entfernt sind. Zeichne dazu einen Kreis um A mit Radius 0,75 cm. Hier ist das Kreisäußere farbig zu markieren.

b)

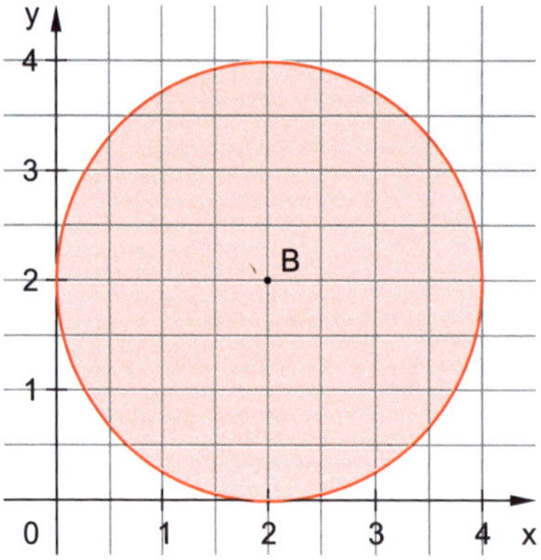

Gesucht ist die Menge aller Punkte, die höchstens 2 cm vom Punkt B entfernt sind. Zeichne dazu einen Kreis um B mit Radius 2 cm. Hier sind das Kreisinnere und die Kreislinie farbig zu markieren.

c) 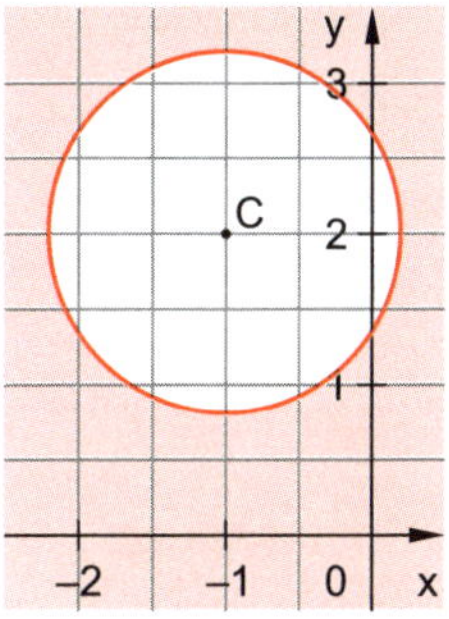

Gesucht ist die Menge aller Punkte, die mindestens 1,2 cm vom Punkt C entfernt sind. Zeichne dazu einen Kreis um C mit Radius 1,2 cm. Hier sind das Kreisäußere und die Kreislinie farbig zu markieren.

d) 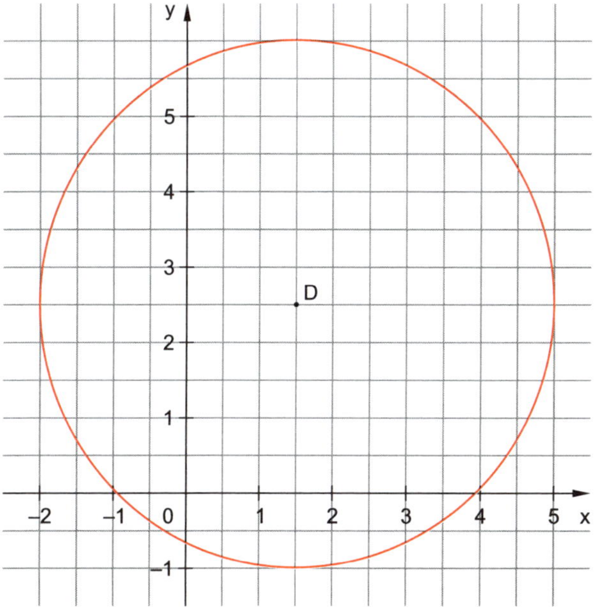

113 a) 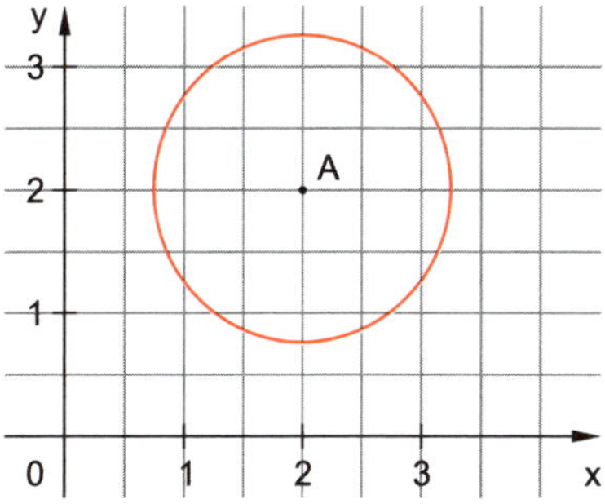

Mengenschreibweise: $\{E \mid \overline{AE} = 1,25 \text{ cm}\}$

b)

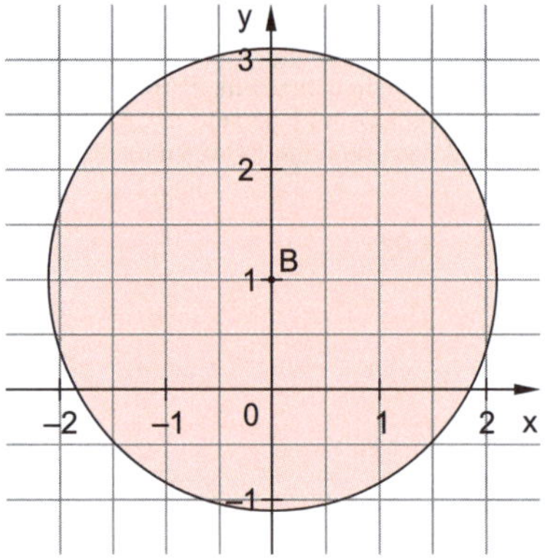

Gesucht ist die Menge aller Punkte, die weniger als 2,1 cm vom Punkt B entfernt sind. Zeichne dazu einen Kreis um B mit Radius 2,1 cm. Hier ist das Kreisinnere farbig zu markieren.

Mengenschreibweise: $\{F \mid \overline{BF} < 2{,}1\text{ cm}\}$

c)

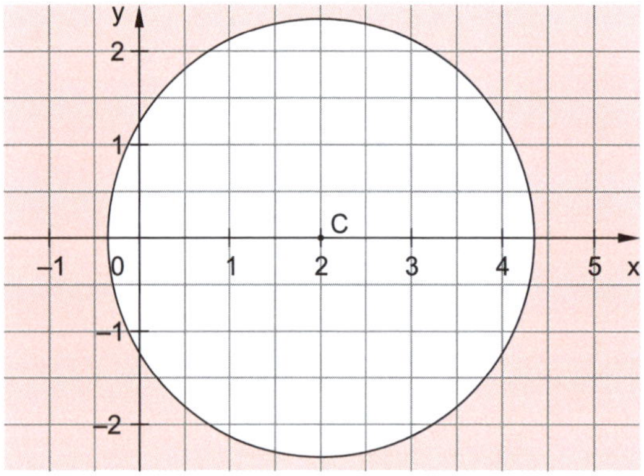

Gesucht ist die Menge aller Punkte, die mehr als 2,35 cm vom Punkt C entfernt sind. Zeichne dazu einen Kreis um C mit Radius 2,35 cm. Hier ist das Kreisäußere farbig zu markieren.

Mengenschreibweise: $\{G \mid \overline{CG} > 2{,}35\text{ cm}\}$

d)

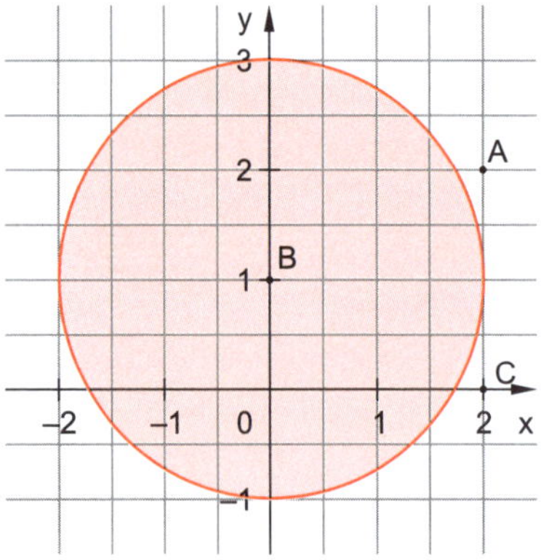

Betrachte zunächst die Punkte A und C. Ihr Abstand beträgt 2 cm. Gesucht ist also die Menge aller Punkte, die höchstens 2 cm vom Punkt B entfernt sind. Zeichne dazu einen Kreis um B mit Radius 2 cm. Hier sind das Kreisinnere und die Kreislinie farbig zu markieren.

Mengenschreibweise: $\{H \mid \overline{BH} \leqq \overline{AC}\} = \{H \mid \overline{BH} \leqq 2\text{ cm}\}$

114 a) Alle Punkte P, die von den beiden parallelen Geraden AD und BC den gleichen Abstand haben, liegen auf der Mittelparallelen m.

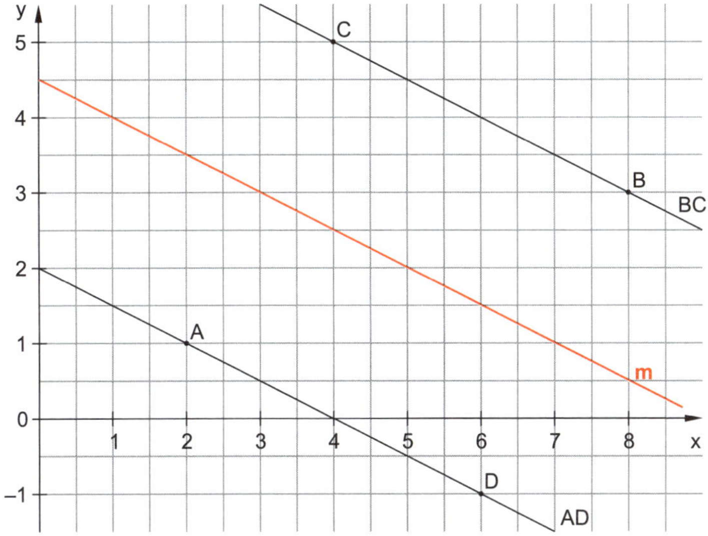

Mengenschreibweise: m = {P | d(P; AD) = d(P; BC)}

b) Alle Punkte Q, die von AB genau 1,5 cm entfernt sind, liegen auf dem Parallelenpaar im Abstand von 1,5 cm.

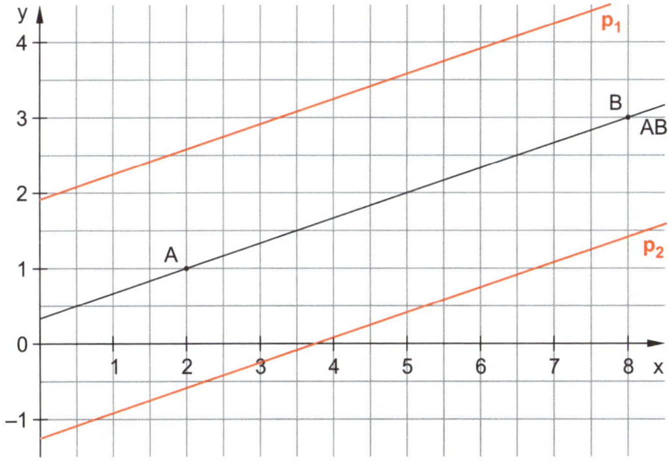

Mengenschreibweise: $(p_1 | p_2)$ = {Q | d(Q; AB) = 1,5 cm}

115 a) {P | d(P; g) = d(P; h) = 1,1 LE} b) $\{P \mid d(P; g_2) = a\}$

c) $\{P \mid d(P; \ell) \geqq 1\ \text{LE}\}$ d) {P | d(P; g) < d(P; h)}

116 a)

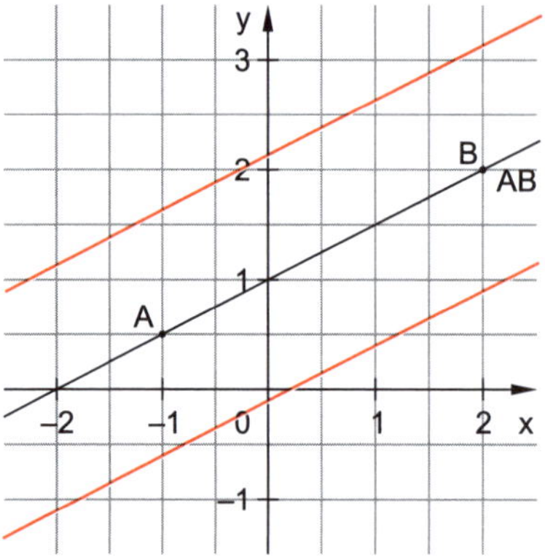

Gesucht ist das Parallelenpaar zu AB im Abstand von 1 cm.

Mengenschreibweise: $\{E \mid d(E; AB) = 1\ \text{cm}\}$

b)

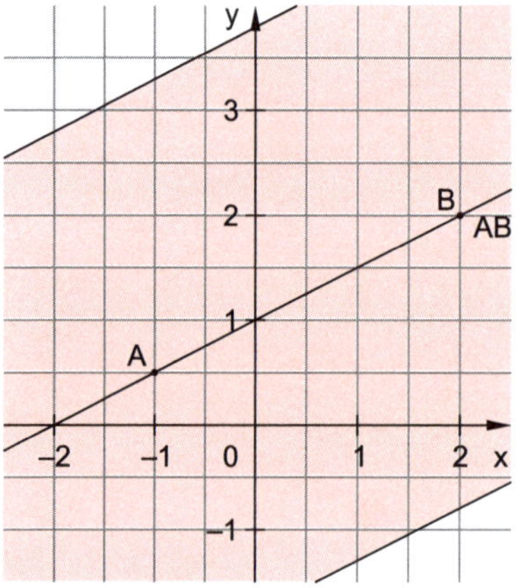

Gesucht ist die Menge aller Punkte, die weniger als 2,5 cm von der Geraden AB entfernt sind. Zeichne dazu das Parallelenpaar zu AB im Abstand von 2,5 cm. Hier ist der innere Bereich zwischen den Parallelen farbig zu markieren.

Mengenschreibweise: $\{F \mid d(F; AB) < 2{,}5\ \text{cm}\}$

c)

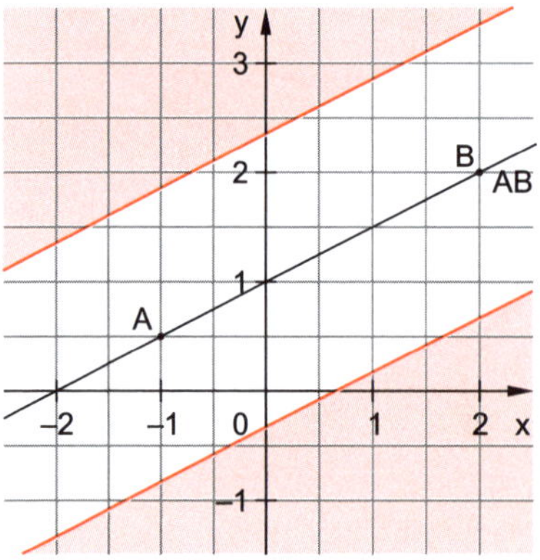

Gesucht ist die Menge aller Punkte, die mindestens 1,2 cm von der Geraden AB entfernt sind. Zeichne dazu das Parallelenpaar zu AB im Abstand von 1,2 cm. Hier sind die Bereiche außerhalb des Parallelenpaares sowie das Parallelenpaar farbig zu markieren.

Mengenschreibweise: $\{G \mid d(G; AB) \geqq 1{,}2\ \text{cm}\}$

d)

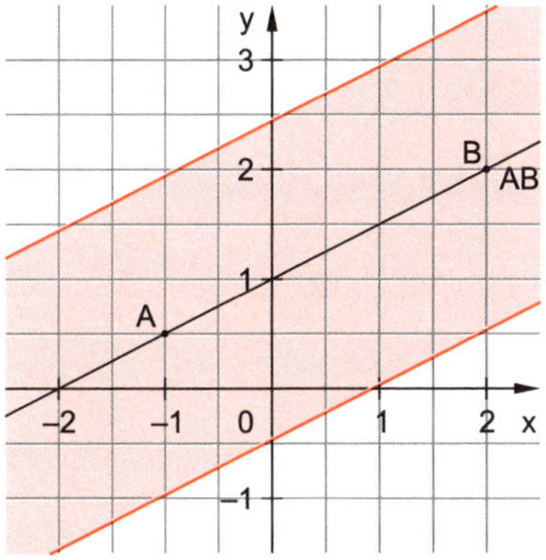

Gesucht ist die Menge aller Punkte, die höchstens 1,3 cm von der Geraden AB entfernt sind. Zeichne dazu das Parallelenpaar zu AB im Abstand von 1,3 cm. Hier sind der innere Bereich zwischen den Parallelen sowie das Parallelenpaar farbig zu markieren.

Mengenschreibweise: $\{H \mid d(H; AB) \leqq 1{,}3\text{ cm}\}$

117 a)

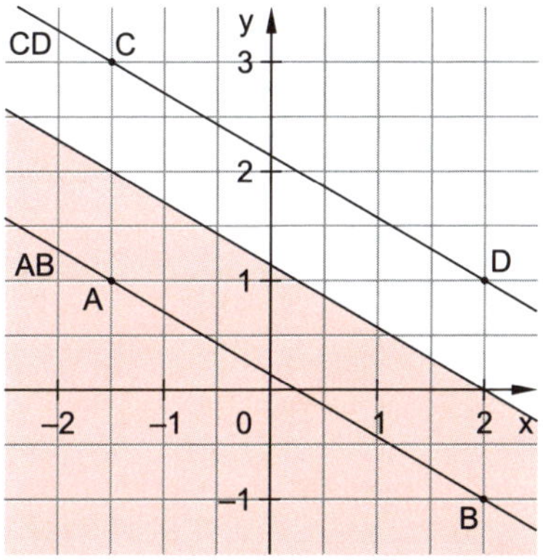

Gesucht ist die Menge aller Punkte, die näher bei AB als bei CD liegen. Zeichne dafür die Mittelparallele von AB und BC. Hier gehört die Mittelparallele nicht zu dem zu färbenden Bereich.

b)

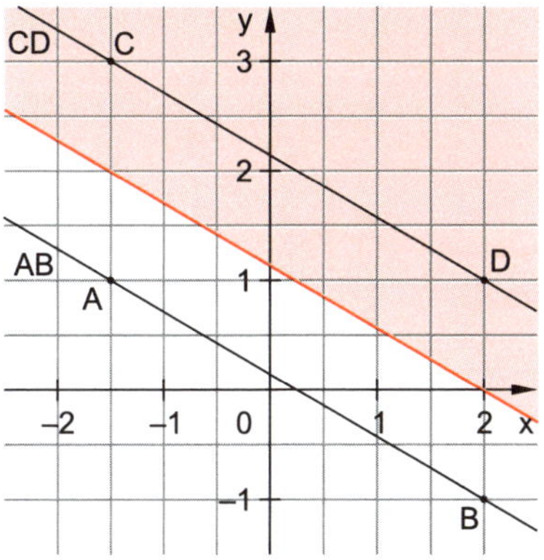

Gesucht ist die Menge aller Punkte, die von AB so weit entfernt sind wie von CD oder weiter. Zeichne dafür die Mittelparallele von AB und BC. Hier gehört die Mittelparallele zu dem zu färbenden Bereich.

118 a)

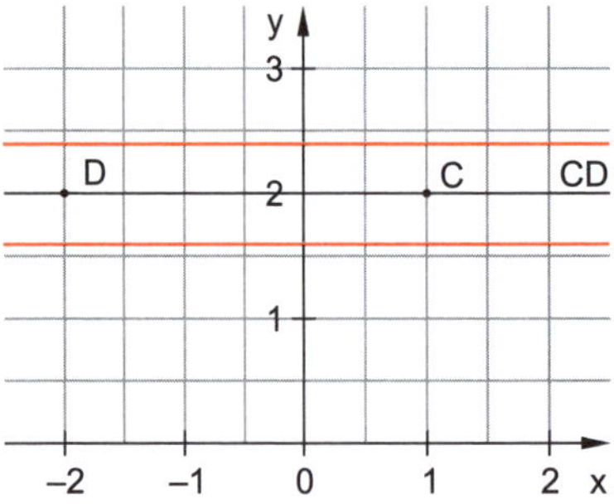

Gesucht ist die Menge aller Punkte, die von CD den Abstand 0,4 cm haben, also das Parallelenpaar zu CD im Abstand von 0,4 cm.

b)

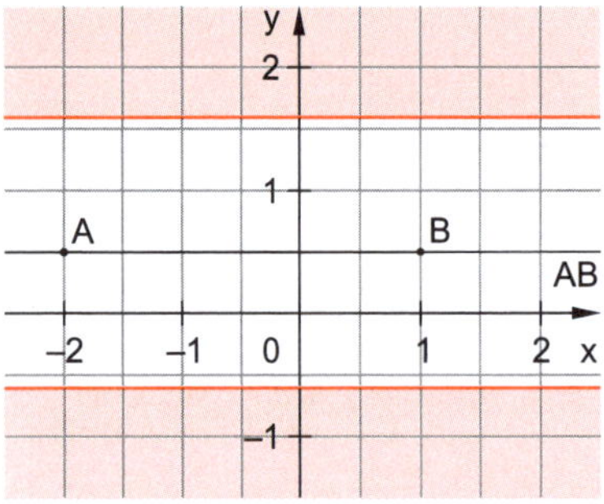

Gesucht ist die Menge aller Punkte, die von AB mindestens 1,1 cm entfernt sind.

c)

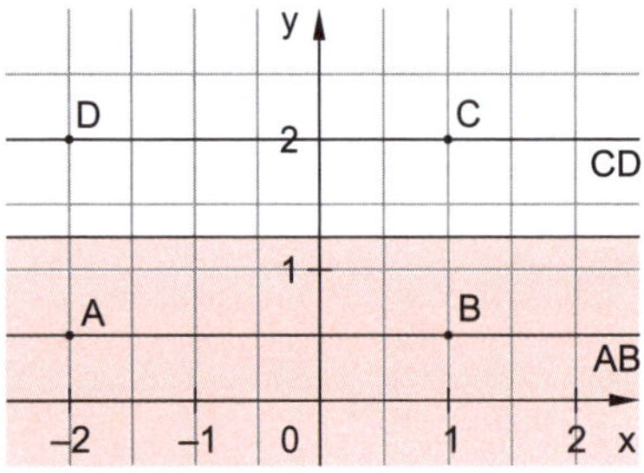

Gesucht ist die Menge aller Punkte, die näher bei AB als bei CD liegen. Zeichne dafür die Mittelparallele von AB und CD. Hier gehört die Mittelparallele nicht zu dem zu färbenden Bereich.

d)

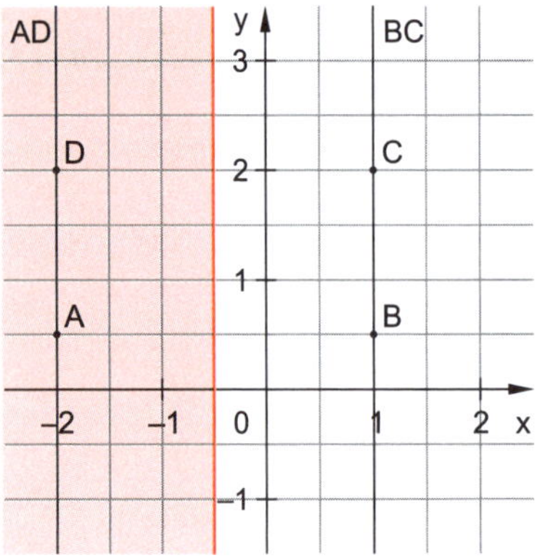

Zeichne die Mittelparallele von AD und BC.

119

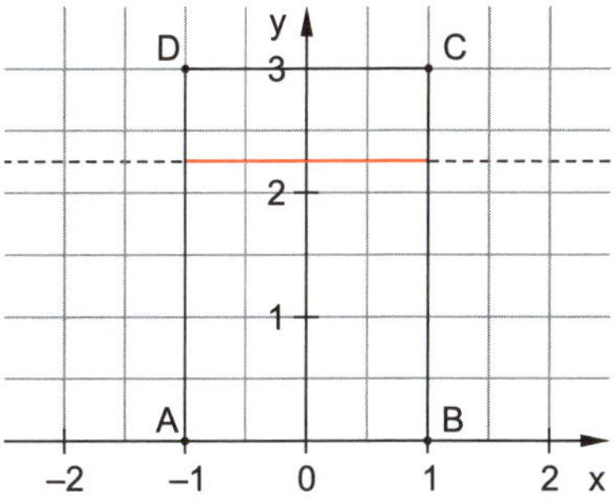

Zeichne die Parallele zu AB im Abstand von 2,25 cm. Markiere die Punkte der Parallelen, die im Inneren des Rechtecks liegen.

120 Alle Punkte, die von A und B gleich weit entfernt sind, liegen auf der Mittelsenkrechten $m_{[AB]}$.

a) Konstruktionszeichnung:

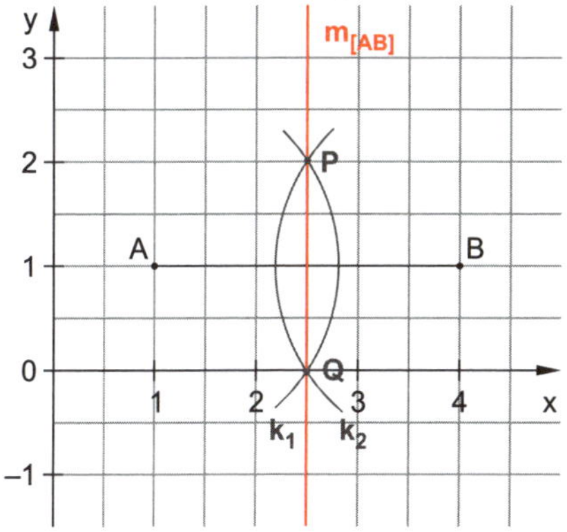

Konstruktionsbeschreibung:
1. Strecke [AB] zeichnen
2. Kreis $k_1(A; r > \frac{\overline{AB}}{2})$ zeichnen
3. Kreis $k_2(B; r)$ zeichnen
4. $k_1 \cap k_2 = \{P; Q\}$
5. $PQ = m_{[AB]}$

b) Konstruktionszeichnung:

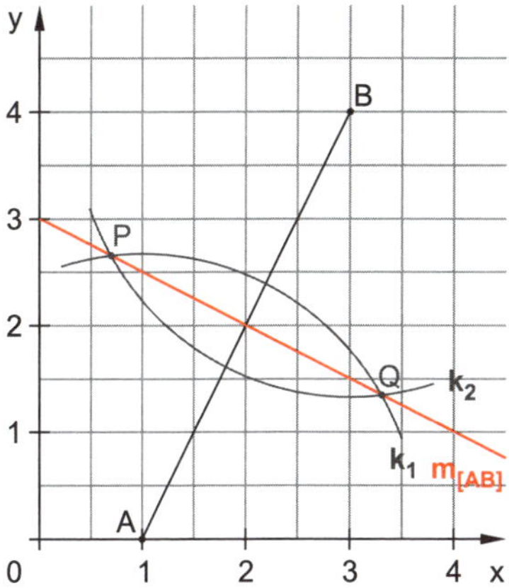

Konstruktionsbeschreibung:
1. Strecke [AB] zeichnen
2. Kreis $k_1(A; r > \frac{\overline{AB}}{2})$ zeichnen
3. Kreis $k_2(B; r)$ zeichnen
4. $k_1 \cap k_2 = \{PQ\}$
5. $PQ = m_{[AB]}$

121 a)

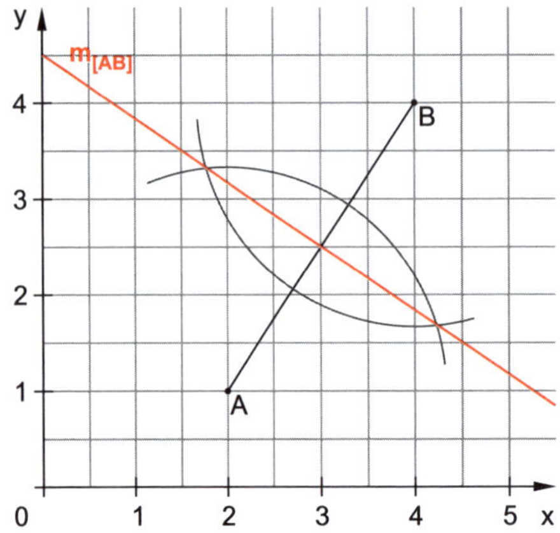

Zeichne die Mittelsenkrechte der Strecke [AB].

b)

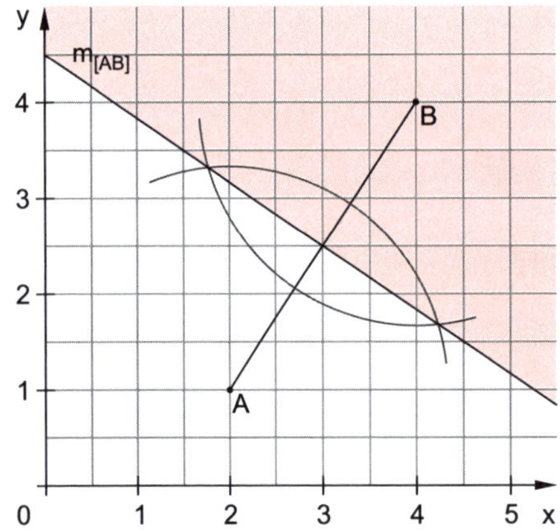

c)

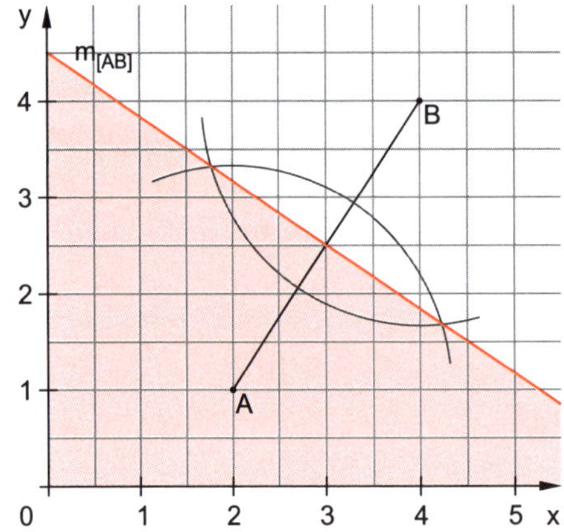

122 a)

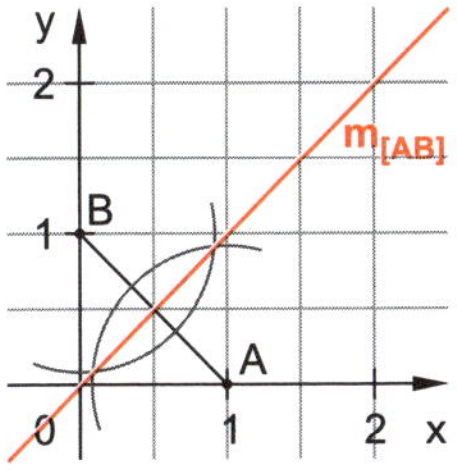

Zeichne die Mittelsenkrechte der Strecke [AB].

b)

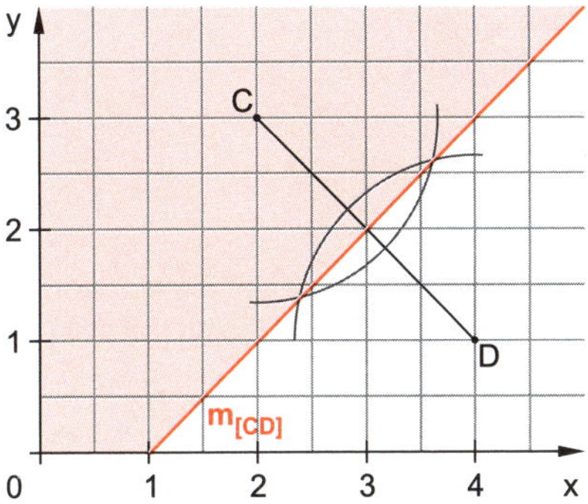

c)

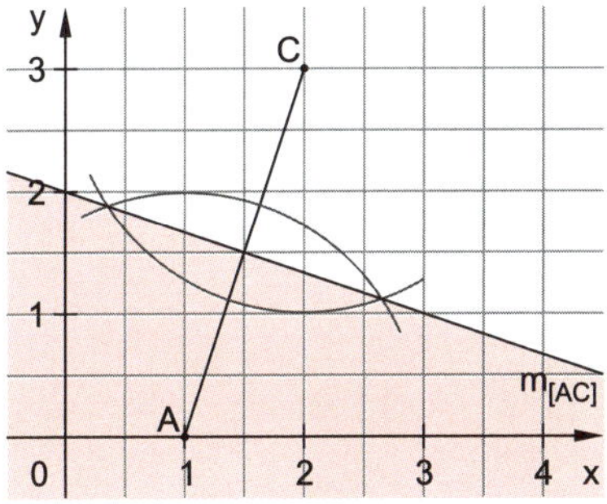

d)

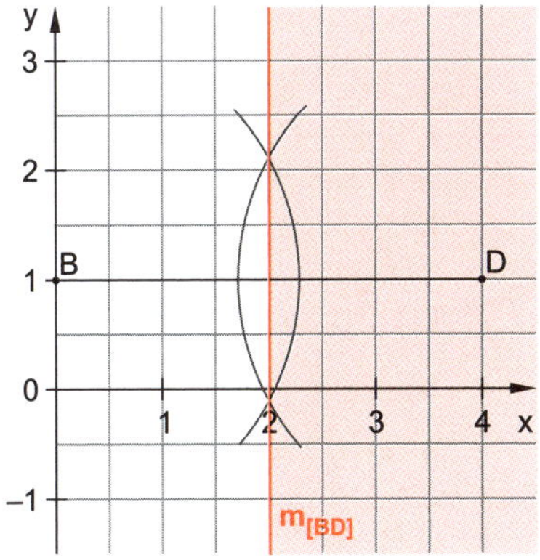

123 a) $\{P \mid \overline{PT} = \overline{PR}\}$

b) $\{Q \mid \overline{QP} = \overline{QB} = a\}$

c) $\{P \mid \overline{PK} > \overline{PM}\}$

d) $\{P \mid \overline{PA} \leqq \overline{PB}\}$

124

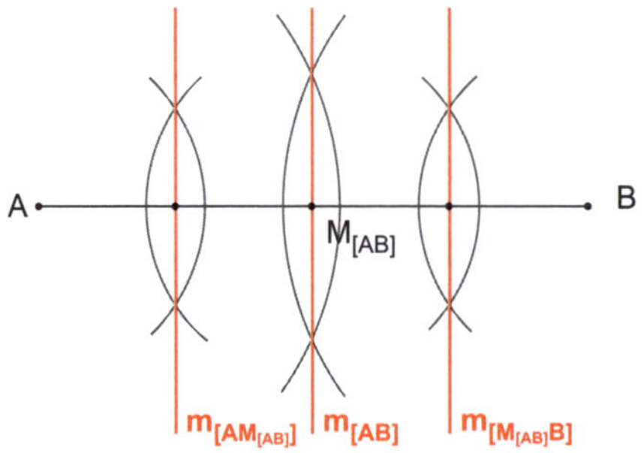

Die Strecke [AB] ist in vier gleich große Teile zu teilen. Konstruiere dazu zuerst die Mittelsenkrechte der Strecke [AB]. Teile anschließend die beiden Hälften $[AM_{[AB]}]$ und $[M_{[AB]}B]$ wiederum durch ihre Mittelsenkrechten in jeweils zwei gleich große Teile.

125 a)

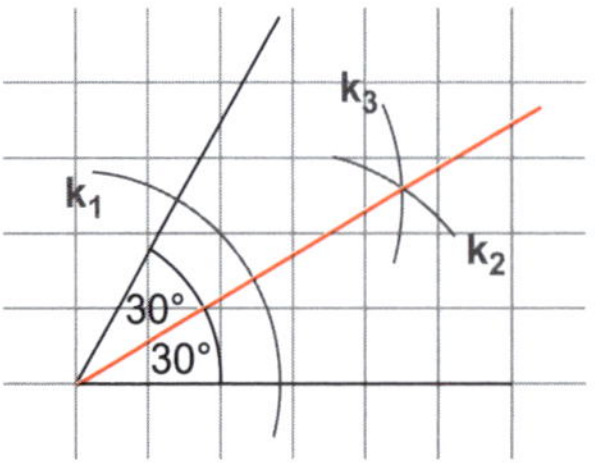

Zeichne einen 60°-Winkel und konstruiere die Winkelhalbierende. Dazu braucht man nur einen Schnittpunkt der Kreise k_2 und k_3.

b)

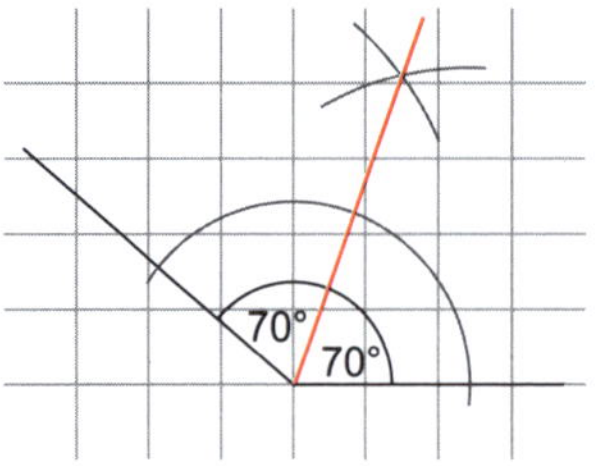

Zeichne einen 140°-Winkel und konstruiere die Winkelhalbierende.

126 a) Konstruktionszeichnung:

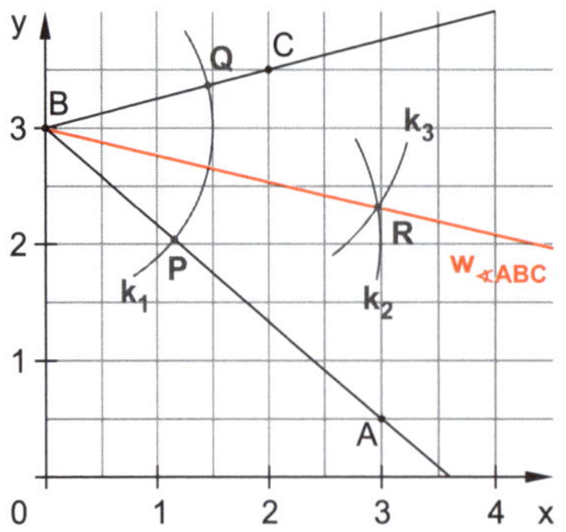

Konstruktionsbeschreibung:

1. Halbgeraden [BA und [BC zeichnen
2. Kreis $k_1(B; r_1 = \text{beliebig})$ zeichnen
3. $k_1 \cap [BA = \{P\}$; $k_1 \cap [BC = \{Q\}$
4. Kreise $k_2(P; r_2 > \frac{\overline{PQ}}{2})$ und $k_3(Q; r_2)$ zeichnen
5. $R \in k_2 \cap k_3$
6. $[BR = w_{\sphericalangle ABC}$

b) Konstruktionszeichnung:

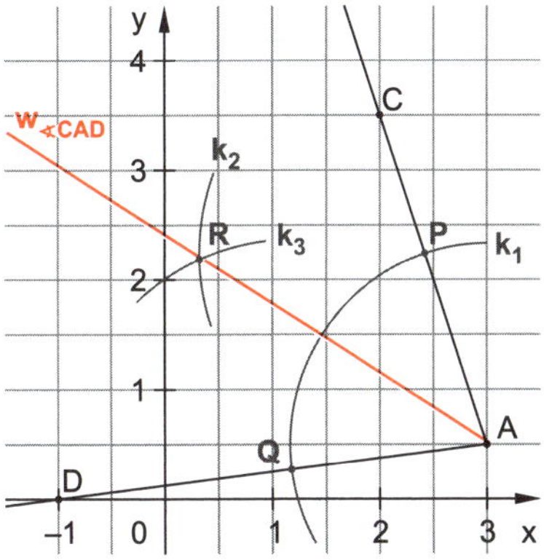

Konstruktionsbeschreibung:

1. Halbgeraden [AC und [AD zeichnen
2. Kreis $k_1(A; r_1 = \text{beliebig})$ zeichnen
3. $k_1 \cap [AC = \{P\}; k_1 \cap [AD = \{Q\}$
4. Kreise $k_2(P; r_2 > \frac{\overline{PQ}}{2})$ und $k_3(Q; r_2)$ zeichnen
5. $R \in k_2 \cap k_3$
6. $[AR = w_{\sphericalangle CAD}$

127 Alle Punkte, die von [CD und [CE gleich weit entfernt sind, liegen auf der Winkelhalbierenden $w_{\sphericalangle DCE}$.

Konstruktionszeichnung:

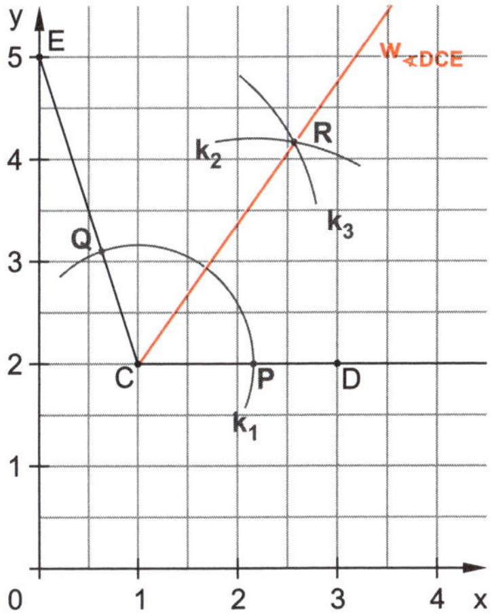

Konstruktionsbeschreibung:

1. Halbgeraden [CD und [CE zeichnen
2. Kreis $k_1(C; r_1 = \text{beliebig})$ zeichnen
3. $k_1 \cap [CD = \{P\}; k_1 \cap [CE = \{Q\}$
4. Kreise $k_2(P; r_2 > \frac{\overline{PQ}}{2})$ und $k_3(Q; r_2)$ zeichnen
5. $R \in k_2 \cap k_3$
6. $[CR = w_{\sphericalangle DCE}$

Mengenschreibweise: $w_{\sphericalangle DCE} = \{P \mid d(P; [CD) = d(P; [CE)\}$

128

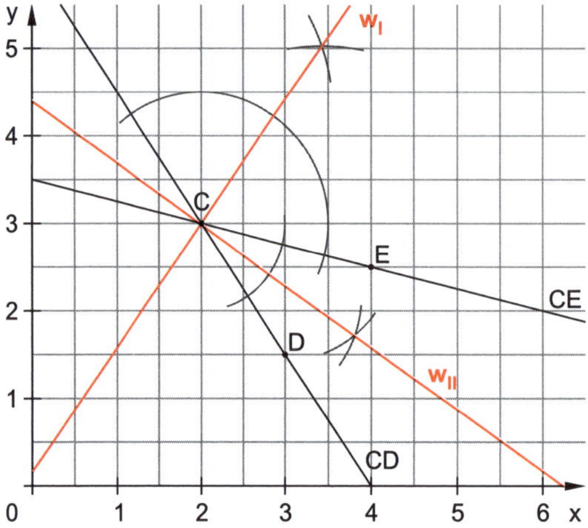

Da es bei zwei sich schneidenden Geraden vier Winkel gibt, gibt es auch vier Winkelhalbierende. Die Winkelhalbierenden der Gegenwinkel ergeben zusammen eine Gerade. Deshalb können die vier Winkelhalbierenden zu zwei Geraden zusammengefasst werden. In diesem Fall musst du die beiden Nachbarwinkel halbieren.

Mengenschreibweise: $w_I \cup w_{II} = \{W \mid d(W; CD) = d(W; CE)\}$

129

a)

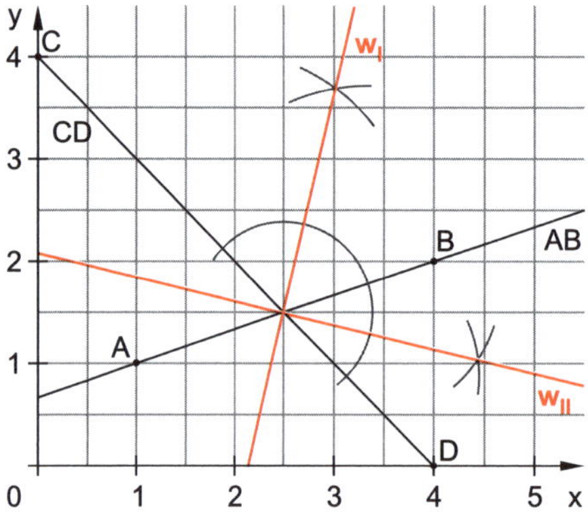

Konstruiere die Winkelhalbierenden.

b)

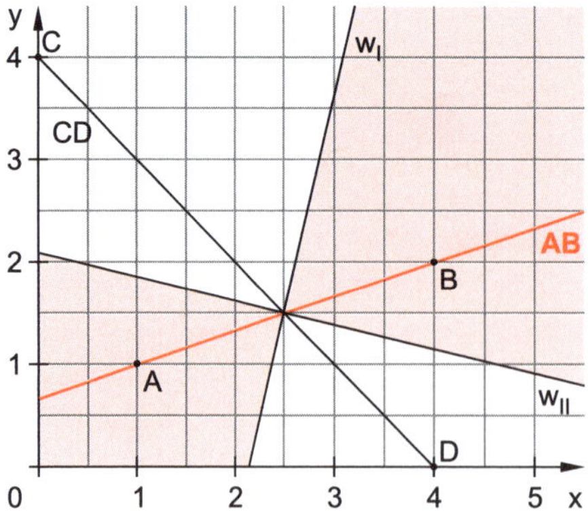

Zeichne die Winkelhalbierenden und färbe die Bereiche, die näher bei AB als bei CD liegen.

c)

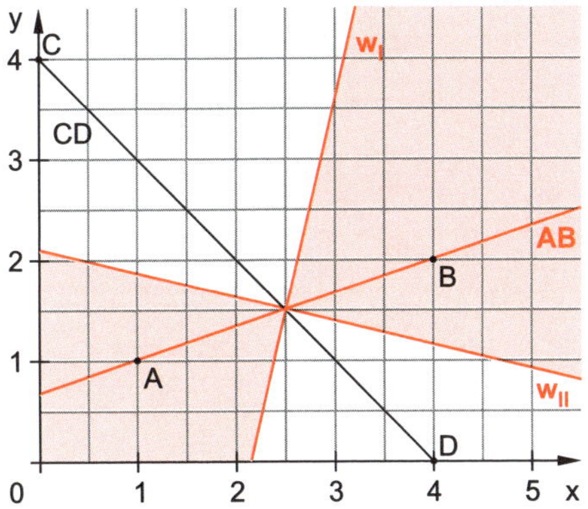

Zeichne die Winkelhalbierenden und färbe die Bereiche, die näher bei AB als bei CD liegen, sowie die Winkelhalbierenden selbst.

d)

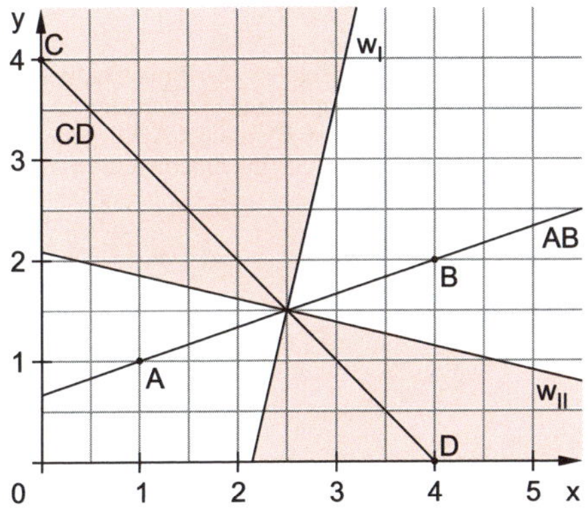

Zeichne die Winkelhalbierenden und färbe die Bereiche, die näher bei CD als bei AB liegen.

130 a) $s_3 = \{P \mid d(P; s_1) = d(P; s_2)\}$

b) $w_{\sphericalangle DEF} = \{P \mid d(P; [ED) = d(P; [EF)\}$

c) $m \cup n = \{P \mid d(P; AD) = d(P; BE)\}$

d) $\{P \mid d(P; g) < d(P; h)\}$

131 a)

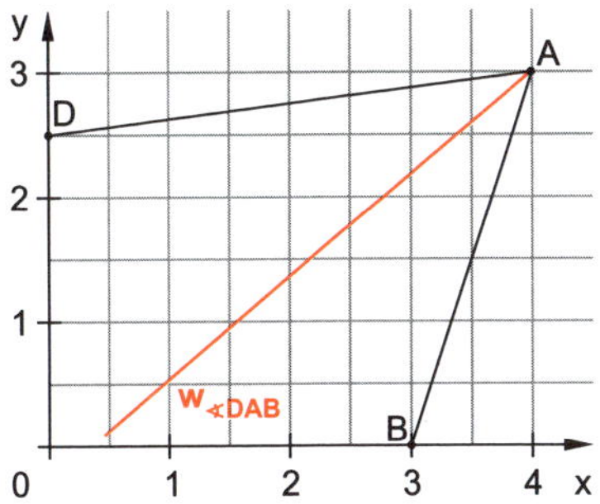

Zeichne die Winkelhalbierende des Winkels DAB.

b)

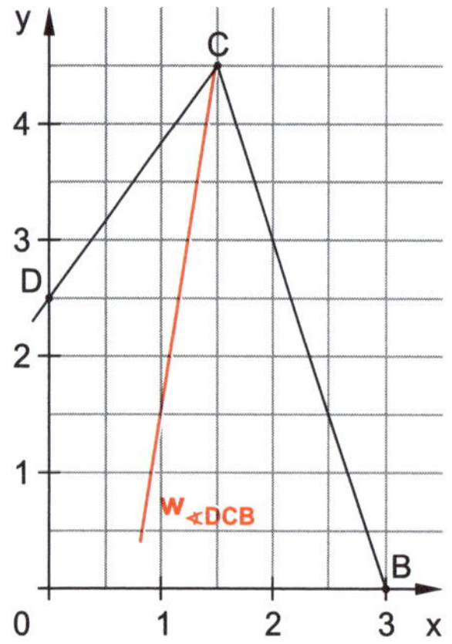

Zeichne die Winkelhalbierende des Winkels DCB.

c)

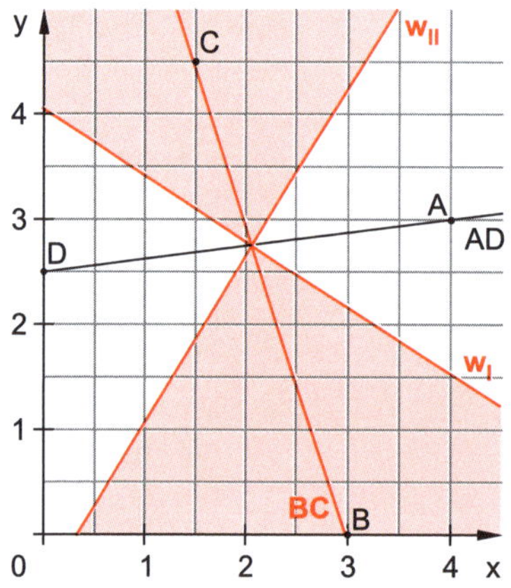

Zeichne die Winkelhalbierenden und färbe die Bereiche, die näher bei BC als bei AD liegen, sowie die Winkelhalbierenden selbst.

d)

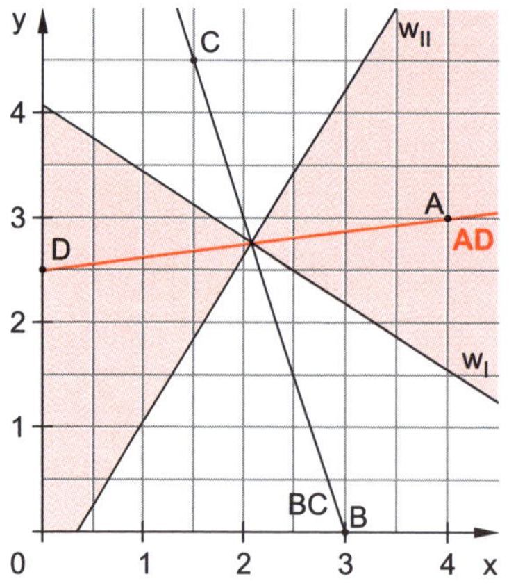

Zeichne die Winkelhalbierenden und färbe die Bereiche, die näher bei AD als bei BC liegen.

132 a) Maßstab: **1 : 10 000**

Konstruktionszeichnung:

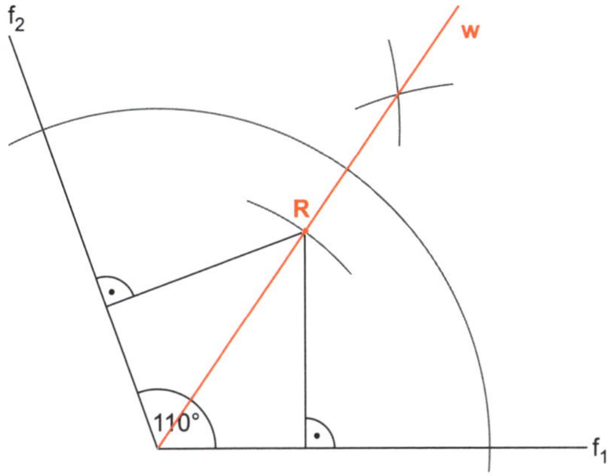

1 cm ≙ 10 000 cm = 100 m in Wirklichkeit

3 cm ≙ 300 m

Zeichne zwei Halbgeraden f_1 und f_2, die einen Winkel von 110° einschließen.

Das Riesenrad befindet sich auf der Winkelhalbierenden w und ist vom Scheitel 3 cm entfernt.

b) Der Abstand beträgt etwa 2,5 cm in der Zeichnung, also **250 m** in Wirklichkeit.

Der Abstand entspricht der kürzesten Entfernung des Riesenrads zu den Flussarmen. Fälle dafür das Lot vom Punkt R auf f_1 oder f_2 und miss die Länge dieser Strecke.

133 Konstruktionszeichnung:

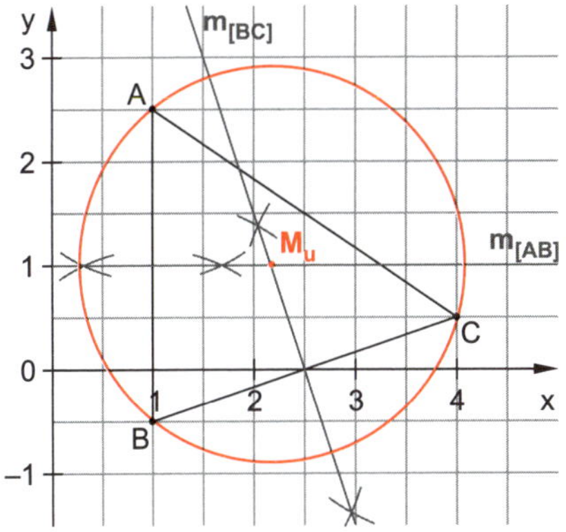

Konstruktionsbeschreibung:

1. Dreieck ABC zeichnen
2. Mittelsenkrechte $m_{[AB]}$ und $m_{[BC]}$ konstruieren
3. $m_{[AB]} \cap m_{[BC]} = M_u$

134

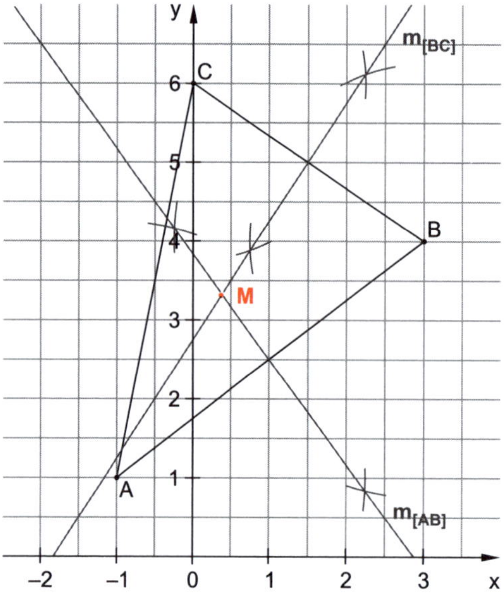

Der Punkt M ist von den Punkten A, B und C gleich weit entfernt, wenn sie auf einem Kreis um M liegen. M ist also der Umkreismittelpunkt des Dreiecks ABC.

135 a)

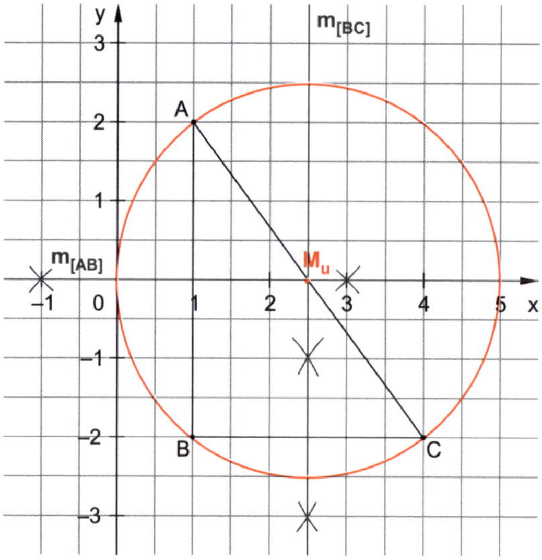

b)

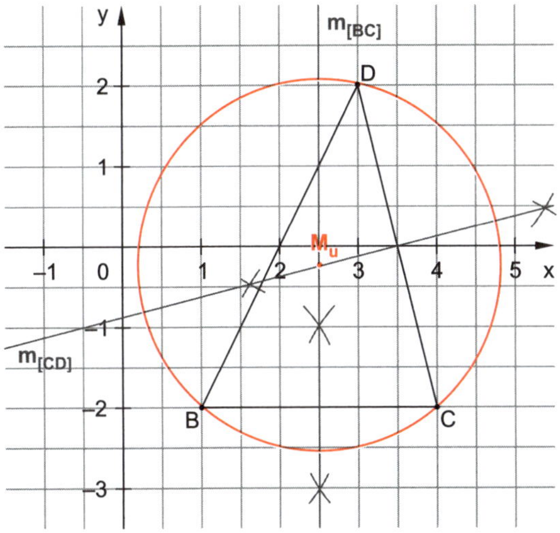

c)

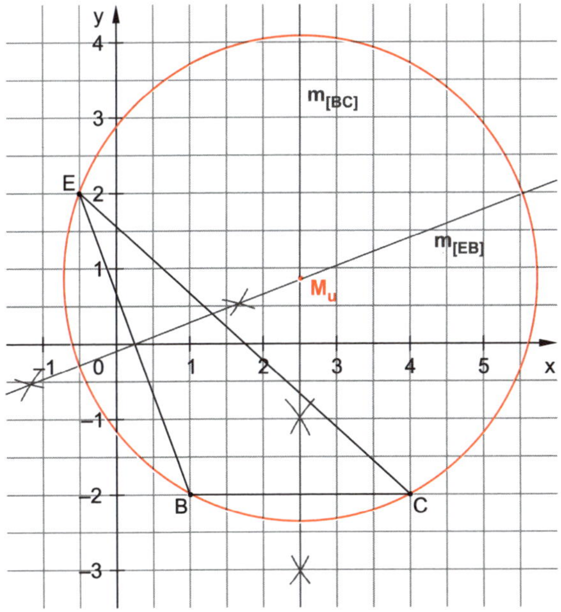

d) Das Dreieck ABC ist rechtwinklig mit rechtem Winkel im Punkt B. Der Umkreismittelpunkt liegt auf der Hypotenuse des Dreiecks.

Das Dreieck BCD hat nur spitze Winkel. Der Umkreismittelpunkt liegt innerhalb des Dreiecks.

Das Dreieck BCE hat einen stumpfen Winkel bei B. Der Umkreismittelpunkt liegt außerhalb des Dreiecks.

136

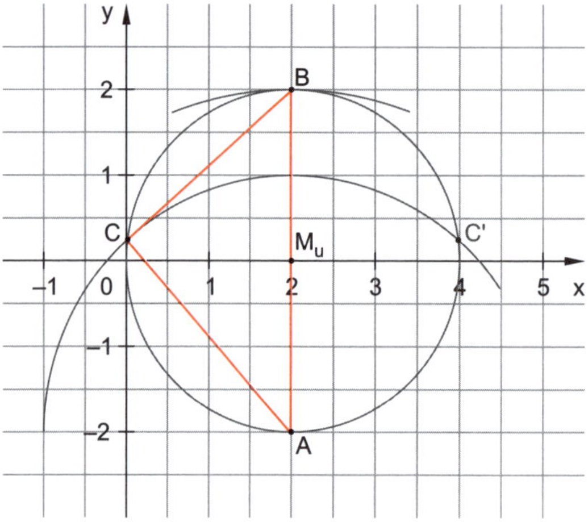

Zeichne zuerst die bekannten Punkte A und M_u sowie den Umkreis des Dreiecks.

Ziehe einen Kreis um A mit Radius $\overline{AB} = 4$ cm. Weil alle drei Punkte des Dreiecks auf dem Umkreis liegen, ist der Schnittpunkt mit dem Umkreis der Punkt B.

Ziehst du einen Kreis um A mit Radius $\overline{AC} = 3$ cm, so erhältst du zwei Schnittpunkte C' und C mit dem Umkreis. Aufgrund der Orientierung des Dreiecks ist der Punkt C der gesuchte dritte Punkt des Dreiecks.

137

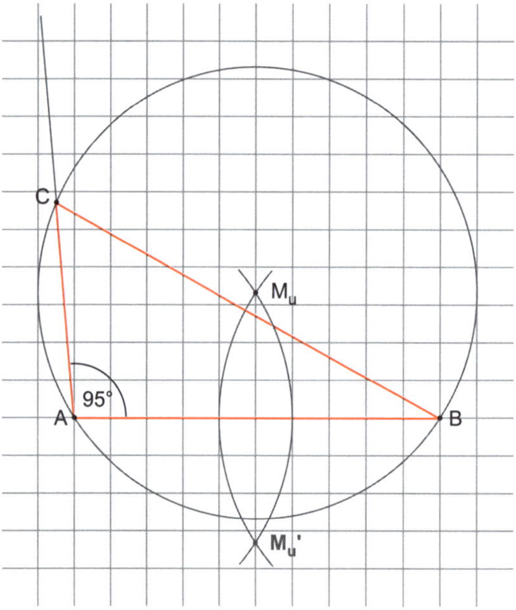

Zeichne die Strecke [AB] und den Winkel BAC.

Da A und B auf dem Umkreis liegen, kannst du den Umkreismittelpunkt konstruieren, indem du um A und um B jeweils einen Kreis mit dem Umkreisradius 3 cm ziehst.

Die beiden Kreise schneiden sich in zwei Punkten. Aufgrund der Orientierung des Dreiecks ist der „obere" Schnittpunkt der Umkreismittelpunkt.

Der Schnittpunkt des Umkreises mit dem freien Schenkel des Winkels BAC ist der Punkt C des Dreiecks.

138

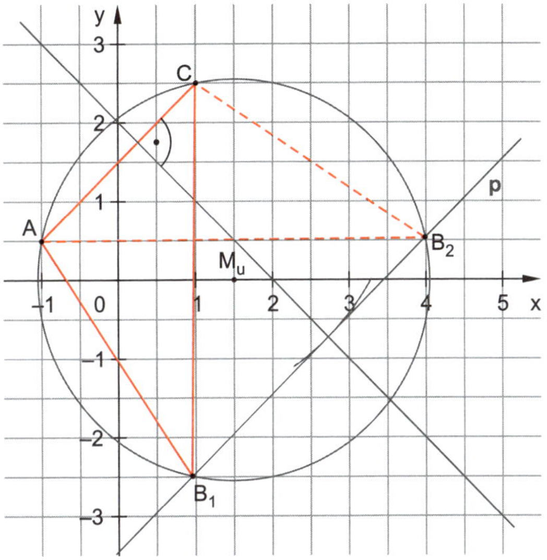

Zeichne die gegebenen Punkte A, C und M_u ein.

Mithilfe von M_u und A kannst du den Umkreis einzeichnen. Auf diesem Umkreis liegt der Punkt B.

Da bekannt ist, dass die Höhe $h_b = 3{,}5$ cm beträgt, zeichne eine Parallele p zu [CA] im Abstand von 3,5 cm ein.

Die Schnittpunkte der Parallelen mit dem Umkreis sind die Punkte B_1 und B_2.

Es ergeben sich also zwei mögliche Dreiecke, das Dreieck AB_1C und das Dreieck AB_2C.

139

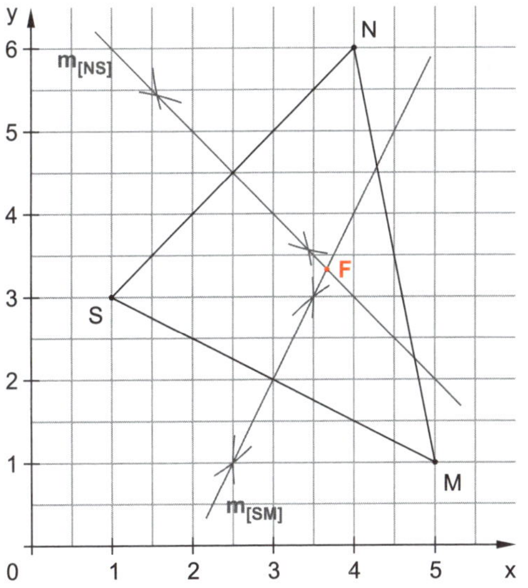

Der Punkt, der von den Punkten S, M und N gleich weit entfernt ist, ist der Umkreismittelpunkt des Dreiecks SMN.

140 Konstruktionszeichnung:

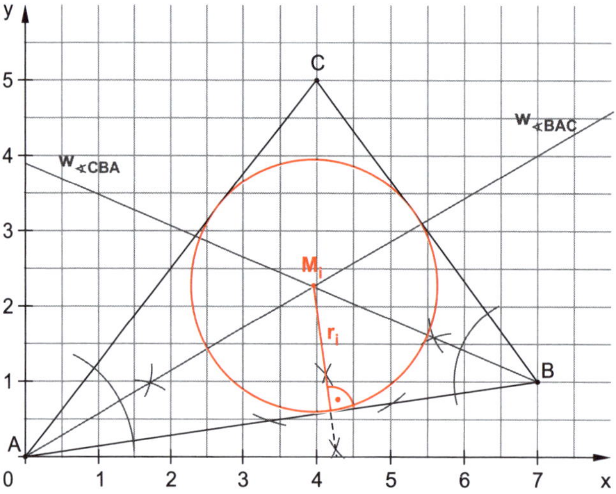

Das Lot von M_i auf die Seite [AB] fällst du folgendermaßen:

1. Kreis (M_i; r) zeichnen
   Der Radius r ist dabei so zu wählen, dass der Kreis die Seite [AB] schneidet.
2. Kreis mit [AB] schneiden
3. Mittelsenkrechte der Schnittpunkte konstruieren

Konstruktionsbeschreibung:

1. Dreieck ABC zeichnen
2. Winkelhalbierenden $w_{∢BAC}$ und $w_{∢CBA}$ konstruieren
3. $w_{∢BAC} \cap w_{∢CBA} = \{M_i\}$
4. Lot von M_i auf [AB] fällen
   Der Abstand von M_i zu [AB] ist der Inkreisradius r_i.
5. Kreis $k(M_i; r_i)$ zeichnen

141

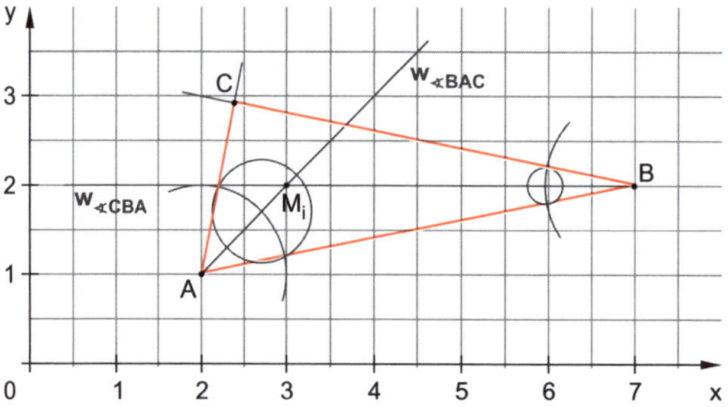

Der Punkt M_i liegt auf den Winkelhalbierenden $[AM_i$ und $[BM_i$ der Winkel BAC und CBA.
Es gilt:
$∢BAC = 2 \cdot ∢BAM_i$
$∢CBA = 2 \cdot ∢M_iBA$
Durch Verdopplung der beiden Winkel BAC und CBA erhältst du den Punkt C als Schnittpunkt der beiden freien Schenkel.

142

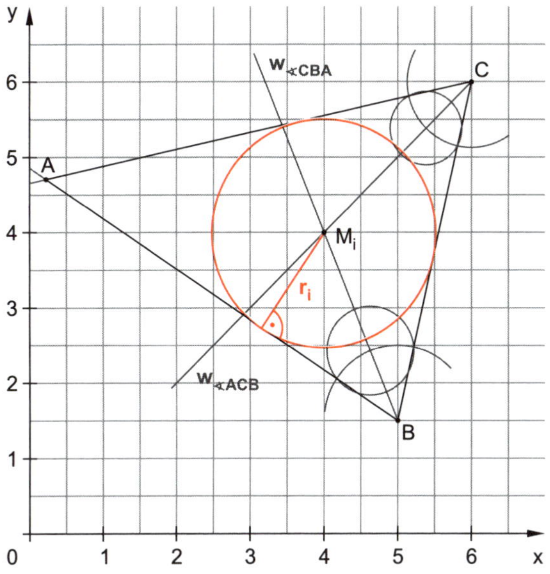

Inkreisradius: $r_i = 1,5$ cm

Der Punkt M_i liegt wieder auf den Winkelhalbierenden $[BM_i$ und $[CM_i$ der Winkel CBA und ACB.

Durch Verdopplung der beiden Winkel CBM_i und M_iCB erhältst du den Punkt A als Schnittpunkt der beiden freien Schenkel.

Um den Radius abmessen zu können, musst du ein Lot von M_i auf eine Seite des Dreiecks fällen.

143 a)

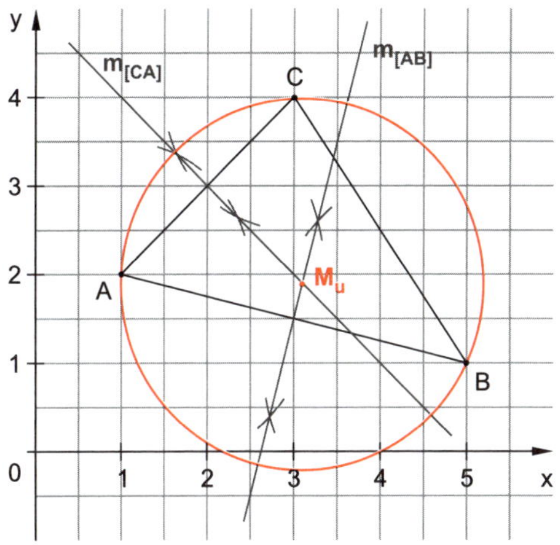

Der Umkreismittelpunkt M_u ist der Schnittpunkt zweier Mittelsenkrechten.

b)

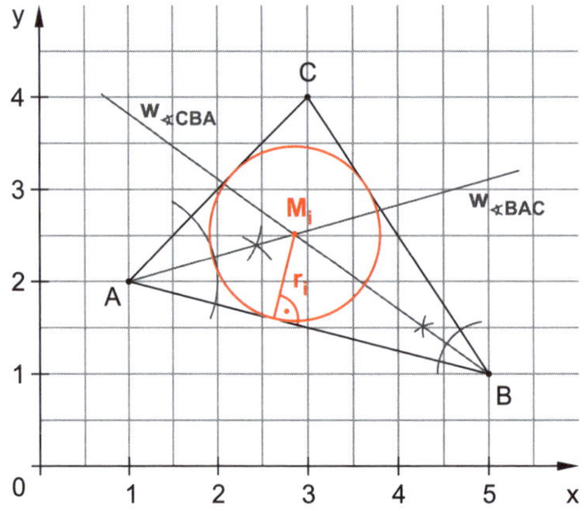

Der Inkreismittelpunkt M_i ist der Schnittpunkt zweier Winkelhalbierenden.

Den Radius r_i erhältst du, wenn du von M_i das Lot auf eine der Dreiecksseiten fällst.

144 a)

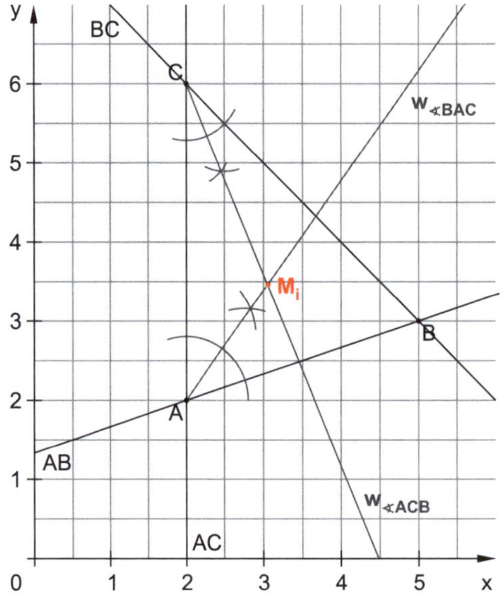

Der Punkt, der von den Geraden AB, BC und CA den gleichen Abstand hat, ist der Inkreismittelpunkt des Dreiecks ABC.

b)

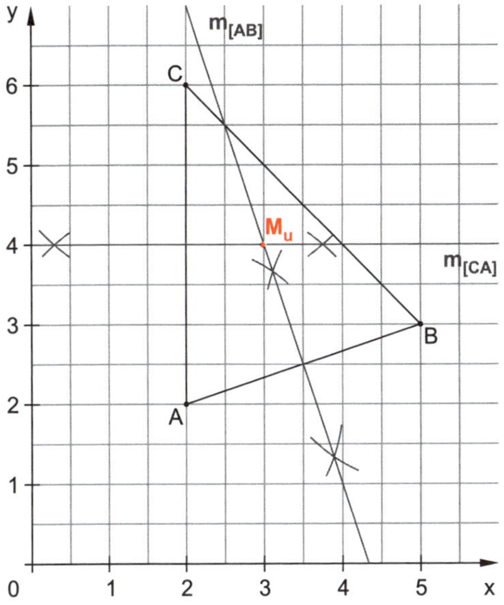

Der Punkt, der von den drei Punkten A, B, C gleich weit entfernt ist, ist der Umkreismittelpunkt des Dreiecks ABC.

145 a)

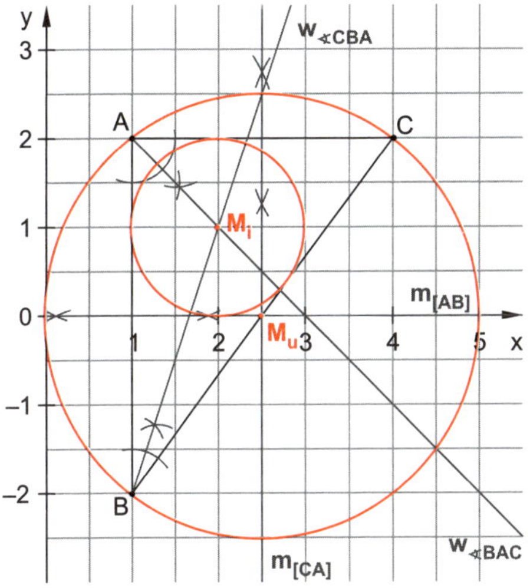

Das Dreieck ABC ist rechtwinklig mit rechtem Winkel bei A.

Um den Punkt B zu finden, zeichne den rechten Winkel bei A ein und trage die Länge $\overline{AB} = 4\text{ cm}$ ab.

Achte dabei auf die Orientierung des Dreiecks.

Beim rechtwinkligen Dreieck ABC stimmen Umkreis- und Inkreismittelpunkt **nicht** überein.

b)

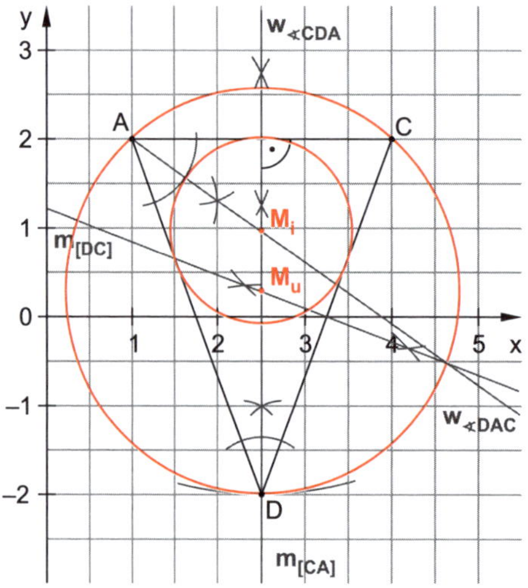

Das Dreieck ADC ist gleichschenklig mit Basis [CA].

Um den Punkt D zu finden, trage die Höhe $h_{[AC]} = 4$ cm vom Mittelpunkt der Strecke [CA] aus auf der Mittelsenkrechten $m_{[CA]}$ ab.

Achte dabei auf die Orientierung des Dreiecks.

Beim gleichschenkligen Dreieck ADC stimmen Umkreis- und Inkreismittelpunkt **nicht** überein.

c)

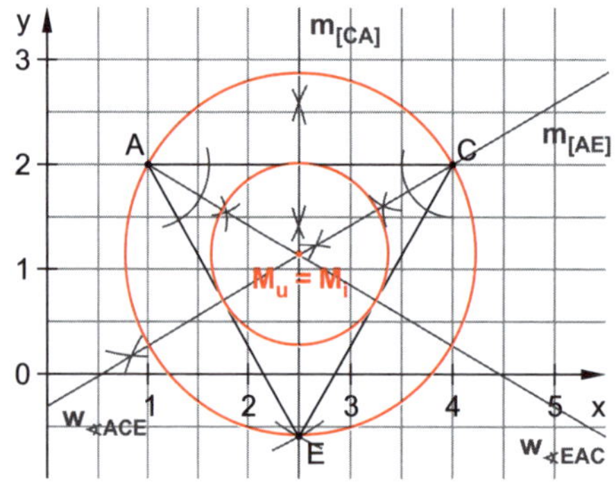

Das Dreieck AEC ist gleichseitig mit Seitenlänge $\overline{CA}$.

Den Punkt E erhältst du als Schnittpunkt von einem Kreis um A und einem Kreis um C mit Radius $\overline{AC}$.

Achte dabei auf die Orientierung des Dreiecks.

Beim gleichseitigen Dreieck AEC **stimmen Umkreis- und Inkreismittelpunkt überein**.

146 Konstruktionszeichnung:

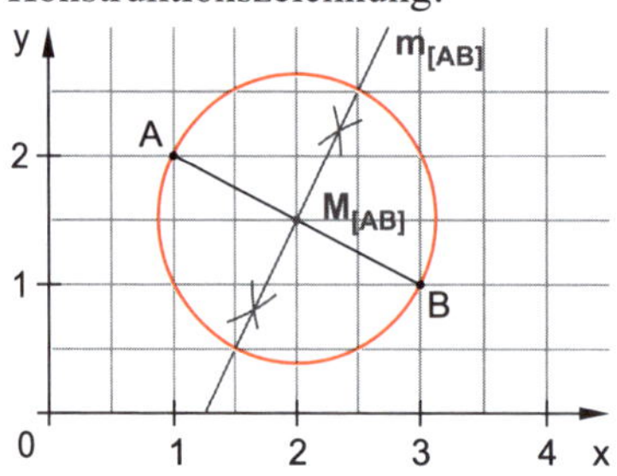

Konstruktionsbeschreibung:

1. Strecke [AB] zeichnen
2. Mittelsenkrechte $m_{[AB]}$ der Strecke [AB] konstruieren
3. Mittelpunkt $M_{[AB]}$ der Strecke [AB] einzeichnen
4. Kreis $k(M_{[AB]}; r = \frac{\overline{AB}}{2})$ zeichnen

147

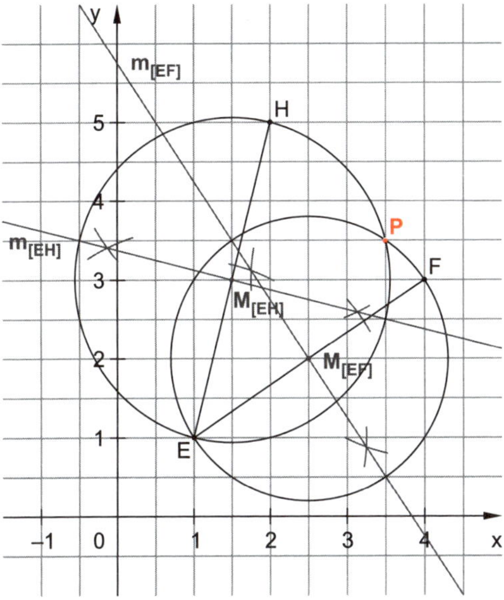

Die Punkte, die über einer Strecke einen 90°-Winkel bilden, liegen auf dem Thaleskreis über der Strecke. Zeichne also die Thaleskreise über [EF] und [EH] und schneide sie.

Die Thaleskreise schneiden sich in den Punkten P und E. Da der Punkt E auf den Strecken [EF] und [EH] liegt, gehört er nicht zur Lösung.

148 a)

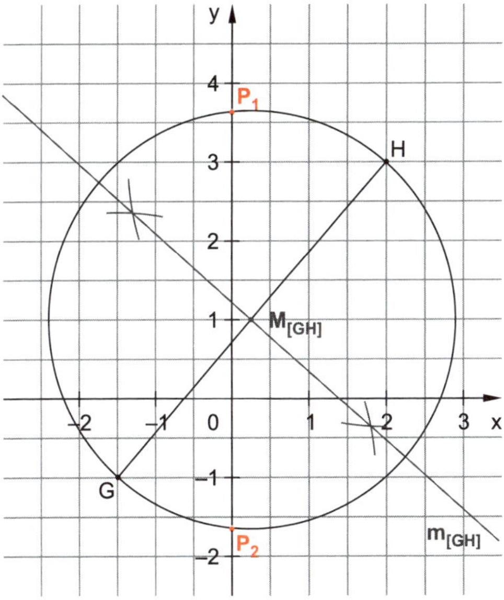

Konstruiere den Thaleskreis über [GH] und schneide diesen mit der y-Achse.

Dadurch erhältst du die Menge $\{P_1, P_2\}$.

b)

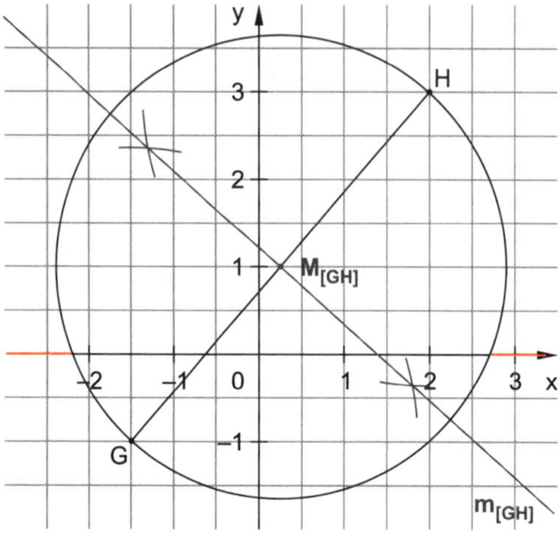

Die Strecke [GH] erscheint für alle Punkte außerhalb des Thaleskreises unter einem spitzen Winkel.

Schneide deshalb das Äußere des Thaleskreises über [GH] mit der x-Achse.

149

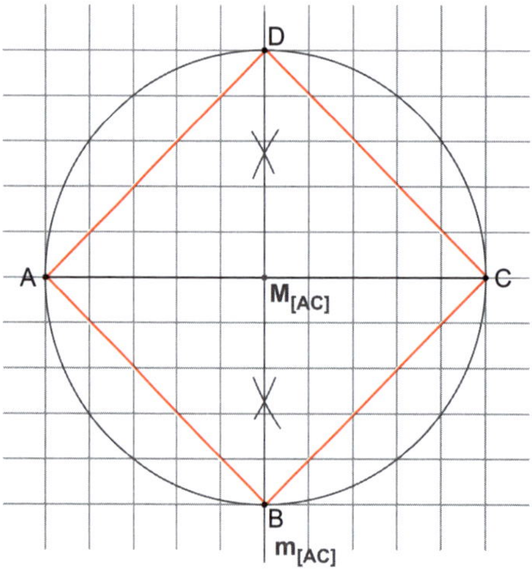

Bei einem Quadrat sind die Diagonalen gleich lang, halbieren sich gegenseitig und stehen senkrecht aufeinander.

Zeichne deshalb zunächst [AC] und konstruiere den Thaleskreis sowie die Mittelsenkrechte der Strecke [AC].

Die Schnittpunkte der Mittelsenkrechten mit dem Thaleskreis sind die Punkte B und D.

150 a)

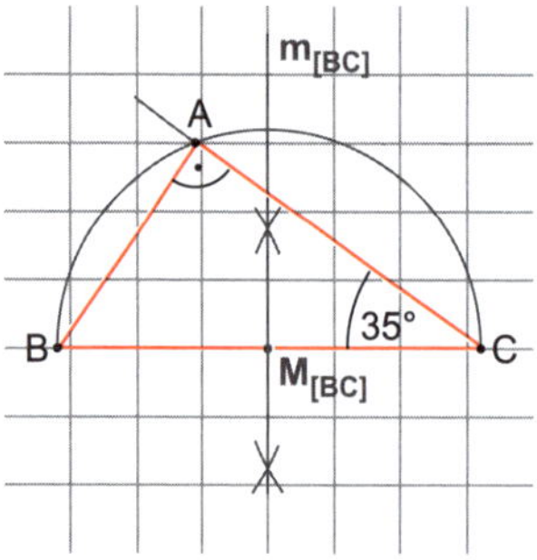

Konstruiere den Thaleskreis über [BC] und trage in C den Winkel $\gamma = 35°$ an.

Der Schnittpunkt des freien Schenkels von γ mit dem Thaleskreis liefert dir den gesuchten Punkt A.

b)

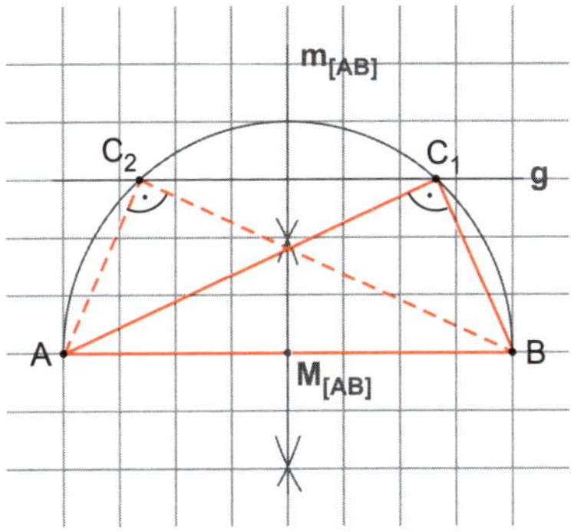

Konstruiere den Thaleskreis über [AB] und zeichne die Parallele g zu [AB] im Abstand $h_{[AB]} = 1{,}5$ cm.

Die Schnittpunkte der Parallelen g mit dem Thaleskreis sind die möglichen Punkte C_1 und C_2.

Somit gibt es zwei Lösungen, das Dreieck ABC_1 und das Dreieck ABC_2.

c)

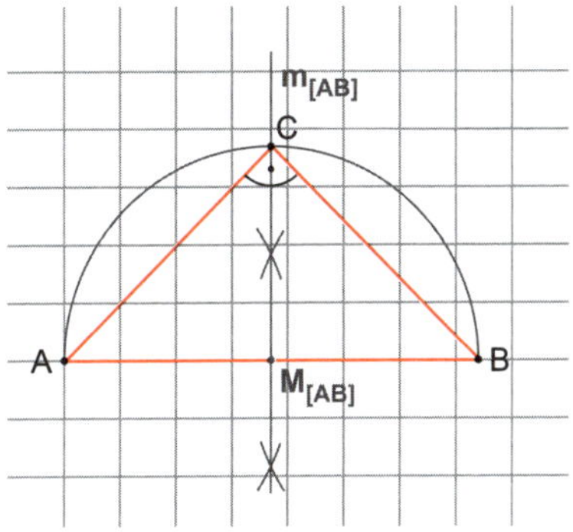

Zeichne die Basis [AB] des Dreiecks ABC.

Weil das Dreieck gleichschenklig ist, liegt der Punkt C auf der Mittelsenkrechten der Strecke [AB].

Um den Punkt C zu finden, musst du also den Thaleskreis über [AB] mit der Mittelsenkrechten der Strecke [AB] schneiden.

151 a) Da der Punkt P auf der Kreislinie liegt, verläuft durch P genau eine Tangente an den Kreis.

Konstruktionszeichnung:

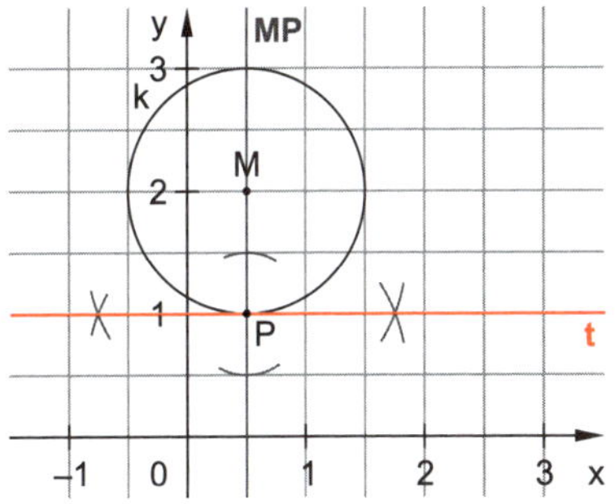

Konstruktionsbeschreibung:

1. Gerade MP zeichnen
2. Lot in P auf MP errichten
   Die Lotgerade t ist die gesuchte Tangente an den Kreis mit Berührpunkt P.

b) Da der Punkt P außerhalb des Kreises liegt, verlaufen genau zwei Tangenten durch P an den Kreis.

Konstruktionszeichnung:

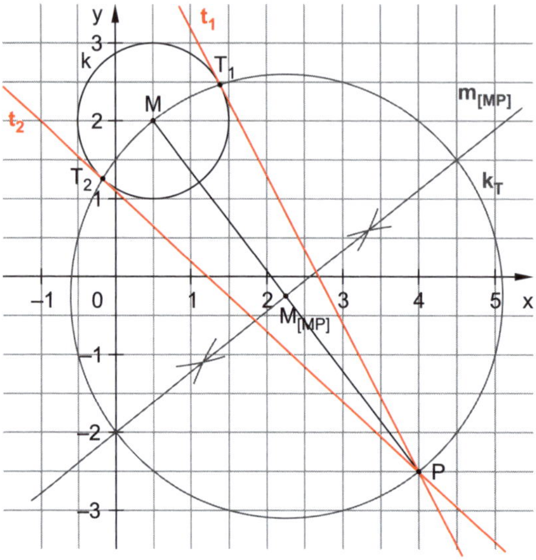

Konstruktionsbeschreibung:

1. Strecke [MP] zeichnen
2. Mittelpunkt $M_{[MP]}$ der Strecke [MP] konstruieren
3. Thaleskreis $k_T(M_{[MP]}; r = \frac{\overline{MP}}{2})$ zeichnen
4. $k \cap k_T = \{T_1; T_2\}$
5. Tangenten $t_1 = T_1P$ und $t_2 = T_2P$ zeichnen

c) Konstruktionszeichnung:

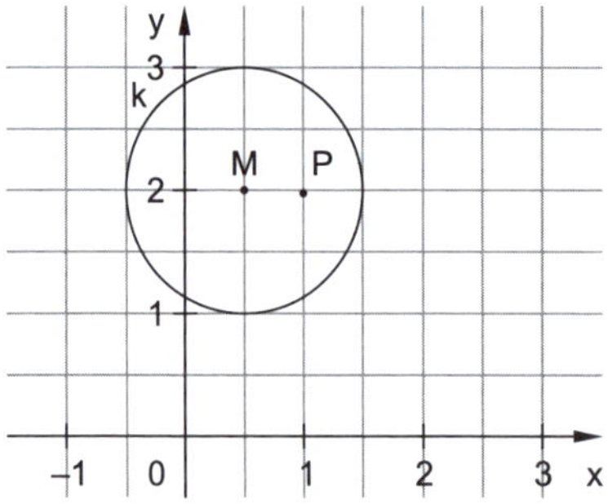

Da der Punkt P innerhalb des Kreises liegt, kann es keine Tangente an den Kreis durch P geben, da jede Gerade durch P den Kreis in zwei Punkten schneidet, also eine Sekante und keine Tangente ist.

152 a)

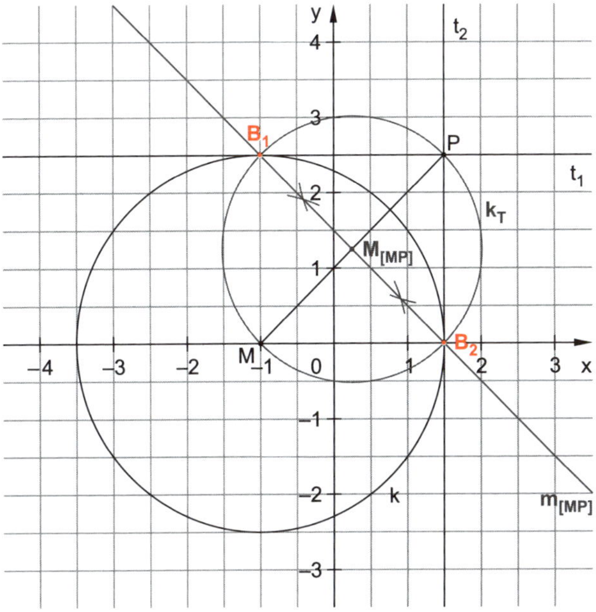

Errichte den Thaleskreis über [MP].
Die Schnittpunkte des Thaleskreises mit dem Kreis sind die Berührpunkte der beiden Tangenten.

Die Koordinaten der Berührpunkte sind **B_1(–1 | 2,5)** und **B_2(1,5 | 0)**.

b)

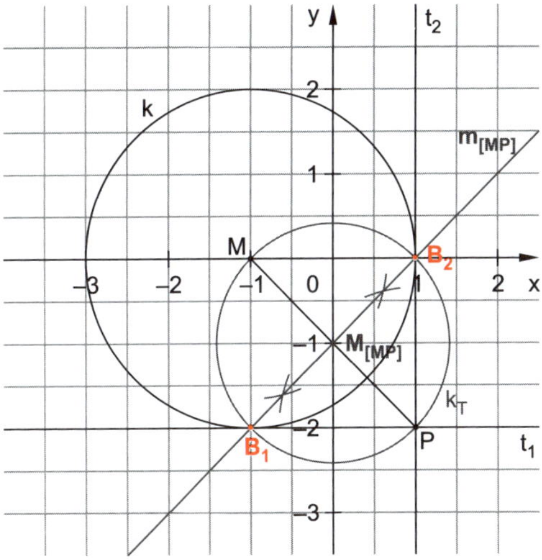

Die Koordinaten der Berührpunkte sind **B_1(–1 | –2)** und **B_2(1 | 0)**.

153

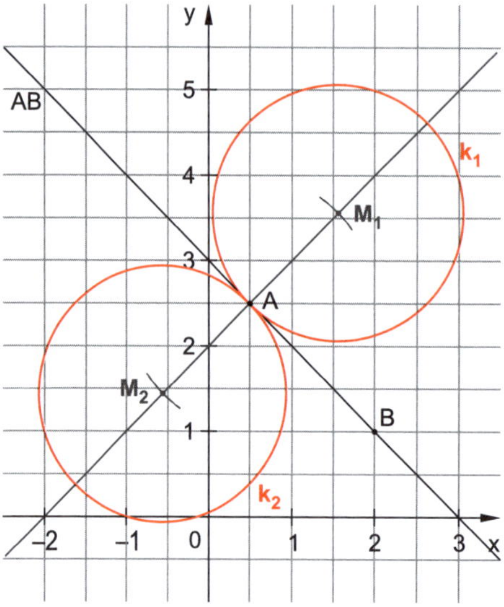

Die Kreise sollen die Gerade im Punkt A berühren, d. h., die Gerade AB ist Tangente an die Kreise im Punkt A.

Errichte also das Lot auf AB im Punkt A.

Der Abstand von A zu den Kreismittelpunkten beträgt r = 1,5 cm.

154 a)

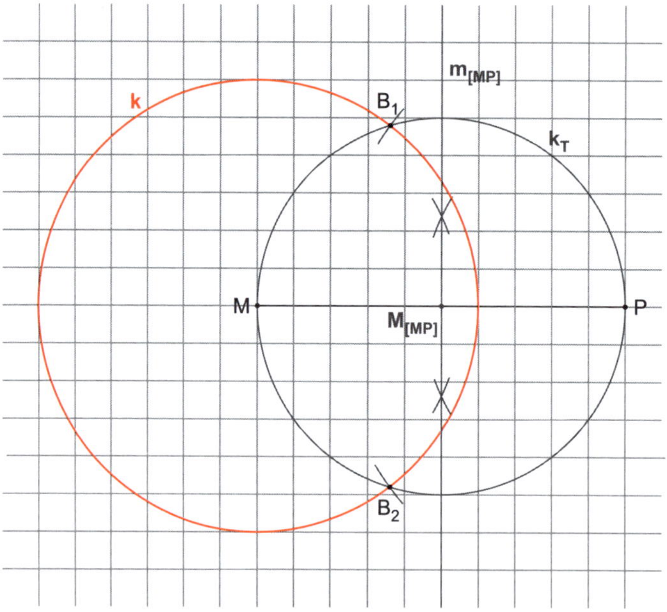

Da die Tangenten senkrecht auf dem Kreisradius stehen, liegen die Berührpunkte auf dem Thaleskreis über der Strecke [MP].

Konstruiere also den Thaleskreis über [MP] und trage die Länge der Tangentenabschnitte daran ab.

Der Radius des Kreises beträgt **3 cm**.

b)

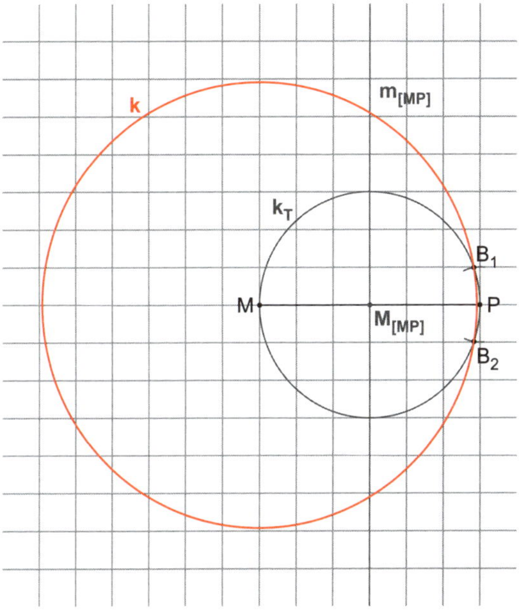

Konstruiere wieder den Thaleskreis über [MP] und trage die Länge der Tangentenabschnitte daran ab.

Der Radius des Kreises beträgt etwa **2,9 cm**.

c)

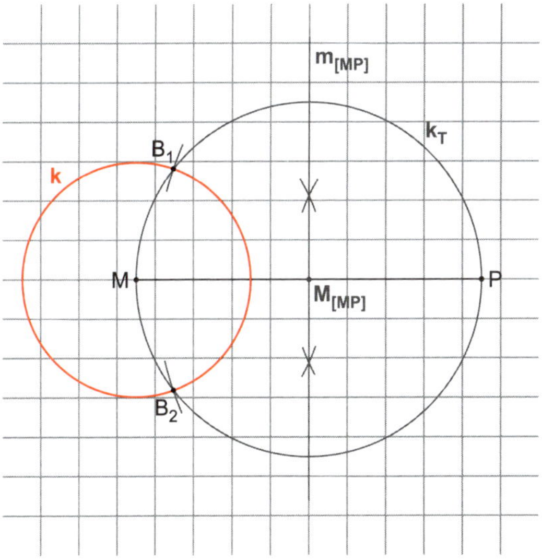

Der Radius des Kreises beträgt etwa **1,5 cm**.

d)

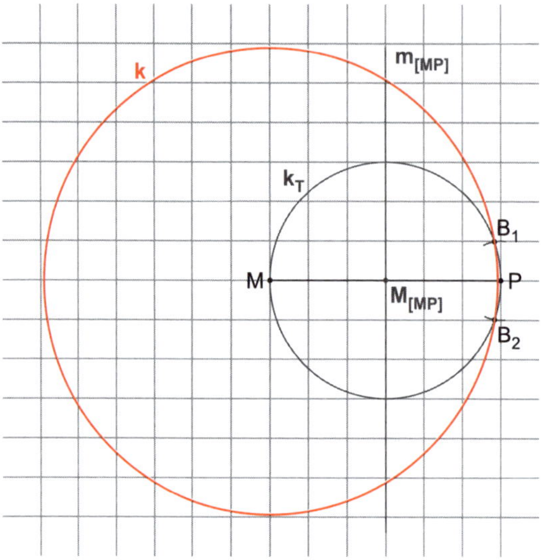

Der Radius des Kreises beträgt etwa **2,9 cm**.

155

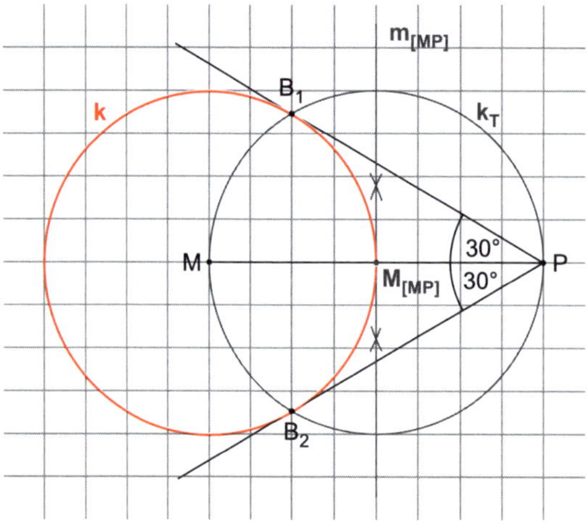

Der Winkel B_1PB_2 beträgt 60°. Da MP die Symmetrieachse der beiden Schenkel ist, sind die Winkel B_1PM und MPB_2 jeweils 30° groß.

Konstruiere den Thaleskreis über [MP] und trage die Winkel B_1PM und MPB_2 im Punkt P an.

Die Schnittpunkte der freien Schenkel mit dem Thaleskreis sind die Berührpunkte der Tangenten an den Kreis.

Der Radius des Kreises beträgt **2 cm**.

156 a) Aus den Voraussetzungen folgt, dass die gemeinsame Tangente t auf den Berührradien M_1P und M_2P senkrecht steht. Also gilt $M_2 \in M_1P$.
Für $M_2 \in M_1P \setminus \{M_1; P\}$ gilt $\overline{M_1M_2} > 0$ und $\overline{M_1M_2} > r_1$ oder $\overline{M_1M_2} < r_1$.
$k_1(M_1; r_1)$ hat daher mit $k_2(M_2; \overline{M_1M_2} - r_1)$ oder mit $k_2(M_2; r_1 - \overline{M_1M_2})$ genau den Punkt P gemeinsam und in diesem dieselbe Tangente t.

b) Haben zwei Kreise lediglich einen Schnittpunkt, so liegt dieser auf der Geraden durch die Kreismittelpunkte. Das Lot t auf M_1M_2 durch $P \in M_1M_2$ ist die einzige Gerade, die zugleich auf den beiden Strecken $[M_1P]$ und $[PM_2]$ senkrecht steht, und damit die einzige Tangente durch P an beide Kreise k_1 und k_2.

157 a)

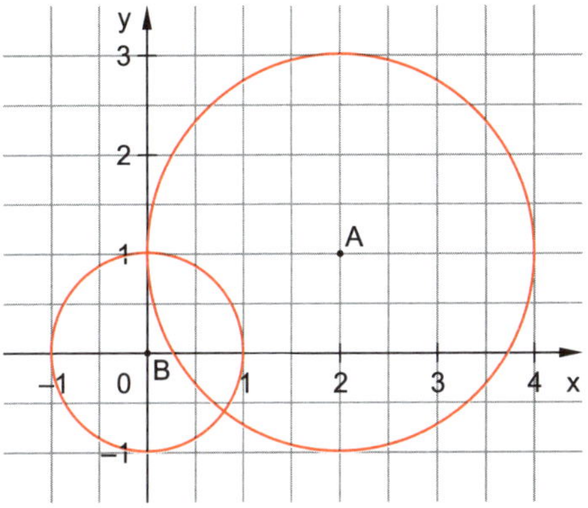

Zeichne einen Kreis um A mit Radius 2 cm und einen Kreis um B mit Radius 1 cm.

Die gesuchte Punktmenge ist die Vereinigung der beiden Kreislinien.

b)

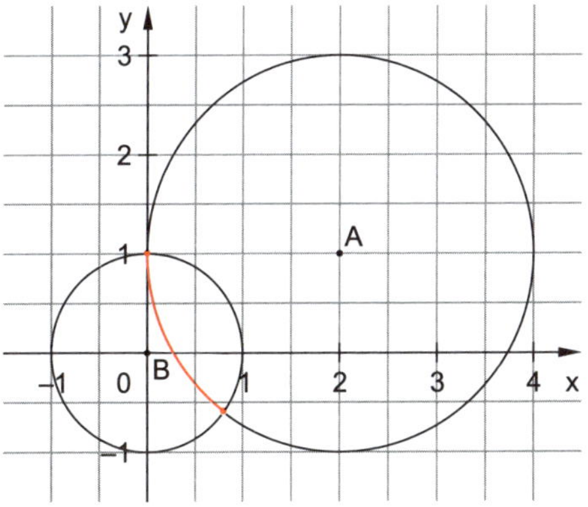

Schneide die Kreislinie um A mit der Kreislinie um B und dem zugehörigen Kreisinneren.

c)

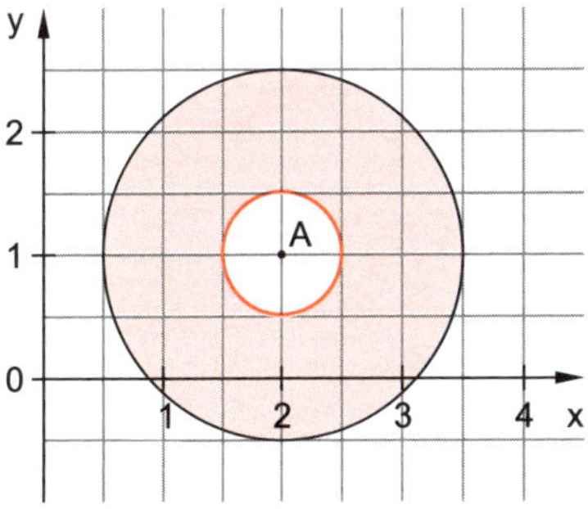

d)

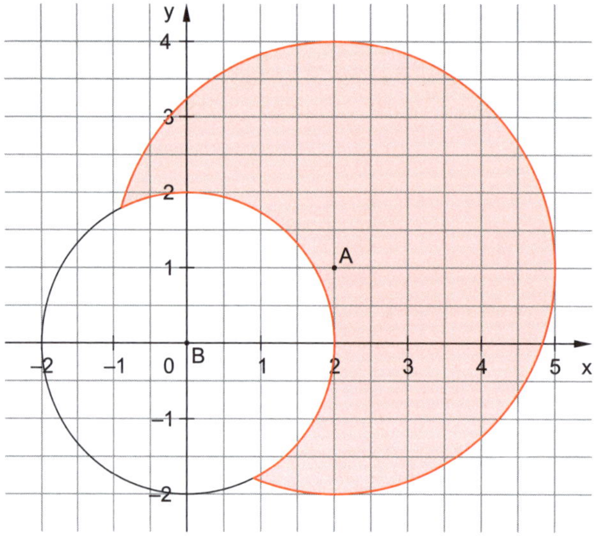

158 a)

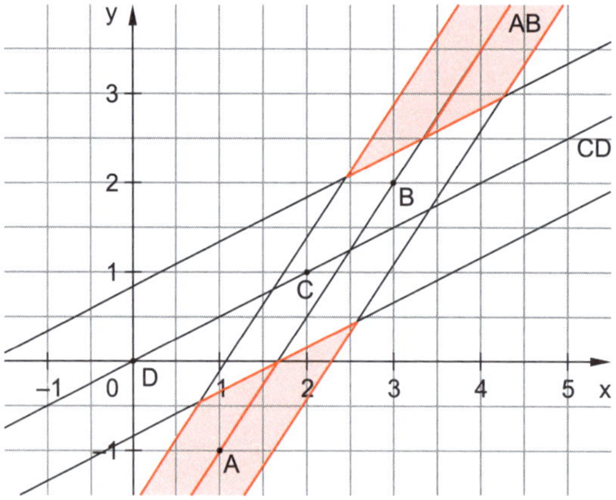

Zeichne jeweils die Parallelenpaare zur Geraden AB im Abstand von 0,5 cm und zur Geraden CD im Abstand von 0,75 cm.

b)

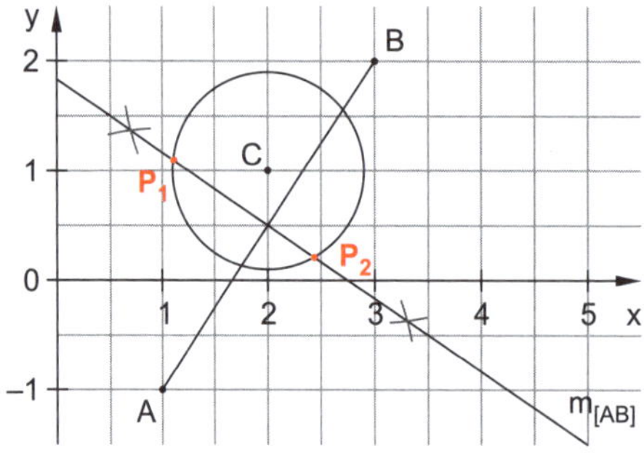

Zeichne die Mittelsenkrechte zur Strecke AB sowie einen Kreis um C mit Radius 0,9 cm.

c)

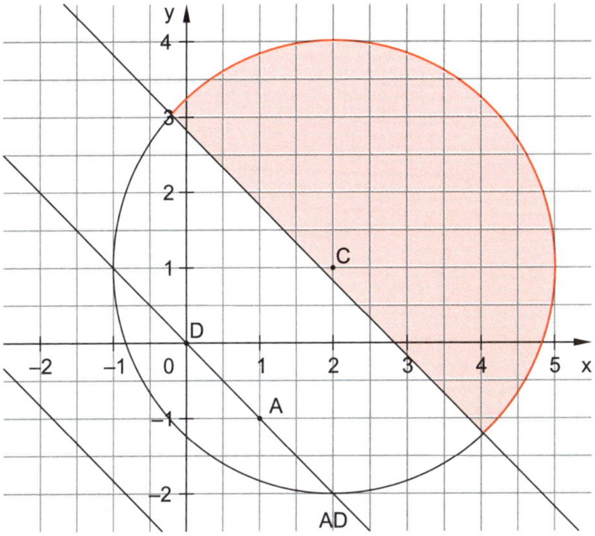

Zeichne das Parallelenpaar zur Geraden AB im Abstand von 2 cm sowie einen Kreis um C mit Radius 3 cm.

d)

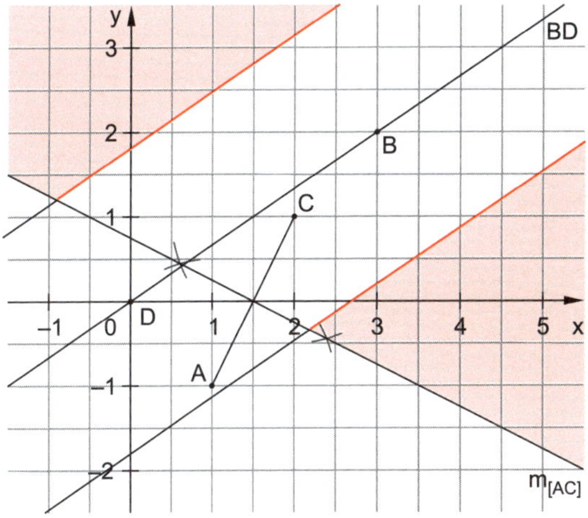

Zeichne die Mittelsenkrechte zur Strecke [AC] sowie das Parallelenpaar zur Geraden BD im Abstand von 1,5 cm.

159 a) $\{P \mid \overline{PM} > 2\text{ LE} \wedge \overline{PM} \leqq 5\text{ LE}\}$

b) $\{P \mid \overline{PA} < r_A \vee \overline{PB} > r_B\}$

c) $\{P \mid d(P; g) < a \wedge \overline{PQ} < r\}$

d) $\{P \mid \overline{PA} > \overline{PB} \wedge d(P; [AB) = d(P; [AC)\}$

160 a)

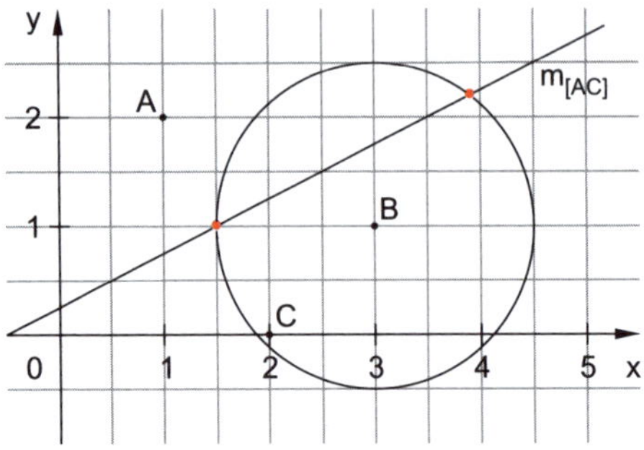

Gesucht ist die Menge aller Punkte, die von A und C gleich weit entfernt sind und von B den Abstand 1,5 cm haben.

Zeichne die Mittelsenkrechte zur Strecke [AC] sowie einen Kreis um B mit Radius 1,5 cm.

b)

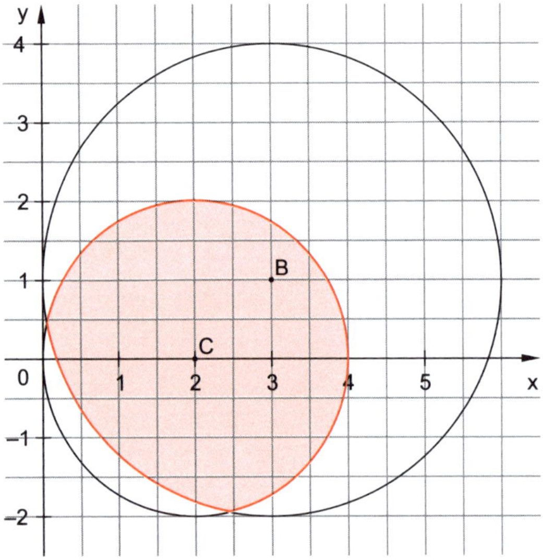

Gesucht ist die Menge aller Punkte, die höchstens 3 cm von B und höchstens 2 cm von C entfernt sind.

Zeichne dafür einen Kreis um B mit Radius 3 cm sowie einen Kreis um C mit Radius 2 cm.

c)

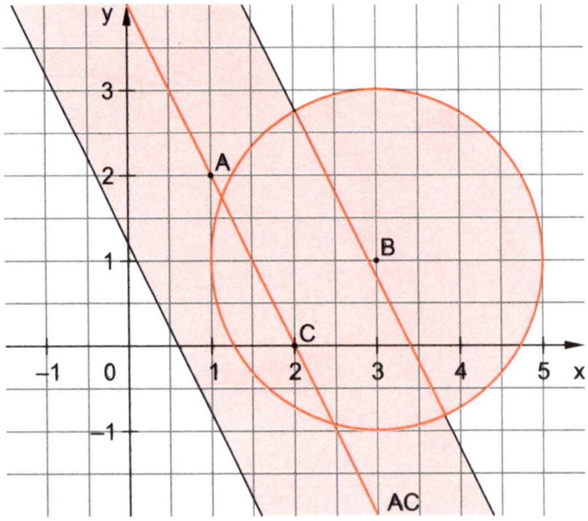

Gesucht ist die Menge aller Punkte, die von der Geraden AC weniger als 1,25 cm entfernt sind oder auch einen Abstand von höchstens 2 cm von B haben.

Zeichne dafür das Parallelenpaar zur Geraden AC im Abstand von 1,25 cm sowie einen Kreis um B mit Radius 2 cm.

d)

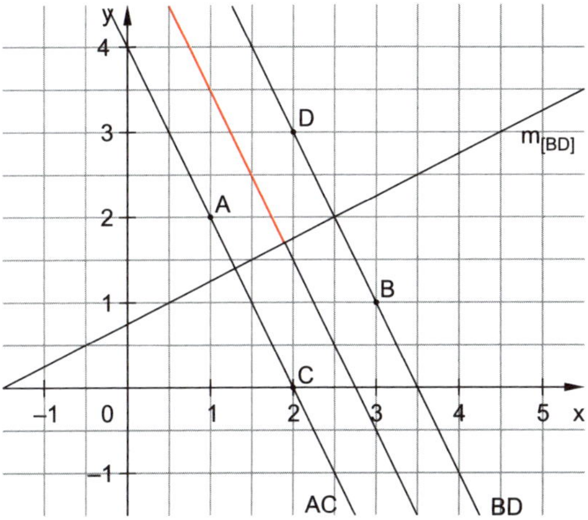

Gesucht ist die Menge aller Punkte, die von den Geraden AC und BD gleich weit entfernt sind und gleichzeitig von B weiter entfernt sind als von D.

Zeichne dafür die Mittelparallele von AC und BD sowie die Mittelsenkrechte zur Strecke [BD].

e)

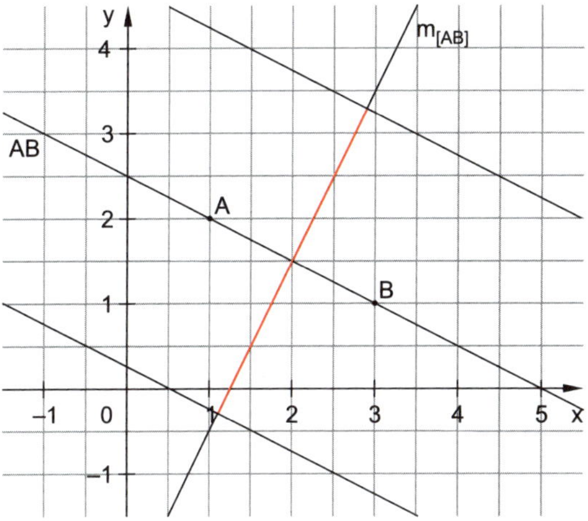

Gesucht ist die Menge aller Punkte, die von der Geraden AB weniger als 2 cm entfernt sind und gleichzeitig von A und B den gleichen Abstand haben.

Zeichne dafür das Parallelenpaar zu AB im Abstand von 2 cm sowie die Mittelsenkrechte zu [AB].

f)

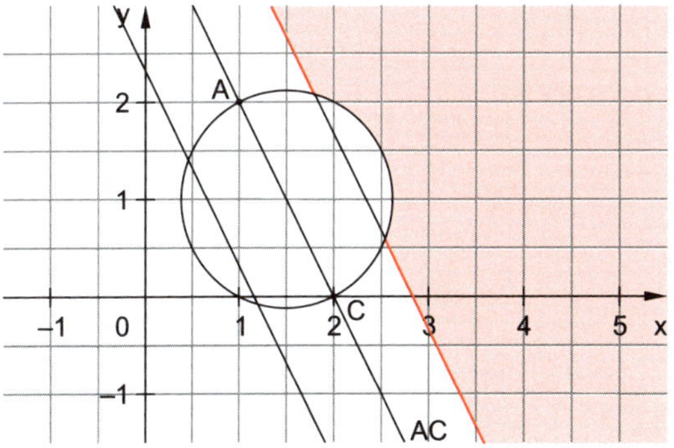

Gesucht ist die Menge aller Punkte, die von AC mindestens 0,75 cm entfernt sind und die über der Strecke [AC] einen spitzen Winkel kleiner als 90° einschließen.

Zeichne dafür das Parallelenpaar zu AC im Abstand von 0,75 cm sowie den Thaleskreis über [AC].

Achte dabei auf die Orientierung des Winkels.

161 a) Der farbige Bereich ist der geometrische Ort aller Punkte, die weniger als 1 cm von M_1 oder auch höchstens 1 cm von M_2 entfernt sind.

Mengenschreibweise: $\{P \mid \overline{PM_1} < 1\,\text{cm} \vee \overline{PM_2} \leqq 1{,}5\,\text{cm}\}$

b) Der farbige Bereich ist der geometrische Ort aller Punkte, die mehr als 0,5 cm von M_1 und weniger als 1 cm von M_2 sowie weniger als 1,5 cm von M_3 entfernt sind.

Mengenschreibweise: $\{P \mid \overline{PM_1} > 0{,}5\,\text{cm} \wedge \overline{PM_2} < 1\,\text{cm} \wedge \overline{PM_3} < 1{,}5\,\text{cm}\}$

162

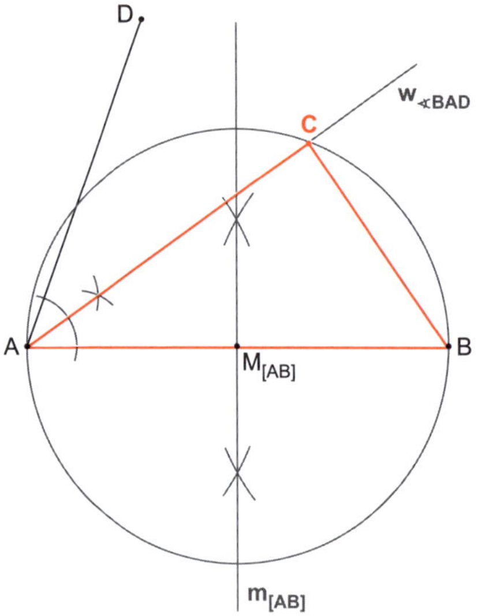

Aus der Angabe geht hervor, dass der rechte Winkel des Dreiecks ABC bei C liegt. Das bedeutet, dass C auf dem Thaleskreis über [AB] liegt.

Weiter ist bekannt, dass C von AB und AD den gleichen Abstand besitzt. Somit liegt C auf der Winkelhalbierenden $w_{\sphericalangle BAD}$.

163 a)
b)
c)

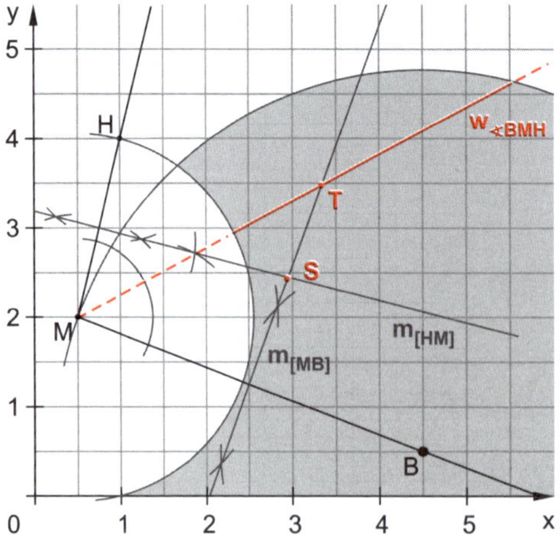

- Der begradigte Verlauf des Flusses entspricht der Winkelhalbierenden des Winkels BMH.
- Alle Punkte, die von M und B gleich weit entfernt sind, liegen auf der Mittelsenkrechten $m_{[MB]}$. Der Schnittpunkt T von $m_{[MB]}$ mit dem begradigten Verlauf des Flusses $w_{\sphericalangle BMH}$ ist der Standort T der Brücke.
- Der gesuchte Flussabschnitt ergibt sich als Schnittmenge von $k_a(M; \overline{HM})$ und $k_i(B; \overline{MB})$ mit $w_{\sphericalangle BMH}$.
- Der Umkreismittelpunkt S des Dreiecks MBH ergibt sich als Schnittpunkt von zwei Mittelsenkrechten der Seiten.

d) Der Umkreismittelpunkt S des Dreiecks MBH ist von allen drei Orten gleich weit entfernt. Da dieser Punkt nicht auf $w_{\sphericalangle BMH}$ bzw. dem begradigten Flusslauf liegt (siehe obige Zeichnung), ist das Boot beim Abtreiben zu keinem Zeitpunkt von allen drei Orten gleich weit entfernt.

164

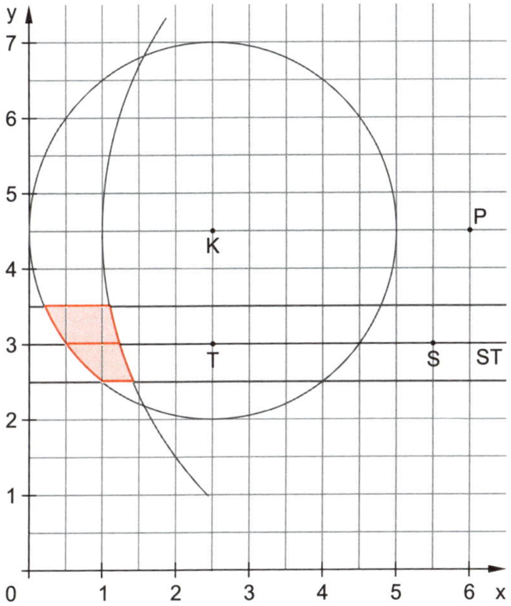

Maßstab 1 : 20 000 heißt, 1 cm in der Zeichnung entspricht 20 000 cm = 200 m in Wirklichkeit.

Der Abstand zum Kino soll nicht mehr als 500 m betragen. In der Zeichnung entspricht dieser Bereich dem Kreisinneren sowie der Kreislinie eines Kreises um K mit Radius 2,5 cm.

Der Abstand zur Hauptstraße soll nicht mehr als 100 m betragen. Dieser Bereich entspricht dem Parallelenpaar zu ST im Abstand von 0,5 cm sowie dem Bereich dazwischen.

Der Abstand zu P soll nicht weniger als 1 km betragen. Zu diesem Bereich gehören alle Punkte, die nicht im Kreisinneren eines Kreises um P mit Radius 5 cm liegen.

Der gesuchte Bereich ist die Schnittfläche der drei Bereiche.

165 a)

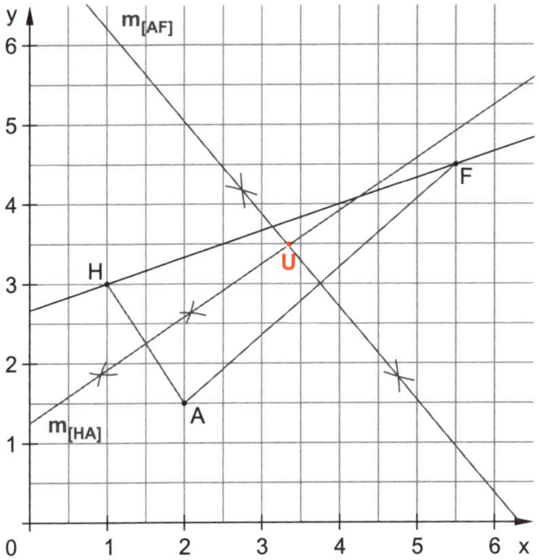

Der Sitz des Busunternehmens soll von Althausen und den Spaßbädern gleich weit entfernt sein.

Er entspricht also dem Umkreismittelpunkt des Dreiecks AFH.

b)

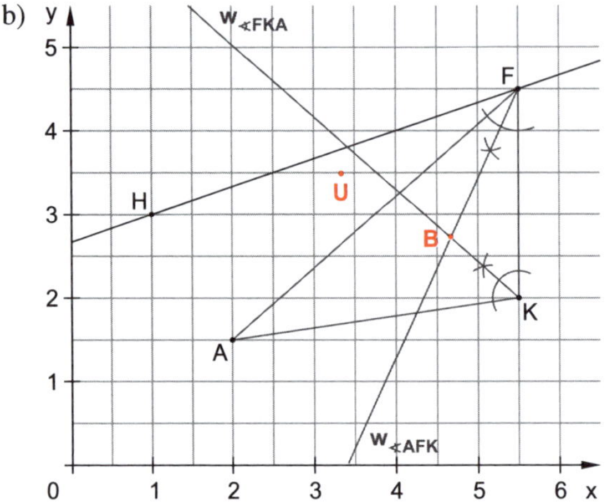

Die Ortschaft Burgheim ist von den drei Verbindungsstraßen gleich weit entfernt. Sie liegt also auf dem Inkreismittelpunkt des Dreiecks AKF.

Um herauszufinden, ob sich der Auftrag für das Busunternehmen lohnt, musst du die Entfernungen zwischen U und B sowie zwischen H und B messen.

Alternativ könntest du auch einen Kreis um U mit Radius 1,75 cm zeichnen und überprüfen, ob B im Kreisinneren liegt, sowie einen Kreis um B mit Radius 3,5 cm um B zeichnen und überprüfen, ob H im Kreisinneren liegt. Trifft beides ein, lohnt sich der Auftrag.

Die Strecke zwischen dem alten und dem neuen Sitz des Busunternehmens beträgt etwa 1,5 cm in der Zeichnung, also etwa 1,5 km in der Wirklichkeit. Die Entfernung von Burgheim zum Spaßbad Happy Day beträgt ungefähr 3,65 cm, also 3,65 km lang. Da das Spaßbad Happy Day somit weiter als 3,5 km von dem neuen Standort entfernt ist, lohnt sich der Auftrag für das Busunternehmen nicht. Es sollte den Auftrag von Kirchberg also ablehnen.

166 a) Zeichne die Punkte in ein Koordinatensystem ein. Die Schatten der Bäume entsprechen dabei Kreisen um B_1 und B_2 mit Radius 2 cm bzw. 1 cm. Da Johannes mindestens 2 m vom Zaun bzw. der Hauswand entfernt sitzen will, musst du noch Parallelen zu den Gartenbegrenzungen im Abstand von 2 cm zeichnen.

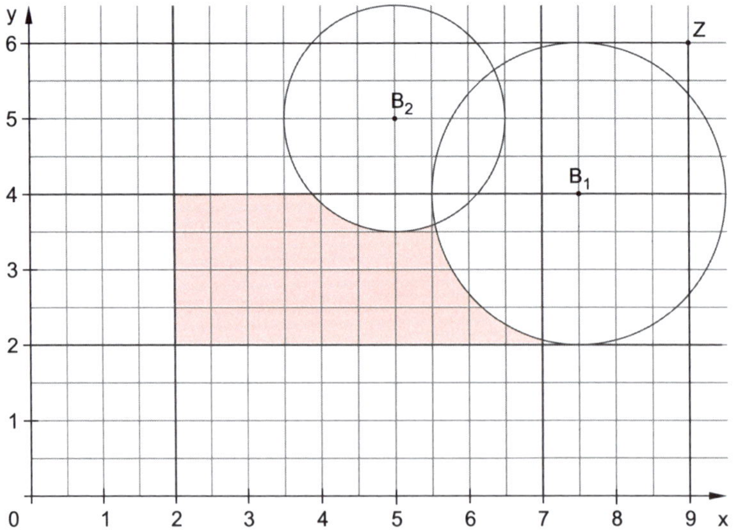

b) Zeichne den Teich als Kreis um T mit Radius 2 cm ein. Da Johannes höchstens 1,5 m vom Teich entfernt sitzen will, musst du einen Kreis um T mit Radius 3,5 cm zeichnen. Innerhalb dieses Kreisrings, geschnitten mit dem möglichen Bereich aus Teilaufgabe a, muss er die Bank aufstellen.

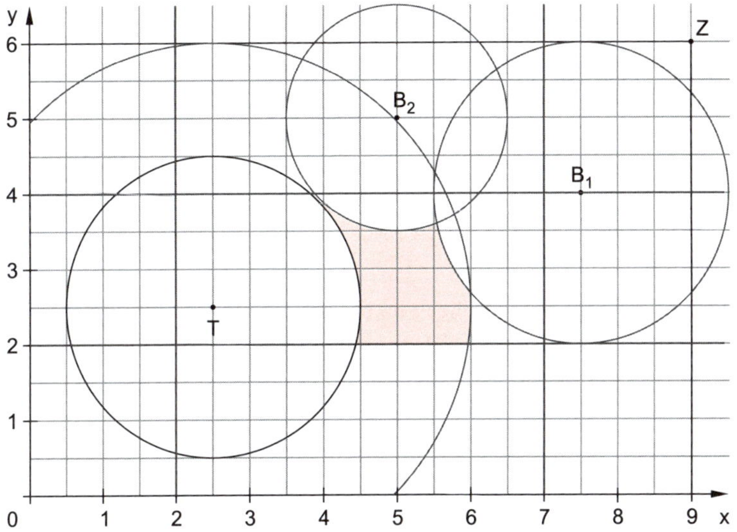

c) Wegen des Blickwinkels von 90° sucht Volker einen Platz auf dem Thaleskreis über der Strecke $[B_1B_2]$, der nicht im Schatten liegt. Beachte, dass die Bäume und der Teich in derselben Blickrichtung liegen müssen.

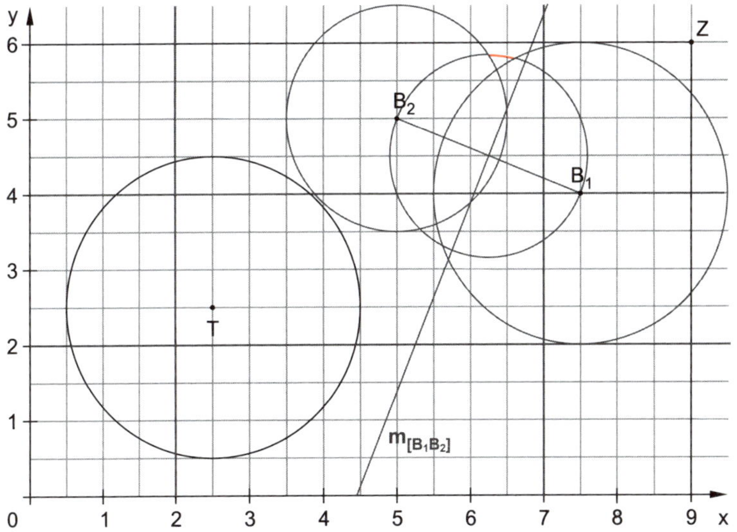

Wenn Volker seinen Stuhl in dem gefärbten Bereich aufstellt, sind alle seine Wünsche erfüllt.

167 Die beiden Winkel α und β sind gleich, also gilt auch $a=b$.
γ ist der größte Winkel, also ist c die größte Seite. Somit gilt $\mathbf{a=b<c}$.

168 Wegen $a<b<c$ muss im Dreieck ABC in jedem Fall $\alpha<\beta<\gamma$ gelten.

a) $\alpha=44°>40°=\beta$ (Widerspruch zu $\alpha<\beta<\gamma$)
Nein, es gibt kein solches Dreieck ABC.

b) $\gamma=40°<44°=\beta$ (Widerspruch zu $\alpha<\beta<\gamma$)
Nein, es gibt kein solches Dreieck ABC.

c) Aus $\gamma'=138°$ folgt $\gamma=180°-\gamma'=42°=\alpha$. (Widerspruch zu $\alpha<\beta<\gamma$)
Nein, es gibt kein solches Dreieck ABC.

d) Aus $\gamma'=120°$ folgt mit dem Außenwinkelsatz $\gamma=180°-\gamma'=60°$ und $\gamma'=120°=\alpha+\beta$. Wegen $a<b$ folgt $\alpha<\beta$ und somit $\beta>120°:2=60°=\gamma$.
(Widerspruch zu $\alpha<\beta<\gamma$)
Nein, es gibt kein solches Dreieck ABC.

169 Da $b>a$, muss auch $\beta>\alpha=40°$ sein.
Da $b<c$, muss auch $\beta<\gamma$ sein.
Es gilt außerdem nach dem Innenwinkelsatz:

$$40°+\beta+\gamma=180° \quad |-40°$$
$$\Leftrightarrow \quad \beta+\gamma=140°$$

Wegen $\beta<\gamma$ folgt daraus:

$$\beta+\beta<\beta+\gamma=140°$$
$$\Leftrightarrow \quad 2\beta<140° \quad |:2$$
$$\Leftrightarrow \quad \beta<70°$$

Es gilt also: $\mathbf{40°<\beta<70°}$

170 Im gleichseitigen Dreieck sind alle Winkel gleich groß, denn andernfalls gäbe es einen Winkel, der größer wäre als ein anderer, und somit auch eine Seite, die länger wäre als eine andere. Aus der Winkelsumme im Dreieck folgt daher, dass alle Winkel $180°:3=$ **60°** groß sind.

171

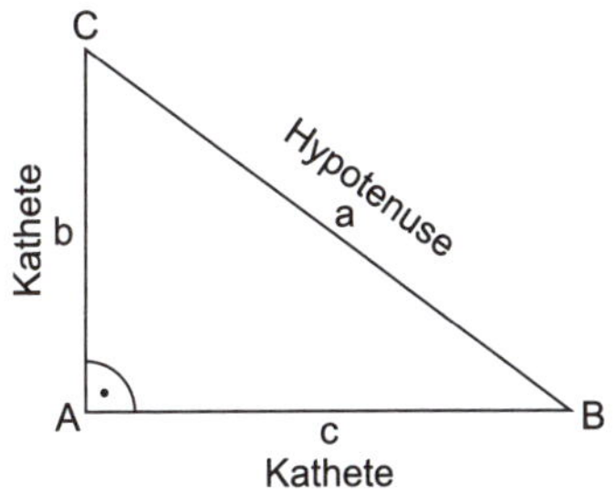

Es kann in einem rechtwinkligen Dreieck aufgrund des Innenwinkelsatzes keinen zweiten Winkel geben, der 90° oder größer ist.

In jedem rechtwinkligen Dreieck ist die **Hypotenuse** die längste Seite.

172

a)

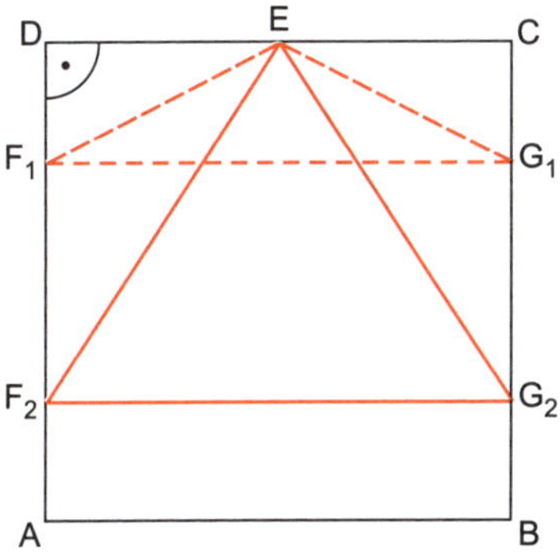

F_n und G_n sind von [CD] gleich weit entfernt.

Es gilt: $[CD] \parallel [F_nG_n]$

b) In den Dreiecken DF_nE ist der rechte Winkel bei D immer der größte Winkel. Also ist $[F_nE]$ stets die längste Seite und insbesondere länger als $\overline{ED} = \frac{a}{2}$ cm und $\overline{DF_n}$. Damit gilt $\overline{F_nE} > \frac{a}{2}$ cm.
Für $n = a$ gilt $F_a = A$ und somit folgt aus $\overline{F_nE} > \overline{DF_n}$ sofort $\overline{AE} > \overline{DA} = a$ cm.
Demnach nimmt $\overline{F_nE}$ für $n \in \left]0; a\right]$ alle Werte im Intervall $\left]\frac{a}{2}\text{ cm}; \overline{AE}\right]$ an, insbesondere gibt es also ein $n^* \in \left]0; a\right]$ mit $a\text{ cm} = \overline{F_{n^*}E} = \overline{G_{n^*}E}$. Da stets $\overline{F_nG_n} = a$ cm gilt, ist das Dreieck $EF_{n^*}G_{n^*}$ gleichseitig.

173 Für b muss nach der Dreiecksungleichung gelten:

$$c - a < b < c + a$$
$$\Leftrightarrow \quad 7\text{ cm} - 6{,}5\text{ cm} < b < 7\text{ cm} + 6{,}5\text{ cm}$$
$$\Leftrightarrow \quad 0{,}5\text{ cm} < b < 13{,}5\text{ cm}$$
$$\Leftrightarrow \quad b \in \left]0{,}5\text{ cm}; 13{,}5\text{ cm}\right[$$

Paul konnte Sina das Intervall **]0,5 cm; 13,5 cm[** für b nennen.

174 Skizze:

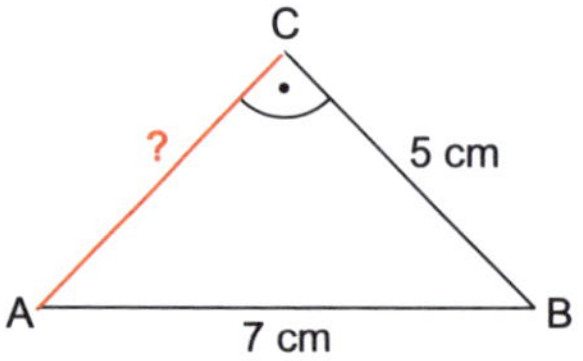

Hier macht eine Skizze die Ausgangslage anschaulicher.

Für $\overline{CA}$ muss nach der Dreiecksungleichung gelten:

$$\overline{AB} - \overline{BC} < \overline{CA} < \overline{AB} + \overline{BC}$$

$$\Leftrightarrow \quad 7\text{ cm} - 5\text{ cm} < \overline{CA} < 7\text{ cm} + 5\text{ cm}$$

$$\Leftrightarrow \quad 2\text{ cm} < \overline{CA} < 12\text{ cm}$$

$$\Leftrightarrow \quad \overline{CA} \in \,]2\text{ cm}; 12\text{ cm}[$$

Da [AB] allerdings die Hypotenuse und damit also die längste Seite im Dreieck ist, muss außerdem gelten: $\overline{CA} < \overline{AB} < 7$ cm

Es gilt also $\overline{CA} \in \,]2\text{ cm}; 7\text{ cm}[$ bzw. $2\text{ cm} < \overline{CA} < 7\text{ cm}$.

175 Skizze:

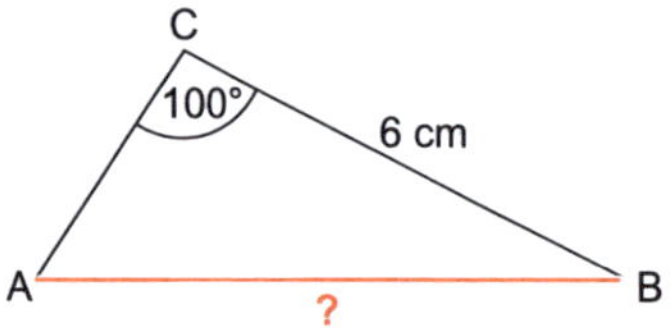

Wegen $\gamma \geqq 90°$ ist γ der größte Winkel des Dreiecks ABC. Also muss [AB] die größte Seite und insbesondere länger als $\overline{BC} = 6$ cm sein.

Also gilt: $\overline{AB} \in \,]6\text{ cm}; +\infty[$

Eine Abschätzung nach oben ist nicht möglich.

176 a) Wegen $a \geqq b \geqq c$ gilt:

$b \leqq a < a + c$ und $c \leqq b < a + b$

Zusätzlich gilt:

$$a - b < c \quad |+b$$

$$\Leftrightarrow \quad a < b + c$$

oder

$$a - c < b \quad |+c$$

$$\Leftrightarrow \quad a < b + c$$

Die Streckenlängen erfüllen also die Dreiecksungleichung. Folglich ist ein Dreieck mit entsprechenden Seitenlängen konstruierbar, wenn eine der Ungleichungen $a - b < c$ oder $a - c < b$ gilt.

Beide Ungleichungen sind äquivalent zu der Ungleichung für die im obigen Beispiel bereits gezeigt wurde, dass sich ein Dreieck mit entsprechenden Seitenlängen konstruieren lässt. Diese Feststellung hätte als Antwort ebenfalls genügt.

b) Wie Teilaufgabe a und das obige Beispiel zeigen, genügt dazu die Prüfung **einer** Ungleichung.

c) ☒ Ist von drei Streckenlängen die größte Streckenlänge kleiner als die Summe der beiden anderen Streckenlängen, dann lässt sich ein Dreieck mit entsprechenden Seitenlängen konstruieren.

Vergleiche obiges Beispiel.

☒ Ist von drei Streckenlängen die kleinste Streckenlänge größer als die Differenz der beiden anderen Streckenlängen, dann lässt sich ein Dreieck mit entsprechenden Seitenlängen konstruieren.

Vergleiche Teilaufgabe a, erste Ungleichung.

☒ Ist von drei Streckenlängen die mittlere Streckenlänge größer als die Differenz der beiden anderen Streckenlängen, dann lässt sich ein Dreieck mit entsprechenden Seitenlängen konstruieren.

Vergleiche Teilaufgabe a, zweite Ungleichung.

177 a) Da $5\text{ cm} + 7\text{ cm} = 12\text{ cm} < 12{,}7\text{ cm}$, ist die Dreiecksungleichung nicht erfüllt und das Dreieck ABC damit **nicht konstruierbar**.

Es genügt zu kontrollieren, ob die Summe der beiden kleinsten Seiten größer als die größte Seite ist.

b) Da $2\text{ cm} + 2\text{ cm} = 4\text{ cm} > 3\text{ cm}$, ist die Dreiecksungleichung erfüllt und das Dreieck ABC damit **konstruierbar**.

c) Da $7{,}34\text{ cm} + 8{,}30\text{ cm} = 15{,}64\text{ cm} < 15{,}65\text{ cm}$, ist die Dreiecksungleichung nicht erfüllt und das Dreieck ABC damit **nicht konstruierbar**.

d) Da $320\text{ m} + 968\text{ m} = 1\,288\text{ m} < 10\,000\text{ m}$, ist die Dreiecksungleichung nicht erfüllt und das Dreieck ABC damit **nicht konstruierbar**.

Wandle in eine gemeinsame Einheit um:
$96\,800\text{ cm} = 968\text{ m}$
$10\text{ km} = 10\,000\text{ m}$

e) Da $4{,}405\text{ cm} + 4{,}41\text{ cm} = 8{,}815\text{ cm} > 4{,}42\text{ cm}$, ist die Dreiecksungleichung erfüllt und das Dreieck ABC damit **konstruierbar**.

Wandle in eine gemeinsame Einheit um:
$0{,}442\text{ dm} = 4{,}42\text{ cm}$
$44{,}05\text{ mm} = 4{,}405\text{ cm}$

178 Prüfe jeweils mithilfe der Dreiecksungleichung zuerst, ob das Dreieck konstruierbar ist.
Falls ja, zeichne zuerst die Seite [AB]. Der Punkt C ist dann der obere Schnittpunkt der beiden Kreise $k_1(A; r=b)$ und $k_2(B; r=a)$.

a) Gegeben: $a=3$ cm; $b=2$ cm; $c=4$ cm

Wegen 2 cm + 3 cm = 5 cm > 4 cm ist das Dreieck ABC konstruierbar.

Planfigur:

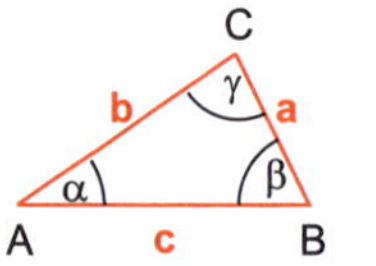

Gegebene Stücke sind rot hervorgehoben.

Konstruktionszeichnung:

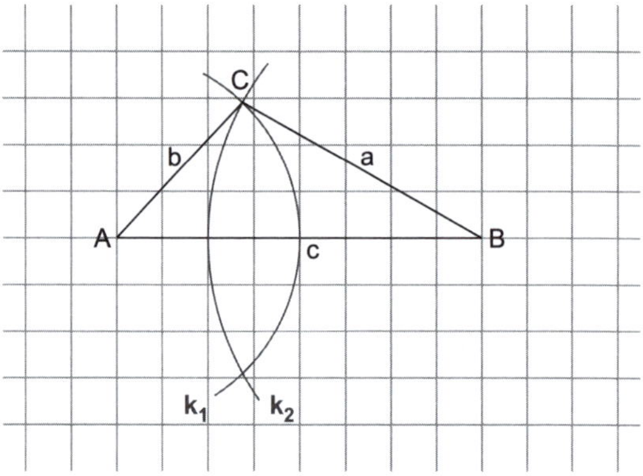

Konstruktionsbeschreibung:

1. Seite c mit $\overline{AB} = 4$ cm zeichnen
2. Kreis $k_1(A; r=b=2\text{ cm})$ zeichnen
3. Kreis $k_2(B; r=a=3\text{ cm})$ zeichnen
4. $k_1 \cap k_2 = \{C; C'\}$
   Oberer Schnittpunkt der beiden Kreise ist Punkt C

b) Gegeben: $a=2$ cm; $b=4$ cm; $c=5{,}5$ cm

Wegen 2 cm + 4 cm = 6 cm > 5,5 cm ist das Dreieck ABC konstruierbar.

Planfigur:

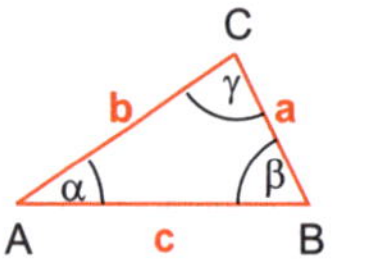

Gegebene Stücke sind rot hervorgehoben.

Konstruktionszeichnung:

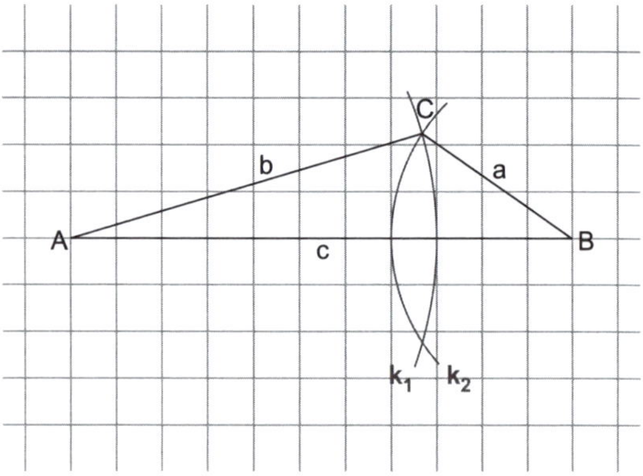

Konstruktionsbeschreibung:
1. Seite c mit $\overline{AB} = 5{,}5$ cm zeichnen
2. Kreis $k_1(A;\ r=b=4\text{ cm})$ zeichnen
3. Kreis $k_2(B;\ r=a=2\text{ cm})$ zeichnen
4. $k_1 \cap k_2 = \{C; C'\}$
   Oberer Schnittpunkt der beiden Kreise ist Punkt C

c) Gegeben: $a = 1$ cm; $b = 3$ cm; $c = 5$ cm

Wegen $1\text{ cm} + 3\text{ cm} = 4\text{ cm} < 5\text{ cm}$ ist das Dreieck ABC **nicht konstruierbar**. (Die Kreise $k_1(A;\ r=b)$ und $k_2(B;\ r=a)$ besitzen keinen Schnittpunkt.)

179 Ein Drachenviereck ABCD ist ein Viereck, bei dem 2 Paare von benachbarten Seiten gleich lang sind (in der Skizze $\overline{AB} = \overline{DA}$ und $\overline{BC} = \overline{CD}$). Teilt man ein Drachenviereck entlang der längeren Diagonale (in der Skizze [AC]) in zwei Teildreiecke ACD und ABC, so stimmen diese Dreiecke in allen drei Seiten überein und sind damit kongruent.

Skizze:

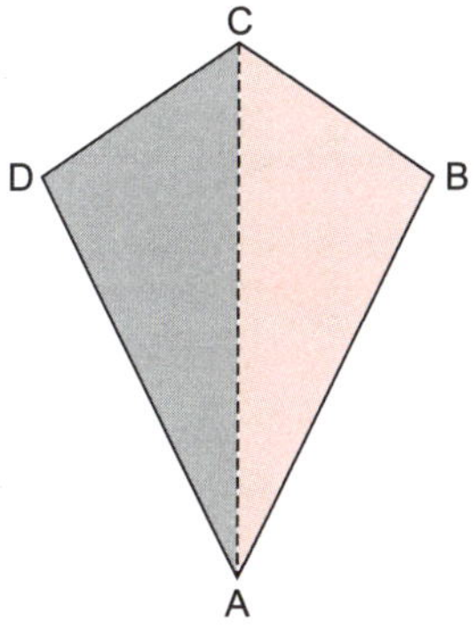

Die lange Diagonale [AC] ist gleichzeitig Spiegelachse.
Der Punkt B wird durch Achsenspiegelung auf den Punkt D abgebildet.

180 Es gilt:
1. $\overline{DA} = \overline{CD}$, da $m_{[AC]}$ durch den Mittelpunkt D von [AC] geht.
2. $\overline{AB} = \overline{BC}$ (gleichseitiges Dreieck ABC)
3. $\overline{BD} = \overline{DB}$ (gemeinsame Seite)

Es gilt also nach dem 1. Kongruenzsatz (sss): $\Delta ABD \cong \Delta DBC$

181 a) In einem Parallelogramm ABCD sind die gegenüberliegenden Seiten gleich groß (in der Skizze $\overline{AB} = \overline{CD}$ und $\overline{BC} = \overline{DA}$). Da sich die Diagonalen gegenseitig halbieren (in der Skizze $\overline{AM} = \overline{MC}$ und $\overline{BM} = \overline{MD}$), stimmen die sich gegenüberliegenden Teildreiecke in allen drei Seiten überein und sind damit nach dem 1. Kongruenzsatz (sss) kongruent.

Skizze:

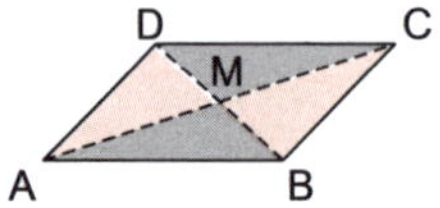

Aus $\overline{AB} = \overline{CD}$, $\overline{BC} = \overline{DA}$, $\overline{AM} = \overline{MC}$, $\overline{BM} = \overline{MD}$ folgt:
$\Delta ABM \cong \Delta DMC$
$\Delta AMD \cong \Delta BCM$

b) Da zwei nebeneinanderliegende Teildreiecke in jedem Parallelogramm in zwei Seiten übereinstimmen (gemeinsame Seite und halbe Diagonale), folgt aus der paarweisen Kongruenz aller vier Teildreiecke in einem Parallelogramm, dass alle nebeneinanderliegenden Dreiecke auch in der dritten Seite übereinstimmen und damit die Seiten des Parallelogramms alle gleich lang sind. Ein Viereck mit vier gleich langen Seiten nennt man **Raute**.

182 a) Gegeben: $a = 6$ cm; $b = 4$ cm; $\gamma = 70°$

Planfigur:

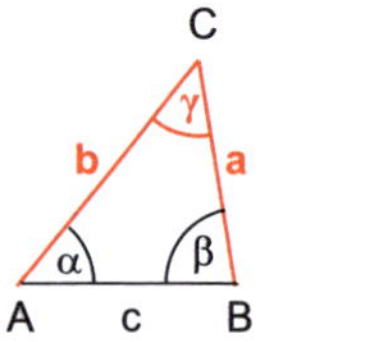

Gegebene Stücke sind rot hervorgehoben.

Konstruktionszeichnung:

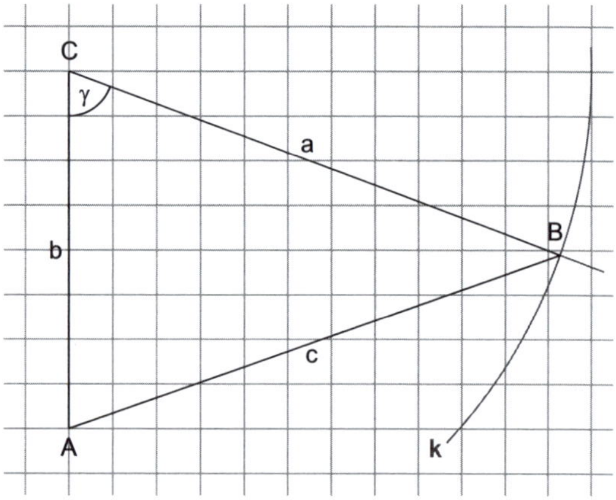

Konstruktionsbeschreibung:
1. Seite b mit $\overline{CA} = 4$ cm zeichnen
2. Winkel $\gamma = 70°$ an C antragen
3. Kreis k(C; $r = a = 6$ cm) zeichnen
4. Schnittpunkt des Kreises k mit dem freien Schenkel von γ ist Punkt B
5. A und B verbinden

b) Gegeben: b = 4 cm; c = 5 cm; α = 100°

Planfigur:

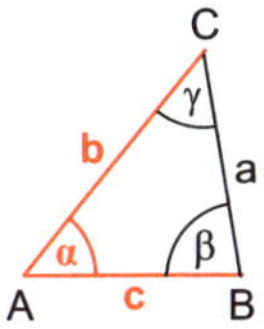

Gegebene Stücke sind rot hervorgehoben.

Konstruktionszeichnung:

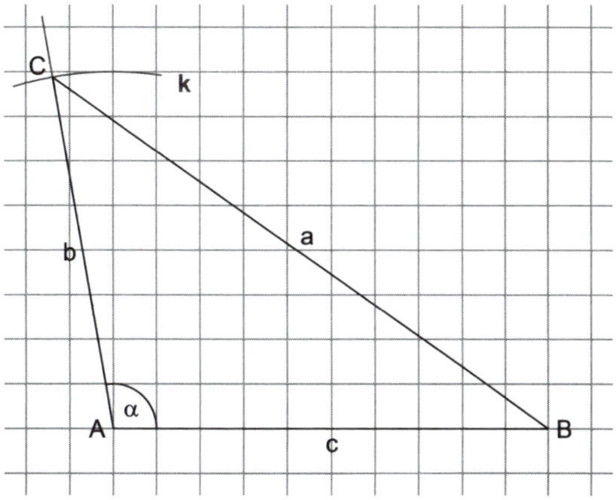

Konstruktionsbeschreibung:

1. Seite c mit $\overline{AB}$ = 5 cm zeichnen
2. Winkel α = 100° an A antragen
3. Kreis k(A; r = b = 4 cm) zeichnen
4. Schnittpunkt des Kreises k mit dem freien Schenkel von α ist Punkt C
5. B und C verbinden

c) Gegeben: c = 3 cm; a = 5 cm; β = 45°

Planfigur:

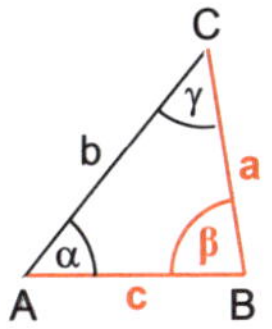

Gegebene Stücke sind rot hervorgehoben.

Konstruktionszeichnung:

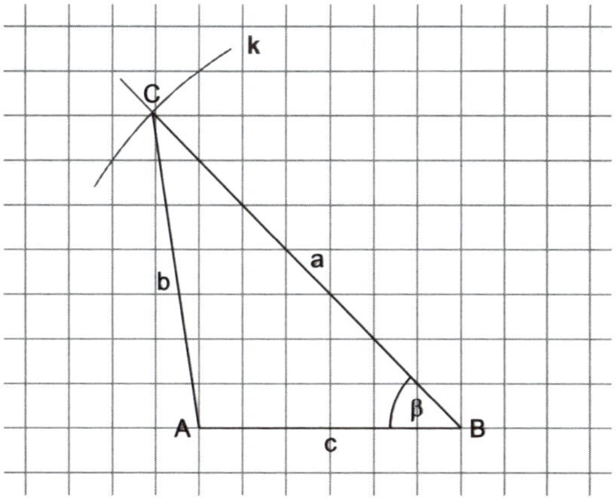

Konstruktionsbeschreibung:
1. Seite c mit $\overline{AB} = 3$ cm zeichnen
2. Winkel $\beta = 45°$ an B antragen
3. Kreis k(B; r = a = 5 cm) zeichnen
4. Schnittpunkt des Kreises k mit dem freien Schenkel von β ist Punkt C
5. C und A verbinden

d) Gegeben: b = a = 3,5 cm; $\alpha = 65°$
Da b = a gilt, ist das Dreieck ABC gleichschenklig mit Basis c. Da die Basiswinkel gleich groß sein müssen, gilt $\beta = \alpha = 65°$ und somit:
$\gamma = 180° - 2 \cdot 65° = 50°$

Planfigur:

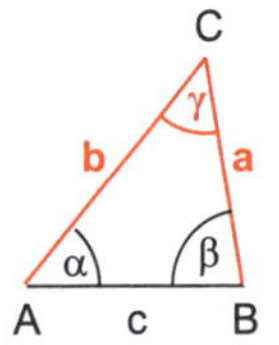

Gegebene Stücke sind rot hervorgehoben.

Konstruktionszeichnung:

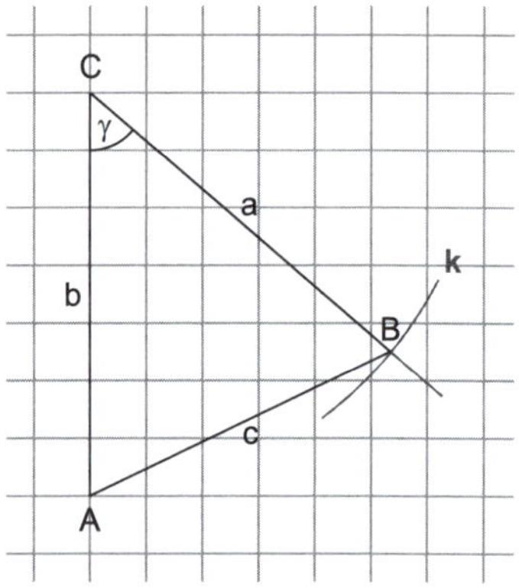

Konstruktionsbeschreibung:
1. Seite b mit $\overline{CA} = 3{,}5$ cm zeichnen
2. Winkel $\gamma = 50°$ an C antragen
3. Kreis k(C; r = a = 3,5 cm) zeichnen
4. Schnittpunkt des Kreises k mit dem freien Schenkel von γ ist Punkt B
5. A und B verbinden

183 a) • Wegen $[FB] \perp [BC]$ gilt $\overline{DF} = \overline{BC} = \overline{AB}$.
Da ACDG ein Rechteck ist, gilt zudem:
• $\overline{GA} = \overline{CD}$ und
• $\sphericalangle BAG = \sphericalangle FDC$.
Also gilt nach dem 2. Kongruenzsatz (sws): **$\Delta ABG \cong \Delta CDF$**

b) Wegen $[FB] \perp [BC]$ gilt $\overline{FD} = \overline{BC} = 1{,}5$ cm. Damit ist das Dreieck FDE gleichseitig und alle seine Innenwinkel betragen 60°. Folglich stimmen die Dreiecke ABG und FDE zwar in zwei Seiten, aber nicht im eingeschlossenen Winkel überein ($\sphericalangle BAG = 90°$), weshalb gilt: **$\Delta ABG \ncong \Delta FDE$**

184 a) • Im Rechteck ABCD gilt: $\overline{AB} = \overline{DC}$
• Da [DA] der Radius von Kreis k ist, gilt für alle $\alpha \in]0; 360°[$:
$\overline{DP(\alpha)} = \overline{DA}$

Also sind die Dreiecke ABD und DCP(α) nach dem 2. Kongruenzsatz (sws) kongruent, wenn zusätzlich gilt: $\sphericalangle BAD = 90° = \sphericalangle CDP(\alpha) = \alpha$, also für **$\alpha = 90°$**.

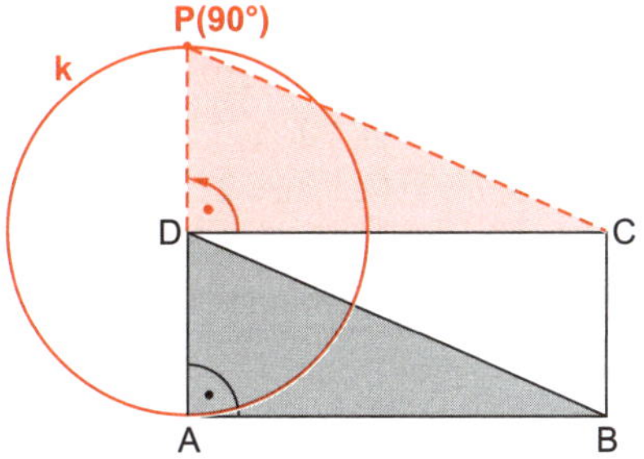

b) Wie in Teilaufgabe a folgt $\overline{AB} = \overline{DC}$ und $\overline{DP(\alpha)} = \overline{DA}$ für $\alpha \in]0; 360°[$.
Also sind die Dreiecke ABD und DP(α)C nach dem 2. Kongruenzsatz (sws) kongruent, wenn zusätzlich gilt:
$\sphericalangle BAD = 90° = \sphericalangle P(\alpha)DC = 360° - \alpha$, also für **$\alpha = 270°$**.

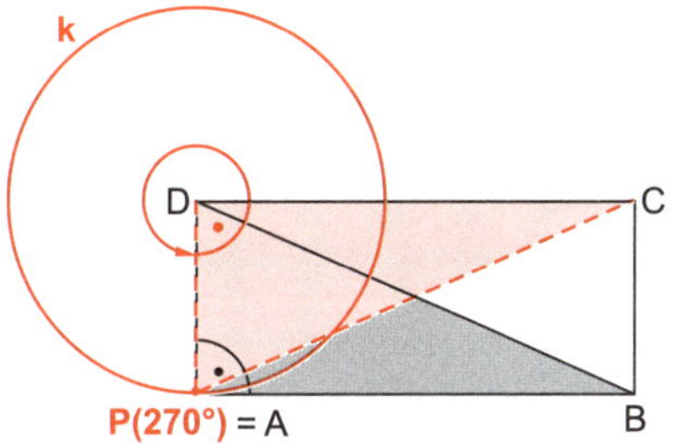

185 Wegen $\alpha = \beta = 53°$ ist das Dreieck ABC gleichschenklig mit dem Scheitelwinkel $\gamma = 180° - 2 \cdot 53° = 74°$ und Schenkeln der Länge $\overline{BC} = \overline{CA} = 5$ cm.
Dreieck DFE ist gleichschenklig mit dem Scheitelwinkel $\sphericalangle DEF = 74°$ und Schenkeln der Länge $\overline{FE} = \overline{ED} = 5$ cm.
Nach dem 2. Kongruenzsatz (sws) sind also beide Dreiecke **kongruent**.

186 Gegeben: $\overline{BC} = \overline{CA} = 2{,}5$ cm; $\gamma = 90°$

Wegen der Innenwinkelsumme kann es im Dreieck keine zwei 90°-Winkel geben. Der rechte Winkel muss als Scheitelwinkel der Basis gegenüberliegen.

Planfigur:

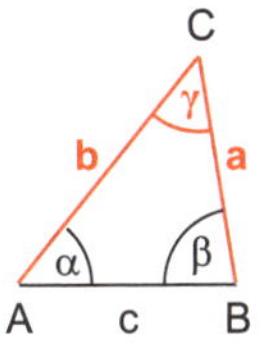

Gegebene Stücke sind rot hervorgehoben.

Konstruktionszeichnung:

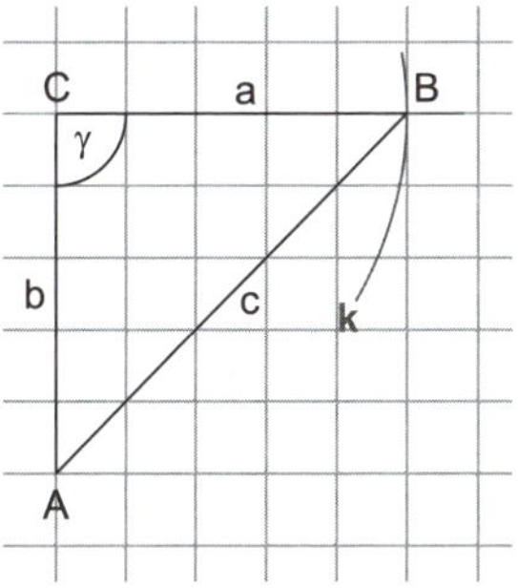

Konstruktionsbeschreibung:

1. Seite b mit $\overline{CA} = 2{,}5$ cm zeichnen
2. Winkel $\gamma = 90°$ an C antragen
3. Kreis k(C; r = a = 2,5 cm) zeichnen
4. Schnittpunkt des Kreises k mit dem freien Schenkel von γ ist Punkt B
5. A und B verbinden

187 a) Gegeben: $\overline{AB} = 5$ cm; $\alpha = 70°$; $\beta = 10°$

Planfigur:

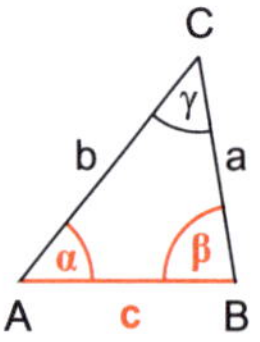

Gegebene Stücke sind rot hervorgehoben.

Konstruktionszeichnung:

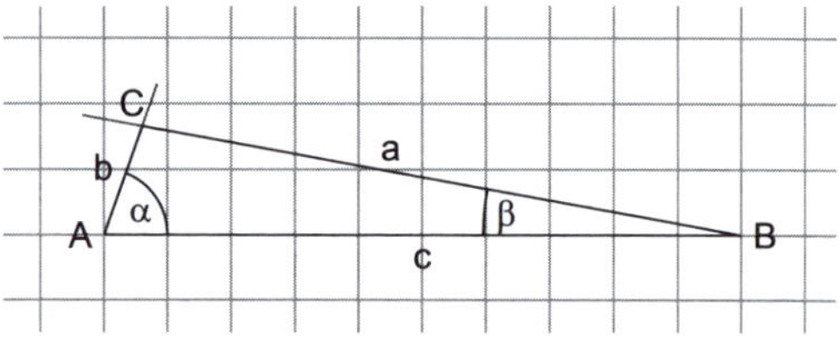

Konstruktionsbeschreibung:

1. Seite c mit $\overline{AB} = 3{,}5$ cm zeichnen
2. Winkel $\alpha = 70°$ an A antragen
3. Winkel $\beta = 10°$ an B antragen
4. Schnittpunkt der freien Schenkel von α und β ist Punkt C

b) Gegeben: a = 5 cm; $\sphericalangle ACB = 90°$; $\sphericalangle CBA = 10°$

Planfigur:

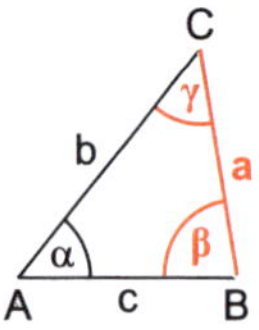

Gegebene Stücke sind rot hervorgehoben.

Konstruktionszeichnung:

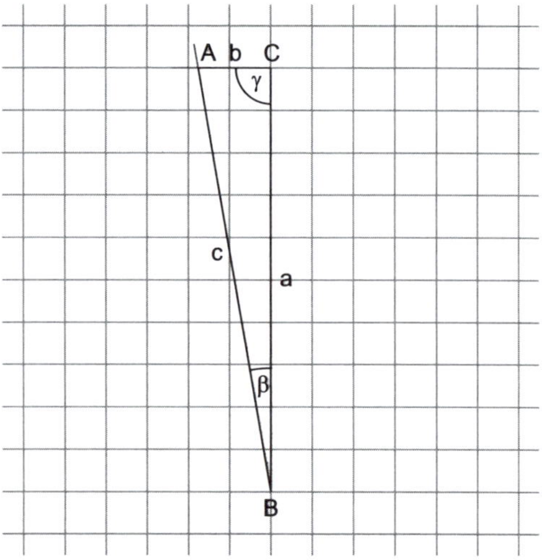

Konstruktionsbeschreibung:

1. Seite a mit $\overline{BC} = 5$ cm zeichnen
2. Winkel $\beta = 10°$ an B antragen
3. Winkel $\gamma = 90°$ an C antragen
4. Schnittpunkt der freien Schenkel von β und γ ist Punkt A

c) Gegeben: $c = 3$ cm; $\sphericalangle BAC = 150°$; $\sphericalangle ACB = 15°$

Um vom hier vorliegenden Fall (sww) auf den eindeutig konstruierbaren Fall (wsw) zu kommen, wird mithilfe der Innenwinkelsumme das Maß des dritten Winkels CBA berechnet: $\sphericalangle CBA = 180° - 150° - 15° = 15°$

Planfigur:

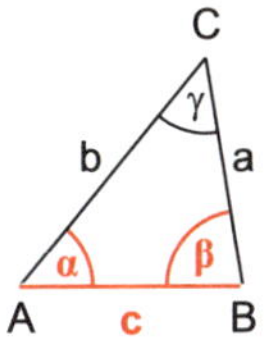

Gegebene Stücke sind rot hervorgehoben.

Konstruktionszeichnung:

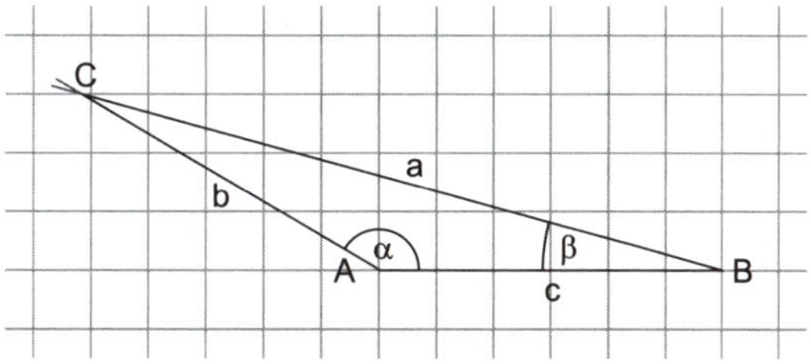

Konstruktionsbeschreibung:

1. Seite c mit $\overline{AB} = 3$ cm zeichnen
2. Winkel $\alpha = 150°$ an A antragen
3. Winkel $\beta = 15°$ an B antragen
4. Schnittpunkt der freien Schenkel von α und β ist Punkt C

d) Gegeben: $b = 3{,}5$ cm; $\sphericalangle ACB = 80°$; $\sphericalangle CBA = 60°$

Um vom hier vorliegenden Fall (sww) auf den eindeutig konstruierbaren Fall (wsw) zu kommen, wird mithilfe der Innenwinkelsumme das Maß des dritten Winkels BAC berechnet: $\sphericalangle BAC = 180° - 80° - 60° = 40°$

Planfigur:

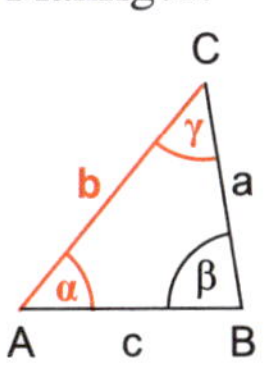

Gegebene Stücke sind rot hervorgehoben.

Konstruktionszeichnung:

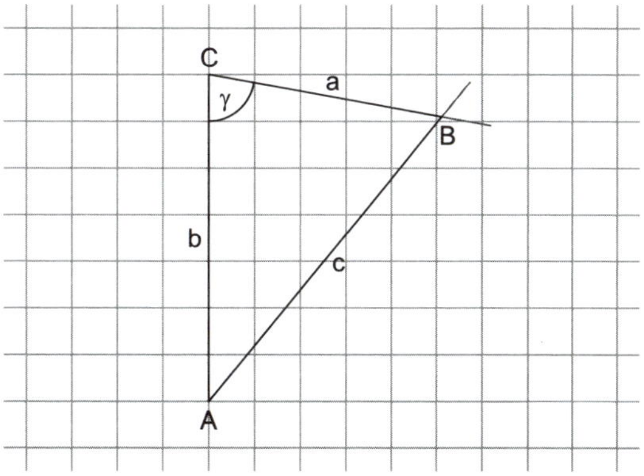

Konstruktionsbeschreibung:

1. Seite b mit $\overline{CA} = 3{,}5$ cm zeichnen
2. Winkel $\alpha = 40°$ an A antragen
3. Winkel $\gamma = 80°$ an C antragen
4. Schnittpunkt der freien Schenkel von α und γ ist Punkt B

188 a) Zeichnung im **Maßstab 1 : 1 000**:

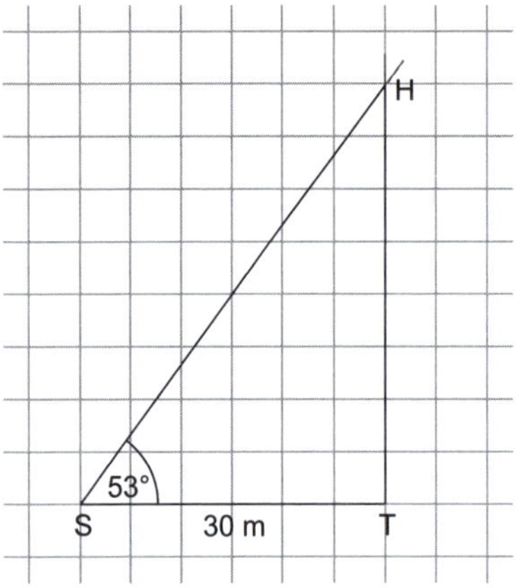

Bei einer Zeichnung im Maßstab 1 : 1 000 entspricht 1 cm in der Zeichnung 1 000 cm = 10 m in der Wirklichkeit.

Zeichne zunächst [ST] und trage dann in S einen 53°-Winkel und in T einen 90°-Winkel an. Der Schnittpunkt der freien Schenkel ist der Punkt H.

Die Höhe des Kirchturms erhältst du, wenn du [TH] misst und das Ergebnis mithilfe des Maßstabs umrechnest.

b) Der Kirchturm ist in der Zeichnung ca. 4 cm hoch, was einer tatsächlichen Höhe von **ca. 40 m** entspricht.

189 a) Der dritte Winkel im Dreieck RPQ beträgt $180° - 70° - 10° = 100°$. Somit sind die beiden Dreiecke nach dem 3. Kongruenzsatz (wsw) **kongruent**.

b) Der dritte Winkel in den Dreiecken ABC und DEF ist $180° - 45° - 55° = 80°$ groß. Somit sind die beiden Dreiecke nach dem 3. Kongruenzsatz (wsw) **kongruent**.

c) Der dritte Winkel im Dreieck STU beträgt $180° - 30° - 30° = 120°$.
Der dritte Winkel im Dreieck PQR beträgt $180° - 120° - 30° = 30°$.
Somit sind die beiden Dreiecke gleichschenklig und haben Schenkel, an denen die Winkel 120° und 30° anliegen. Also sind die beiden Dreiecke nach dem 3. Kongruenzsatz (wsw) **kongruent**.

d) Das Dreieck XYZ ist gleichschenklig. Daher lässt sich das Maß der beiden Basiswinkel mit $(180° - 60°) : 2 = 120° : 2 = 60°$ berechnen. Da also alle Winkel im Dreieck XYZ gleich groß sind, ist es sogar gleichseitig und alle Seiten haben die Länge 3 LE. Infolgedessen kann es **nicht kongruent** zu einem Dreieck sein, das eine Seite der Länge 4 LE hat.

190 a) Gegeben: c = 5 cm; b = 4 cm; γ = 90°

Planfigur:

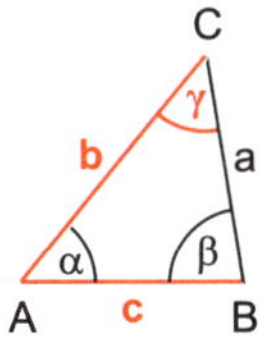

Gegebene Stücke sind rot hervorgehoben.

Konstruktionszeichnung:

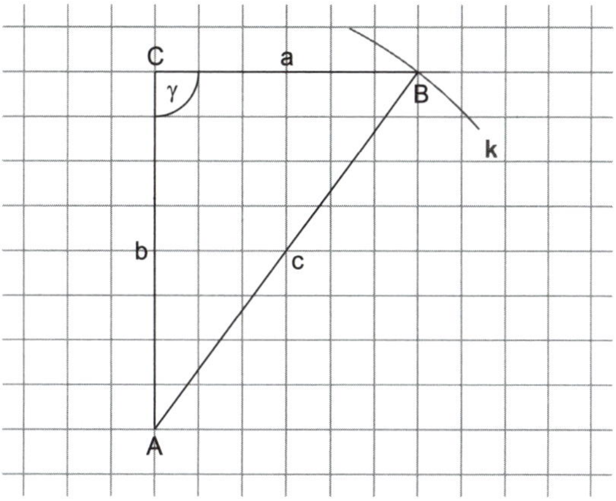

Konstruktionsbeschreibung:

1. Seite b mit $\overline{CA} = 4$ cm zeichnen
2. Winkel γ = 90° an C antragen
3. Kreis k(A; r = c = 5 cm) zeichnen
4. Schnittpunkt des Kreises k mit dem freien Schenkel von γ ist Punkt B
5. A und B verbinden

b) Gegeben: $\overline{AB} = 6$ cm; $\overline{BC} = 5$ cm; ∢ACB = 60°

Planfigur:

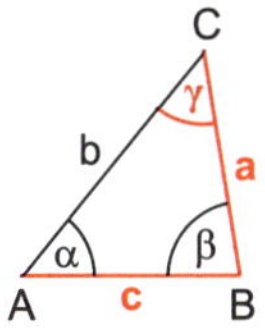

Gegebene Stücke sind rot hervorgehoben.

Konstruktionszeichnung:

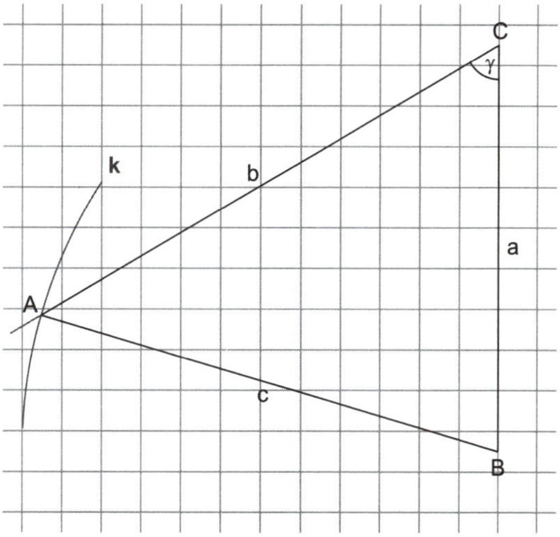

Konstruktionsbeschreibung:

1. Seite a mit $\overline{BC} = 5$ cm zeichnen
2. Winkel $\gamma = 60°$ an C antragen
3. Kreis k(B; r = c = 6 cm) zeichnen
4. Schnittpunkt des Kreises k mit dem freien Schenkel von γ ist Punkt A
5. A und B verbinden

c) Gegeben: a = 4 cm; b = 3 cm; ∢BAC = 30°

Planfigur:

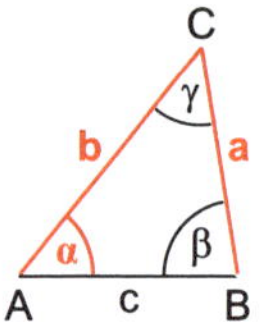

Gegebene Stücke sind rot hervorgehoben.

Konstruktionszeichnung:

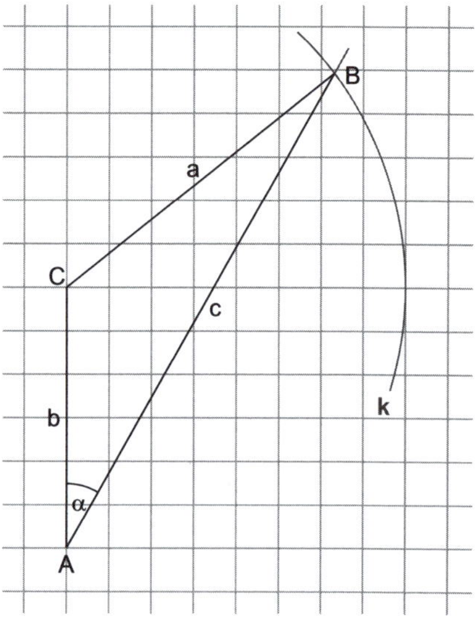

Konstruktionsbeschreibung:

1. Seite b mit $\overline{CA} = 3$ cm zeichnen
2. Winkel $\alpha = 30°$ an C antragen
3. Kreis k(C; r = a = 4 cm) zeichnen
4. Schnittpunkt des Kreises k mit dem freien Schenkel von α ist Punkt B
5. B und C verbinden

d) Gegeben: c = 5 cm; b = 4 cm; γ = 90°

Konstruktionszeichnung:

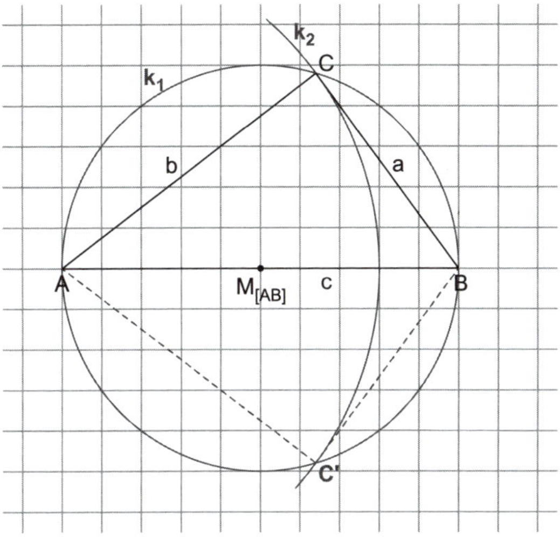

Da γ ein 90°-Winkel ist, muss der Punkt C auf dem Thaleskreis über [AB] liegen.
Dreieck ABC' ist falsch orientiert, aber kongruent zu Dreieck ABC.

Konstruktionsbeschreibung:
1. Seite c mit $\overline{AB}$ = 5 cm zeichnen
2. Thaleskreis $k_1(M_{[AB]}; r = \frac{c}{2} = 2{,}5$ cm) zeichnen
3. Kreis k_2(A; r = b = 4 cm) zeichnen
4. Oberer Schnittpunkt der Kreise k_1 und k_2 ist Punkt C
5. B mit C und C mit A verbinden

191 a) Dieses Dreieck ist nach (Ssw) **eindeutig konstruierbar**. Der 100°-Winkel liegt der längeren Seite (7 cm) gegenüber.

b) Dieses Dreieck ist **nicht eindeutig konstruierbar**. Die kürzere Seite (4 cm) liegt dem 30°-Winkel gegenüber. (Ssw)

c) Dieses Dreieck ist nach (Ssw) **eindeutig konstruierbar**. Der freie Schenkel des 20°-Winkels und der Kreis k(C; r = 4 cm) haben zwar zwei Schnittpunkte, aber einer davon ist Punkt A und dieser kommt nicht in Betracht, da sich sonst kein Dreieck ergibt.

192 Zeichnung im **Maßstab 1:500**:

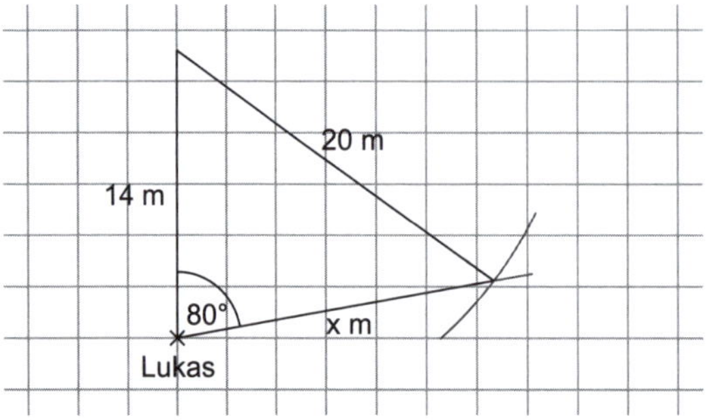

Die Strecke x m beträgt in der Zeichnung 3,2 cm.

Berechnungen:

$1\text{ cm} \mathrel{\hat{=}} 500\text{ cm}$

$3{,}2\text{ cm} \mathrel{\hat{=}} 500 \cdot 3{,}2\text{ cm} = 1\,600\text{ cm} = 16\text{ m}$

Lukas steht **16 m** von der anderen Ecke entfernt.

193 a) Es gilt:

- $\overline{BD} = \overline{DB}$
- $\overline{AB} = \overline{BC}$
- $\overline{DA} = \overline{CD}$

Also gilt **$\Delta ABD \cong \Delta BCD$** nach dem 1. Kongruenzsatz (sss).

Die Punkte A und B liegen auf k_1 und k_2 und sind damit jeweils gleich weit von B und D entfernt.

b) Es gilt:

- $\overline{BD} = \overline{DB}$
- $\overline{AB} = \overline{BC}$
- $\sphericalangle DBA = \sphericalangle CBD$

Also gilt **$\Delta ABD \cong \Delta BCD$** nach dem 2. Kongruenzsatz (sws).

Es gilt $w_{\sphericalangle ABC} = w_{\sphericalangle CBA}$, da die Winkelhalbierende eines Winkels auch den Gegenwinkel halbiert.

c) Es gilt:

- $\overline{BD} = \overline{DB}$
- $\sphericalangle ADB = \sphericalangle BDC$
- $\sphericalangle DBA = \sphericalangle CBD$

Also gilt **$\Delta ABD \cong \Delta BCD$** nach dem 3. Kongruenzsatz (wsw).

Da die Winkelhalbierende eines Winkels auch den Gegenwinkel halbiert, gilt:
$w_{\sphericalangle CBA} = w_{\sphericalangle ABC} = w_{\sphericalangle CDA} = w_{\sphericalangle ADC}$

d) Es gilt:
- $\overline{BD} = \overline{DB}$
- $\overline{AB} = \overline{BC}$
- $\sphericalangle BAD = 90° = \sphericalangle DCB$

Also gilt **$\Delta ABD \cong \Delta BCD$** nach dem 2. Kongruenzsatz (sws).

k_1 ist der Thaleskreis über [BD].

e) Es gilt:
- $\overline{BM} = \overline{MB}$
- $\overline{MD} = \overline{DM}$
- $\overline{AM} = \overline{MC}$
- $\sphericalangle DMA = \sphericalangle AMB = \sphericalangle BMC = \sphericalangle CMD = 90°$

Also gilt:
$\Delta AMD \cong \Delta MCD$ und **$\Delta ABM \cong \Delta BCM$**
nach dem 2. Kongruenzsatz (sws).

Es folgt $\overline{DA} = \overline{CD}$ und $\overline{AB} = \overline{BC}$.
Zusammen mit $\overline{BM} = \overline{MB}$ folgt **$\Delta ABD \cong \Delta BCD$** nach dem 1. Kongruenzsatz (sss).

Wenn sich die Kongruenz zweier Dreiecke nicht direkt zeigen lässt, hilft oft ein Umweg über Teildreiecke.

f) Da k_1 Thaleskreis über [BD] und [AC] ist, gilt:
$\sphericalangle BAD = \sphericalangle CBA = \sphericalangle DCB = \sphericalangle ADC = 90°$

Also ist das Viereck ABCD ein Rechteck und somit gilt:
- $\overline{AB} = \overline{CD}$
- $\overline{BD} = \overline{DB}$
- $\overline{DA} = \overline{BC}$

Also gilt **$\Delta ABD \cong \Delta BCD$** nach dem 1. Kongruenzsatz (sss).

Es gibt noch viele andere Möglichkeiten mithilfe der Kongruenzsätze die Kongruenz der Teildreiecke ABD und BCD im Rechteck ABCD zu zeigen.

194
- Stimmen die beiden rechtwinkligen Dreiecke in einer Kathete und der Hypotenuse überein, dann auch im rechten Winkel, der der Hypotenuse gegenüberliegt. Da die Hypotenuse in einem rechtwinkligen Dreieck immer die größte Seite ist, sind die beiden Dreiecke nach dem 4. Kongruenzsatz (Ssw) kongruent.
- Stimmen die beiden rechtwinkligen Dreiecke in beiden Katheten überein, dann auch im rechten Winkel, den die Katheten einschließen. Nach dem 2. Kongruenzsatz (sws) sind die beiden Dreiecke also kongruent.

195 Damit ein Dreieck eindeutig konstruierbar ist, muss mindestens eine Seitenlänge gegeben sein. Also ist ein Dreieck ABC mit $\alpha=\beta=\gamma=60°$ nicht eindeutig konstruierbar.
Ein Dreieck ABC mit $a=b=c=6$ cm ist hingegen nach dem 1. Kongruenzsatz (sss) eindeutig konstruierbar.

196 Skizze (ergänzt):

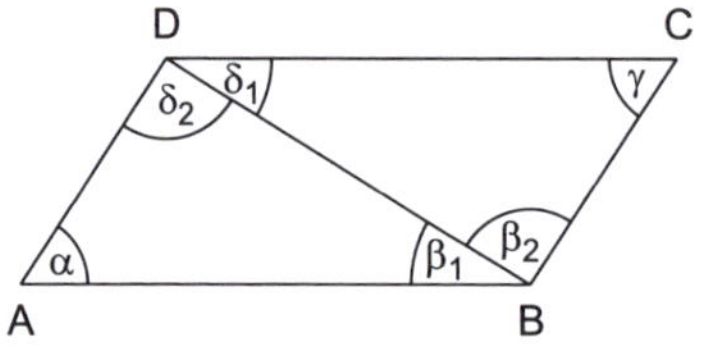

Bei einem Parallelogramm sind gegenüberliegende Seiten gleich lang und parallel, gegenüberliegende Winkel sind gleich groß. Es gilt also:

- $\overline{AB}=\overline{CD}$
- $\overline{BC}=\overline{DA}$
- $\overline{BD}=\overline{DB}$
- $\alpha=\gamma$
- $\beta_1=\delta_1$ (Z-Winkel)
- $\beta_2=\delta_2$ (Z-Winkel)

Die Dreiecke ABD und BCD stimmen damit in allen Seiten und Winkeln überein, sodass sich ihre Kongruenz mithilfe aller 4 Kongruenzsätze zeigen lässt.

197 Wegen $g \perp k$ ist das Viereck ABCD ein Rechteck. Also sind alle Innenwinkel rechte Winkel und gegenüberliegende Seiten gleich groß. Damit gilt:

1. $\Delta ABC \cong \Delta ABD$
2. $\Delta ABC \cong \Delta BCD$
3. $\Delta ABC \cong \Delta ACD$
4. $\Delta ABD \cong \Delta BCD$
5. $\Delta ABD \cong \Delta ACD$
6. $\Delta BCD \cong \Delta ACD$

Wegen $g \not\perp m$ ist das Viereck EFGH kein Rechteck, sondern „nur" ein Parallelogramm. Also sind gegenüberliegende Winkel und Seiten gleich groß. Damit gilt:

1. $\Delta EFH \cong \Delta FGH$
2. $\Delta EFG \cong \Delta GHE$

Das **Viereck ABCD** hat **6 Paare** und das **Viereck EFGH 2 Paare** von kongruenten Teildreiecken mit einer Diagonalen als Seite.

198 Da sich die Koordinaten der Vektoren nur in Position und Vorzeichen unterscheiden, sind die Vektoren gleich lang.

199

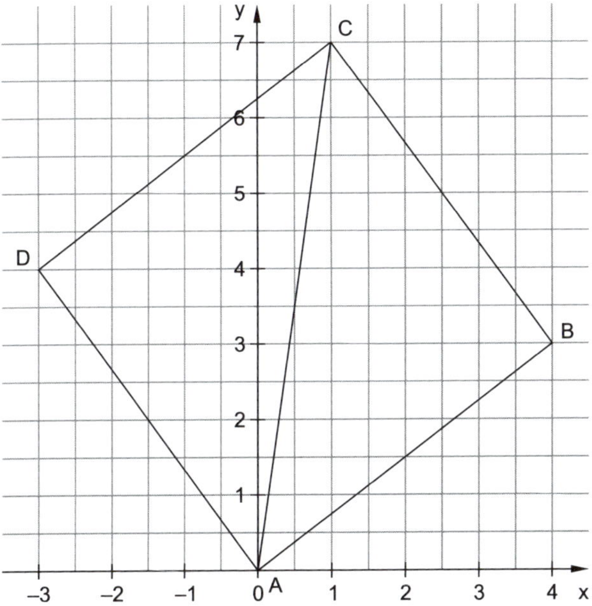

Wegen $\overline{CA} = \overline{AC}$ genügt es nach (sss) für die Kongruenz der Dreiecke ABC und ACD zu zeigen, dass sie auch in den anderen beiden Seiten übereinstimmen.

Berechnung der Vektoren:

$\overrightarrow{AB} = \begin{pmatrix} 4-0 \\ 3-0 \end{pmatrix} = \begin{pmatrix} 4 \\ 3 \end{pmatrix}$; $\quad \overrightarrow{BC} = \begin{pmatrix} 1-4 \\ 7-3 \end{pmatrix} = \begin{pmatrix} -3 \\ 4 \end{pmatrix}$;

$\overrightarrow{CD} = \begin{pmatrix} -3-1 \\ 4-7 \end{pmatrix} = \begin{pmatrix} -4 \\ -3 \end{pmatrix}$; $\quad \overrightarrow{DA} = \begin{pmatrix} 0+3 \\ 0-4 \end{pmatrix} = \begin{pmatrix} 3 \\ -4 \end{pmatrix}$

Da sich die Koordinaten der Vektoren $\overrightarrow{AB}$, $\overrightarrow{BC}$, $\overrightarrow{CD}$ und $\overrightarrow{DA}$ nur in Position und Vorzeichen unterscheiden, sind sie alle gleich lang.
Also gilt auch $\overline{AB} = \overline{BC} = \overline{CD} = \overline{DA}$. Die Dreiecke ABC sind daher sowohl kongruent als auch gleichschenklig. Viereck ABCD ist demnach eine Raute.

200

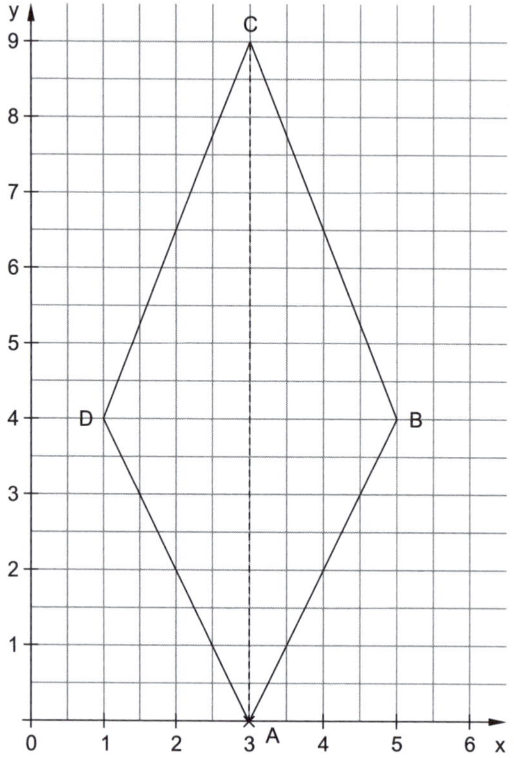

Das Viereck kann in die beiden Dreiecke ABC und ACD oder in die Dreiecke ABD und DBC zerlegt werden. Offensichtlich sind die beiden Dreiecke ABD und DBC nicht kongruent. Es ist also zu zeigen, dass die Dreiecke ABC und ACD kongruent sind.

Wegen $\overline{CA} = \overline{AC}$ genügt es nach (sss) zu zeigen, dass sie auch in den anderen beiden Seiten jeweils übereinstimmen.

Berechnung der Vektoren:

$$\overrightarrow{AB} = \begin{pmatrix} 5-3 \\ 4-0 \end{pmatrix} = \begin{pmatrix} 2 \\ 4 \end{pmatrix}; \qquad \overrightarrow{BC} = \begin{pmatrix} 3-5 \\ 9-4 \end{pmatrix} = \begin{pmatrix} -2 \\ 5 \end{pmatrix};$$

$$\overrightarrow{CD} = \begin{pmatrix} 1-3 \\ 4-9 \end{pmatrix} = \begin{pmatrix} -2 \\ -5 \end{pmatrix}; \qquad \overrightarrow{DA} = \begin{pmatrix} 3-1 \\ 0-4 \end{pmatrix} = \begin{pmatrix} 2 \\ -4 \end{pmatrix}$$

Da sich die Koordinaten der Vektoren $\overrightarrow{AB}$ und $\overrightarrow{DA}$ sowie die Koordinaten der Vektoren $\overrightarrow{BC}$ und $\overrightarrow{CD}$ jeweils nur im Vorzeichen unterscheiden, gilt $\overline{AB} = \overline{DA}$ und $\overline{BC} = \overline{CD}$.

Die Dreiecke ABC und ACD sind daher kongruent.

Da wegen $\overline{AB} = \overline{DA}$ und $\overline{BC} = \overline{CD}$ je zwei benachbarte Seiten des Vierecks ABCD gleich lang sind, handelt es sich dabei um ein **Drachenviereck**.

201

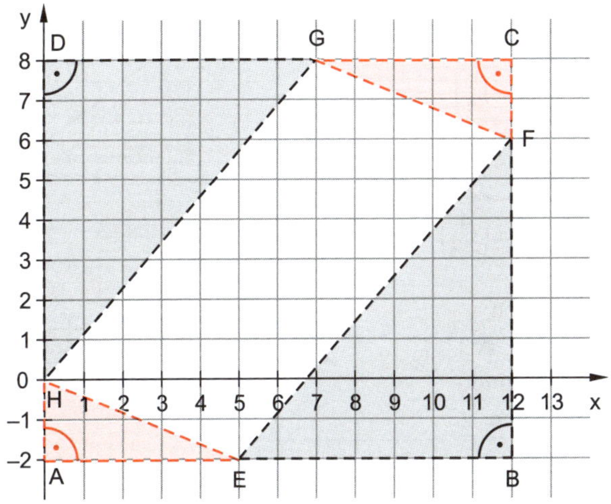

Um zu zeigen, dass das Viereck EFGH ein Parallelogramm ist, musst du zeigen, dass die gegenüberliegenden Seiten jeweils gleich lang sind. Dafür wird die Kongruenz $\Delta AEH \cong \Delta GFC$ und $\Delta EBF \cong \Delta HGD$ nachgewiesen.

- Weil das Viereck ABCD ein Rechteck ist, gilt $\sphericalangle EAH = \sphericalangle GCF = 90°$ und es genügt nach (sws) für die Kongruenz der Dreiecke AEH und GFC zu zeigen, dass $\overline{AE} = \overline{GC}$ und $\overline{HA} = \overline{FC}$ gilt.

  Berechnung der Vektoren:

  $\overrightarrow{AE} = \begin{pmatrix} 5-0 \\ -2+2 \end{pmatrix} = \begin{pmatrix} 5 \\ 0 \end{pmatrix}$; $\quad \overrightarrow{HA} = \begin{pmatrix} 0-0 \\ -2-0 \end{pmatrix} = \begin{pmatrix} 0 \\ -2 \end{pmatrix}$;

  $\overrightarrow{CG} = \begin{pmatrix} 7-12 \\ 8-8 \end{pmatrix} = \begin{pmatrix} -5 \\ 0 \end{pmatrix}$; $\quad \overrightarrow{FC} = \begin{pmatrix} 12-12 \\ 8-6 \end{pmatrix} = \begin{pmatrix} 0 \\ 2 \end{pmatrix}$

  Da sich die Koordinaten der Vektoren $\overrightarrow{AE}$ und $\overrightarrow{CG}$ sowie $\overrightarrow{HA}$ und $\overrightarrow{FC}$ jeweils nur im Vorzeichen unterscheiden, gilt $\overline{AE} = \overline{GC}$ und $\overline{HA} = \overline{FC}$.
  Damit sind die Dreiecke AEH und GFC kongruent und aufgrund von (sss) gilt somit $\overline{EH} = \overline{GF}$.

- Wegen $\sphericalangle FBE = \sphericalangle HDG = 90°$ genügt es wieder nach (sws) für die Kongruenz der Dreiecke EBF und HGD zu zeigen, dass $\overline{EB} = \overline{GD}$ und $\overline{BF} = \overline{DH}$ gilt.

  Berechnung der Vektoren:

  $\overrightarrow{EB} = \begin{pmatrix} 12-5 \\ -2+2 \end{pmatrix} = \begin{pmatrix} 7 \\ 0 \end{pmatrix}$; $\quad \overrightarrow{BF} = \begin{pmatrix} 12-12 \\ 6+2 \end{pmatrix} = \begin{pmatrix} 0 \\ 8 \end{pmatrix}$;

  $\overrightarrow{GD} = \begin{pmatrix} 0-7 \\ 8-8 \end{pmatrix} = \begin{pmatrix} -7 \\ 0 \end{pmatrix}$; $\quad \overrightarrow{DH} = \begin{pmatrix} 0-0 \\ 0-8 \end{pmatrix} = \begin{pmatrix} 0 \\ -8 \end{pmatrix}$

  Da sich die Koordinaten der Vektoren $\overrightarrow{EB}$ und $\overrightarrow{GD}$ sowie $\overrightarrow{BF}$ und $\overrightarrow{DH}$ jeweils nur im Vorzeichen unterscheiden, gilt $\overline{EB} = \overline{GD}$ und $\overline{BF} = \overline{DH}$.
  Damit sind die Dreiecke AEH und GFC kongruent und aufgrund von (sss) gilt somit $\overline{EF} = \overline{GH}$.

Weil $\overline{EH} = \overline{GF}$ und $\overline{EF} = \overline{GH}$ gilt, ist das Viereck EFGH ein Parallelogramm.

202 Vergleiche die Seitenlängen der Dreiecke. Berechne dafür die Vektoren:

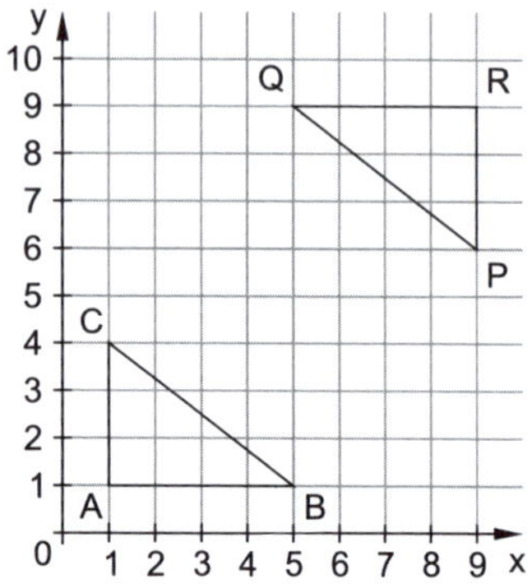

$\overrightarrow{AB} = \begin{pmatrix} 5-1 \\ 1-1 \end{pmatrix} = \begin{pmatrix} 4 \\ 0 \end{pmatrix}$; $\quad \overrightarrow{PR} = \begin{pmatrix} 9-9 \\ 9-6 \end{pmatrix} = \begin{pmatrix} 0 \\ 3 \end{pmatrix}$;

$\overrightarrow{BC} = \begin{pmatrix} 1-5 \\ 4-1 \end{pmatrix} = \begin{pmatrix} -4 \\ 3 \end{pmatrix}$; $\quad \overrightarrow{RQ} = \begin{pmatrix} 5-9 \\ 9-9 \end{pmatrix} = \begin{pmatrix} -4 \\ 0 \end{pmatrix}$;

$\overrightarrow{CA} = \begin{pmatrix} 1-1 \\ 1-4 \end{pmatrix} = \begin{pmatrix} 0 \\ -3 \end{pmatrix}$; $\quad \overrightarrow{QP} = \begin{pmatrix} 9-5 \\ 6-9 \end{pmatrix} = \begin{pmatrix} 4 \\ -3 \end{pmatrix}$

Da sich die Koordinaten der Vektoren $\overrightarrow{AB}$ und $\overrightarrow{RQ}$ sowie $\overrightarrow{BC}$ und $\overrightarrow{QP}$ und $\overrightarrow{CA}$ und $\overrightarrow{PR}$ jeweils nur im Vorzeichen unterscheiden, gilt $\overline{AB} = \overline{RQ}$, $\overline{BC} = \overline{QP}$ und $\overline{CA} = \overline{PR}$.

Die Dreiecke ABC und PRQ sind damit nach (sss) **kongruent**.

203 Gegeben: $a = 2$ cm; $b = 2{,}5$ cm; $c = 4{,}5$ cm; $d = 4$ cm; $\delta = 45°$

Planfigur:

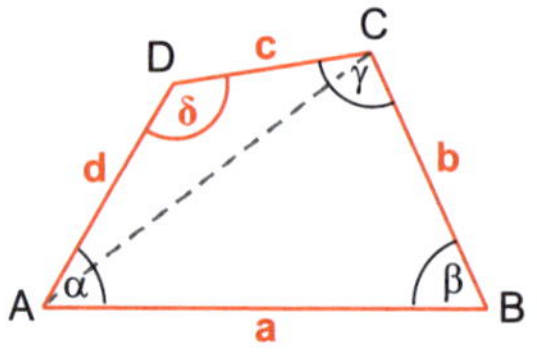

Gegebene Stücke sind rot hervorgehoben.
Konstruiere zuerst das Teildreieck ACD, von dem 3 Bestimmungsstücke bekannt sind, nach (sws).
Konstruiere danach die Seiten [AB] und [BC] des Teildreiecks ABC.

Konstruktionszeichnung:

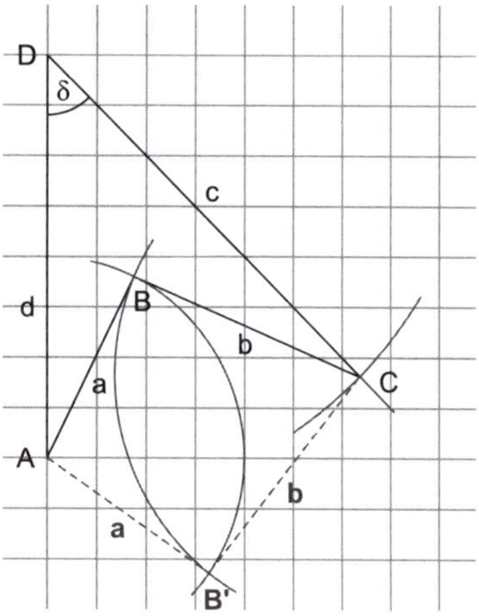

Konstruktionsbeschreibung:

1. Seite d mit $\overline{DA} = 4$ cm zeichnen
2. Winkel $\delta = 45°$ an D antragen
3. Kreis $k_1(D; r = c = 4{,}5 \text{ cm})$ zeichnen
4. Schnittpunkt des Kreises k_1 mit dem freien Schenkel von δ ist Punkt C

5. Kreis k_2(C; r = b = 2,5 cm) zeichnen
6. Kreis k_3(A; r = a = 2 cm) zeichnen
7. $k_2 \cap k_3 = \{B; B'\}$
   Oberer Schnittpunkt der beiden Kreise ist Punkt B. Mit dem rechten Schnittpunkt B' ergibt sich das konvexe Viereck AB'CD.
8. A mit B und B mit C verbinden.

204 Gegeben: d = 2,5 cm; $\beta = 80°$; $\gamma = 110°$; c = 3 cm; b = 1,5 cm

Planfigur:

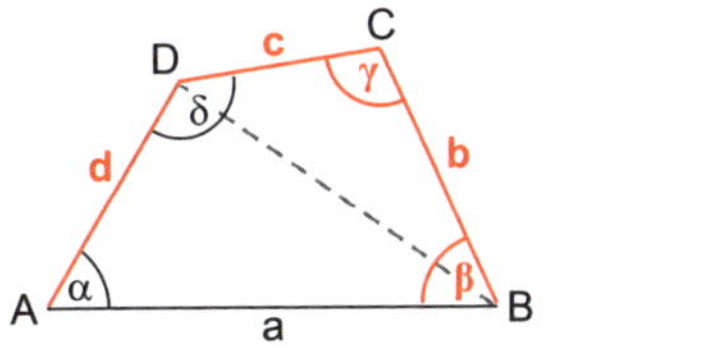

Konstruiere zuerst das Teildreieck BCD, von dem 3 Bestimmungsstücke bekannt sind, nach (sws).

Konstruktionszeichnung:

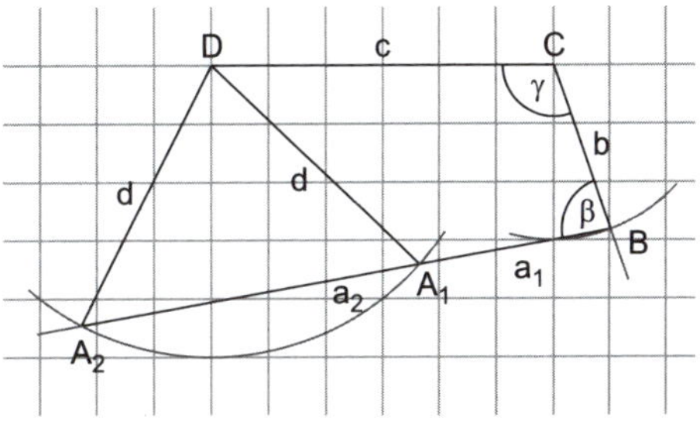

Konstruktionsbeschreibung:

1. Seite c mit $\overline{CD} = 3$ cm zeichnen
2. Winkel $\gamma = 110°$ an C antragen
3. Kreis k_1(C; r = b = 1,5 cm) zeichnen
4. Schnittpunkt des Kreises k_1 mit dem freien Schenkel von γ ist Punkt B
5. Winkel $\beta = 80°$ an B antragen
6. Kreis k_2(D; r = d = 2,5 cm) zeichnen
7. Es existieren 2 Schnittpunkte A_1 und A_2 des Kreises k_2 mit dem freien Schenkel von β.
8. D mit A_1 und A_2 verbinden

Es gibt zwei mögliche Vierecke A_1BCD und A_2BCD mit den gegebenen Bestimmungsstücken.

205 a) Gegeben: [NO]; Q(–7 | ?); ∢ONQ = 45°; ∢NQP = 135°; ∢QPO = 90°

Planfigur:

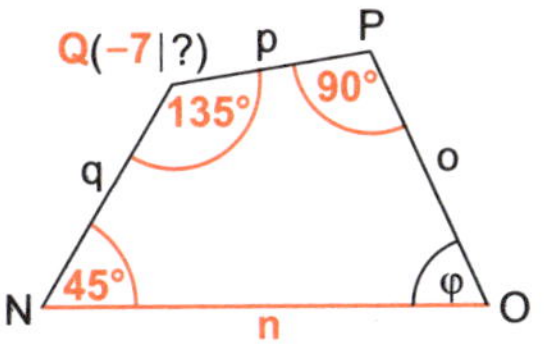

Mithilfe der Angaben kann neben der Strecke [NO] auch schnell der Punkt Q eingezeichnet werden.

Um den Punkt P einzeichnen zu können, kann der Thaleskreis über [OQ] konstruiert werden oder der Winkel φ bei O berechnet werden. In der Konstruktionszeichnung sind beide Wege dargestellt.

Konstruktionszeichnung:

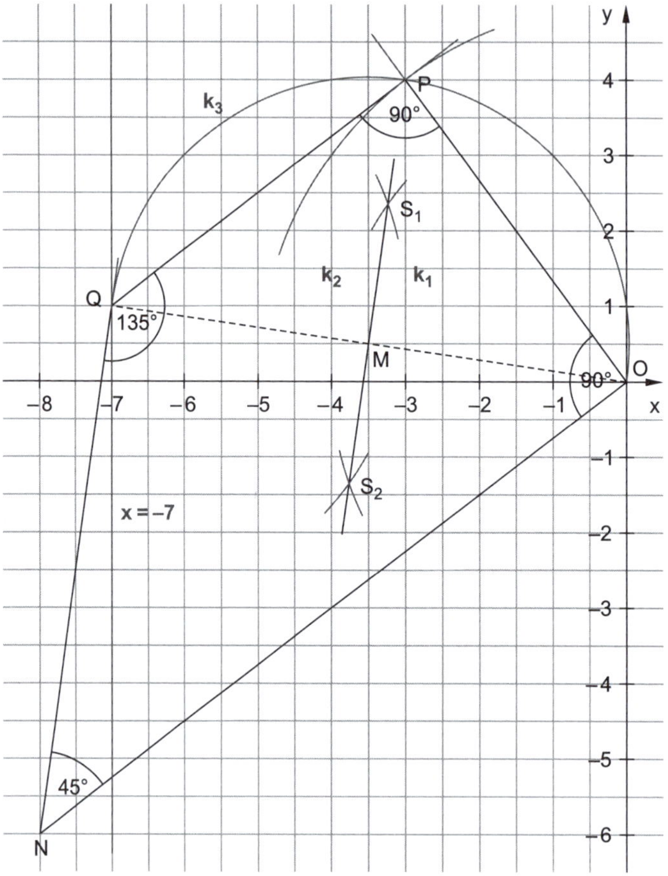

Der Zeichnung kannst du die Koordinaten von P und Q entnehmen:
P(–3 | 4); Q(–7 | 1)

b) Berechnung von ∢PON:
∢PON = 360° – ∢ONQ – ∢NQP – ∢QPO = 360° – 45° – 135° – 90° = 90°

Konstruktionsbeschreibung mit ∢PON:

1. Seite [NO] mithilfe von O(0 | 0) und N(–8 | –6) zeichnen
2. Winkel ∢ONQ = 45° an N antragen
3. Parallele x = –7 zur y-Achse zeichnen
4. Schnittpunkt der Parallelen zur y-Achse mit dem freien Schenkel von ∢ONQ ist Punkt Q
5. Winkel ∢NQP = 135° an Q antragen
6. Winkel ∢PON = 90° an O antragen
7. Schnittpunkt der freien Schenkel von ∢NQP und ∢PON ist Punkt P

Konstruktionsbeschreibung mit Thaleskreis:
1. Seite [NO] mithilfe von O(0|0) und N(–8|–6) zeichnen
2. Winkel $\sphericalangle ONQ = 45°$ an N antragen
3. Parallele x = –7 zur y-Achse zeichnen
4. Schnittpunkt der Parallelen zur y-Achse mit dem freien Schenkel von $\sphericalangle ONQ$ ist Punkt Q
5. Winkel $\sphericalangle NQP = 135°$ an Q antragen
6. Mittelpunkt M der Strecke [OQ] mithilfe der Mittelsenkrechten der Strecke [OQ] konstruieren
7. Thaleskreis $k_3\left(M;\ r = \frac{\overline{OQ}}{2}\right)$ über Strecke [OQ] zeichnen
8. Schnittpunkt des freien Schenkels von $\sphericalangle NQP$ mit k_3 ist Punkt P
9. O und P verbinden

206 Gegeben: b = 3 m; c = 6 m; d = 3 m; $\gamma = 125°$; $\delta = 130°$
Gesucht: a

Zeichnung im Maßstab 1 : 200:

1 cm in der Zeichnung entspricht 200 cm = 2 m in der Realität.

Planfigur:

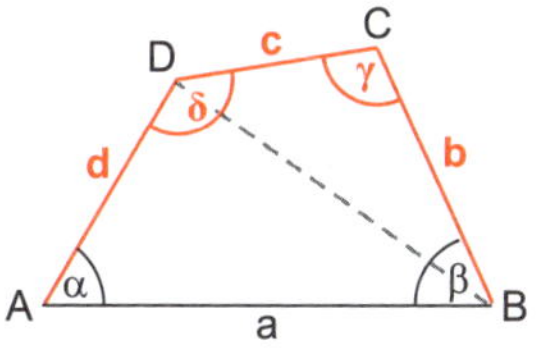

Konstruiere zuerst das Teildreieck BCD, von dem 3 Bestimmungsstücke bekannt sind, nach (sws). (Man könnte hier auch mit dem Teildreieck ACD beginnen.)

Konstruktionszeichnung:

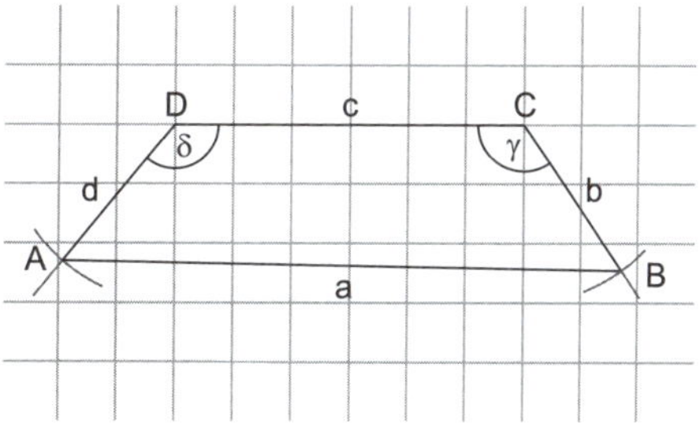

Konstruktionsbeschreibung:
1. Seite c mit $\overline{CD} = 6\text{ m} \mathrel{\hat{=}} 3\text{ cm}$ zeichnen
2. Winkel $\gamma = 125°$ an C antragen
3. Kreis $k_1(C;\ r = b = 3\text{ m} \mathrel{\hat{=}} 1{,}5\text{ cm})$ zeichnen
4. Schnittpunkt des Kreises k_1 mit dem freien Schenkel von γ ist Punkt B
5. Winkel $\delta = 130°$ an D antragen
6. Kreis $k_2(D;\ r = d = 3\text{ m} \mathrel{\hat{=}} 1{,}5\text{ cm})$ zeichnen
7. Schnittpunkt des Kreises k_2 mit dem freien Schenkel von δ ist Punkt A
8. A und B verbinden

Gemessene Länge von [AB]: ca. 4,8 cm
Länge von [AB] in der Realität: ca. $4{,}8 \cdot 200\text{ cm} = 960\text{ cm} = 9{,}6\text{ m}$

Die Außenseiten der beiden Flügel sind ca. **9,6 m** auseinander.

207 Gegeben: a = 1,5 cm; b = 3,3 cm; f = 2,5 cm; β = 250°; ∢ACD = 312°

Planfigur:

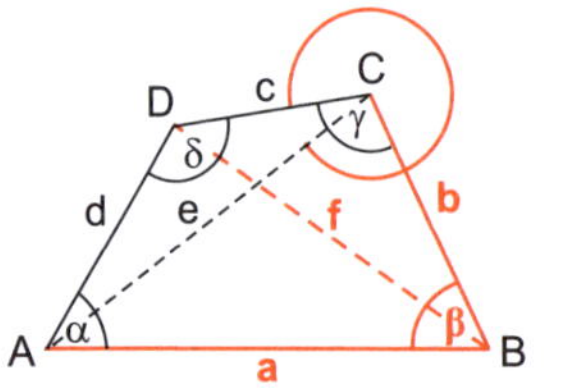

Konstruiere zuerst das Teildreieck ABC. Dieses liegt wegen β > 180° außerhalb von ABCD und hat β als Außenwinkel. Zur Konstruktion von Punkt D kann statt ∢ACD = 312° auch der Gegenwinkel ∢DCA = 48° verwendet werden.

Konstruktionszeichnung:

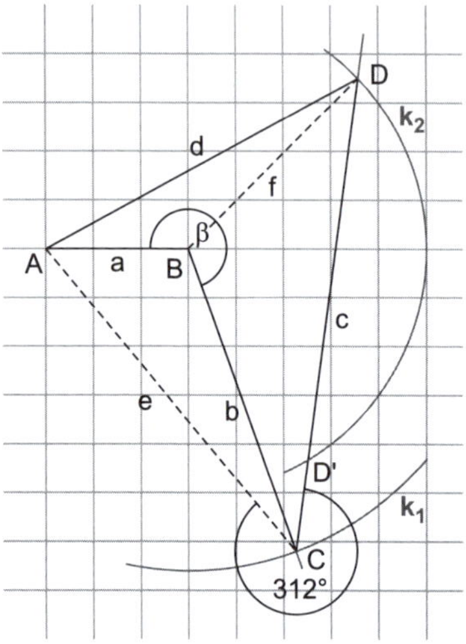

Konstruktionsbeschreibung:

1. Seite a mit $\overline{AB} = 1{,}5$ cm zeichnen
2. Winkel β = 250° an B antragen
3. Kreis k_1(B; r = b = 3,3 cm) zeichnen
4. Schnittpunkt des Kreises k_1 mit dem freien Schenkel von β ist Punkt C
5. Winkel ∢ACD = 312° (*alternativ:* ∢DCA = 48°) an C antragen
6. Kreis k_2(B; r = f = 2,5 cm) zeichnen
7. Es existieren 2 Schnittpunkte D und D' des Kreises k_2 mit dem freien Schenkel von ∢ACD. Nur mit dem oberen Schnittpunkt D ergibt sich ein Viereck ABCD.
8. D und A verbinden

208 Gegeben: B ∈ p; (0 | 1,5) ∈ p; a = 2,5 LE; A(3 | 0); f = 5 LE; ∢DBA = 90°; C ∈ w_1; ∢BDC = 60°

Planfigur:

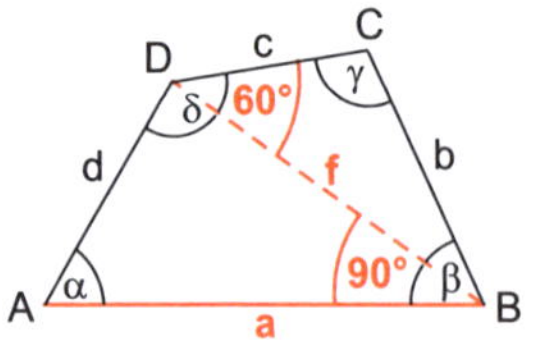

Konstruiere zuerst das Teildreieck ABD. Denke daran, dass die Abszisse (x-Koordinate) von Punkt B größer als die Ordinate (y-Koordinate) sein muss.

Konstruktionszeichnung:

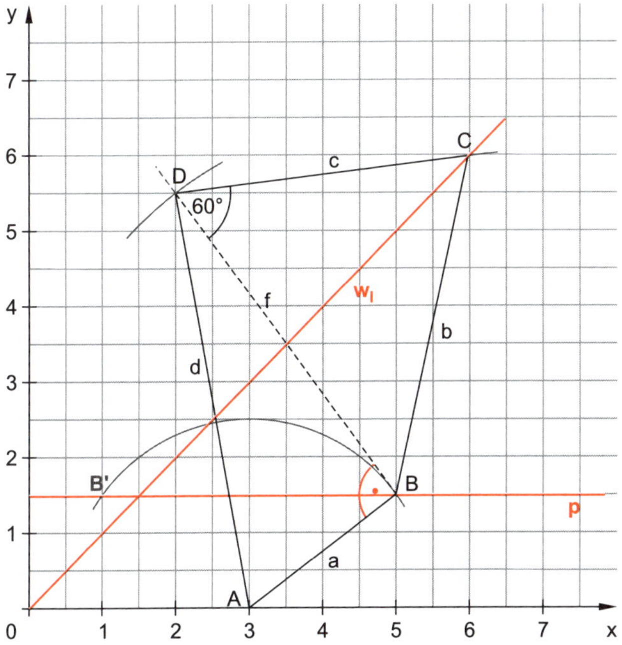

Konstruktionsbeschreibung:

1. Punkt A(3 | 0) einzeichnen
2. Parallele p zur x-Achse durch (0 | 1,5) zeichnen
3. Kreis k_1(A; r = a = 2,5 LE) zeichnen
4. Rechter Schnittpunkt des Kreises k_1 mit der Parallelen p ist Punkt B, für den anderen Schnittpunkt B' ist die Abszisse nicht größer als die Ordinate
5. A und B verbinden
6. Winkel $\sphericalangle$DBA = 90° an B antragen
7. Kreis k_2(B; r = f = 5 LE) zeichnen
8. Schnittpunkt des Kreises k_2 mit dem freien Schenkel von $\sphericalangle$DBA ist Punkt D
9. D mit A verbinden
10. Winkelhalbierende w_1 des I. Quadranten zeichnen
11. Winkel $\sphericalangle$BDC = 60° an D antragen
12. Schnittpunkt der Winkelhalbierenden w_1 mit dem freien Schenkel von $\sphericalangle$BDC ist Punkt C
13. B mit C verbinden

209 Gegeben: a = e = c = 50 cm; ∢DCA = 74°; f = 90 cm

Planfigur:

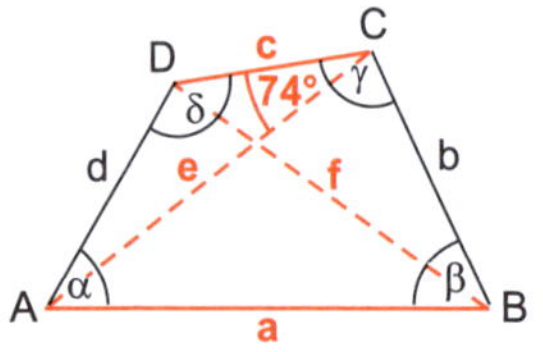

Konstruiere zuerst das Teildreieck ACD, von dem 3 Bestimmungsstücke bekannt sind, nach (sws).

Um ohne Messung zu überprüfen, ob BAC ein rechter Winkel ist, konstruiere den Thaleskreis über [BC].

Konstruktionszeichnung:

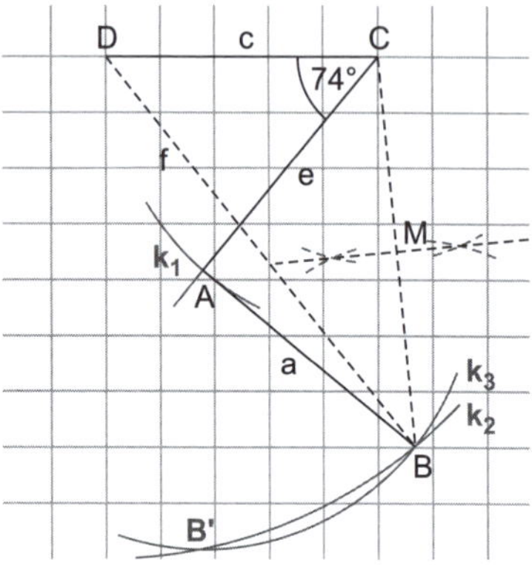

Konstruktionsbeschreibung:

1. Seite c mit $\overline{CD} = 50\text{ cm} \mathrel{\hat{=}} 2{,}5\text{ cm}$ zeichnen
2. Winkel ∢DCA = 74° an C antragen
3. Kreis k_1(C; r = e = 50 cm ≙ 2,5 cm) zeichnen
4. Schnittpunkt des Kreises k_1 mit dem freien Schenkel von ∢DCA ist Punkt A
5. Kreis k_2(D; r = f = 90 cm ≙ 4,5 cm) zeichnen
6. Kreis k_3(A; r = a = 50 cm ≙ 2,5 cm) zeichnen
7. $k_2 \cap k_3 = \{B; B'\}$
   Rechter Schnittpunkt der beiden Kreise ist Punkt B. Mit dem linken Schnittpunkt B' ergibt sich ein Winkel B'AC mit einem Maß größer als 100°.
8. A und B verbinden

∢ BAC ist **kein rechter Winkel**, da A nicht auf dem Thaleskreis über [BC] liegt.

210 Gegeben: $\overline{AB} = 2$ cm; $\overline{CD} = 3$ cm; β = 70°; γ = 90°; δ = 75°

Planfigur:

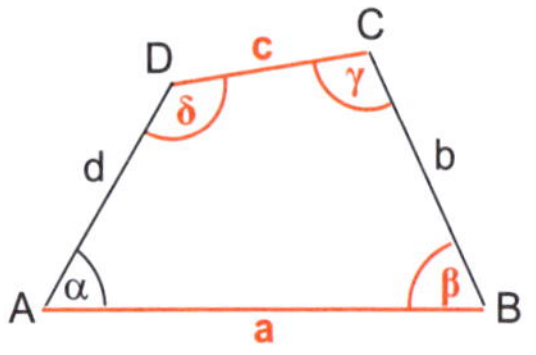

Beginne mit der Seite c, an der zwei gegebene Winkel anliegen.

Konstruktionszeichnung:

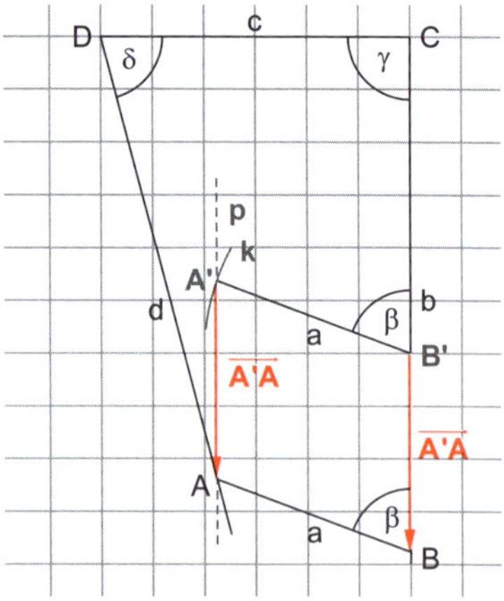

Konstruktionsbeschreibung:

1. Seite c mit $\overline{CD} = 3$ cm zeichnen
2. Winkel $\gamma = 90°$ an C antragen
3. Winkel $\delta = 75°$ an D antragen
4. Winkel $\beta = 70°$ an beliebigem Punkt B' auf dem freien Schenkel von γ antragen
5. Kreis k(B'; r = a = 2 cm) zeichnen
6. Schnittpunkt des Kreises k mit dem freien Schenkel von β ist Punkt A'
7. Parallele p zum freien Schenkel von γ durch A' zeichnen
8. Schnittpunkt von p und dem freien Schenkel von δ ist Punkt A
9. B' mit dem Vektor $\overrightarrow{A'A}$ auf Punkt B verschieben
10. A und B verbinden

211 Gegeben: $\overline{AB} = 4$ cm; $\overline{BC} = 3{,}5$ cm; $\overline{CD} = 2{,}5$ cm; $\alpha = 85°$; $\delta = 125°$

Planfigur:

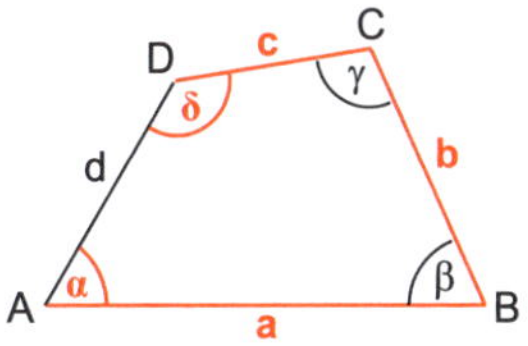

Beginne mit der Seite a.

Konstruktionszeichnung:

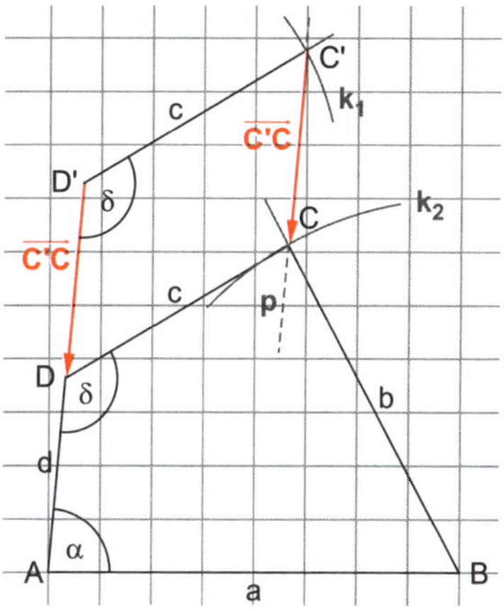

Konstruktionsbeschreibung:

1. Seite a mit $\overline{AB} = 4$ cm zeichnen
2. Winkel $\alpha = 85°$ an A antragen
3. Winkel $\delta = 125°$ an beliebigem Punkt D' auf dem freien Schenkel von α antragen
4. Kreis k_1(D'; r = c = 2,5 cm) zeichnen
5. Schnittpunkt des Kreises k_1 mit dem freien Schenkel von δ ist Punkt C'
6. Parallele p zum freien Schenkel von α durch C' zeichnen
7. Kreis k_2(B; r = b = 3,5 cm) zeichnen
8. Schnittpunkt von p und dem Kreis k_2 ist Punkt C
9. D' mit dem Vektor $\overrightarrow{C'C}$ auf Punkt D verschieben
10. C und D verbinden

212 a) Gegeben: $\overline{DA} = 3\text{ cm}$; $\overline{CD} = 1{,}5\text{ cm}$; $\alpha = 50°$; Symmetrieachse AC

Planfigur:

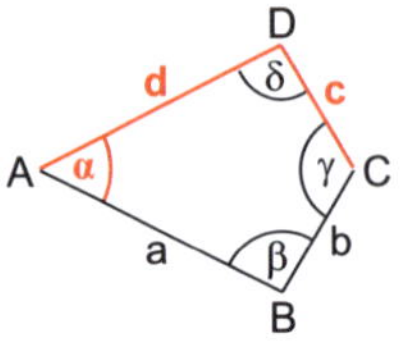

Da AC Symmetrieachse ist, gilt a = d. Konstruiere zunächst das Teildreieck ABD. Es ergeben sich schließlich ein konvexes und ein konkaves Drachenviereck mit den gegebenen Maßen.

Konstruktionszeichnung:

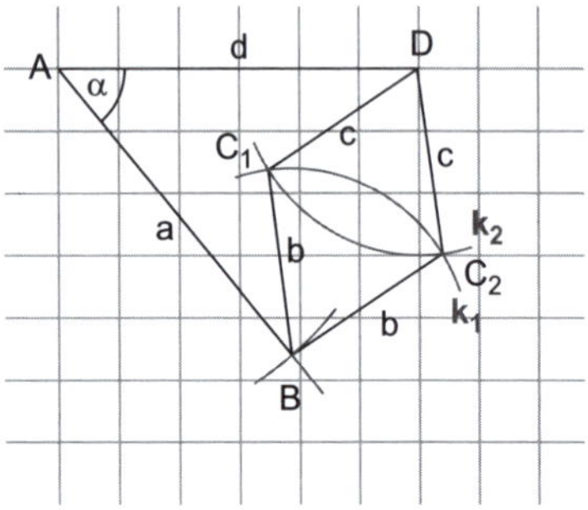

Konstruktionsbeschreibung:
1. Seite d mit $\overline{DA} = 3\text{ cm}$ zeichnen
2. Winkel $\alpha = 50°$ an A antragen
3. Kreis $k_1(A;\ r = a = d = 3\text{ cm})$ zeichnen
4. Schnittpunkt des Kreises k_1 mit dem freien Schenkel von α ist Punkt B
5. Kreis $k_2(D;\ r = c = 1{,}5\text{ cm})$ zeichnen
6. Kreis $k_3(B;\ r = b = c = 1{,}5\text{ cm})$ zeichnen
7. $k_2 \cap k_3 = \{C_1;\ C_2\}$
   Schnittpunkte der beiden Kreise sind die Punkte C_1 und C_2
8. B mit C_1 bzw. C_2 und C_1 bzw. C_2 mit D verbinden

b) Gegeben: $c = 1{,}8\text{ cm}$; $\alpha = 107°$; $\delta = 102°$; Symmetrieachse BD

Planfigur:

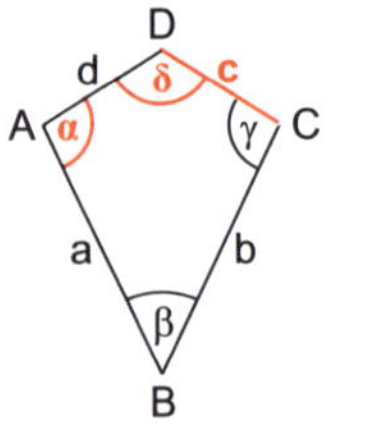

Da BD Symmetrieachse ist, gilt d = c und $\alpha = \gamma$. Konstruiere zunächst das Teildreieck ACD nach (sws).

Konstruktionszeichnung:

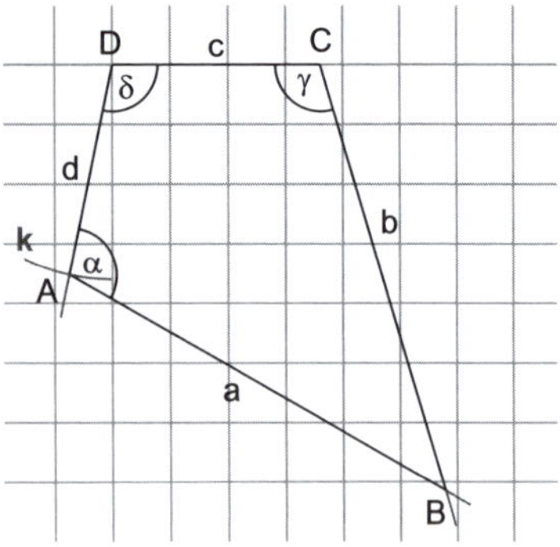

Konstruktionsbeschreibung:
1. Seite c mit $\overline{CD} = 1{,}8\text{ cm}$ zeichnen
2. Winkel $\delta = 102°$ an D antragen
3. Kreis $k(D;\ r = d = c = 1{,}8\text{ cm})$ zeichnen

4. Schnittpunkt des Kreises k mit dem freien Schenkel von δ ist Punkt A
5. Winkel $\alpha = 107°$ an A antragen
6. Winkel $\gamma = 107°$ an C antragen
7. Schnittpunkt der freien Schenkel von α und γ ist Punkt B

c) Gegeben: $d = 2{,}5$ cm; $b = 2$ cm; $\sphericalangle DCA = \gamma' = 65°$; Symmetrieachse AC

Planfigur:

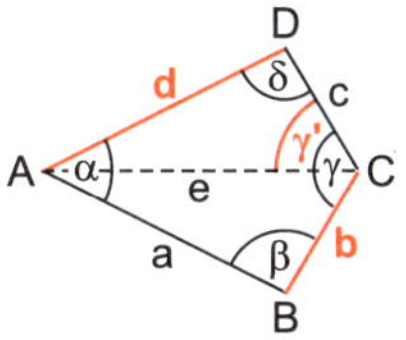

Da AC Symmetrieachse ist, gilt $c = b$. Konstruiere zunächst das Teildreieck ACD nach (Ssw). Wegen $\gamma = 2\gamma'$ wäre alternativ auch die Konstruktion von Teildreieck BCD nach (sws) als erstes möglich.

Konstruktionszeichnung:

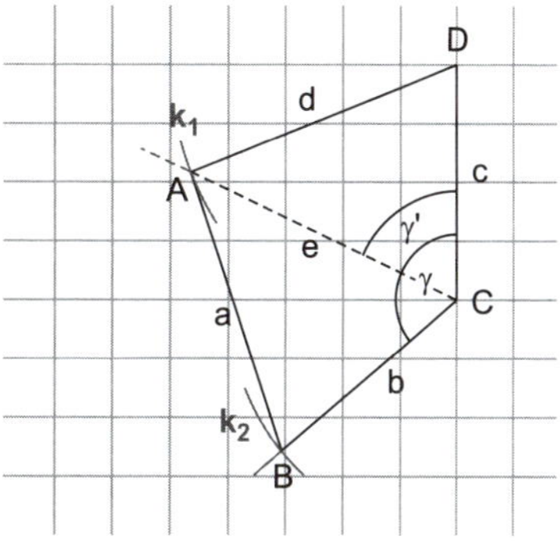

Konstruktionsbeschreibung:
1. Seite c mit $\overline{CD} = \overline{BC} = 2$ cm zeichnen
2. Winkel $\gamma' = 65°$ an C antragen
3. Kreis $k_1(D;\ r = d = 2{,}5$ cm) zeichnen
4. Schnittpunkt des Kreises k_1 mit dem freien Schenkel von γ' ist Punkt A
5. Winkel $\gamma = 2\gamma' = 2 \cdot 65° = 130°$ an C antragen
6. Kreis $k_2(C;\ r = b = 2$ cm) zeichnen
7. Schnittpunkt des Kreises k_2 mit dem freien Schenkel von γ ist Punkt B
8. A und B verbinden

d) Gegeben: $e = 2{,}8$ cm; $f = 3{,}4$ cm; $\alpha = 90°$; Symmetrieachse BD

Planfigur:

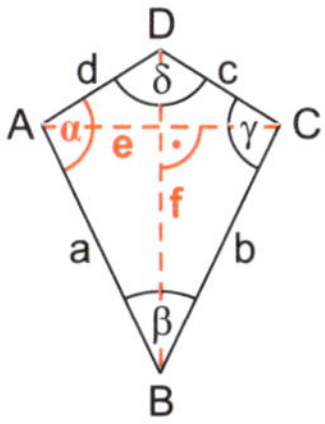

Da BD Symmetrieachse ist, halbiert die Diagonale f die Diagonale e und es gilt $\gamma = \alpha = 90°$. Also liegen die Punkte A und C jeweils im Abstand $\frac{e}{2}$ von f auf dem Thaleskreis über f.

Konstruktionszeichnung:

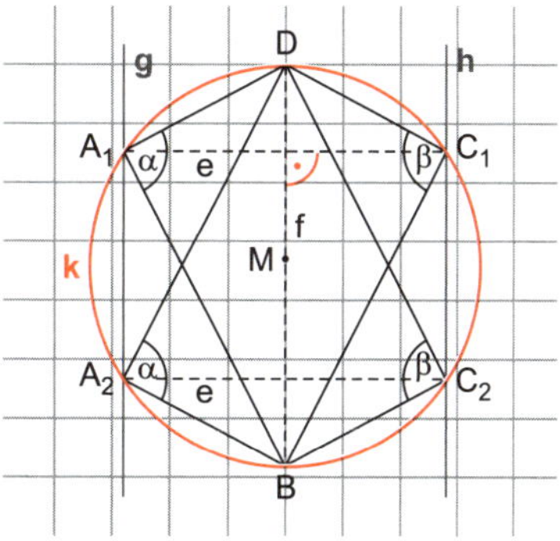

Konstruktionsbeschreibung:

1. Diagonale f mit $\overline{BD} = 3,4$ cm zeichnen
2. Parallelenpaar (g | h) im Abstand von $\frac{e}{2} = 1,4$ cm zu f zeichnen
3. Mittelpunkt M der Strecke [BD] einzeichnen ($m_{[BD]}$)
4. Thaleskreis k(M; $r = \frac{f}{2} = 1,7$ cm) zeichnen
5. $k \cap g = \{A_1; A_2\}$; $k \cap h = \{C_1; C_2\}$
   Schnittpunkte des Kreises k mit dem Parallelenpaar (g | h) sind die Punkte A_1, A_2, C_1 und C_2
6. A_1 und C_1 jeweils mit B und D verbinden ergibt Drachenviereck A_1BC_1D;
   A_2 und C_2 jeweils mit B und D verbinden ergibt Drachenviereck A_2BC_2D

213 a)

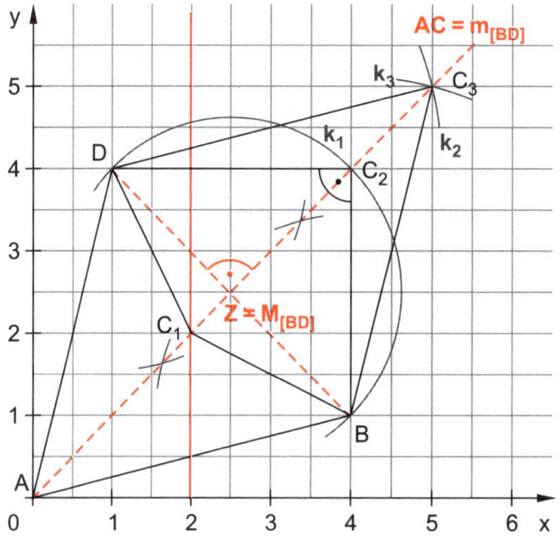

- C_1 ist der Schnittpunkt der Parallelen zur y-Achse durch (2 | 0) mit der Mittelsenkrechten $m_{[BD]}$ der Strecke [BD].
- C_2 ist der Schnittpunkt des Thaleskreises k_1 mit $m_{[BD]}$.
- C_3 ist der Schnittpunkt der Kreise $k_2(D; r = \overline{DA} = \overline{AB})$ und $k_3(B; r = \overline{DA} = \overline{AB})$.
  oder:
  C_3 ist der Schnittpunkt von $m_{[BD]}$ mit Kreis $k_2(D; r = \overline{DA} = \overline{AB})$ oder Kreis $k_3(B; r = \overline{DA} = \overline{AB})$.
  oder:
  C_3 ist der Schnittpunkt des Kreises $k(Z = M_{[BD]}; r = \overline{AZ})$ mit $m_{[BD]}$, da sich bei der Raute die Diagonalen halbieren.

b) Da die Drachenvierecke ABC_nD alle die Symmetrieachse AC_n haben, wird die Diagonale [BD] für alle C_n von AC_n halbiert. Somit ist der Diagonalenschnittpunkt Z für alle Drachenvierecke ABC_nD der Mittelpunkt $M_{[BD]}$ der Strecke [BD].

Berechnung von $Z = M_{[BD]}$:

$$M_{[BD]}\left(\frac{x_B + x_D}{2} \,\middle|\, \frac{y_B + y_D}{2}\right) = M_{[BD]}\left(\frac{4+1}{2} \,\middle|\, \frac{1+4}{2}\right) = M_{[BD]}(2,5|2,5)$$

214 a) Gegeben: $\overline{AB} = 2$ cm; $\overline{BC} = 2{,}5$ cm; $\alpha = 110°$; Symmetrieachse $m_{[AB]}$

Planfigur:

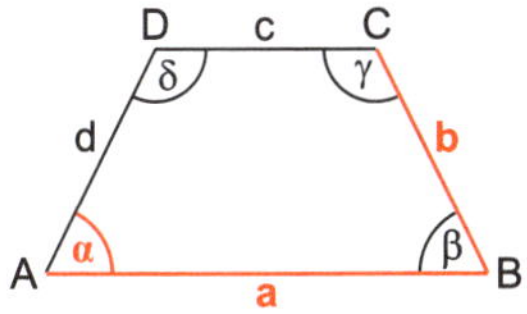

Da $m_{[AB]}$ Symmetrieachse ist, gilt $\alpha = \beta$ und $b = d$. Konstruiere zunächst das Teildreieck ABC nach (sws).

Konstruktionszeichnung:

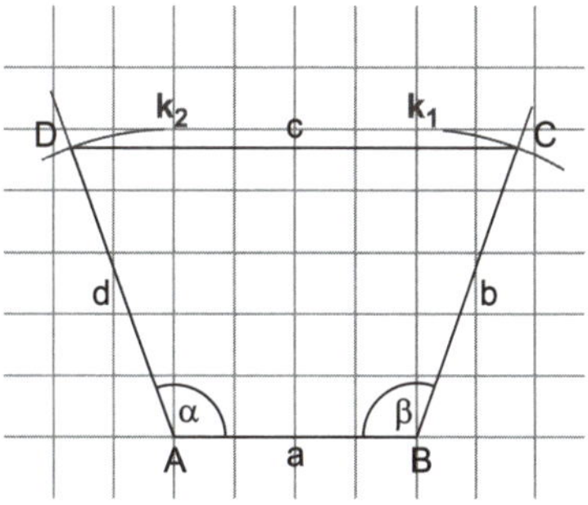

Konstruktionsbeschreibung:

1. Seite a mit $\overline{AB} = 2$ cm zeichnen
2. Winkel $\beta = \alpha = 110°$ an B antragen
3. Kreis k_1(B; $r = b = 2{,}5$ cm) zeichnen
4. Schnittpunkt des Kreises k_1 mit dem freien Schenkel von β ist Punkt C
5. Winkel $\alpha = \beta = 110°$ an A antragen
6. Kreis k_2(A; $r = d = b = 2{,}5$ cm) zeichnen
7. Schnittpunkt des Kreises k_2 mit dem freien Schenkel von α ist Punkt D
8. C und D verbinden

b) Gegeben: $d = 2{,}9$ cm; $c = 3{,}8$ cm; $\beta = 73°$; Symmetrieachse $m_{[DA]}$

Planfigur:

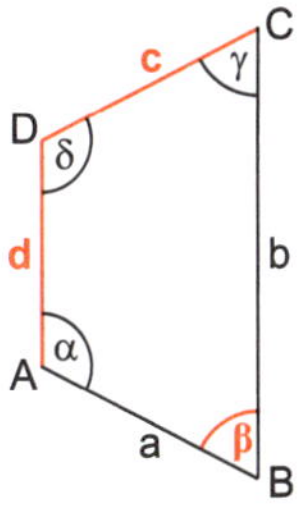

Da $m_{[DA]}$ Symmetrieachse ist, gilt $\alpha = \delta$ und $\beta = \gamma$ und $\alpha + \beta = \gamma + \delta = 180°$. Es folgt daher $\alpha = 180° - \beta = 180° - 73° = 107°$ und $\delta = \alpha = 107°$. Damit lässt sich das Teildreieck ACD nach (sws) konstruieren.

Konstruktionszeichnung:

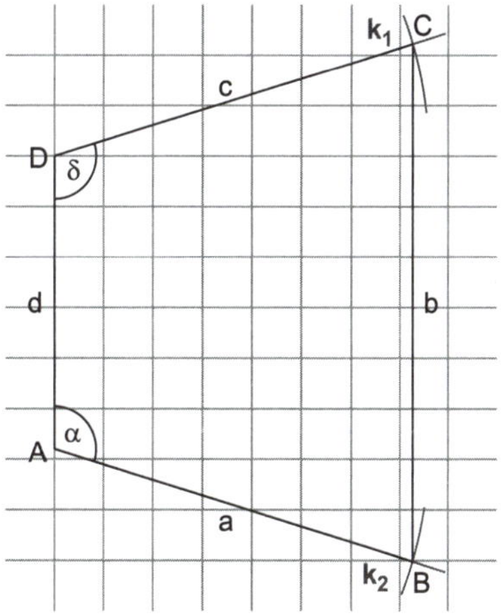

Konstruktionsbeschreibung:

1. Seite d mit $\overline{DA} = 2{,}9$ cm zeichnen
2. Winkel $\delta = 107°$ an D antragen
3. Kreis k_1(D; r = c = 3,8 cm) zeichnen
4. Schnittpunkt des Kreises k_1 mit dem freien Schenkel von δ ist Punkt C
5. Winkel $\alpha = 107°$ an A antragen
6. Kreis k_2(A; r = a = c = 3,8 cm) zeichnen
7. Schnittpunkt des Kreises k_2 mit dem freien Schenkel von α ist Punkt B
8. B und C verbinden

c) Gegeben: a = 3,8 cm; e = 4,4 cm; $\sphericalangle DCA = \gamma' = 56°$; Symmetrieachse $m_{[CD]}$

Planfigur:

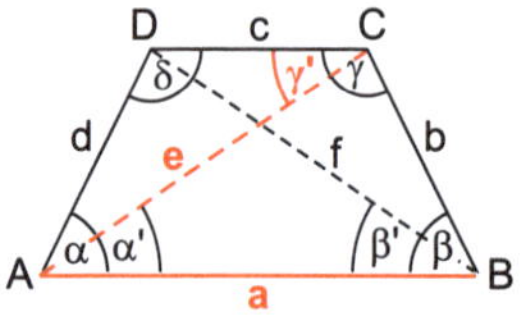

Da $m_{[CD]}$ Symmetrieachse ist, sind die Seiten a und c parallel. Also sind die Winkel $\sphericalangle DCA = \gamma'$ und $\sphericalangle BAC = \alpha'$ Z-Winkel und damit gleich groß. Nun lässt sich das Teildreieck ABC nach (sws) konstruieren.
Die Teildreiecke ABC und ABD sind nach (sws) kongruent und es folgt $\sphericalangle DBA = \beta' = \alpha'$.

Konstruktionszeichnung:

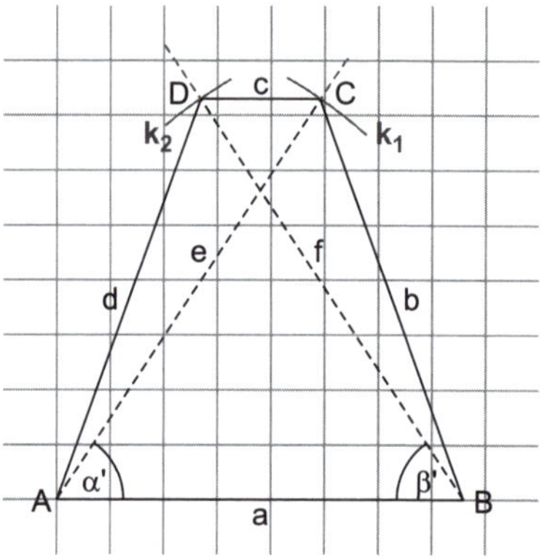

Konstruktionsbeschreibung:

1. Seite a mit $\overline{AB} = 3{,}8$ cm zeichnen
2. Winkel $\alpha' = \gamma' = 56°$ an A antragen
3. Kreis k_1(A; r = e = 4,4 cm) zeichnen
4. Schnittpunkt des Kreises k_1 mit dem freien Schenkel von α' ist Punkt C
5. Winkel $\beta' = \alpha' = 56°$ an B antragen
6. Kreis k_2(B; r = f = e = 4,4 cm) zeichnen
7. Schnittpunkt des Kreises k_2 mit dem freien Schenkel von β' ist Punkt D
8. C und D verbinden

d) Gegeben: $b = 3,2$ cm; $d = 4,6$ cm; $e = 4,1$ cm; Symmetrieachse $m_{[BC]}$

Planfigur:

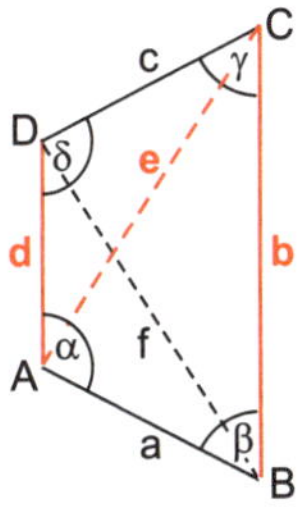

Anhand der Bestimmungsstücke lässt sich kein Teildreieck konstruieren. Nutze hier aus, dass die Mittelsenkrechte $m_{[BC]}$ die Seite b halbiert und somit die Punkte B und C auf dem Parallelenpaar mit Abstand $\frac{b}{2}$ zu $m_{[BC]}$ liegen.

Konstruktionszeichnung:

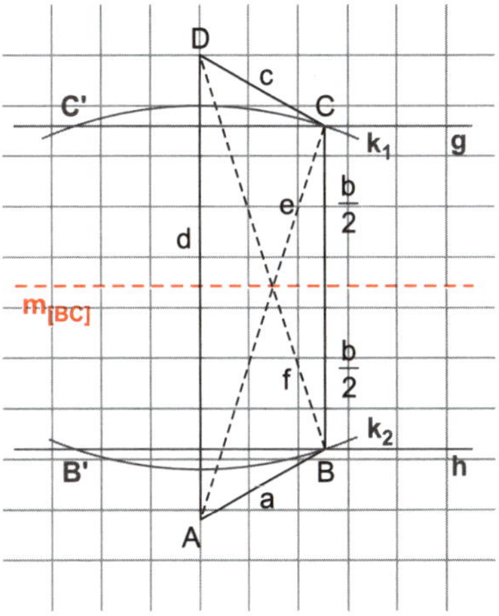

Konstruktionsbeschreibung:

1. Seite d mit $\overline{DA} = 4,6$ cm zeichnen
2. Mittelsenkrechte $m_{[BC]} = m_{[DA]}$ zeichnen
3. Parallelenpaar (g | h) im Abstand von $\frac{b}{2} = 1,6$ cm zu $m_{[BC]}$ zeichnen
4. Kreis k_1(A; r = e = 4,1 cm) zeichnen
5. $k_1 \cap g = \{C; C'\}$
   Rechter Schnittpunkt des Kreises mit der Parallelen ist Punkt C.
   Mit dem linken Schnittpunkt C' (und B') ergibt sich ein falsch orientiertes gleichschenkliges Trapez.
6. Kreis k_2(D; r = f = e = 4,1 cm) zeichnen
7. $k_2 \cap h = \{B; B'\}$
   Rechter Schnittpunkt des Kreises mit der Parallelen ist Punkt B.
8. A mit B, B mit C und C mit D verbinden

215

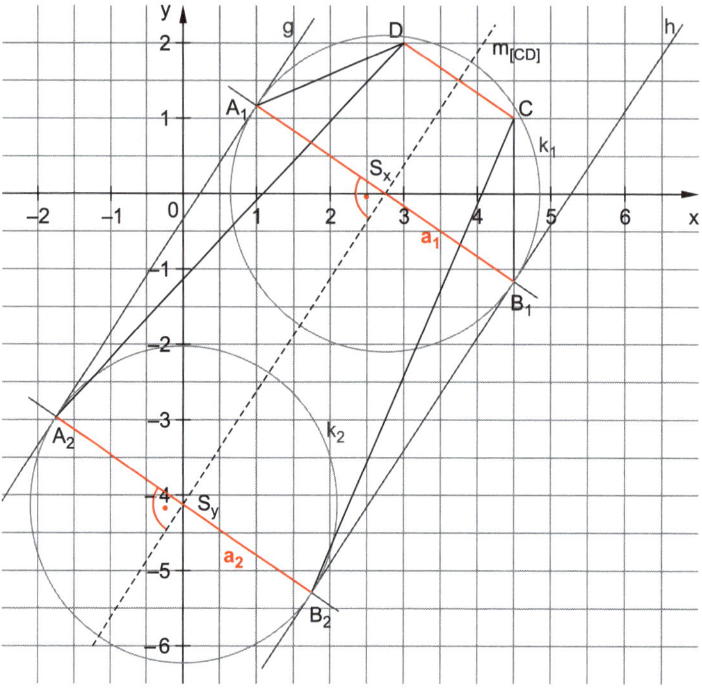

Konstruktionsbeschreibung:

1. Punkte C und D einzeichnen und verbinden
2. Mittelsenkrechte $m_{[CD]}$ zeichnen
3. Schnittpunkt der Mittelsenkrechten mit der x-Achse ist der Punkt S_x, der Schnittpunkt mit der y-Achse ist S_y
4. Parallelenpaar (g | h) im Abstand von $\frac{a}{2} = 2{,}1\text{ cm}$ zu $m_{[CD]}$ zeichnen
   oder:
   Kreise $k_1(S_x\,;\, r = \frac{a}{2} = 2{,}1\text{ cm})$ und $k_2(S_y\,;\, r = \frac{a}{2} = 2{,}1\text{ cm})$
5. Lote a_1 in S_x und a_2 in S_y auf $m_{[CD]}$ errichten
6. $a_1 \cap g = \{A_1\}$; $a_1 \cap h = \{B_1\}$; $a_2 \cap g = \{A_2\}$; $a_2 \cap h = \{B_2\}$
   Schnittpunkte der Lote mit den Parallelen sind die Punkte A_1, B_1, A_2 und B_2
   oder:
   $a_1 \cap k_1 = \{A_1;\, B_1\}$; $a_2 \cap k_2 = \{A_2;\, B_2\}$
   Schnittpunkte der Lote mit den Kreisen sind die Punkte A_1, B_1, A_2 und B_2
7. B_1 mit C und D mit A_1 bzw. B_2 mit C und D mit A_2verbinden

216 a) Gegeben: $\overline{BC} = 3,3$ cm; $\overline{CD} = 2,8$ cm; $\alpha = 77°$

Planfigur:

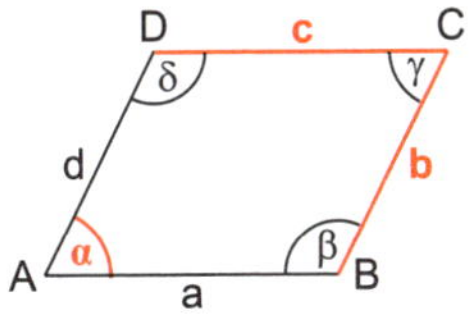

Im Parallelogramm gilt $\gamma = \alpha$. Konstruiere damit zunächst das Teildreieck BCD nach (sws).

Da im Parallelogramm auch $d = b$ und $a = c$ gilt, könnte alternativ zuerst das Teildreieck ABD nach (sws) konstruiert werden.

Konstruktionszeichnung:

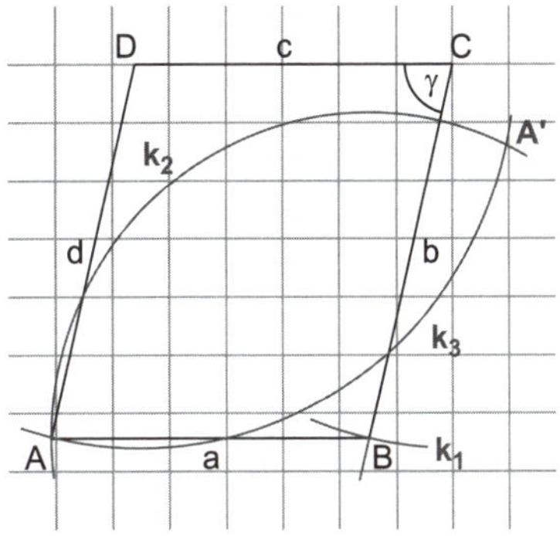

Konstruktionsbeschreibung:

1. Seite c mit $\overline{CD} = 2,8$ cm zeichnen
2. Winkel $\gamma = \alpha = 77°$ an C antragen
3. Kreis $k_1(C;\ r = b = 3,3\text{ cm})$ zeichnen
4. Schnittpunkt des Kreises k_1 mit dem freien Schenkel von γ ist Punkt B
5. Kreis $k_2(B;\ r = a = c = 2,8\text{ cm})$ zeichnen
6. Kreis $k_3(D;\ r = d = b = 3,3\text{ cm})$ zeichnen
7. $k_2 \cap k_3 = \{A;\ A'\}$
   Unterer Schnittpunkt der Kreise ist Punkt A. Mit dem oberen Schnittpunkt A' ergeben sich Seitenüberschneidungen.
8. A mit B und D verbinden

b) Gegeben: $c = 1,8$ cm; $d = 2,7$ cm; $\alpha = 118°$

Planfigur:

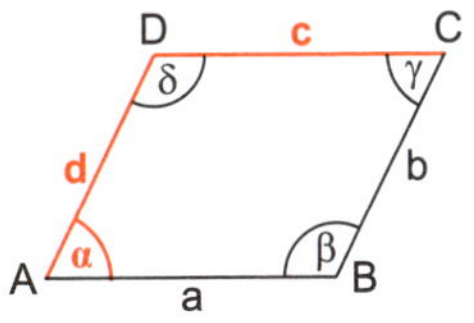

Da sich benachbarte Winkel im Parallelogramm zu 180° ergänzen, lässt sich δ aus α bestimmen. Konstruiere damit zunächst das Teildreieck ACD nach (sws).

Da im Parallelogramm $a = c$ gilt, könnte alternativ auch zuerst das Teildreieck ABD nach (sws) konstruiert werden.

Konstruktionszeichnung:

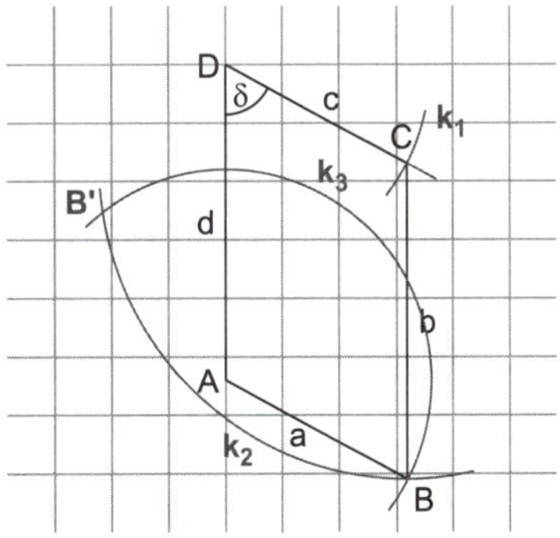

Konstruktionsbeschreibung:

1. Seite d mit $\overline{DA} = 2{,}7$ cm zeichnen
2. Winkel $\delta = 180° - \alpha = 180° - 118° = 62°$ an D antragen
3. Kreis k_1(D; r = c = 1,8 cm) zeichnen
4. Schnittpunkt des Kreises k_1 mit dem freien Schenkel von δ ist Punkt C
5. Kreis k_2(C; r = b = d = 2,7 cm) zeichnen
6. Kreis k_3(A; r = a = c = 1,8 cm) zeichnen
7. $k_2 \cap k_3 = \{B; B'\}$
   Rechter Schnittpunkt der Kreise ist Punkt B. Mit dem linken Schnittpunkt B' ergeben sich Seitenüberschneidungen.
8. B mit A und C verbinden

c) Gegeben: $a = 3{,}4$ cm; $d = 1{,}3$ cm; $e = 4$ cm

Planfigur:

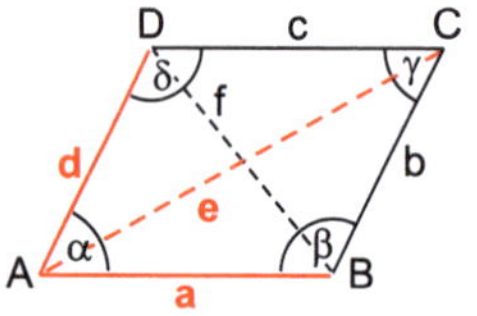

Da gegenüberliegende Seiten im Parallelogramm gleich groß sind, lassen sich die Teildreiecke ACD und ABC nach (sss) konstruieren.

Konstruktionszeichnung:

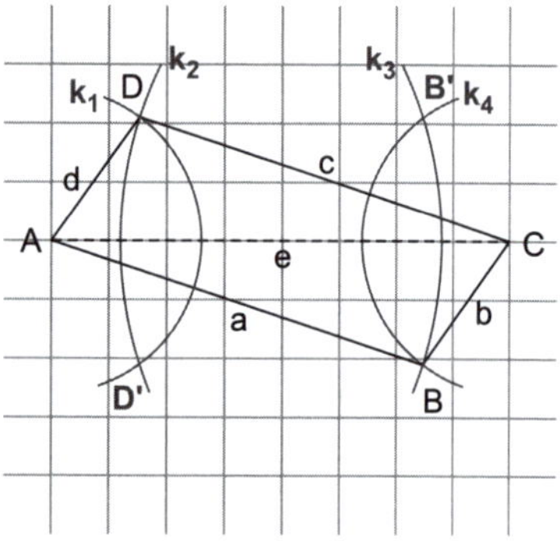

Konstruktionsbeschreibung:

1. Diagonale e mit $\overline{AC} = 4$ cm zeichnen
2. Kreis k_1(A; r = d = 1,3 cm) zeichnen
3. Kreis k_2(C; r = c = a = 3,4 cm) zeichnen
4. $k_1 \cap k_2 = \{D; D'\}$
   Oberer Schnittpunkt der Kreise ist Punkt D. Mit dem unteren Schnittpunkt D' (und mit B') ergibt sich ein falsch orientiertes Parallelogramm.
5. D mit A und C verbinden
6. Kreis k_3(A; r = a = 3,4 cm) zeichnen
7. Kreis k_4(C; r = b = d = 1,3 cm) zeichnen
8. $k_3 \cap k_4 = \{B; B'\}$
   Unterer Schnittpunkt der Kreise ist Punkt B.
9. B mit A und C verbinden

d) Gegeben: d = 1,7 cm; e = 3,5 cm; f = 3,2 cm

Planfigur:

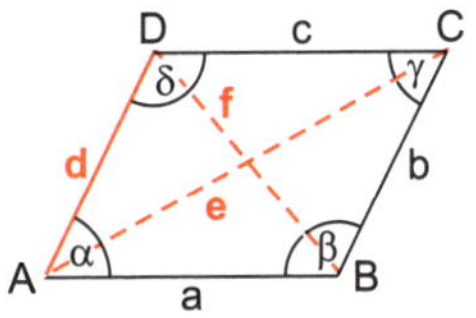

Konstruiere zunächst das Teildreieck ACD, indem du ausnutzt, dass sich die Diagonalen gegenseitig halbieren.

Konstruktionszeichnung:

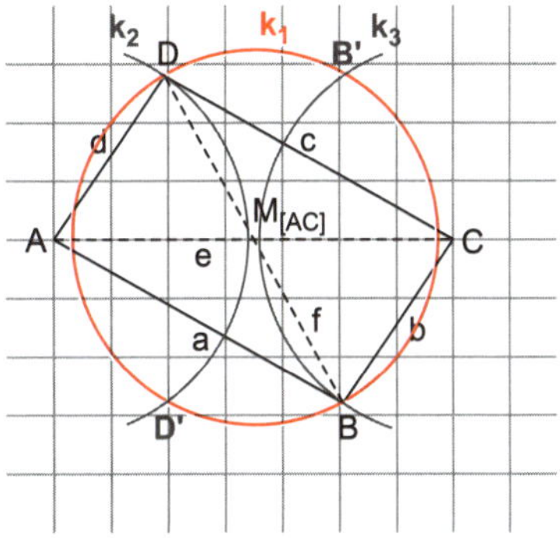

Konstruktionsbeschreibung:

1. Diagonale e mit $\overline{AC} = 3{,}5$ cm zeichnen
2. Mittelpunkt $M_{[AC]}$ der Strecke [AC] einzeichnen ($m_{[AC]}$)
3. Kreis $k_1(M_{[AC]}; r = \frac{f}{2} = 1{,}6 \text{ cm})$ zeichnen
4. Kreis $k_2(A; r = d = 1{,}7 \text{ cm})$ zeichnen
5. $k_1 \cap k_2 = \{D; D'\}$
   Oberer Schnittpunkt der Kreise ist Punkt D. Mit dem unteren Schnittpunkt D' (und B') ergibt sich ein falsch orientiertes Parallelogramm.
6. D mit A und C verbinden
7. Kreis $k_3(C; r = b = d = 1{,}7 \text{ cm})$ zeichnen
8. $k_1 \cap k_3 = \{B; B'\}$
   Unterer Schnittpunkt der Kreise ist Punkt B.
9. B mit A und C verbinden

217 a) Planfigur:

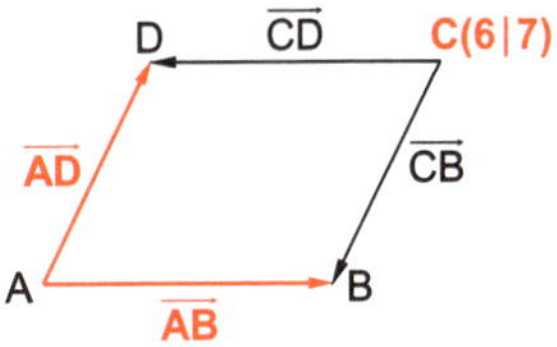

Mithilfe von $\overrightarrow{CD} = -\overrightarrow{AB} = -\binom{4}{2} = \binom{-4}{-2}$ und $\overrightarrow{CB} = -\overrightarrow{AD} = -\binom{0}{4} = \binom{0}{-4}$ lässt sich das Parallelogramm ABCD ausgehend von Punkt C(6 | 7) zeichnen:

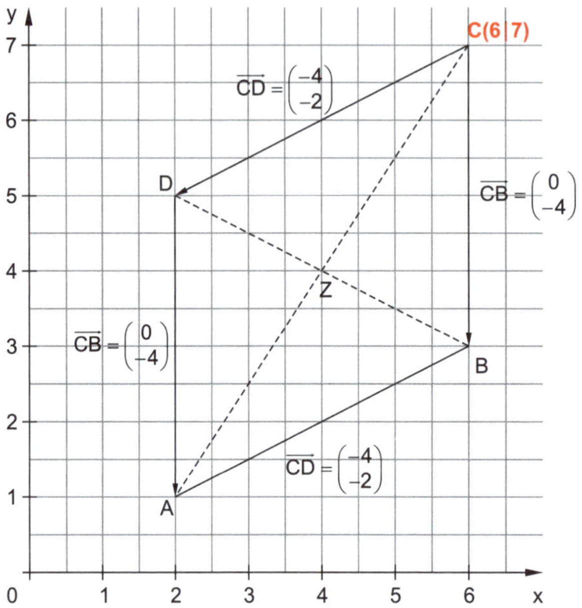

Einzeichnen von D:
Gehe von C aus 4 LE nach links und 2 LE nach unten.
Einzeichnen von B:
Gehe von C aus 4 LE nach unten.
Einzeichnen von A:
Gehe von B aus 4 LE nach links und 2 LE nach unten.
oder:
Gehe von D aus 4 LE nach unten.

b) Das Symmetriezentrum Z entspricht dem Mittelpunkt $M_{[AC]}$ von [AC], da sich die Diagonalen im Parallelogramm halbieren.

Berechnung von $\overrightarrow{OA}$:

$$\overrightarrow{OA} = \overrightarrow{OC} \oplus \overrightarrow{CB} \oplus \overrightarrow{CD} = \begin{pmatrix}6\\7\end{pmatrix} \oplus \begin{pmatrix}0\\-4\end{pmatrix} \oplus \begin{pmatrix}-4\\-2\end{pmatrix} = \begin{pmatrix}6+0-4\\7-4-2\end{pmatrix} = \begin{pmatrix}2\\1\end{pmatrix}$$

Berechnung von $M_{[AC]}$:

$$M_{[AC]}\left(\frac{x_A + x_C}{2} \,\middle|\, \frac{y_A + y_C}{2}\right) = M_{[AC]}\left(\frac{2+6}{2} \,\middle|\, \frac{1+7}{2}\right) = M_{[AC]}(4\,|\,4)$$

alternative Lösungsmöglichkeit:

Das Symmetriezentrum Z entspricht dem Mittelpunkt $M_{[BD]}$ von [BD], da sich die Diagonalen im Parallelogramm halbieren.

Berechnung von $\overrightarrow{OB}$:

$$\overrightarrow{OB} = \overrightarrow{OC} \oplus \overrightarrow{CB} = \begin{pmatrix}6\\7\end{pmatrix} \oplus \begin{pmatrix}0\\-4\end{pmatrix} = \begin{pmatrix}6+0\\7-4\end{pmatrix} = \begin{pmatrix}6\\3\end{pmatrix}$$

Berechnung von $\overrightarrow{OD}$:

$$\overrightarrow{OD} = \overrightarrow{OC} \oplus \overrightarrow{CD} = \begin{pmatrix}6\\7\end{pmatrix} \oplus \begin{pmatrix}-4\\-2\end{pmatrix} = \begin{pmatrix}6-4\\7-2\end{pmatrix} = \begin{pmatrix}2\\5\end{pmatrix}$$

Berechnung von $M_{[BD]}$:

$$M_{[BD]}\left(\frac{x_B + x_D}{2} \,\middle|\, \frac{y_B + y_D}{2}\right) = M_{[BD]}\left(\frac{6+2}{2} \,\middle|\, \frac{3+5}{2}\right) = M_{[BD]}(4\,|\,4)$$

218 a) Der Punkt A hat die gleiche Ordinate wie der Punkt D(4 | 3), also hat er die y-Koordinate 3. Da der Punkt A außerdem auf der y-Achse liegt, hat er die Abszisse 0, also **A(0 | 3)**.

Mithilfe von $\overrightarrow{BC} = \overrightarrow{AD} = \begin{pmatrix} 4-0 \\ 3-3 \end{pmatrix} = \begin{pmatrix} 4 \\ 0 \end{pmatrix}$ folgt:

$$\overrightarrow{OC} = \overrightarrow{OB} \oplus \overrightarrow{BC} = \begin{pmatrix} 6 \\ 1 \end{pmatrix} \oplus \begin{pmatrix} 4 \\ 0 \end{pmatrix} = \begin{pmatrix} 6+4 \\ 1+0 \end{pmatrix} = \begin{pmatrix} 10 \\ 1 \end{pmatrix}$$

Der Punkt C hat also die Koordinaten **C(10 | 1)**.

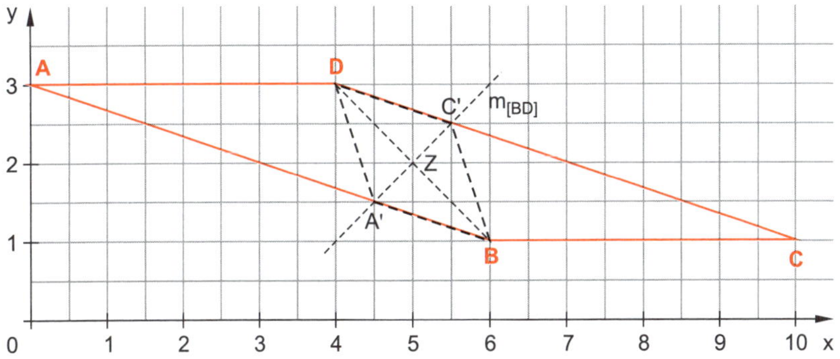

b) Zeichnung siehe Teilaufgabe a

Eine Raute ist ein Parallelogramm, in dem sich die Diagonalen nicht nur halbieren, sondern zusätzlich senkrecht aufeinander stehen. Entsprechend liegt jede Diagonale auf der Mittelsenkrechten der anderen Diagonalen. Also ist A' der Schnittpunkt von $m_{[BD]}$ mit [AB] und C' der Schnittpunkt von $m_{[BD]}$ mit [CD].

219 a)

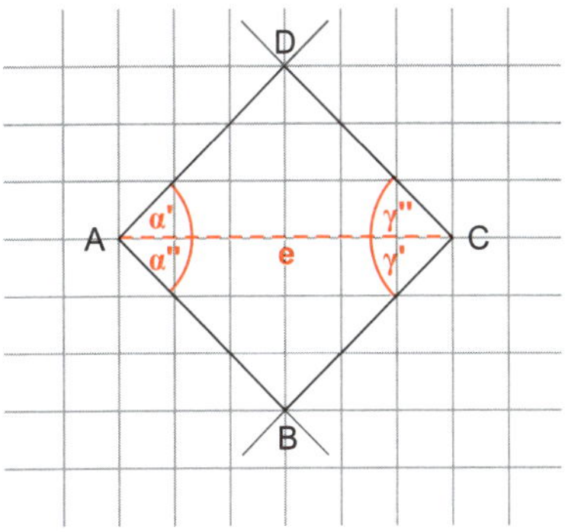

Als Schenkelwinkel in den rechtwinkligen Teildreiecken ABC und ACD messen α', α'', γ' und γ'' jeweils 45°.

b)

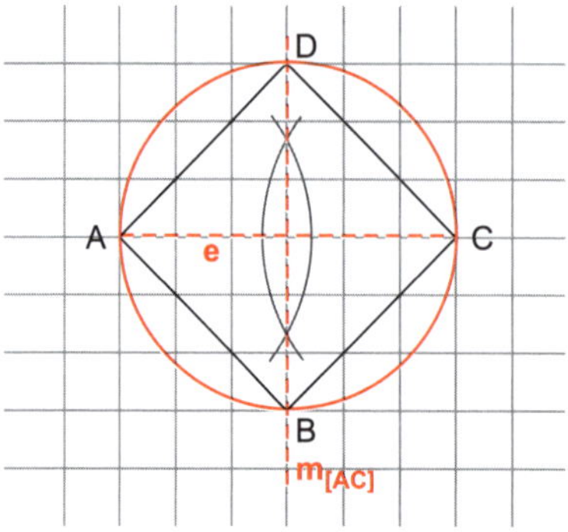

Die Punkte B und D sind die Schnittpunkte des Thaleskreises über [AC] mit $m_{[AC]}$.

220 a) Es gilt:

$$\overrightarrow{AB} = \begin{pmatrix} 5-(-1) \\ -1-2 \end{pmatrix} = \begin{pmatrix} 6 \\ -3 \end{pmatrix}; \qquad \overrightarrow{DC} = \begin{pmatrix} 9-3 \\ 1-4 \end{pmatrix} = \begin{pmatrix} 6 \\ -3 \end{pmatrix};$$

$$\overrightarrow{BC} = \begin{pmatrix} 9-5 \\ 1-(-1) \end{pmatrix} = \begin{pmatrix} 4 \\ 2 \end{pmatrix}; \qquad \overrightarrow{AD} = \begin{pmatrix} 3-(-1) \\ 4-2 \end{pmatrix} = \begin{pmatrix} 4 \\ 2 \end{pmatrix}$$

Also ist $\overrightarrow{AB} = \overrightarrow{DC}$ und $\overrightarrow{BC} = \overrightarrow{AD}$. Damit ist das Viereck ABCD ein Parallelogramm und somit auch punktsymmetrisch.

b) Das Symmetriezentrum entspricht dem Mittelpunkt $M_{[AC]}$:

Das Symmetriezentrum ist der Schnittpunkt der Diagonalen, die sich gegenseitig halbieren.

$$M_{[AC]}\left(\frac{x_A + x_C}{2} \,\middle|\, \frac{y_A + y_C}{2}\right) = M_{[AC]}\left(\frac{-1+9}{2} \,\middle|\, \frac{2+1}{2}\right) = M_{[AC]}(4\,|\,1{,}5)$$

221 Es gilt:

$$\overrightarrow{AB} = \begin{pmatrix} 3-(-2) \\ -5-(-3) \end{pmatrix} = \begin{pmatrix} 5 \\ -2 \end{pmatrix}; \qquad \overrightarrow{DC} = \begin{pmatrix} 5-0 \\ 0-2 \end{pmatrix} = \begin{pmatrix} 5 \\ -2 \end{pmatrix};$$

$$\overrightarrow{BC} = \begin{pmatrix} 5-3 \\ 0-(-5) \end{pmatrix} = \begin{pmatrix} 2 \\ 5 \end{pmatrix}; \qquad \overrightarrow{AD} = \begin{pmatrix} 0-(-2) \\ 2-(-3) \end{pmatrix} = \begin{pmatrix} 2 \\ 5 \end{pmatrix}$$

Also ist $\overrightarrow{AB} = \overrightarrow{DC}$ und $\overrightarrow{BC} = \overrightarrow{AD}$ und damit das Viereck ABCD ein Parallelogramm.

Wegen $\overrightarrow{AB} = \overrightarrow{DC} = \begin{pmatrix} 5 \\ -2 \end{pmatrix} \xrightarrow{P;\,\varphi=90^\circ} \begin{pmatrix} -2 \\ 5 \end{pmatrix} = \overrightarrow{BC} = \overrightarrow{AD}$ ist ABCD sogar ein Quadrat.

222 Skizze:

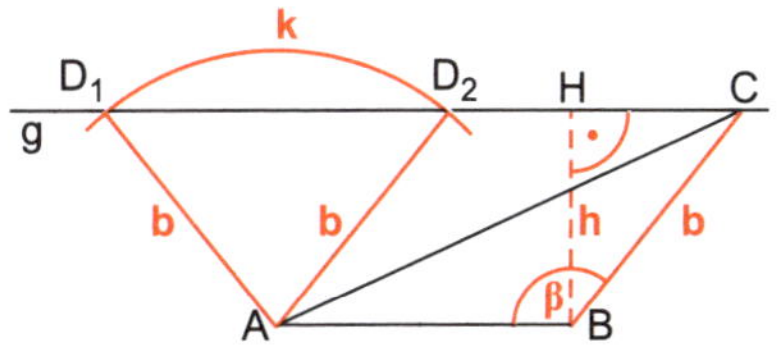

a) Der Kreis k hat genau dann 2 Schnittpunkte mit g, wenn sein Radius größer als der Abstand h des Punktes B zu g ist. Das ist hier der Fall, da b im rechtwinkligen Dreieck BCH die Hypotenuse und damit die längste Seite ist.

b) Da AB und $CD_1 = g$ nach Voraussetzung parallel sind und $\overline{D_1A} = b = \overline{BC}$ gilt, ist das Viereck $ABCD_1$ ein gleichschenkliges Trapez.

Die Strecken $[AD_2]$ und [BC] sind parallel. Wegen $\overline{BC} = \overline{D_2A}$, $\overline{CA} = \overline{AC}$ und $\sphericalangle ACB = \sphericalangle CAD_2$ (Z-Winkel) sind die Dreiecke ABC und ACD_2 nach (sws) kongruent. Also stimmen sie auch in der dritten Seite [AB] bzw. $[CD_2]$ überein. Damit ist das Viereck $ABCD_2$ ein Parallelogramm, da die gegenüberliegenden Seiten gleich lang und parallel sind.

223 a) Rechteck: z. B. MKFD, LJEC
Raute: z. B. LHEB, JFCM
Drachenviereck: z. B. AMGB, LKEM
Parallelogramm: z. B. LKDB, JFDK
gleichschenkliges Trapez: z. B. LKDC, MKDB

b) Dreieck LKM ist gleichseitig mit Seitenlänge 4 LE. Also sind alle Winkel 60° groß. Da Viereck LKDB ein Parallelogramm ist, gilt $\sphericalangle KLM = \sphericalangle BDK = 60°$ und $\sphericalangle LBD = \sphericalangle DKL = 180° - 60° = 120°$.

c) Das Dreieck JEA ist gleichseitig mit Seitenlänge 12 LE $\hat{=}$ 33 cm. Also gilt $\overline{BM} = \overline{DB} = 4\text{ LE} = 12\text{ LE} : 3 \hat{=} 33\text{ cm} : 3 = 11\text{ cm}$ in Wirklichkeit und

$\overline{BM} = \overline{DB} = 11\text{ cm} : 5 = 2{,}2\text{ cm}$ im Maßstab 1 : 5.

Laut Teilaufgabe b gilt außerdem $\sphericalangle LBD = \sphericalangle MBD = 120°$.

Planfigur:

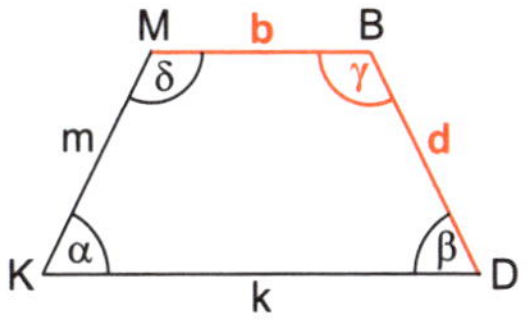

Da $m_{[KD]}$ Symmetrieachse ist, gilt $\delta = \gamma$ und $m = d$. Konstruiere zunächst das Teildreieck MDB nach (sws).

Konstruktionszeichnung:

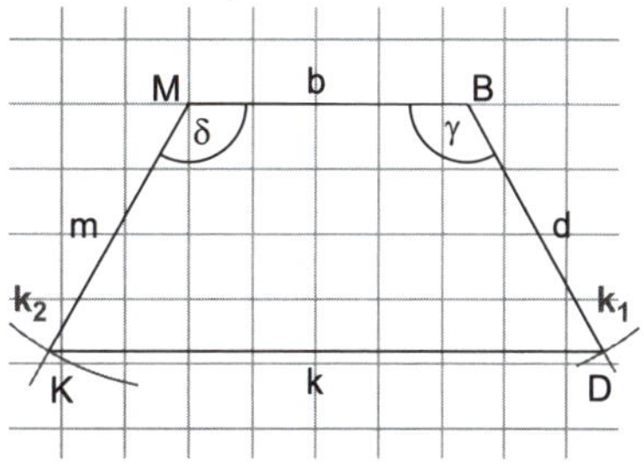

Konstruktionsbeschreibung:
1. Seite b mit $\overline{BM} = 2,2$ cm zeichnen
2. Winkel $\gamma = 120°$ an B antragen
3. Kreis k_1(B; r = d = 2,2 cm) zeichnen
4. Schnittpunkt des Kreises k_1 mit dem freien Schenkel von γ ist Punkt D
5. Winkel $\delta = \gamma = 120°$ an M antragen
6. Kreis k_2(M; r = m = d = 2,2 cm) zeichnen
7. Schnittpunkt des Kreises k_2 mit dem freien Schenkel von δ ist Punkt K
8. K und D verbinden

d) Es gelten $\overrightarrow{AB} = \overrightarrow{LK}$ und $\overrightarrow{BC} = \overrightarrow{LM}$. Das Parallelogramm LHEB ist sogar eine Raute, deren Symmetriezentrum der Schnittpunkt Z von [MF] mit [KD] ist. Von L aus gelangt man nach Z mithilfe folgender Vektorkette: $\overrightarrow{LM} \oplus \overrightarrow{LK}$ bzw. $\overrightarrow{BC} \oplus \overrightarrow{AB}$

224 a) Rauten, Rechtecke und Quadrate sind sowohl achsen- als auch punktsymmetrisch.

b) Nein, es kann auch eine Raute sein.

c) Die Raute und das Quadrat.

d) Rechteck oder Quadrat.

e) Die Diagonalen müssen senkrecht aufeinander stehen.
oder:
Alle Seiten müssen gleich lang sein.

f) Nicht in jedem Fall. Es gibt auch Trapeze mit drei gleich langen Seiten.
Beispiel:

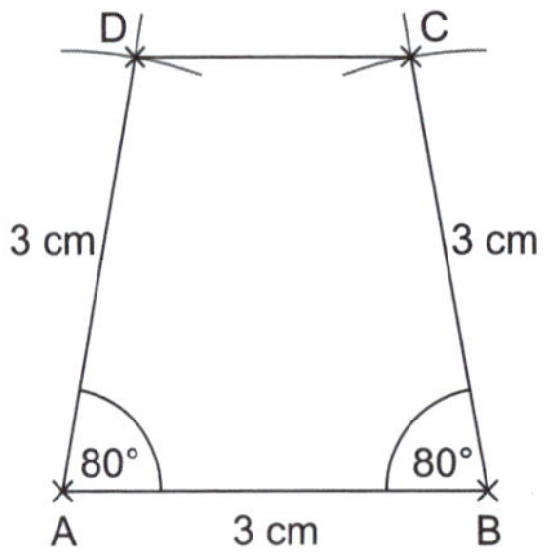

225 Ja, denn die beiden Sonderformen des gleichschenkligen Trapezes, Rechteck und Quadrat, sind zugleich Sonderformen des Parallelogramms und haben deshalb Diagonalen, die sich halbieren.

226 a) Eine Angabe reicht aus.
Beispiel: Zeichne ein Quadrat mit Seitenlänge a = 3 cm.

b) Man benötigt mindestens 3 Angaben.
Beispiel: Zeichne ein Drachenviereck ABCD mit a = 3 cm, b = 5 cm und $\alpha = 135°$.

c) Man benötigt mindestens 2 Angaben.
Beispiel: Zeichne ein Rechteck mit Länge a = 3 cm und Breite b = 5 cm.

227 Es handelt sich um ein Drachenviereck, dessen Teildreiecke ABD und BCD sich nach (sws) eindeutig konstruieren lassen (vgl. Planfigur).

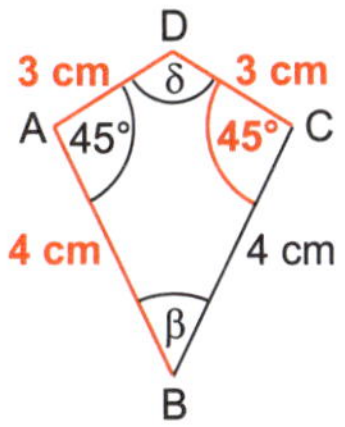

Alle anderen symmetrischen Vierecke scheiden aus den folgenden Gründen aus:

- Da nicht alle Winkel rechte Winkel sind, kann es sich nicht um ein Rechteck oder ein Quadrat halten.
- Da nicht alle Seiten gleich lang sind, kann es sich nicht um eine Raute (oder ein Quadrat) handeln.
- Da die gegenüberliegenden Seiten a und c nicht gleich groß sind, kann es sich nicht um ein Parallelogramm (oder ein Quadrat) handeln.
- Angenommen, es würde sich beim Viereck ABCD um ein gleichschenkliges Trapez handeln, müssten dort die verschieden langen Seiten a und c parallel sein, woraus sich Winkelmaße wie in folgender Planfigur ergeben würden:

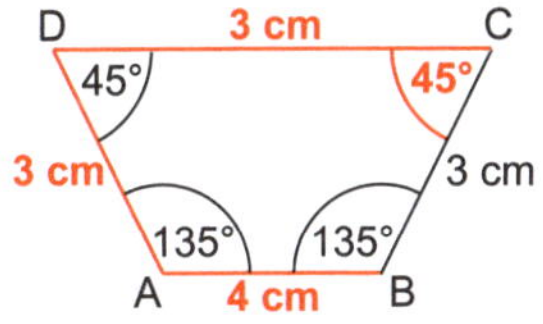

Dies kann nicht sein, da bei diesen Winkelmaßen c größer als a sein muss.

228

a) Raute	4 gleiche Seiten, aber keine 4 gleichen Winkel
b) Rechteck	keine 4 gleichen Seiten, aber 4 gleiche Winkel
c) Drachenviereck	keine 4 gleichen Seiten, keine 4 gleichen Winkel, aber 2 Paare von gleich großen Seiten und keine 2 Paare von gleich großen Winkeln (Winkelsumme!)

229

a) Quadrate

b) Raute

c) Rechteck

d) gleichschenkliges Trapez

e) Drachenviereck

Am einfachsten lässt sich die Aufgabe lösen, wenn man eine Übersicht über die Eigenschaften der Diagonalen in symmetrischen Vierecken anfertigt:

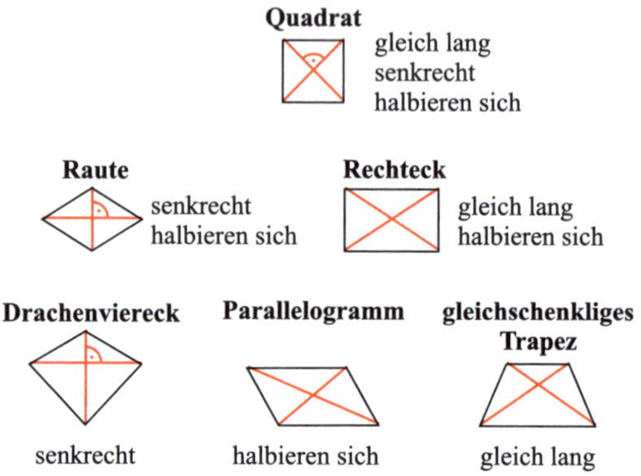

Beachte, dass sich auch hier die Geschosse aus dem Haus der Vierecke wiederfinden.

f)

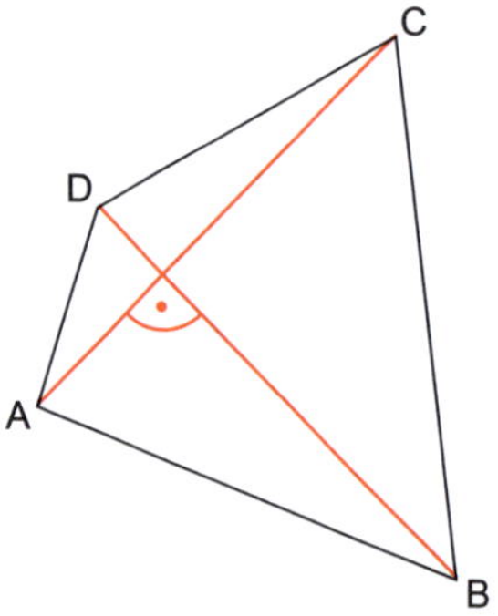

Achte darauf, dass sich die Diagonalen nicht im selben Verhältnis schneiden, da sonst ein gleichschenkliges Viereck und damit ein symmetrisches Viereck entsteht.

230

a) $\Omega = \{2; 3; 4; 5; 6; 7; 8; 9; 10; 11; 12\}$

b) $E_1 = \{2; 3; 4; 5\}$

c) $E_2 = \{4; 5; 6; 7; 8; 9; 10; 11; 12\}$

d) $E_3 = \{2; 3; 5; 7; 11\}$

e) $E_4 = \{3; 6; 9; 12\} \Rightarrow \overline{E_4} = \{2; 4; 5; 7; 8; 10; 11\}$

f) $E_5 = \{2; 3; 4; 5\} \Rightarrow \overline{E_5} = \{6; 7; 8; 9; 10; 11; 12\}$

g) $E_6 = \{4\} \Rightarrow \overline{E_6} = \{2; 3; 5; 6; 7; 8; 9; 10; 11; 12\}$

$\overline{E_6}$ „Augensumme ist keine gerade Quadratzahl“

h) E_7 „Augensumme ist Vielfaches von 4“

i) E_8 „Augensumme ist Quadratzahl"

j) E_9 „Augensumme ist Quadratzahl oder Primzahl"

231 a) $E \cap \overline{E} = \varnothing$

Ereignis und Gegenereignis können nicht beide eintreten, daher kann es kein Ergebnis geben, das für beide günstig ist.

b) $E \cup \overline{E} = \Omega$

Ein Ergebnis ist entweder günstig für ein Ereignis oder für sein Gegenereignis.

c) $\Omega \setminus \overline{E} = E$

Ein Ergebnis, das nicht günstig für ein Gegenereignis ist, ist günstig für das Ereignis selbst.

d) $\overline{\Omega} = \varnothing$

Das sichere Ereignis tritt immer ein, sein Gegenereignis nie (unmögliches Ereignis).

e) $\overline{\varnothing} = \Omega$

Das unmögliche Ereignis tritt nie ein, sein Gegenereignis immer (sicheres Ereignis).

f) $E \setminus \overline{E} = E$

Ereignis und Gegenereignis haben kein Element gemeinsam.

232 a) Mengen:
$E_1 = \varnothing$
$E_2 = \{W\}$
$E_3 = \{Z\}$
$E_4 = \{W; Z\} = \Omega$

Die möglichen Ereignisse entsprechen genau den Teilmengen von Ω. Davon gibt es 4 Stück.

Beschreibende Form:
E_1 „Weder Wappen noch Zahl"
E_2 „Wappen"
E_3 „Zahl"
E_4 „Wappen oder Zahl"

Die beschreibende Form eines Ereignisses ist nicht eindeutig. Es wären z. B. auch E_1 „Zweimal Zahl" oder E_3 „Mindestens einmal Zahl" möglich.
Deswegen lässt sich die Anzahl der möglichen Ereignisse auch nur an der Anzahl der Teilmengen von Ω ablesen.

b) Jedes Ergebnis ist immer auch ein Ereignis (Elementarereignis). Also gibt es mindestens so viele Ereignisse wie Ergebnisse. Da es zusätzlich immer auch noch das unmögliche Ereignis ∅ und das sichere Ereignis Ω gibt, gibt es immer mehr mögliche Ereignisse als Ergebnisse.

Ein Zufallsversuch hat mindestens 2 Ergebnisse, sonst könnte man den Ausgang vorhersagen.
Bei 2 Ergebnissen a und b hat $\Omega = \{a; b\}$ bereits 4 Teilmengen/Ereignisse:
$\varnothing$, $\{a\}$, $\{b\}$, Ω
Bei 3 Ergebnissen a, b und c hat $\Omega = \{a; b; c\}$ schon 8 Teilmengen/Ereignisse:
$\varnothing$, $\{a\}$, $\{b\}$, $\{c\}$, $\{a; b\}$, $\{a; c\}$, $\{b; c\}$, Ω
Je mächtiger Ω ist, desto mehr Teilmengen/Ereignisse gibt es.

233

	Elementarereignis	sicheres Ereignis	unmögliches Ereignis	
E_1 „Mindestens 1 gezogene Kugel weiß“	☒	☐	☐	E_1 tritt nur dann ein, wenn 1 weiße und 1 schwarze Kugel gezogen werden.
E_2 „Mindestens 1 gezogene Kugel schwarz“	☐	☒	☐	E_2 tritt immer ein, da höchstens 1 weiße Kugel gezogen werden kann.
E_3 „Mehr als 3 verbleibende Kugeln schwarz“	☒	☐	☐	E_3 tritt nur dann ein, wenn 1 weiße und 1 schwarze Kugel gezogen werden (vgl. E_1).
E_4 „Höchstens 2 verbleibende Kugeln schwarz“	☐	☐	☒	Auch wenn 2 schwarze Kugeln gezogen werden, verbleiben immer mindestens 3 schwarze Kugeln in der Urne.

234 a) $P(\varnothing) = \dfrac{|\varnothing|}{|\Omega|} = \dfrac{0}{|\Omega|} = \mathbf{0}$

Das unmögliche Ereignis tritt mit Wahrscheinlichkeit 0, also nie ein.

b) $P(E) = \dfrac{|E|}{|\Omega|} = \dfrac{3}{12} = \dfrac{1}{4} = 0{,}25 = \mathbf{25\ \%}$

Das Ereignis E tritt mit einer Wahrscheinlichkeit von 25 % ein.

c) $P(E) = \dfrac{|E|}{|\Omega|} = \dfrac{21-14}{21} = \dfrac{7}{21} = \dfrac{1}{3} = \mathbf{33{,}\overline{3}\ \%}$

Wenn 14 Ergebnisse ungünstig sind, sind die verbleibenden 7 günstig.

Das Ereignis E tritt mit einer Wahrscheinlichkeit von $33{,}\overline{3}$ % ein.

235 a) $P(\text{„Eichel-Ober“}) = \dfrac{1}{32} = \mathbf{0{,}03125}$

b) $P(\text{„Ober“}) = \dfrac{4}{32} = \dfrac{1}{8} = \mathbf{0{,}125}$

c) $P(\text{„kein Offizier“}) = \dfrac{24}{32} = \dfrac{3}{4} = \mathbf{0{,}75}$

d) $P(\text{„Herz, aber kein Ober“}) = \dfrac{7}{32} = \mathbf{0{,}21875}$

6 Herz-Farben + 1 Herz-Unter

e) $P(„\text{Offizier oder Ass}") = \frac{12}{32} = \frac{3}{8} = \mathbf{0{,}375}$

8 Offiziere + 4 Asse

f) $P(„\text{Zahlkarte}") = \frac{16}{32} = \frac{1}{2} = \mathbf{0{,}5}$

10, 8, 9 und 7 in je 4 Farben

236 a) $P(„\text{Torwart}") = \frac{1}{11} = \mathbf{0{,}\overline{09}}$

b) $P(„\text{Torwart oder Abwehrspieler}") = \frac{5}{11} = \mathbf{0{,}\overline{45}}$

c) $P(„\text{kein Stürmer und kein Abwehrspieler}") = \frac{11-(2+4)}{11} = \frac{5}{11} = \mathbf{0{,}\overline{45}}$

d) Es gibt $11 \cdot 10 \cdot 9 \cdot 8 \cdot 7 \cdot 6 \cdot 5 \cdot 4 \cdot 3 \cdot 2 \cdot 1 = \mathbf{39\,916\,800}$ Möglichkeiten.

Für die 1. Position gibt es 11 Möglichkeiten, für die 2. Position noch 10 Möglichkeiten usw.

237 a) $P(„\text{rot}") = \frac{2}{6} = \frac{1}{3} = \mathbf{0{,}\overline{3}}$

2 von 6 Bärchen sind rot.

b) $P(„\text{weiß oder rot}") = \frac{5}{6} = \mathbf{0{,}8\overline{3}}$

c) $P(„\text{nicht rot}") = \frac{4}{6} = \frac{2}{3} = \mathbf{0{,}\overline{6}}$

oder:

$P(„\text{nicht rot}") = 1 - P(„\text{rot}") = 1 - \frac{1}{3} = \frac{2}{3} = \mathbf{0{,}\overline{6}}$

d) $P(„\text{nicht rot und nicht grün}") = P(„\text{weiß}") = \frac{3}{6} = \frac{1}{2} = \mathbf{0{,}5}$

e) $P(„\text{2 gleiche Farben verbleiben}") = P(„\text{weiß oder rot}")$

$= \frac{5}{6} = \mathbf{0{,}8\overline{3}}$

weiß gezogen: → je 2 weiße und rote verbleiben
rot gezogen: → je 1 rotes und grünes verbleiben
(grün gezogen: → 3 weiße und 2 rote verbleiben)

f) $P(\text{„weiß“}) = \frac{2}{4} = \frac{1}{2} = \mathbf{0{,}5}$

$P(\text{„rot“}) = \frac{2}{4} = \frac{1}{2} = \mathbf{0{,}5}$

$P(\text{„grün“}) = \frac{0}{4} = \mathbf{0}$

Nach der Ziehung von 1 weißen und 1 grünen Bärchen verbleiben 2 weiße und 2 rote Bärchen in der Tüte.

238 a) Da bei einem Laplace-Experiment alle Ergebnisse die gleiche Wahrscheinlichkeit haben, muss hier gewährleistet sein, dass das Ziehen einer schwarzen Kugel gleich wahrscheinlich wie das Ziehen einer weißen bzw. grauen Kugel ist. Dies ist nur dann der Fall, wenn genauso viele schwarze Kugeln wie weiße bzw. graue in der Urne sind. Es sind also **3 schwarze Kugeln** in der Urne.

b) Würfelt man mit 2 Würfeln, tritt einer der folgenden 36 Fälle ein:

(1; 1), (1; 2), (1; 3), (1; 4), (1; 5), (1; 6),
(2; 1), (2; 2), (2; 3), (2; 4), (2; 5), (2; 6),
(3; 1), (3; 2), (3; 3), (3; 4), (3; 5), (3; 6),
(4; 1), (4; 2), (4; 3), (4; 4), (4; 5), (4; 6),
(5; 1), (5; 2), (5; 3), (5; 4), (5; 5), (5; 6),
(6; 1), (6; 2), (6; 3), (6; 4), (6; 5), (6; 6)

Die Fälle mit gleicher Augensumme stehen alle auf Diagonalen, die von unten links nach oben rechts verlaufen.

- Nicht alle Ergebnisse des Ergebnisraums Ω_1 sind gleich wahrscheinlich, da z. B. das Ergebnis „2“ nur im Fall (1; 1) eintritt, das Ergebnis „3“ dagegen in den Fällen (1; 2) und (2; 1).
  Mit Ω_1 erhält man also **kein Laplace-Experiment**.
- Die Ergebnisse des Ergebnisraums Ω_2 sind gleich wahrscheinlich, da die Ergebnisse „**gerade**“ und „ungerade“ jeweils in 18 Fällen eintreten:
  (1; 1), (1; 2), **(1; 3)**, (1; 4), **(1; 5)**, (1; 6),
  (2; 1), **(2; 2)**, (2; 3), **(2; 4)**, (2; 5), **(2; 6)**,
  (3; 1), (3; 2), **(3; 3)**, (3; 4), **(3; 5)**, (3; 6),
  (4; 1), **(4; 2)**, (4; 3), **(4; 4)**, (4; 5), **(4; 6)**,
  (5; 1), (5; 2), **(5; 3)**, (5; 4), **(5; 5)**, (5; 6),
  (6; 1), **(6; 2)**, (6; 3), **(6; 4)**, (6; 5), **(6; 6)**
  Mit Ω_2 erhält man also ein **Laplace-Experiment**.
  alternative Lösungsmöglichkeit:
  Eine gerade Augensumme erhält man in den $3 \cdot 3 = 9$ Fällen, in denen beide Würfel eine ungerade Augenzahl zeigen, und in den ebenfalls $3 \cdot 3 = 9$ Fällen, in denen beide Würfel eine gerade Augenzahl zeigen. Insgesamt also in 18 Fällen. Da sich analog in 18 Fällen eine ungerade Augensumme ergibt, sind die Ergebnisse „gerade“ und „ungerade“ gleich wahrscheinlich.
  Mit Ω_2 erhält man also ein **Laplace-Experiment**.

- Die Ergebnisse des Ergebnisraums Ω_3 sind nicht gleich wahrscheinlich, da das Ergebnis „**Primzahl**" in 15 Fällen, das Ergebnis „keine Primzahl" aber in 21 Fällen eintritt.

  (1; 1), **(1; 2)**, (1; 3), **(1; 4)**, (1; 5), **(1; 6)**,
  (2; 1), (2; 2), **(2; 3)**, (2; 4), **(2; 5)**, (2; 6),
  (3; 1), **(3; 2)**, (3; 3), **(3; 4)**, (3; 5), (3; 6),
  (4; 1), (4; 2), **(4; 3)**, (4; 4), (4; 5), (4; 6),
  (5; 1), **(5; 2)**, (5; 3), (5; 4), (5; 5), **(5; 6)**,
  (6; 1), (6; 2), (6; 3), (6; 4), **(6; 5)**, (6; 6)

  Mit Ω_3 erhält man also **kein Laplace-Experiment**.

239 a) Aus einer Lostrommel mit gleich vielen roten, grünen, blauen und gelben Losen wird blind ein Los gezogen.

alternative Lösungsmöglichkeit:
Ein Glücksrad mit gleich großen und gleich vielen roten, grünen, blauen und gelben Feldern wird einmal gedreht.

Es gibt verschiedene Möglichkeiten. Entscheidend ist, dass nur die Ergebnisse aus der Ergebnismenge auftreten können und dass diese gleich wahrscheinlich sind.

b) Aus einer Lostrommel mit gleich vielen roten und grünen Losen werden blind zwei Lose mit Zurücklegen gezogen.

alternative Lösungsmöglichkeit:
Ein Glücksrad mit gleich großen und gleich vielen roten und grünen Feldern wird zweimal gedreht.

Würden die zwei Lose ohne Zurücklegen gezogen, wären nach der Ziehung des ersten Loses von einer Farbe weniger Lose in der Trommel und damit die Ergebnisse (rot; grün) und (grün; rot) wahrscheinlicher als die Ergebnisse (rot; rot) und (grün; grün). Es würde dann kein Laplace-Experiment vorliegen.

Beim Glücksrad ist die Wahrscheinlichkeit für rot und grün bei jeder Drehung dieselbe.

240 a) Herr Meier hat $5 \cdot 4 \cdot 3 = \mathbf{60}$ Kombinationsmöglichkeiten.

b) $P(\text{„grünes Hemd, blaue Hose“}) = \frac{3}{60} = \frac{1}{20} = \mathbf{0{,}05}$

Es gibt 3 Möglichkeiten für ein Outfit mit grünem Hemd und blauer Hose, da man dazu jedes der 3 Paar Schuhe anziehen kann.

241 a) $P(\text{„Pasch“}) = \frac{6}{36} = \frac{1}{6} = \mathbf{0{,}1\overline{6}}$

b) $P(\text{„kein Pasch“}) = 1 - P(\text{„Pasch“}) = 1 - \frac{1}{6} = \frac{5}{6} = \mathbf{0{,}8\overline{3}}$

c) $P(\text{„Pasch mit 6ern"}) = \frac{1}{36} = \mathbf{0{,}02\overline{7}}$

d) Da die Augensumme höchstens 12 beträgt, zählen zu den Ergebnissen, in denen nicht alle Augenzahlen gegangen werden können, nur die Päsche mit 4ern, 5ern und 6ern, bei denen man 16, 20 oder 24 Felder vorrücken muss. Es gibt daher $36 - 3 = 33$ günstige Fälle und die gesuchte Wahrscheinlichkeit beträgt:

$P(\text{„12 Felder"}) = \frac{33}{36} = \frac{11}{12} = \mathbf{0{,}91\overline{6}}$

242 Baumdiagramm:

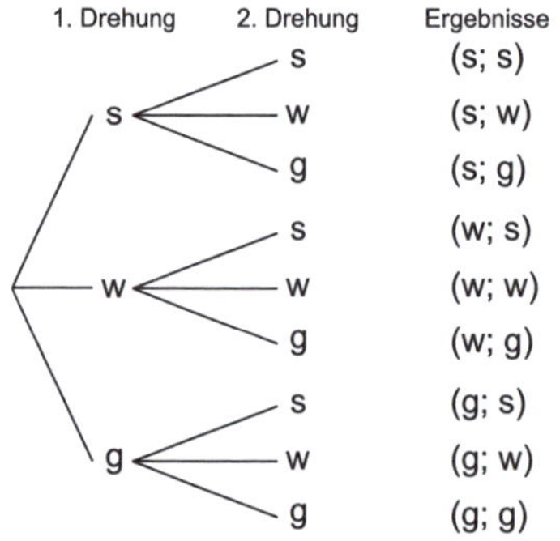

a) $P(E_1) = \frac{5}{9} = \mathbf{0{,}\overline{5}}$ — $E_1 = \{(s; s), (s; w), (s; g), (w; s), (g; s)\}$

b) $P(E_2) = \frac{5}{9} = \mathbf{0{,}\overline{5}}$ — $E_2 = \{(s; s), (s; w), (s; g), (w; g), (g; g)\}$

c) $P(E_3) = \frac{2}{9} = \mathbf{0{,}\overline{2}}$ — $E_3 = \{(w; w), (g; w)\}$

243 a) $P_A(\text{„Primzahl"}) = \frac{2}{3} = 0{,}\overline{6}$

Die vorkommenden Primzahlen sind 2, 3, 5, 11 und 13.

$P_B(\text{„Primzahl"}) = \frac{3}{6} = \frac{1}{2} = 0{,}5$

$P_C(\text{„Primzahl"}) = \frac{7}{9} = 0{,}\overline{7}$

Die Wahrscheinlichkeit ist bei **Glücksrad C** am höchsten.

b) Es gilt:

$$P(\text{„21"}) = \frac{|\text{„21"}|}{5} = 40\,\% = 0{,}4$$

$$\Rightarrow |\text{„21"}| = 0{,}4 \cdot 5 = 2$$

Also steht auf 2 Feldern „21".

Da auch P(„Primzahl") = 40 % gilt, steht auf 2 Feldern eine Primzahl. Da nur 23 eine Primzahl ist, gilt:

„21": 2 Felder
„23": 2 Felder
„22": 1 Feld (Rest)

Berechne aus den gegebenen Wahrscheinlichkeiten zunächst die Anzahlen der Felder mit „21" und einer „Primzahl".

Glücksrad:

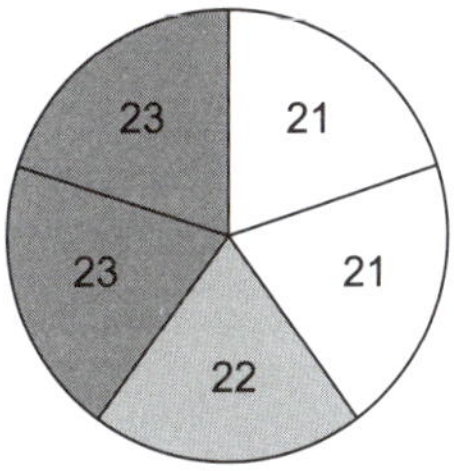

Da es sich um ein Laplace-Glücksrad handelt, sind alle Felder gleich groß mit Mittelpunktswinkel 360° : 5 = 72°.

Die Anordnung der Felder mit „21", „22" und „23" ist egal, solange die Anzahl stimmt.

244 60 % der 20 Münzen sind Euro-Münzen. Also gibt es 20 · 0,6 = **12 Euro-Münzen** und **8 Cent-Münzen**. Von den Euro-Münzen sind **4 Stück 1-Euro-Münzen**, die übrigen **8 Stück** sind also **2-Euro-Münzen**.

Nutze zunächst alle Informationen im Text über die Anzahlen der einzelnen Münzen im Sparschwein.

a) $P(\text{„Cent-Münze"}) = \frac{8}{20} = \frac{2}{5} = \mathbf{0{,}4}$

alternativ:
Laut Angabe sind 60 % der Münzen Euro-Münzen, der Rest, also 40 % sind Cent-Münzen.
Entsprechend gilt: P(„Cent-Münze") = 40 % = **0,4**

b) $P(\text{„keine 1-Euro-Münze"}) = \frac{16}{20} = \frac{4}{5} = \mathbf{0{,}8}$

c) Silber-goldfarben sind alle 12 Euro-Münzen.
Also gibt es 12 : 2 = 6 goldfarbene Münzen.

$$P(\text{„goldfarbene Münze"}) = \frac{6}{20} = \frac{3}{10} = \mathbf{0{,}3}$$

Von den 8 Cent-Münzen sind also 6 goldfarben und **2 kupferfarben**.

d) Es sind mindestens
$8 \cdot 2\,€ + 4 \cdot 1\,€ + 6 \cdot \mathbf{0{,}10\,€} + 2 \cdot \mathbf{0{,}01\,€} = 20{,}62\,€$

und höchstens
$8 \cdot 2\,€ + 4 \cdot 1\,€ + 6 \cdot \mathbf{0{,}50\,€} + 2 \cdot \mathbf{0{,}05\,€} = 23{,}10\,€$

im Sparschwein.

Goldfarbene Münzen:

Kupferfarbene Münzen:

PRÜFUNGS-ANGST

STOPP DIE PANIK

Mit der Fußsohlen-Methode

Prüfungen können Angst- und Fluchtsituationen sein. Dein Körper schüttet Adrenalin aus und dämpft das Gefühl in den Füßen. Z. B. beim Weglaufen ist es gut, wenn man die Füße nicht spürt. Eine Prüfung ist aber **keine Gefahrensituation**. Signalisiere deinem Körper, dass du nicht weglaufen musst, und bring das Gefühl in deine Füße zurück:

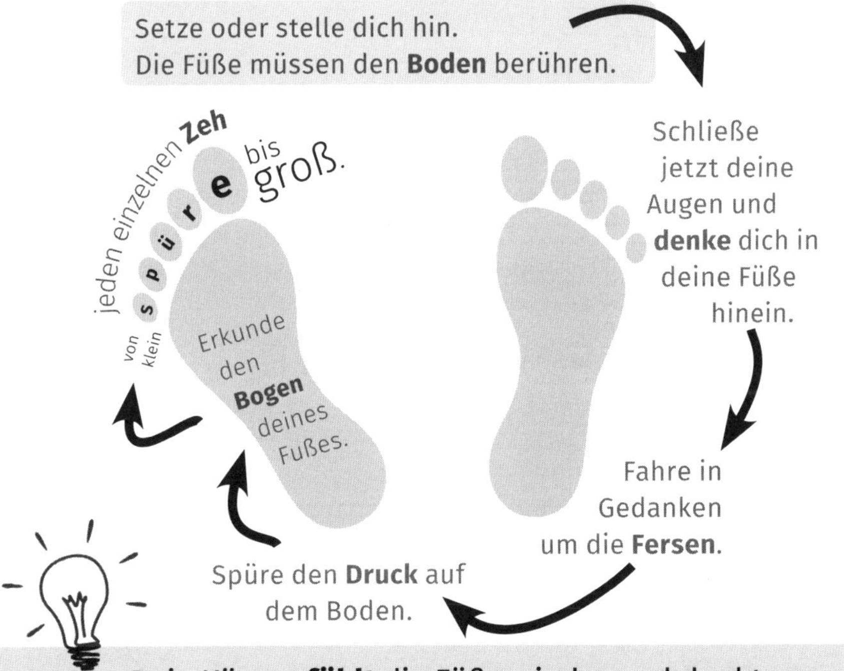

Dein Körper **fühlt** die Füße wieder und denkt, er sei in keiner Panik-Situation, sondern in **Sicherheit**.